微软技术开发者丛书

.NET Core 实战
手把手教你掌握 380 个精彩案例

.NET Core in Action
Learning 380 Excellent Examples Step by Step

周家安 编著
Zhou Jia' an

清华大学出版社
北京

内 容 简 介

本书通过 380 个独立且简单的实例全面介绍了 .NET Core 的核心开发技术。全书分为三篇：第一篇基础知识（第 1~7 章），内容包括开发环境与应用程序项目管理、C♯语言基础、面向对象编程、数学运算与字符串处理、泛型与集合、LINQ 与动态类型；第二篇技术进阶（第 8~13 章），内容包括文件与 I/O、序列化、异步与并行、网络编程、反射与 Composition、加密算法；第三篇 ASP.NET Core（第 14~17 章），内容包括应用启动、依赖注入与中间件、MVC 与 Web API、应用配置与数据库访问。

为了便于读者学习，本书提供了所有实例的配套源代码，在开发环境中运行，能直观地看到每个实例的运行效果。本书适合作为普通高校 .NET Core 技术相关课程的教学用书，也可以作为相关培训机构的培训教材，还可作为从事 .NET Core 技术开发的 IT 从业者的参考用书。

图书在版编目（CIP）数据

.NET Core 实战：手把手教你掌握 380 个精彩案例/周家安编著．—北京：清华大学出版社，2019
（微软技术开发者丛书）
ISBN 978-7-302-52650-6

Ⅰ．①N…　Ⅱ．①周…　Ⅲ．①网页制作工具－程序设计　Ⅳ．①TP393.092.2

中国版本图书馆 CIP 数据核字(2019)第 047109 号

责任编辑：盛东亮
封面设计：李召霞
责任校对：时翠兰
责任印制：沈　露

出版发行：清华大学出版社
　　　　　网　　　址：http://www.tup.com.cn，http://www.wqbook.com
　　　　　地　　　址：北京清华大学学研大厦 A 座　　　　　邮　　编：100084
　　　　　社　总　机：010-62770175　　　　　　　　　　　邮　　购：010-62786544
　　　　　投稿与读者服务：010-62776969，c-service@tup.tsinghua.edu.cn
　　　　　质量反馈：010-62772015，zhiliang@tup.tsinghua.edu.cn
　　　　　课件下载：http://www.tup.com.cn，010-62795954
印　刷　者：清华大学印刷厂
装　订　者：三河市铭诚印务有限公司
经　　　销：全国新华书店
开　　　本：186mm×240mm　　印　张：34.5　　　　　字　　数：767 千字
版　　　次：2019 年 9 月第 1 版　　　　　　　　　　　印　　次：2019 年 9 月第 1 次印刷
定　　　价：99.00 元

产品编号：081383-01

四十不惑，创新不止

从飞鸽传书到手机沟通，从钻木取火到核能发电，从日行千里到探索太空……曾经遥不可及的梦想如今已经变为现实，有些甚至超出了人们的想象，而所有这一切都离不开科技创新的力量。

对于微软而言，创新是我们的灵魂，是我们矢志不渝的信仰。不断变革的操作系统，日益完善的办公软件，预见未来的领先科技……40多年来，在创新精神的指引下，我们取得了辉煌的成绩，引领了高科技领域的突破性发展。

IT行业不墨守成规，只尊重创新。过往的成就不能代表未来的成功，我们将继续砥砺前行。如果说，以往诸如个人计算机、平板电脑、手机和可穿戴设备的发明大都是可见的，那么，在我看来，未来的创新和突破将会是无形的。"隐形计算"就是微软的下一个大事件。让计算归于"无形"，让技术服务于生活，是微软现在及未来的重要研发方向之一。

当计算来到云端后，便隐于无形，能力却变得更加强大；当机器学习足够先进，人们在尽享科技带来的便利的同时却觉察不到计算过程的存在；当人们只需通过声音、手势就可以与周边环境进行交互，计算机也将从人们的视线中消失。正如著名科幻作家亚瑟·查尔斯·克拉克所说："真正先进的技术，看上去都与魔法无异。"

技术是通往未来的钥匙，要实现"隐形计算"，人工智能技术在这其中起着关键作用。近几年，得益于大数据、云计算、精准算法、深度学习等技术取得的进展，人工智能研究已经发展到现在的感知，甚至认知阶段。未来，要实现真正的人机互动、个性化的情感沟通，计算机视觉、语音识别、自然语言将是人工智能领域进一步发展的突破口及热门的研究方向。

2015年7月发布的Windows 10是微软在创新路上写下的完美注脚。作为史上第一个真正意义上跨设备的统一平台，Windows 10为用户带来了无缝衔接的使用体验，而智能人工助理Cortana、Windows Hello生物识别技术的加入，让人机交互进入了一个新层次。Windows 10也是历史上最好的Windows、最有中国印记的Windows，不但有针对中国本土的大量优化，还有海量的中国应用。Windows 10是一个具有里程碑意义的跨时代产品，更是微软崇尚创新的具体体现，这种精神渗透在每一个微软员工的血液之中，激励着我们"予力全球每一人、每一组织成就不凡"。

　　四十不惑的微软对前方的创新之路看得更加清晰，走得也更加坚定。希望这套丛书不仅成为新时代中微软前行的见证，也能够助中国的开发者一臂之力，共同繁荣我们的生态系统，绽放更多精彩的应用，成就属于自己的不凡。

沈向洋

微软全球执行副总裁

前言
PREFACE

经过 10 多年的发展，Microsoft .NET Framework 已经相当成熟，拥有强大的类库与可视化框架，融合了许多新技术。在 Windows 平台上，从桌面应用到 Web 应用都能完美胜任。

.NET Core 是在原 .NET 框架的基础上开发的新一代开源项目，人们期待已久的 .NET 跨平台终于实现（基于 .NET Core 开发的应用程序可以运行在 Windows、Linux、Mac OSX 等操作系统上）。.NET Core 项目由微软官方团队、第三方开发团队及社区用户共同维护。.NET Core 从原有的 .NET Framework 抽取出最基础、最核心的 API 重新开发，作为 .NET 的新标准发布，第三方开发人员可以在此标准上进行自由扩展。

本书所有内容均以实例的形式呈现，容易上手。每个实例都包含两部分内容：【导语】部分主要对实例中要用到的核心知识点进行介绍；【操作流程】部分详细讲述完成实例项目的步骤，读者可以直接动手实践，亲自体验编程的乐趣。

本书内容分为三篇：

第一篇　基础知识。涉及开发环境的搭建、基础类型、流程控制、常用集合、LINQ 语法和面向对象思想等内容。

第二篇　技术进阶。强化编程技能，此部分的实例包括文件与目录操作、基础 I/O、序列化/反序列化、网络与异步编程、反射与加密算法应用等内容。

第三篇　ASP.NET Core。此部分主要包括与 Web 开发相关的实例，重点涉及 Web Host 初始化、中间件、依赖注入、应用配置、EF Core 等关键知识。

笔者曾写过与 C♯ 编程相关的书，写作此书的想法是源于几位网友在微博私信中的提问，经过一番斟酌，我认为有必要编写一本与 .NET Core 有关的书，毕竟 .NET Core 作为全新的跨平台项目，存在不少新的特性。不过本书中未使用大篇幅讲解的叙述方式，而是采用以单独实例驱动为主，以知识阐述为辅的方式，重点在于调动读者积极上机实战的兴趣。经常有初学编程的朋友问我：为什么看书的时候感觉自己学会了，但一敲代码就什么都忘了？其实，没有人天生就会写代码，之所以会有这种遗忘现象的发生，说到底是练得太少了，总觉得书上的例子很简单，而不愿意动手去敲一遍。

.NET Core 作为开源项目，可能会有许多扩展项目，涉及内容较广，由于篇幅与作者的水平有限,本书不能覆盖所有的应用领域,仅精选出与.NET Core 主体框架关系密切且较为实用的实例进行演示,提供给大家作为参考。

最后,感谢各位同仁与广大网友对我的支持,也感谢清华大学出版社,我们已经合作出版过多种图书。

周家安

2019 年 7 月

目 录
CONTENTS

丛书序(沈向洋) ……………………………………………………………… 1

前言 ………………………………………………………………………… 3

第一篇 基 础 知 识

第1章 搭建开发与测试环境 …………………………………………… 3

1.1 在 Windows 上安装开发环境 ……………………………………… 3

    实例 1 安装 Visual Studio ………………………………………… 3

    实例 2 修复 Visual Studio ………………………………………… 5

1.2 在 Linux 操作系统中配置测试环境 ……………………………… 6

    实例 3 启用 Windows 上的 Linux 子系统 ……………………… 6

    实例 4 设置 root 密码 ……………………………………………… 8

    实例 5 在 Linux 系统中安装. NET Core SDK …………………… 9

    实例 6 在 Linux 系统中安装. NET Core 运行时 ……………… 11

第2章 应用程序项目管理 ……………………………………………… 13

2.1 . NET Core 命令行工具的使用 …………………………………… 13

    实例 7 使用命令行工具创建. NET Core 项目 ………………… 13

    实例 8 定义新项目的名称与存放位置 ………………………… 14

    实例 9 编译应用程序项目 ……………………………………… 15

    实例 10 编译项目的 Release 版本 ……………………………… 16

    实例 11 创建解决方案文件 ……………………………………… 16

    实例 12 枚举或删除解决方案中的项目 ……………………… 17

    实例 13 运行应用程序 …………………………………………… 18

2.2 Visual Studio 开发环境 …………………………………………… 19

    实例 14 使用 Visual Studio 创建项目 ………………………… 19

    实例 15 在 Visual Studio 中运行项目 ………………………… 21

    实例 16 显示代码行号 …………………………………………… 23

实例 17　在 C♯ Interactive 窗口中做代码实验 ·················· 24

实例 18　在解决方案中添加和移除项目 ·················· 26

实例 19　添加 NuGet 包引用 ·················· 26

实例 20　清除 NuGet 包缓存 ·················· 28

实例 21　保存窗口布局 ·················· 28

实例 22　给代码打书签 ·················· 31

2.3　代码注释 ·················· 32

实例 23　单行注释 ·················· 32

实例 24　多行注释 ·················· 32

实例 25　文档注释 ·················· 32

2.4　发布.NET Core 应用项目 ·················· 34

实例 26　在 Visual Studio 中发布.NET Core 应用 ·················· 34

实例 27　使用 Visual Studio 发布可独立运行的项目 ·················· 36

实例 28　使用 dotnet 命令行工具发布"自包含"项目 ·················· 40

第 3 章　C♯ 语言基础 ·················· 42

3.1　命名空间 ·················· 42

实例 29　使用 namespace 关键字 ·················· 42

实例 30　嵌套命名空间 ·················· 44

实例 31　引入命名空间 ·················· 46

实例 32　在命名空间内部引入其他命名空间 ·················· 47

实例 33　使用全局命名空间 ·················· 48

实例 34　为引入的命名空间设置别名 ·················· 49

实例 35　使用 using static 指令 ·················· 50

3.2　变量与常量 ·················· 51

实例 36　一次性声明多个变量 ·················· 51

实例 37　让编译器自动推断变量的类型 ·················· 51

实例 38　使用常量 ·················· 52

实例 39　获取变量的内存地址 ·················· 53

实例 40　输出变量的名称 ·················· 54

实例 41　为变量分配默认值 ·················· 55

3.3　程序入口点 ·················· 56

实例 42　获取命令行参数 ·················· 56

实例 43　处理多个入口点 ·················· 58

3.4　流程控制 ·················· 59

实例 44　奇数还是偶数 ·················· 59

实例 45　使用 for 循环输出文本 ··· 60

实例 46　生成由字符组成的图案 ··· 61

实例 47　死循环的处理方法 ··· 63

实例 48　退出循环的方法 ··· 64

实例 49　输出 20 以内能被 3 整除的正整数 ······································· 65

实例 50　做一道选择题 ··· 65

实例 51　switch 语句的类型匹配 ··· 67

实例 52　在 case 语句中使用 when 子句 ··· 69

实例 53　代码跳转 ··· 71

第 4 章　面向对象编程 ··· 73

4.1　类与结构 ··· 73

实例 54　声明公共类 ··· 73

实例 55　为结构定义构造函数 ··· 74

实例 56　构造函数的相互调用 ··· 75

实例 57　静态构造函数 ··· 78

实例 58　验证属性值的有效性 ··· 79

实例 59　初始化只读字段 ··· 80

实例 60　重载方法 ··· 81

实例 61　类实例传递给方法后为什么没有被更改 ································· 83

实例 62　输出参数 ··· 85

实例 63　可变个数的方法参数 ··· 86

实例 64　使用按引用传递的返回值 ··· 87

实例 65　按参数名称来传值 ··· 89

实例 66　可选参数 ··· 90

实例 67　在声明时初始化属性 ··· 91

4.2　委托与事件 ··· 92

实例 68　委托实例如何绑定方法 ··· 92

实例 69　绑定多个方法 ··· 93

实例 70　匿名方法 ··· 94

实例 71　封装事件 ··· 95

实例 72　框架提供的委托类型 ··· 98

实例 73　将方法作为参数进行传递 ··· 99

实例 74　使用 Lambda 表达式动态产生数据 ····································· 100

4.3　继承与多态 ··· 101

实例 75　调用基类的构造函数 ··· 101

实例 76　重写基类的成员 ………………………………………………………… 102

实例 77　彻底替换基类的成员 …………………………………………………… 103

实例 78　实现多个接口 …………………………………………………………… 105

实例 79　实现接口的结构 ………………………………………………………… 106

实例 80　隐藏构造函数 …………………………………………………………… 106

实例 81　到底调用了谁 …………………………………………………………… 107

实例 82　析构函数 ………………………………………………………………… 109

实例 83　实现 IDisposable 接口 ………………………………………………… 110

实例 84　显式实现接口 …………………………………………………………… 111

实例 85　阻止类被继承 …………………………………………………………… 113

实例 86　嵌套类 …………………………………………………………………… 114

实例 87　匿名类型 ………………………………………………………………… 115

4.4　枚举 ……………………………………………………………………………… 116

实例 88　声明枚举类型 …………………………………………………………… 116

实例 89　指定枚举的基础类型 …………………………………………………… 117

实例 90　常量的标志位运算 ……………………………………………………… 117

实例 91　自动产生的常量值 ……………………………………………………… 119

实例 92　获取枚举中常量的名称 ………………………………………………… 121

实例 93　检查枚举实例中是否包含某个标志位 ………………………………… 121

4.5　特性 ……………………………………………………………………………… 122

实例 94　自定义特性类 …………………………………………………………… 122

实例 95　向特性类的构造函数传递参数 ………………………………………… 123

实例 96　在同一对象上应用多个特性实例 ……………………………………… 125

实例 97　在运行阶段检索特性实例 ……………………………………………… 126

实例 98　方法的返回值如何应用特性 …………………………………………… 127

4.6　运算符 …………………………………………………………………………… 128

实例 99　计算一个整数的阶乘 …………………………………………………… 128

实例 100　按位平移 ……………………………………………………………… 129

实例 101　是"大"还是"小" ……………………………………………………… 130

实例 102　typeof 运算符的作用 ………………………………………………… 131

实例 103　使用"＋"运算符将两个对象的属性值相加 ………………………… 132

实例 104　对 null 进行判断 ……………………………………………………… 133

4.7　类型转换 ………………………………………………………………………… 134

实例 105　强制转换 ……………………………………………………………… 134

实例 106　将 int 数值隐式转换为 double 数值 ………………………………… 134

实例 107　输出整数的二进制表示形式 ………………………………………… 135

实例 108　将字节数组转换为字符串 ……………………………… 136

实例 109　重写 ToString 方法 …………………………………… 137

实例 110　将整数转换为十六进制字符串 ……………………… 138

实例 111　自定义隐式转换 ……………………………………… 139

4.8　可以为 null 的值类型 ……………………………………… 140

实例 112　访问可以为 null 的值类型 ………………………… 140

实例 113　为 Nullable＜T＞实例分配默认值 ………………… 141

第 5 章　数学运算与字符串处理 ……………………………………… 143

5.1　简单数学计算 ………………………………………………… 143

实例 114　求一组整数中的最大值和最小值 ………………… 143

实例 115　计算平均值 ………………………………………… 144

实例 116　计算一个数值的绝对值 …………………………… 144

实例 117　计算一个矩形序列的周长总和 …………………… 145

实例 118　求某个角度的正弦值 ……………………………… 146

实例 119　求某个数值的立方 ………………………………… 147

实例 120　计算矩形的对角线长度 …………………………… 147

实例 121　处理超大整数 ……………………………………… 148

5.2　日期/时间换算 ……………………………………………… 149

实例 122　今天是星期几 ……………………………………… 149

实例 123　获取指定日期的农历日期 ………………………… 151

实例 124　一天内总共有多少秒 ……………………………… 152

实例 125　日期的加/减运算 ………………………………… 152

实例 126　从日期字符串中产生 DateTime 实例 …………… 153

5.3　常用的字符串处理 …………………………………………… 154

实例 127　使用 Concat 方法拼接字符串 …………………… 154

实例 128　使用"＋"运算符拼接字符串 …………………… 155

实例 129　字符串的包含关系 ………………………………… 155

实例 130　字母的大小写转换 ………………………………… 156

实例 131　使用分隔符连接字符串 …………………………… 156

实例 132　查找以"ay"结尾的单词 ………………………… 157

实例 133　依据指定的分隔符来拆分字符串 ………………… 158

实例 134　替换字符串 ………………………………………… 158

实例 135　反转字符串 ………………………………………… 159

实例 136　插入与删除字符 …………………………………… 160

实例 137　填充剩余"空白" …………………………………… 161

实例 138 判断字符是否为数字 ······················· 161

实例 139 截取字符串 ····································· 162

实例 140 使用 StringBuilder 组装字符串 ········· 163

实例 141 字符串查找 ································· 164

实例 142 比较字符串时忽略大小写 ············· 165

实例 143 "@"符号在字符串中的用途 ········· 165

实例 144 处理字符串中出现的双引号 ········· 166

5.4 格式控制符 ·· 167

实例 145 输出百分比 ································· 167

实例 146 输出当前语言中的货币格式 ········· 168

实例 147 输出多个币种格式 ····················· 168

实例 148 数字的两种常用格式 ················· 169

实例 149 使用字符串内插 ······················· 170

实例 150 长日期与短日期 ······················· 171

实例 151 自定义日期和时间格式 ············· 172

实例 152 自定义小数位数 ······················· 173

5.5 从字符串到其他类型的转换 ··················· 174

实例 153 从二进制字符串产生 int 实例 ······· 174

实例 154 Parse 与 TryParse 方法 ············· 174

实例 155 对字符串进行 UTF-8 编码 ········· 176

实例 156 字符串的 HTML 编码 ················· 177

实例 157 字符串隐式转换为自定义类 ········· 178

第 6 章 泛型与集合 ·· 180

6.1 泛型 ·· 180

实例 158 使用泛型参数 ··························· 180

实例 159 实现泛型接口 ··························· 182

实例 160 限制泛型参数只能使用值类型 ····· 183

实例 161 泛型方法 ································· 185

实例 162 将泛型参数限制为枚举类型 ········· 187

实例 163 泛型参数的输入与输出 ············· 188

实例 164 在委托类型中使用泛型 ············· 189

实例 165 将抽象类作为类型约束 ············· 190

6.2 数组 ·· 192

实例 166 四种方式初始化数组实例 ········· 192

实例 167 创建二维数组 ··························· 193

实例 168　使用简化语法初始化多维数组 ……………………… 195

实例 169　使用 Array 类创建数组实例 …………………………… 198

实例 170　SetValue 方法与 GetValue 方法 ……………………… 199

实例 171　获取某个维度的元素个数 ……………………………… 200

实例 172　动态调整数组的大小 …………………………………… 201

实例 173　反转数组 ………………………………………………… 202

实例 174　查找符合条件的元素 …………………………………… 203

实例 175　查找符合条件的元素的索引 …………………………… 206

实例 176　确定数组中元素的存在性 ……………………………… 207

实例 177　复制数组中的元素 ……………………………………… 208

6.3　集合 ……………………………………………………………… 209

实例 178　将数字进行降序排列 …………………………………… 209

实例 179　初始化 List＜T＞集合 ………………………………… 210

实例 180　实现 IEnumerator 接口 ……………………………… 212

实例 181　IEnumerable 接口与 foreach 循环 ………………… 214

实例 182　IEnumerable＜T＞与 foreach 循环 ………………… 216

实例 183　IEnumerable 接口与 yield return 语句 …………… 218

实例 184　无重复元素的集合 ……………………………………… 220

实例 185　双向链表 ………………………………………………… 221

实例 186　自定义相等比较 ………………………………………… 222

实例 187　清空集合中的所有元素 ………………………………… 225

实例 188　判断字典集合中是否存在某个键 …………………… 226

实例 189　定义索引器 ……………………………………………… 226

实例 190　带多个参数的索引器 …………………………………… 228

实例 191　使用泛型的栈队列 ……………………………………… 229

实例 192　自动排序的字典集合 …………………………………… 230

实例 193　自定义 SortedDictionary 集合的排序规则 ………… 231

实例 194　"先进先出"队列 ………………………………………… 232

实例 195　自定义 ToReadOnlyDictionary 方法 ……………… 233

实例 196　初始化字典集合的方法 ………………………………… 234

实例 197　ArrayList 的使用 ……………………………………… 235

实例 198　使用 Span＜T＞提升处理字符串的性能 …………… 236

实例 199　多个 Task 同时操作 ConcurrentBag 集合 ………… 238

实例 200　跨线程访问 BlockingCollection 集合 ……………… 239

6.4　元组 ……………………………………………………………… 240

实例 201　Tuple 类的使用 ………………………………………… 240

实例 202 推荐使用的元组——ValueTuple ································· 242

实例 203 C♯语法中的 ValueTuple ································· 243

实例 204 重命名元组的字段 ································· 244

实例 205 将元组解构为变量 ································· 245

实例 206 解构自定义类型 ································· 245

实例 207 将元组作为返回值 ································· 247

第 7 章 LINQ 与动态类型 ································· 249

7.1 常见的扩展方法 ································· 249

实例 208 求最大值与最小值 ································· 249

实例 209 求工序列表中最长的加工周期 ································· 250

实例 210 计算字符串的总长度 ································· 252

实例 211 合并两个序列 ································· 252

实例 212 有多少个矩形的面积超过 100cm^2 ································· 253

实例 213 按员工年龄进行降序排列 ································· 254

实例 214 去掉重复的元素 ································· 255

实例 215 筛选出两个序列中的差异元素 ································· 256

实例 216 处理 First 方法抛出的异常 ································· 257

实例 217 当序列中有且仅有一个元素时 ································· 258

实例 218 筛选出手机号以 135 或 136 开头的联系人信息 ································· 259

实例 219 将对象转换为字典集合 ································· 261

实例 220 将原始序列进行分组 ································· 263

7.2 LINQ 语法 ································· 265

实例 221 筛选能被 5 整除的整数 ································· 265

实例 222 求序列中元素的平方根并按降序排列 ································· 266

实例 223 select 子句返回的内容 ································· 267

实例 224 按员工所属部门分组 ································· 269

实例 225 "内联"查询 ································· 270

实例 226 处理查询中的异常 ································· 272

实例 227 DefaultIfEmpty 方法的作用 ································· 273

实例 228 使用 LINQ 将序列转换为 XML 文档 ································· 275

实例 229 将分组后的序列重新排序 ································· 277

实例 230 将字典集合转换为字符串序列 ································· 279

实例 231 修改 XML 元素的内容 ································· 279

实例 232 使用并行 LINQ ································· 280

实例 233 将 XML 转换为元组 ································· 282

实例 234　生成带命名空间的 XML 文档 ································· 283

实例 235　添加命名空间前缀 ·· 284

7.3　动态类型 ·· 285

实例 236　通过 ExpandoObject 类创建动态实例 ···················· 285

实例 237　以字典形式访问 ExpandoObject ··························· 286

实例 238　自定义的动态类型 ·· 287

实例 239　在自定义动态类型中直接定义成员 ······················· 288

实例 240　模拟委托实例的调用 ·· 290

第二篇　技　术　进　阶

第 8 章　文件与 I/O ·· 295

8.1　目录与文件 ··· 295

实例 241　创建目录与文件 ·· 295

实例 242　修改文件的创建时间 ·· 296

实例 243　使用 FileInfo 类来创建文件 ································· 297

实例 244　判断目录是否已经存在 ······································· 297

实例 245　向文件追加文本 ·· 298

实例 246　覆写文件内容 ··· 300

实例 247　使用 FileInfo 类删除文件 ··································· 300

实例 248　以行的形式写入文本 ·· 301

实例 249　重命名目录 ··· 302

实例 250　通过 ReadAllLines 方法读取文件中的所有行 ············ 303

实例 251　依据文件的大小排序 ·· 304

实例 252　枚举磁盘驱动器 ·· 305

8.2　流 ··· 306

实例 253　向内存流写入内容 ·· 306

实例 254　将内存流中的内容转换为字节数组 ························· 307

实例 255　从内存中读取内容 ·· 308

实例 256　使用 StreamWriter 类将文本写入文件 ···················· 309

实例 257　使用 StreamReader 类读取文本文件 ······················ 310

实例 258　调用 Seek 方法重新设置流的当前位置 ··················· 311

实例 259　通过 Position 属性更改流的当前位置 ····················· 313

8.3　压缩与解压缩 ··· 313

实例 260　使用 DeflateStream 类压缩文件 ··························· 313

实例 261　创建 Zip 压缩文档 ··· 315

实例 262　使用 GZipStream 类压缩文件 ……………………………………… 316

8.4　内存映射文件 ………………………………………………………………… 318

实例 263　读写内存映射文件 …………………………………………………… 318

实例 264　将内存映射文件写入磁盘文件 …………………………………… 319

8.5　命名管道 ……………………………………………………………………… 321

实例 265　实现本地进程之间的通信 ………………………………………… 321

实例 266　单向管道通信 ………………………………………………………… 324

第 9 章　序列化 ……………………………………………………………………… 327

9.1　简单序列化方案 ……………………………………………………………… 327

实例 267　二进制序列化 ………………………………………………………… 327

实例 268　使用 DataContractSerializer 类进行序列化 ………………… 328

实例 269　将类型实例序列化为 JSON 格式 ……………………………… 330

实例 270　在序列化时忽略某些字段 ………………………………………… 331

9.2　XML 序列化 …………………………………………………………………… 332

实例 271　XmlSerializer 与 XML 序列化 ………………………………… 332

实例 272　自定义封装集合类型成员的 XML 元素名称 ………………… 334

实例 273　自定义 XML 元素的名称 ………………………………………… 336

实例 274　将类型成员序列化为 XML 特性 ………………………………… 338

实例 275　自定义 XML 命名空间 …………………………………………… 339

实例 276　自定义数组类型成员的 XML 元素 …………………………… 340

9.3　数据协定 ……………………………………………………………………… 343

实例 277　数据协定的简单定义 ……………………………………………… 343

实例 278　自定义协定的名称 …………………………………………………… 344

实例 279　不同的类型使用相同的数据协定 ……………………………… 345

实例 280　将数据协定序列化为 JSON 格式 ……………………………… 347

实例 281　序列化数据协定时忽略某个成员 ……………………………… 348

实例 282　改变数据协定成员的序列化顺序 ……………………………… 350

实例 283　保留实例引用 ………………………………………………………… 352

第 10 章　异步与并行 ……………………………………………………………… 355

10.1　线程 …………………………………………………………………………… 355

实例 284　Sleep 方法的妙用 ………………………………………………… 355

实例 285　创建新线程 …………………………………………………………… 356

实例 286　启动新线程并传递参数 …………………………………………… 357

实例 287　等待线程信号——ManualResetEvent ………………………… 358

实例 288 等待线程信号——AutoResetEvent ················· 360

实例 289 多个线程同时写一个文件 ················· 361

实例 290 使用线程锁 ················· 364

10.2 并行任务 ················· 366

实例 291 启动 Task 的三种方法 ················· 366

实例 292 带返回值的 Task ················· 367

实例 293 传递状态数据 ················· 368

实例 294 串联并行任务 ················· 368

实例 295 使用 Parallel 类执行并行操作 ················· 369

10.3 异步等待语法 ················· 370

实例 296 声明异步方法 ················· 370

实例 297 在 Main 方法中使用异步等待 ················· 372

实例 298 为每个线程单独分配变量值 ················· 373

实例 299 保留异步上下文中的本地变量值 ················· 374

实例 300 取消并行任务 ················· 375

第 11 章 网络编程 ················· 378

11.1 Socket 通信 ················· 378

实例 301 简单的 TCP 通信程序 ················· 378

实例 302 TcpListener 与 TcpClient ················· 380

实例 303 使用 UdpClient 类开发简单的聊天程序 ················· 382

11.2 HTTP 编程 ················· 383

实例 304 从 Web 服务器上下载图片 ················· 383

实例 305 使用 HttpClient 类向 Web 服务器提交数据 ················· 384

第 12 章 反射与 Composition ················· 386

12.1 反射技术 ················· 386

实例 306 获取程序集中的类型列表 ················· 386

实例 307 获取指定类型的成员列表 ················· 387

实例 308 获取方法的参数信息 ················· 389

实例 309 通过反射调用构造函数 ················· 390

实例 310 通过反射调用静态方法 ················· 391

实例 311 用 Activator 类创建类型实例 ················· 392

实例 312 检测类型上所应用的自定义 Attribute ················· 393

12.2 Composition ················· 394

实例 313 安装 NuGet 包——System.Composition ················· 394

实例 314 　导出类型 ·· 395

实例 315 　通过协定来约束导出类型 ······················ 397

实例 316 　导入多个类型 ······································ 398

实例 317 　导出元数据 ·· 400

实例 318 　使用自定义类型来接收导入的元数据 ·········· 401

实例 319 　封装元数据 ·· 403

实例 320 　用抽象类来充当协定类型 ······················ 405

第 13 章　加密算法 ·· 407

13.1 　单向加密 ·· 407

实例 321 　计算输入字符串的 MD5 值 ····················· 407

实例 322 　使用 SHA1 算法校验文件 ······················ 408

13.2 　双向加密 ·· 409

实例 323 　使用 AES 算法加密和解密文本 ··············· 409

实例 324 　不需要初始向量的 AES 加密 ·················· 411

实例 325 　用 RSA 算法加密和解密数据 ·················· 413

第三篇　ASP. NET Core

第 14 章　应用启动 ·· 417

14.1 　Web 主机配置 ··· 417

实例 326 　使用默认配置创建 Web 主机 ·················· 417

实例 327 　配置 Web 服务器的 URL ······················· 419

实例 328 　使用 Kestrel 服务器组件 ······················· 421

实例 329 　配置 Web 项目的调试方案 ····················· 422

14.2 　Startup ·· 425

实例 330 　基于方法约定的 Startup 类 ···················· 425

实例 331 　使用 IStartup 接口定义 Startup 类 ············ 426

实例 332 　无 Startup 启动应用程序 ························· 428

14.3 　启动环境 ·· 429

实例 333 　使用非预定义环境 ······························· 429

实例 334 　使 Startup 类匹配启动环境 ···················· 430

第 15 章　依赖注入与中间件 ·································· 432

15.1 　服务 ·· 432

实例 335 　枚举应用程序中已添加的服务 ················ 432

　　　　实例 336　编写服务类型 ………………………………………………… 433
　　　　实例 337　理解服务的生命周期 ……………………………………… 435
　15.2　依赖注入 ……………………………………………………………… 439
　　　　实例 338　实现 SHA1 计算服务 ……………………………………… 439
　　　　实例 339　Startup.Configure 方法的依赖注入 …………………… 442
　　　　实例 340　临时访问服务 ……………………………………………… 443
　15.3　中间件 ………………………………………………………………… 444
　　　　实例 341　以委托形式定义中间件 …………………………………… 444
　　　　实例 342　定义中间件类 ……………………………………………… 446
　　　　实例 343　带参数的中间件 …………………………………………… 447
　　　　实例 344　IMiddleware 接口的用途 ………………………………… 449
　　　　实例 345　让 HTTP 管道"短路" …………………………………… 450
　　　　实例 346　中间件的分支映射 ………………………………………… 452

第 16 章　MVC 与 Web API ……………………………………………………… 454
　16.1　Razor Web 页面应用 ………………………………………………… 454
　　　　实例 347　自定义 Razor 页的根目录 ……………………………… 454
　　　　实例 348　Razor 页面与页面模型关联 …………………………… 456
　　　　实例 349　Razor Page 应用的路由映射 ………………………… 459
　　　　实例 350　通过 @page 指令设置 Razor 页面的 URL 路由 …… 462
　　　　实例 351　自定义页面的 handler 方法 …………………………… 463
　16.2　MVC(模型-框架-视图) ……………………………………………… 466
　　　　实例 352　为全局路由字段分配默认值 …………………………… 466
　　　　实例 353　局部的 URL 路由 ………………………………………… 467
　　　　实例 354　自定义视图文件的查找位置 …………………………… 469
　　　　实例 355　根据 URL 查询参数返回不同的视图 ………………… 471
　　　　实例 356　自定义的控制器类 ………………………………………… 473
　　　　实例 357　阻止控制器中的方法被公开为 Action 方法 ………… 474
　　　　实例 358　重命名 Action 方法 ……………………………………… 475
　　　　实例 359　使用布局页 ………………………………………………… 477
　　　　实例 360　_ViewStart 视图与 _ViewImports 视图 …………… 478
　　　　实例 361　向视图传递模型对象 ……………………………………… 481
　　　　实例 362　在控制器中接收服务列表的注入 …………………… 484
　　　　实例 363　使用 IFormCollection 组件来提取 form 表单数据 … 486
　　　　实例 364　在 Web API 中直接提取上传的文件 ………………… 489
　　　　实例 365　用部分视图来显示当前日期 …………………………… 491

实例 366　使用视图组件 ……………………………………………… 492

实例 367　在视图中接收依赖注入 ……………………………………… 495

16.3　静态文件与目录浏览 ………………………………………………… 496

实例 368　访问静态文件 ………………………………………………… 496

实例 369　开启目录浏览功能 …………………………………………… 498

实例 370　文件服务 ……………………………………………………… 500

第 17 章　应用配置与数据库访问 ……………………………………… 502

17.1　配置应用程序 ………………………………………………………… 502

实例 371　自定义环境变量的命名前缀 ……………………………… 502

实例 372　使用 JSON 文件进行配置 ………………………………… 504

实例 373　自定义命令行参数映射 …………………………………… 505

实例 374　使用内存中的配置源 ……………………………………… 506

17.2　选项类 ………………………………………………………………… 508

实例 375　选项类的使用方法 ………………………………………… 508

实例 376　使用 JSON 文件来配置选项类 …………………………… 510

17.3　实体框架 ……………………………………………………………… 513

实例 377　为实体模型设置主键 ……………………………………… 513

实例 378　迁移实体并生成数据库 …………………………………… 514

实例 379　内存数据库 ………………………………………………… 521

实例 380　在应用程序运行期间创建 SQLite 数据库 ……………… 523

第一篇 基础知识

▶▶▶

本篇内容侧重基础知识的巩固，通过学习各章的实例，读者能够掌握以下内容。

- 搭建与配置开发环境；
- 使用 dotent 命令行工具或者 Visual Studio 开发环境管理应用程序项目；
- 代码表达式与流程控制；
- 日期、数字与字符串的处理技巧；
- 理解面向对象编程的基本思想；
- LINQ 语法与常见集合的使用。

第1章　搭建开发与测试环境

在本章节中,读者将学习到以下内容:

- Visual Studio 开发环境的安装;
- .NET Core SDK 的安装;
- 在 Linux 操作系统中搭建测试环境。

1.1　在 Windows 上安装开发环境

实例 1　安装 Visual Studio

【导语】

由于 Visual Studio 支持的跨平台开发功能越来越完善,如果采取传统的离线包安装方式,不仅占用硬盘空间大,也不便于更新,因此笔者推荐在线安装。在安装 Visual Studio 的时候,读者可以根据自己的需要选择安装组件,不必要完全安装。

【操作流程】

步骤 1:打开网页浏览器,浏览官方主页 https://www.visualstudio.com/zh-hans,然后选择适合自己的 Visual Studio 版本进行下载,如图 1-1 所示。

对于个人开发者或者小型开发团队来说,可以优先选用 Community 版本,此版本是完全免费的,而且包含 Visual Studio 的完整功能。

步骤 2:下载的文件是一个专门的安装器。双击"运行",会启动 Visual Studio Installer 组件。如果是首次运行,或者查找到有新版本,组件启动时会有一个初始化的过程,请耐心等待初始化完成。

步骤 3:安装程序初始化完成后,会提示用户选择要安装的模块,此时在"工作负载"标签页中会列出各种项目类型。本书只需要安装".NET Core 跨平台开发"模块,如果读者需要开发其他类型的应用项目,可以按需选择,如图 1-2 所示。

窗口右方的"摘要"页中显示即将要进行安装的组件的详细列表。"可选"下面的内容并非必须安装,用户可以自由处理,如图 1-3 所示。

步骤 4:选好要安装的组件后,单击窗口右下方的"安装"按钮开始在线下载需要的安装

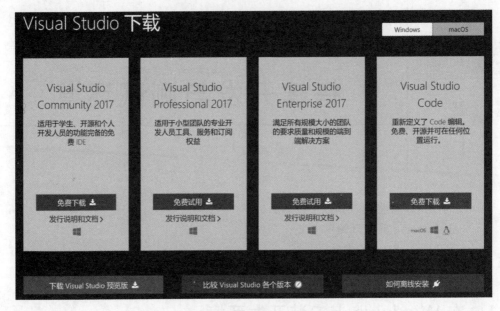

图 1-1　选择合适的版本下载

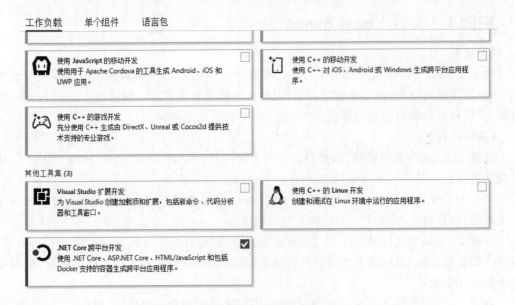

图 1-2　选择要安装的模块

包。整个安装过程都是自动完成的,具体安装时间取决于用户前面所做的选择。

　　步骤 5:待安装顺利完成后,就可以关闭 Visual Studio Installer 窗口。由于网络不稳定或其他原因导致安装过程没有顺利完成,可以重新运行一遍安装程序,直到安装完成。

　　步骤 6:此时,通过 Windows 系统的“开始”菜单找到 Visual Studio <版本号>图标,就

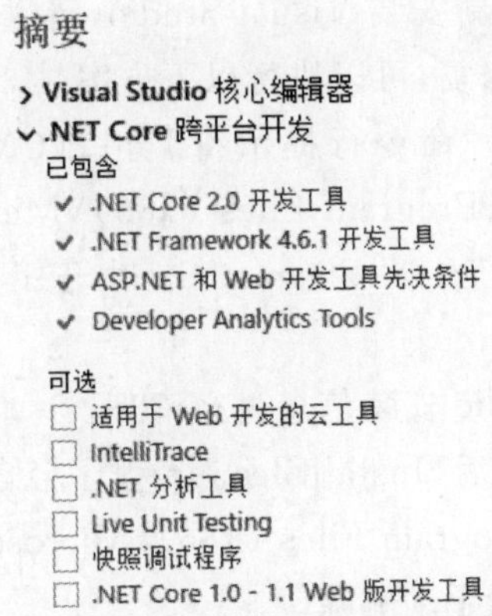

摘要

> **Visual Studio 核心编辑器**
> **.NET Core 跨平台开发**

已包含
- ✔ .NET Core 2.0 开发工具
- ✔ .NET Framework 4.6.1 开发工具
- ✔ ASP.NET 和 Web 开发工具先决条件
- ✔ Developer Analytics Tools

可选
- ☐ 适用于 Web 开发的云工具
- ☐ IntelliTrace
- ☐ .NET 分析工具
- ☐ Live Unit Testing
- ☐ 快照调试程序
- ☐ .NET Core 1.0 - 1.1 Web 版开发工具

图 1-3　必选组件与可选组件列表

可以运行 Visual Studio 开发环境了。

注意：初次运行 Visual Studio 的时候，开发环境会进行初始化工作。然后需要注册一个 Microsoft 账号进行登录，以获取授权许可证，许可证的获取是完全免费的，并且每个月会自动更新。

实例 2　修复 Visual Studio

【导语】

在实际开发过程中，有时候会遇到 Visual Studio 无法正常使用的情况，可能是某些关键性数据损坏造成的，也可能是安装了不兼容的扩展而引起的。此时，可以通过"修复"功能来重新安装开发环境。

【操作流程】

步骤 1：从"开始"菜单中找到 Visual Studio Installer，单击"运行"按钮。

步骤 2：在已安装的版本列表中，单击"更多…"下三角按钮，并从弹出的菜单中执行"修复"命令，如图 1-4 所示。

图 1-4　选择修复操作

步骤 3：此时安装程序会重新安装 Visual Studio，请耐心等待安装完成。

如果使用以上方法仍无法修复，可以执行以下方案。

步骤 4：以管理员身份运行"命令行提示符"窗口（CMD），然后定位到 Visual Studio Installer 的安装路径，例如 C：\Program Files（x86）\Microsoft Visual Studio\Installer\ resources\app\layout，执行命令 InstallCleanup -i。由于-i 参数是默认选项，因此可以直接执行 InstallCleanup。

步骤 5：正在对 Visual Studio 安装信息进行清理。

步骤 6：安装信息清理完成后，InstallCleanup 程序会自动退出。此时可以查看 Visual Studio 的安装目录（例如 C：\Program Files（x86）\Microsoft Visual Studio\<版本号>）是否已清空，如果里面还有内容，请手动删除。

步骤 7：再次运行 Visual Studio Installer，重新安装一遍。

步骤 8：此时，Visual Studio 就能正常运行了。

1.2　在 Linux 操作系统中配置测试环境

实例 3　启用 Windows 上的 Linux 子系统

【导语】

要在 Linux 操作系统上运行和测试.NET Core 应用程序，用户不需要安装双操作系统，也不需要搭建虚拟机，Windows 10 操作系统支持 Linux 子系统。Linux 子系统不仅可以执行大多数 Linux 命令，而且可以直接访问 Windows 目录和文件，因为它已经集成到 Windows 操作系统的功能中。

使用 Bash，用户可以像使用"命令提示符"（CMD）程序一样与 Linux 子系统交互。目前，Windows 10 支持五个 Linux 发行版：Ubuntu、SUSE Linux 企业服务器版、OpenSUSE、Kali Linux 和 Debian GNU / Linux。

【操作流程】

步骤 1：打开"控制面板"，找到"程序与功能"，单击"启用或关闭 Windows 功能"选项。

步骤 2：在功能列表中勾选"适用于 Linux 的 Windows 子系统"复选框，如图 1-5 所示。

步骤 3：单击"确定"按钮后，系统会进行配置，配置完成后需要重新启动计算机。这一步是必需的，否则安装 Linux 子系统后无法正常启动。

步骤 4：重新启动计算机后，在 Microsoft Store 中搜索关键字"Linux"，在建议列表中会看到一个名为"在 Windows 上运行 Linux"的应用集合，单击选取。此时会列出前面所提到的五个 Linux 发行版（如图 1-6 所示），读者可以选择自己喜欢的版本下载。

步骤 5：此处以 Ubuntu 为例，安装完成后，就可以从系统的应用列表中启动它了。

步骤 6：首次启动时，会提示安装初始化，如图 1-7 所示。

步骤 7：等待几分钟，初始化成功后会提示输入用户名，如图 1-8 所示。

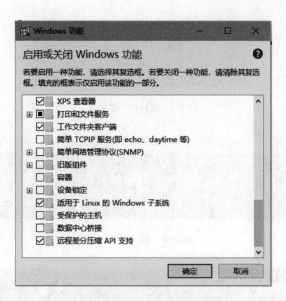

图 1-5 勾选 Linux 子系统功能

图 1-6 支持的 Linux 发行版

注意：此处所输入的用户名与登录计算机的用户名无关，因此可以随意输入。

步骤 8：输入用户名后，按下 Enter 键确认，接着输入密码，如图 1-9 所示。

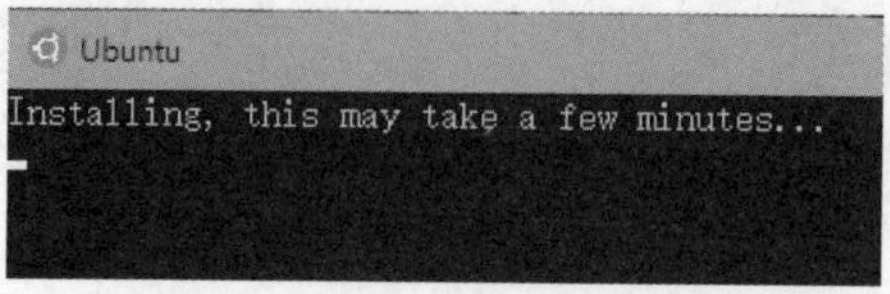

图 1-7　Ubuntu 初始化

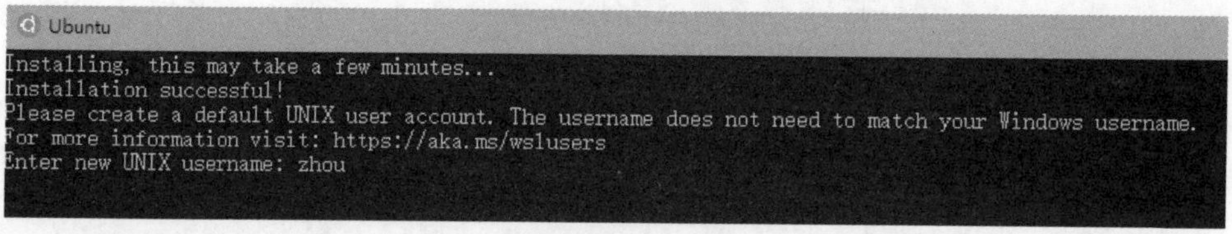

图 1-8　输入用户名

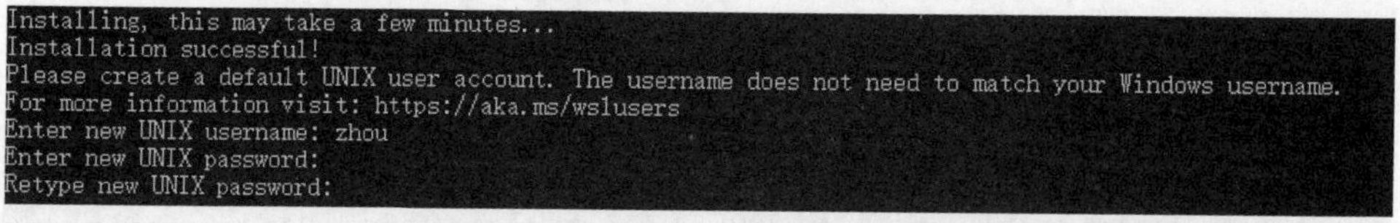

图 1-9　输入密码

注意：此处输入的密码与登录计算机时的密码无关，同样可以随意输入。输入密码需要再次确认（即输入两次）。在输入密码的过程中，屏幕上不会有任何显示。

步骤 9：现在 Ubuntu 子系统可以正常使用了。

实例 4　设置 root 密码

【导语】

由于稍后需要在 Linux 子系统中安装 .NET SDK，为了避免在安装和配置过程中因权限不够而出现各种错误，本例将演示如何为 root 用户设置密码，以便在安装 SDK 时可以顺利切换到 root 上下文。

【操作流程】

步骤 1：依然以 Ubuntu 发行版为例，在命令窗口中输入以下命令并确认执行。

```
sudo passwd
```

步骤 2：输入 Ubuntu 初始化时设置的密码。

步骤 3：输入为 root 用户设置的新密码（需要再次确认）。

步骤 4：输入 su 或 su root 命令即可进入 root 上下文。

步骤 5：如果想返回上一次设置的用户上下文，可以输入以下命令。

```
su <用户名>
```

注意：当以非 root 上下文执行命令时，在命令前面加上 sudo 可以允许普通用户获得管理员
权限，这样可以执行一部分 root 上下文才能执行的命令（有些命令仍然需要登录 root
上下文才能执行）。

若当前会话为普通用户，会在计算机名/用户名后面显示"＄"符号；若当前会话为
root，会在计算机名/用户名后面显示"＃"符号。

实例 5　在 Linux 系统中安装.NET Core SDK

【导语】

尽管.NET Core 应用程序可以编译为"自包含"可执行文件（即不需要在目标系统中安
装.NET Core SDK，复制程序文件即可直接运行），但是"自包含"模式编译后输出的文件体
积较大，因为其中包含代码执行所依赖的类库。

如果目标机器上只运行一个.NET Core 应用程序，那么"自包含"的输出模式是可行
的；但是如果目标机器上运行多个.NET Core 应用程序，使用"自包含"输出模式并不合适，
因为每个应用程序运行所依赖的类库是相同的，即存在大量的共用文件，这样会产生许多不
必要的重复文件。

举个例子，A 应用依赖类库 mscorlib.dll，B 应用也依赖类库 mscorlib.dll，并且两个应
用所依赖的类库版本相同。通常"自包含"模式编译后会把依赖的类库文件放到应用程序所
在的目录中。假设 A 应用输出到 FA 目录下，B 应用输出到 FB 目录下，如果同时将 A 应用
与 B 应用复制到同一台机器上运行，此时就会产生两个 mscorlib.dll 文件，一个是/FA/
mscorlib.dll，另一个是/FB/mscorlib.dll，两个完全相同的文件重复存放，会消耗不必要的
存储空间。这种情况下，应该考虑直接在目标机器上安装.NET Core SDK 或.NET Core
Runtime。

本实例将以 Ubuntu 为例来进行演示。如果出于开发和测试用途，建议安装.NET
Core SDK。

【操作流程】

步骤 1：为了避免权限不够导致安装失败，请输入 su 命令切换到 root 上下文。

步骤 2：确定 Linux 版本与发行代号，输入命令：

```
cat /etc/lsb - release
```

cat 命令的作用是显示某个文件中的内容，/etc/lsb-release 文件中存放着与版本发行相关的
信息。此时会得到如图 1-10 所示的输出结果。

其中，DISTRIB_RELEASE 是版本号，DISTRIB_CODENAME 是发行代号。确定发
行版本是为了方便稍后添加 apt source。

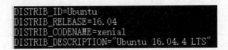

图 1-10 查看 Linux 发行信息

步骤 3：导入相关密钥，并存储在本地文件中。输入命令：

curl https://packages.microsoft.com/keys/microsoft.asc | gpg -- dearmor > /etc/apt/trusted.
gpg.d/dotnet.gpg

curl 命令从官方提供的地址获取 ASCII 加密数据，然后通过 gpg-dearmor 命令将密钥存储在目录/etc/apt/trusted.gpg.d 下面，表明该密钥是可信任的。

步骤 4：为了能够获取官方提供的应用包，需要为 apt 添加一个 source 列表。命令如下：

echo "deb [arch = amd64] https://packages.microsoft.com/repos/microsoft - ubuntu - xenial - prod xenial main" > /etc/apt/sources.list.d/dotnet.list

请确保命令中源地址上的 Linux 发行代号（如本例中的 xenial）与 lsb-release 文件中显示的发行代号一致。

步骤 5：输入以下命令可以验证 dotnet.list 文件是否成功写入。

cat /etc/apt/sources.list.d/dotnet.list

如果看到以下输出，说明 dotnet.list 文件已成功写入。

deb [arch = amd64] https://packages.microsoft.com/repos/microsoft - ubuntu - xenial - prod
xenial main

注意：dotnet.list 只是本例中使用的文件名，读者可以根据自己偏好设置其他文件名。apt 命令在更新 sources 时会自动扫描 sources.list.d 目录下面的文件。

步骤 6：更新 apt 源，以获取应用包的最新信息。

apt update

步骤 7：输入以下命令可以查看哪些版本的包可用。

apt list | grep dotnet - sdk

apt list 命令列出当前可用的软件包名称，然后将输出的列表传递给 grep 命令（通过"|"字符），并使用正则表达式进行查找。该命令将查找名字中包含"dotnet-sdk"的软件包，结果如图 1-11 所示。

步骤 8：输入以下命令，安装.NET Core SDK。

```
dotnet-sdk-2.0.0/xenial 2.0.0-1 amd64
dotnet-sdk-2.0.0-preview2-006497/xenial 2.0.0-preview2-006497-1 amd64
dotnet-sdk-2.0.2/xenial 2.0.2-1 amd64
dotnet-sdk-2.0.3/xenial 2.0.3-1 amd64
dotnet-sdk-2.1.100/xenial 2.1.100-1 amd64
dotnet-sdk-2.1.101/xenial 2.1.101-1 amd64
dotnet-sdk-2.1.102/xenial 2.1.102-1 amd64
dotnet-sdk-2.1.103/xenial 2.1.103-1 amd64
dotnet-sdk-2.1.2/xenial 2.1.2-1 amd64
dotnet-sdk-2.1.3/xenial 2.1.3-1 amd64
dotnet-sdk-2.1.300-preview1-008174/xenial 2.1.300-preview1-008174-1 amd64
dotnet-sdk-2.1.4/xenial 2.1.4-1 amd64
```

图 1-11　软件包查找结果

apt install dotnet – sdk – 2.1.103

其中,2.1.103 是版本号,具体可以参考上一步中 apt list 命令所列出的有效版本号。此时会询问用户是否继续安装,若要安装,请输入 y;若想取消安装,请输入 n。

步骤 9:等待安装完成后,可以输入以下命令来检查是否安装成功。

dotnet – info

如果看到相关的版本号输出,说明安装已经成功;如果出现错误提示,请重新执行以上各步骤,确保完成安装。

实例 6　在 Linux 系统中安装 .NET Core 运行时

【导语】

如果目标机器用于生产运行环境,可以考虑不安装 SDK 工具,而仅安装运行时,这样 .NET Core 应用程序也能正常运行。

本实例依旧以 Ubuntu 为例进行演示。

【操作流程】

步骤 1:执行以下命令可以查看有效的运行时版本。

apt list | grep dotnet – runtime – *

运行结果如图 1-12 所示。

```
dotnet-runtime-2.0.0/xenial 2.0.0-1 amd64
dotnet-runtime-2.0.0-preview2-25407-01/xenial 2.0.0-preview2-25407-01-1 amd64
dotnet-runtime-2.0.3/xenial 2.0.3-1 amd64
dotnet-runtime-2.0.4/xenial 2.0.4-1 amd64
dotnet-runtime-2.0.5/xenial 2.0.5-1 amd64
dotnet-runtime-2.0.6/xenial 2.0.6-1 amd64
dotnet-runtime-2.1.0-preview1-26216-03/xenial 2.1.0-preview1-26216-03-1 amd64
dotnet-runtime-deps-2.1.0-preview1-26216-03/xenial 2.1.0-preview1-26216-03-1 amd64
```

图 1-12　有效的运行时版本

步骤 2:目前最新版本为 2.0.6(不包括预览版),执行以下命令进行安装。

apt install dotnet – runtime – 2.0.6

步骤 3：如果目标机器上需要运行 ASP. NET Core 应用程序，还需要安装 ASP. NET Core 运行时，软件包名称为 aspnetcore-store-<版本号>。可以执行以下命令安装。

```
apt install aspnetcore-store-2.0.6
```

2.0.6 是目前最新版本号，以下命令可以查看可用的版本号。

```
apt list | grep aspnetcore-store-*
```

步骤 4：安装完成后，运行 dotnet -info 命令测试，如果安装成功，会输出如图 1-13 所示的内容。

```
Microsoft .NET Core Shared Framework Host

Version : 2.0.6
Build   : 74b1c703813c8910df5b96f304b0f2b78cdf194d
```

图 1-13 测试安装结果

注意：ASP. NET Core 运行时是积累更新的，新版本与旧版本之间可能存在依赖关系，因此安装较新版本的运行时，会同时安装旧版本的运行时。通常应该优先考虑安装最新版本的运行时类库。

第2章

应用程序项目管理

在本章节中，读者将学习到以下内容：

- dotnet 命令行工具的使用；
- 在 Visual Studio 开发环境中管理应用程序项目；
- 发布应用程序项目。

2.1 .NET Core 命令行工具的使用

实例7 使用命令行工具创建 .NET Core 项目

【导语】

.NET Core 命令行工具(CLI)名称为 dotnet，它可以直接创建、修改、编译和发布.NET Core 应用程序项目，可谓是"麻雀虽小，五脏俱全"。

本实例将演示使用 dotnet new 命令创建.NET Core 应用程序项目。

【操作流程】

步骤1：按快捷键 Windows+E 打开系统的文件浏览器窗口，可以在任意位置新建一个目录，目录名可随意设置，例如 test。

步骤2：在文件浏览器窗口的地址栏中输入 cmd，按下 Enter 键会打开"命令提示符"窗口，并且工作目录会自动定位到当前文件夹，如图 2-1 所示。

图 2-1　打开 CMD 窗口

步骤3：输入 dotnet new 命令，可以查看相关帮助信息，并且会列出已安装的项目模板，如图 2-2 所示。

步骤4：输入 dotnet new console 命令，创建一个控制台应用程序项目。

步骤5：项目创建完成后，打开项目所在目录，可以看到 CLI 工具生成了如图 2-3 所示的文件。

其中，test.csproj 为项目文件，Program.cs 为源代码文件，默认使用 C♯ 编程语言。

步骤6：如果希望创建使用 VB.NET 编程语言的控制台应用程序项目，可以加上-lang

图 2-2 列出可用的模板

参数,并指明参数值为 vb,即输入以下语句。

```
dotnet new console - lang vb
```

生成的项目文件如图 2-4 所示。

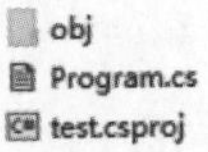

obj	obj
Program.cs	Program.vb
test.csproj	test.vbproj

图 2-3 生成的项目文件 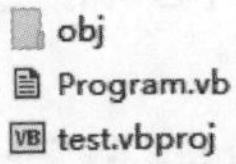　　　图 2-4 生成 VB. NET 代码文件

其中,test. vbproj 是项目文件,Program. vb 是 VB. NET 源代码文件。

实例 8 定义新项目的名称与存放位置

【导语】
在执行 dotnet new 命令时,加上-n 或-name 参数可以为新项目指定名称(若未指定,则使用当前目录的名字),还可以通过-o 或-output 参数指定生成的项目文件存放的目录。

【操作流程】
步骤 1:在任意位置新建一个目录,命名为 MyDir。可以使用以下命令直接创建目录。

```
md MyDir
```

步骤 2:输入以下命令进入 MyDir 目录。

```
cd MyDir
```

步骤 3:输入以下命令,在 MyDir 目录下创建一个控制台应用程序项目,项目名称为 App,并把生成的文件放到 Sample 子目录下。

```
dotnet new console - n App - o Sample
```

步骤 4:输入以下命令可以查看生成的目录与文件结构,如图 2-5 所示。

```
tree /f
```

图 2-5　生成的应用程序项目文件与目录结构

实例 9　编译应用程序项目

【导语】

执行 dotnet build 命令，可以在命令行下编译并生成应用程序项目，其命令格式如下。

```
dotnet build <项目文件名>
```

如果项目文件名被忽略，则默认会在当前目录下查找可用的项目文件。

【操作流程】

步骤 1：打开"命令提示符"窗口。

步骤 2：在任意位置新建一个目录，命名为 MyApps。

```
MD MyApps
```

步骤 3：进入 MyApps 目录。

```
cd MyApps
```

步骤 4：创建一个控制台应用程序项目。

```
dotnet new console - n App1
```

步骤 5：编译应用程序项目。

```
dotnet build App1\App1.csproj
```

注意：新创建的项目被放在名为 App1 的子目录下，所以指定项目文件名时，必须是相对于
　　　当前目录的路径。用户也可以先执行 cd App1 进入子目录，再执行 dotnet build 命
　　　令，因为项目文件就在 App1 目录下，所以 build 后面可以省略项目文件名。

编译后的程序文件如图 2-6 所示。

编译后的程序文件位于 bin\Debug\netcoreapp2.0 目录下，其中 App1.dll 文件是项目
源代码编译后生成的二进制文件。

```
App1.deps.json
App1.dll
App1.pdb
App1.runtimeconfig.dev.json
App1.runtimeconfig.json
```

图 2-6　编译后的程序文件

实例 10　编译项目的 Release 版本

【导语】

在使用 dotnet build 命令进行编译时,附加-c 或-configuration 参数可以指定要编译的版本。默认情况下使用 Debug 版本(调试版本),如果希望生成 Release 版本(发布版本),则需要明确指定-c 或-configuration 参数为 Release。

【操作流程】

步骤 1:打开"命令提示符"窗口。

步骤 2:在任意位置新建一个目录,命名为 Test。

```
md Test
```

步骤 3:进入 Test 目录。

```
cd Test
```

步骤 4:创建控制台应用程序项目。

```
dotnet new console
```

步骤 5:编译项目,生成 Release 版本。

```
dotnet build − c Release
```

```
bin
└─Release
    └─netcoreapp2.0
          Test.deps.json
          Test.dll
          Test.pdb
          Test.runtimeconfig.dev.json
          Test.runtimeconfig.json
```

图 2-7　生成 Release 版本

步骤 6:编译后,输出的 Test.dll 文件就是 Release 版本,如图 2-7 所示。

实例 11　创建解决方案文件

【导语】

解决方案通常由一个或多个项目组成。使用 dotnet new sln 命令可以创建空白的解决方案文件,之后再向解决方案文件添加或删除项目。

【操作流程】

步骤 1:打开"命令提示符"窗口。

步骤 2:定位到任意目录,并在其中新建一个目录,命名为 Demos。

```
md Demos
```

步骤 3:进入 Demos 目录。

```
Happy.sln
demo1
    demo1.csproj
    Program.cs
    Startup.cs
    obj
        demo1.csproj.nuget.cache
        demo1.csproj.nuget.g.props
        demo1.csproj.nuget.g.targets
        project.assets.json
    wwwroot
demo2
    demo2.csproj
    Program.cs
    Startup.cs
    obj
        demo2.csproj.nuget.cache
        demo2.csproj.nuget.g.props
        demo2.csproj.nuget.g.targets
        project.assets.json
    wwwroot
```

图 2-8 Demos 目录的结构

```
cd Demos
```

步骤 4：创建一个解决方案文件，命名为 Happy。

```
dotnet new sln - n Happy
```

步骤 5：依次执行以下命令，创建两个 Web 项目，分别命名为 demo1 和 demo2。

```
dotnet new web - n demo1
dotnet new web - n demo2
```

步骤 6：执行完上述命令后，Demos 目录的结构应当如图 2-8 所示。

步骤 7：执行以下命令，将上面创建的 demo1 和 demo2 项目添加到 Happy 解决方案中。

```
dotnet sln Happy.sln add demo1\demo1.csproj demo2\
demo2.csproj
```

注意：由于当前目录下只有一个 Happy 解决方案，因此上面命令中可以省略 Happy.sln 文件名，即 dotnet sln add <项目文件列表>。

步骤 8：此时用文本编辑工具打开 Happy.sln 文件，可以看到对上面添加的两个项目的描述。

```
Project("{FAE04EC0 - 301F - 11D3 - BF4B - 00C04F79EFBC}") =
"demo1", "demo1\demo1.csproj", "{B65D34D6 - 05B7 - 428F - BAE8
- 2C36C96DF341}"
EndProject
Project("{FAE04EC0 - 301F - 11D3 - BF4B - 00C04F79EFBC}") =
"demo2", "demo2\demo2.csproj", "{0D373E8E - 7EEC - 45A4 - B024
- 6E2E699C9516}"
EndProject
```

步骤 9：用 Visual Studio 打开 Happy，可以看到解决方案与两个 Web 项目的关系，如图 2-9 所示。

图 2-9 在 Visual Studio 中查看解决方案

实例 12　枚举或删除解决方案中的项目

【导语】

向解决方案文件添加项目后，可以使用 dotnet sln list 命令枚举该解决方案所包含的项目。之后如果不再需要某些项目，可以使用 dotnet sln remove 命令移除。

【操作流程】

步骤 1：创建一个空的解决方案文件。

```
dotnet new sln - n MyApps
```

步骤 2：创建四个项目,其中一个是控制台应用程序项目,另外三个均为类库项目。

```
dotnet new console - n MainApp
dotnet new classlib - n ExtLib1
dotnet new classlib - n ExtLib2
dotnet new classlib - n ExtLib3
```

步骤 3：把以上四个项目都添加到解决方案中。

```
dotnet sln add MainApp\MainApp.csproj ExtLib1\ExtLib1.csproj ExtLib2\ExtLib2.csproj ExtLib3\
ExtLib3.csproj
```

步骤 4：输入以下命令可以查看刚才添加到解决方案中的项目列表。

```
dotnet sln list
```

输出结果如图 2-10 所示。

步骤 5：假设用户不需要 ExtLib2 和 ExtLib3 项目了,可以只保留 ExtLib1 项目。执行以下命令从解决方案中移除不需要的项目。

```
dotnet sln remove ExtLib2\ExtLib2.csproj ExtLib3\ExtLib3.csproj
```

步骤 6：执行完以上命令后,可以重新枚举一下解决方案中的项目列表,确认指定的项目是否被移除。

```
dotnet sln list
```

通过如图 2-11 所示的输出结果可以看到,ExtLib2 和 ExtLib3 两个项目已经被移除了。

图 2-10　解决方案中的项目列表

图 2-11　被保留的项目列表

注意：被移除的项目仅从解决方案文件的项目描述中删除,而与项目相关的目录与文件并不会删除。

实例 13　运行应用程序

【导语】

.NET Core 命令行工具运行应用程序比较简单,输入 dotnet <.dll 文件名>即可。默认情况下,编译.NET Core 应用程序后会生成依赖于框架的版本,即目标平台需要安装.NET Core 运行时类库后才能正常运行,这样可以大大节省存储空间。因此编译后仅仅输出一个扩展名为. dll 的文件,将生成的. dll 文件提供给 dotnet 命令,运行框架会自动加载并寻找程序入口点,找到入口点后应用程序就会开始执行,直到退出。

【操作流程】

步骤 1：在任意目录下,新建一个名为 Demo 的子目录。

```
md Demo
```

步骤 2：进入 Demo 目录。

```
cd Demo
```

步骤 3：新建一个控制台应用程序项目。

```
dotnet new console
```

步骤 4：编译并生成应用程序项目。

```
dotnet build
```

步骤 5：进入生成文件所在的目录(默认在 bin\Debug 子目录下)。

```
cd bin\Debug\netcoreapp2.0
```

步骤 6：运行应用程序。

```
dotnet Demo.dll
```

步骤 7：若看到控制台窗口输出"Hello World!",表示应用程序已经正常运行了。

注意：最好对. dll 文件名严格区分大小写,Windows 平台可以忽略大小写,但是 Linux 平台是必须严格区分大小写的。如本例中的文件名为 Demo. dll,如果在 Linux 系统上使用 demo. dll,是找不到目标文件的。

2.2　Visual Studio 开发环境

实例 14　使用 Visual Studio 创建项目

【导语】

Visual Studio 集成开发环境提供了从开发到调试,再到发布的一整套工具,可以更高效地管理应用程序项目。借助该开发环境的许多优秀功能,编写代码变得更简单。

本例将演示如何在 Visual Studio 开发环境中新建. NET Core 应用程序项目。

【操作流程】

步骤 1：从窗口顶部的菜单栏中执行"文件"→"新建"→"项目"命令,也可以按快捷键 Ctrl+Shift+N,或者单击工具栏上的 ▣ 按钮。

步骤 2：此时会打开"新建项目"对话框，如图 2-12 所示。

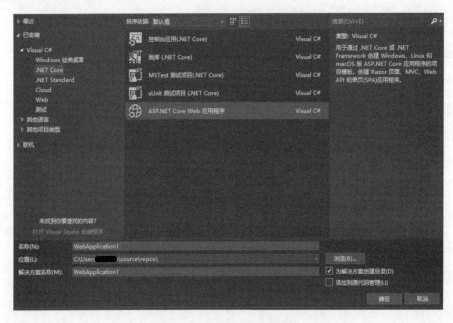

图 2-12　"新建项目"对话框

步骤 3：在对话框左边的模板分类中选择"Visual C♯"→". NET Core"。

步骤 4：对话框中间区域会列出相应的项目模板。

步骤 5：选择"控制台应用"，然后在对话框下方的输入框中输入项目和解决方案的名称，以及所存放的路径。

注意：当输入项目名称时，解决方案的名称会同步改变，即默认情况下，解决方案的名称与项目名称相同。如果不希望两者的名称相同，需要单独修改解决方案的名称。

步骤 6：输入完各个参数后，单击右下角的"确定"按钮，开发工具开始创建项目。等待项目创建完成后，会自动打开模板生成的 Program. cs 文件。

注意：扩展名. cs 是 C♯代码文件专用后缀，即 C Sharp 的缩写。

步骤 7：此时会看到如代码清单 2-1 所示的程序代码。

代码清单 2-1　Program. cs

```
using System;

namespace MyApp
```

```
{
    class Program
    {
        static void Main(string[] args)
        {
            Console.WriteLine("Hello World!");
        }
    }
}
```

步骤 8：至此，.NET Core 应用程序项目在 Visual Studio 中创建完毕。

实例 15　在 Visual Studio 中运行项目

【导语】

在上一个实例中已经创建了一个控制台应用程序项目，本实例将引导读者运行应用程序。

【操作流程】

步骤 1：对 Program.cs 文件中的代码进行修改，把"Hello World!"改为"这是我的第一个应用程序。"，然后按快捷键 Ctrl+S 保存，或单击工具栏上的 🖫 按钮保存。修改后的代码如代码清单 2-2 所示。

代码清单 2-2　修改后的 Program.cs 文件

```
using System;

namespace MyApp
{
    class Program
    {
        static void Main(string[] args)
        {
            Console.WriteLine("这是我的第一个应用程序。");
        }
    }
}
```

步骤 2：从菜单栏中执行"调试"→"开始调试"，或者按 F5 键，应用程序就会以调试模式运行。

步骤 3：此时控制台窗口一启动就退出了。那是因为应用程序已经执行完了，如果想看到窗口上输出的文件，可以在 Main 方法的最后（右大括号之前）加上一行 Console.Read 方法的调用，这样应用程序执行到这里会停下来，以等待用户的输入，如代码清单 2-3 所示。

代码清单 2-3　在 Main 方法中添加的代码

```
static void Main(string[] args)
{
    Console.WriteLine("这是我的第一个应用程序。");
    Console.Read();
}
```

步骤 4：再次运行应用程序，就能看到如图 2-13 所示的输出了。

图 2-13　应用执行时的输出

步骤 5：在系统的"任务管理器"窗口可以查看 dotnet 进程，如图 2-14 所示。

任务管理器	— □ ✕

文件(F) 选项(O) 查看(V)

进程　性能　应用历史记录　启动　用户　详细信息　服务

名称	命令行
⊕ ChsIME.exe	C:\Windows\System32\InputMethod\CHS\ChsIME.exe -Embedding
▣ conhost.exe	\??\C:\WINDOWS\system32\conhost.exe 0x4
▣ conhost.exe	\??\C:\WINDOWS\system32\conhost.exe 0x4
▣ conhost.exe	\??\C:\WINDOWS\system32\conhost.exe 0x4
▣ conhost.exe	\??\C:\WINDOWS\system32\conhost.exe 0x4
▣ csrss.exe	
▣ csrss.exe	
▱ ctfmon.exe	"ctfmon.exe"
▣ dasHost.exe	dashost.exe {e2f460eb-0aac-44bb-87ac8a695985e1a7}
▣ DataExchangeHost...	C:\Windows\System32\DataExchangeHost.exe -Embedding
◪ devenv.exe	"C:\Program Files (x86)\Microsoft Visual Studio\2017\Enterprise\Common7\IDE\devenv.exe"
▣ dllhost.exe	C:\WINDOWS\system32\DllHost.exe /Processid:{973D20D7-562D-44B9-B70B-5A0F49CCDF3F}
▣ dllhost.exe	C:\WINDOWS\system32\DllHost.exe /Processid:{AB8902B4-09CA-4BB6-B78D-A8F59079A8D5}
▣ dotnet.exe	"C:\Program Files\dotnet\dotnet.exe" exec "C:\Users\aummu\source\repos\MySub\MyApp\bin\Debug\netcoreapp2.0\MyApp.dll"
▣ dwm.exe	"dwm.exe"
◪ explorer.exe	C:\WINDOWS\Explorer.EXE
▣ fontdrvhost.exe	"fontdrvhost.exe"
▣ fontdrvhost.exe	"fontdrvhost.exe"
▣ IpOverUsbSvc.exe	"C:\Program Files (x86)\Common Files\Microsoft Shared\Phone Tools\CoreCon\11.0\bin\IpOverUsbSvc.exe"
▣ lsass.exe	C:\WINDOWS\system32\lsass.exe
▣ Microsoft.Photos.e...	"C:\Program Files\WindowsApps\Microsoft.Windows.Photos_2018.18022.15810.1000_x64__8wekyb3d8bbwe\Microsoft.Photos.exe...
⊞ MSASCuiL.exe	"C:\Program Files\Windows Defender\MSASCuiL.exe"
▣ MSBuild.exe	C:\Program Files (x86)\Microsoft Visual Studio\2017\Enterprise\MSBuild\15.0\Bin\MSBuild.exe /nologo /nodemode:1 /nodeReus...

⊙ 简略信息(D)　　　　　　　　　　　　　　　　　　　　　　　　　　　　　　　　　结束任务(E)

图 2-14　dotnet 命令行工具出现在进程列表中

并且，dotnet 进程中附加的命令行参数如下：

"<.NET Core 运行时路径>\dotnet.exe" exec "<应用程序项目路径>\<应用程序名称>.dll"

这表明 Visual Studio 在运行应用程序时是执行了 dotnet 命令的。

步骤6：如果在执行应用程序时不希望加载调试信息，可以执行"调试"→"开始执行（不调试）"命令，或者使用快捷键 Ctrl＋F5。

实例16　显示代码行号

【导语】

行号就是为每一行代码进行编号。在代码编辑器中显示代码的行号，可以快速定位代码的位置。

【操作流程】

步骤1：执行"工具"→"选项"命令，打开"选项"对话框。

步骤2：在左边菜单中找到"文本编辑器"菜单项，然后选择一种编程语言，如图 2-15 所示。

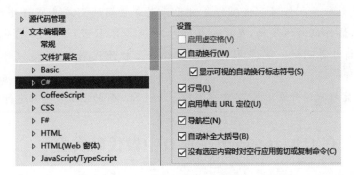

图 2-15　定位文本编辑器选项

步骤3：在对话框右边的选项卡中，勾选"行号"复选框，然后单击对话框右下方的确定按钮即可保存。

步骤4：如果需要所有编程语言的代码都显示行号，可以在"文本编辑器"命令中选择"所有语言"，再勾选"行号"复选框即可，如图 2-16 所示。

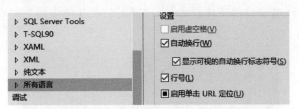

图 2-16　让所有代码显示行号

步骤5：关闭对话框时，记得单击"确定"按钮保存设置。

步骤6：现在代码编辑器的左侧就会显示代码行号了，如图 2-17 所示。

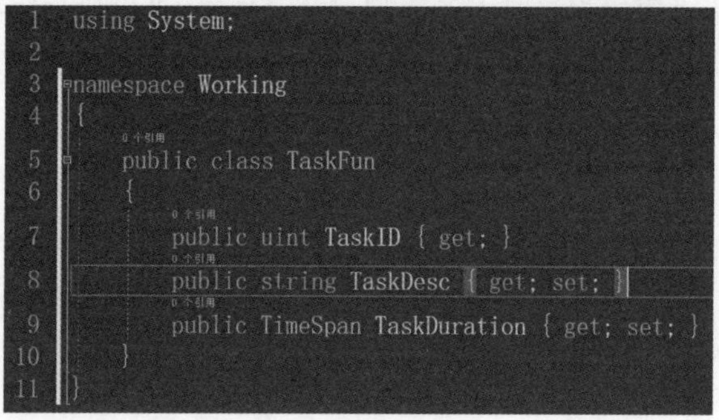

图 2-17 代码行号

注意：无论是编译错误，还是调试信息，Visual Studio 都能够智能地定位代码位置，因此可以隐藏代码行号。但显示代码行号对于开发者之间的交流是有好处的，例如对于一份由团队协作编写的代码，在讨论代码时，A 可以跟 B 说："第 26 行代码那里似乎逻辑不对，请你再测试一下。"，B 在自己的机器上打开代码文件，通过行号可以快速找到第 26 行代码。

对于有一定规模的开发团队，可考虑使用 Visual Studio 的团队服务来进行代码审核评定。

实例 17　在 C♯ Interactive 窗口中做代码实验

【导语】

C♯ Interactive(C♯ 交互)是 Visual Studio 的子窗口，可以在窗口中直接编写代码，无须新建项目。此功能非常适用于编写简单的程序代码，即可用于做代码实验。例如需要测试一个 Environment 类的 MachineName 属性会返回什么内容，这种情况下没有必要刻意新建一个项目做测试，可以在 C♯ Interactive 窗口中直接编写代码来实验。

【操作流程】

步骤 1：在开发环境窗口的菜单栏中执行"视图"→"其他窗口"→"C♯ 交互"命令，打开 C♯ Interactive 窗口，如图 2-18 所示。

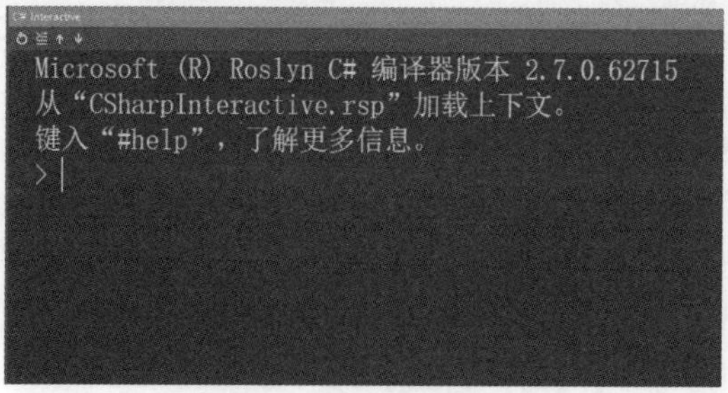

图 2-18　C♯ Interactive 初始化

步骤 2：以列举所有受支持的区域与语言信息为例。输入一行 using 指令，然后按下 Enter 键确定，引入需要的命名空间，输入代码如下。

```
> using System.Globalization;
```

注意：代码前面的"＞"是交互脚本在代码的行首自动生成的字符，不属于代码部分。

步骤 3：输入以下代码，获取并输出各个区域/语言的标识、显示名称及 LCID 值。

```
> using System.Globalization;
> var cultures = CultureInfo.GetCultures(CultureTypes.AllCultures);
> foreach(var c in cultures) {
. Console.WriteLine( $ "{c.Name, -20}{c.LCID, -10}{c.DisplayName, -30}");
. }
```

在上面代码中，首先调用 GetCultures 静态方法返回一个 CultureInfo 类型的数组，然后使用 foreach 语句访问数组中的每个 CultureInfo 对象，分别通过 Name、DisplayName、LCID 三个属性获取所需信息。

步骤 4：输入完代码后，按下 Enter 键，代码脚本会进行编译并且执行，最后会在 C♯ Interactive 窗口中输出如图 2-19 所示的内容。

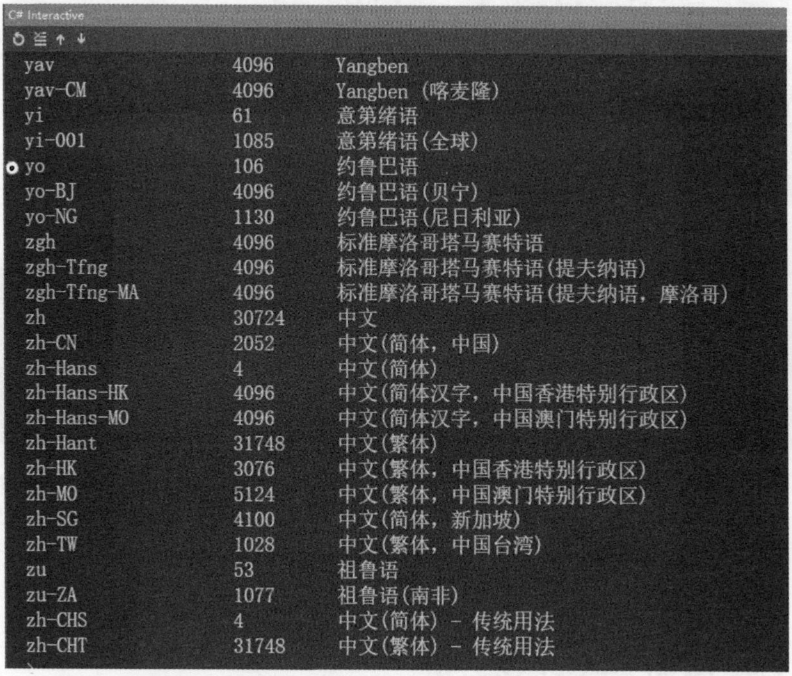

图 2-19 输出区域/语言信息

注意：在 C♯ Interactive 窗口中，输入♯clear 或♯cls，可以清空窗口中的显示内容，输入♯reset 可以重置脚本，即重新初始化。

一旦按下 Enter 键提交后，代码就无法修改了，如果输错了，只能重新输入。

实例 18　在解决方案中添加和移除项目

【导语】

一个解决方案可以包含一个或多个项目，在创建项目时会默认创建一个解决方案，并且将该项目添加到解决方案中。在 Visual Studio 的"解决方案资源管理器"窗口中，用户可以很轻松地添加或移除应用程序项目。

【操作流程】

步骤 1：新建一个控制台项目，项目名称为 Demo1，解决方案名称为 MySub，如图 2-20所示。

步骤 2：打开"解决方案资源管理器"窗口，在解决方案名称上右击，从菜单中执行"添加"→"新建项目..."命令，选择.NET Core 模板中的类库项目，命名为 Demo2。添加新项目后，"解决方案资源管理器"窗口中的结构如图 2-21 所示。

图 2-20　新建第一个项目　　　　　图 2-21　此时解决方案中有两个项目

步骤 3：如果需要移除 Demo2 项目，可以在项目名称上右击，从菜单中执行"删除"命令即可。

实例 19　添加 NuGet 包引用

【导语】

NuGet 包是专为.NET 开发者建立的开源项目平台，它已成为 Visual Studio 的一个工具,能够简便轻松地在项目中添加各种组件。

以添加 PdfSharpCore 组件为例,演示如何在项目中引用 NuGet 包。

【操作流程】

步骤 1:参考实例 18,在 Visual Studio 中新建一个控制台应用程序项目。

步骤 2:打开"解决方案资源管理器"窗口,在"依赖项"结点上右击,从菜单中选择"管理 NuGet 程序包",如图 2-22 所示。

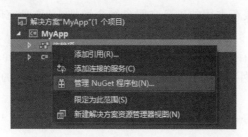

图 2-22　"管理 NuGet 程序包"菜单

步骤 3:在搜索框中输入"PdfSharpCore",选中查找结果中的 PdfSharpCore 组件,在窗口右侧窗格中单击"安装"按钮(如图 2-23 所示),Visual Studio 会自动引用组件。

图 2-23　安装 NuGet 包

步骤 4:此时,在"依赖项"→NuGet 结点下可以看到 PdfSharpCore 组件,如图 2-24 所示。

图 2-24　PdfSharpCore 已添加到项目中

若要删除已引用的 NuGet 包,先将其选中,然后按下 Del 键或从快捷菜单中执行"移除"命令。

实例 20　清除 NuGet 包缓存

【导语】

下载 NuGet 包时,程序包会存储在本地计算机,因此会产生缓存文件。如果安装的 NuGet 程序包比较多,缓存占用的磁盘空间自然会增加,当磁盘空间紧张(或有些程序包不再使用)的情况下,可以考虑清理缓存。

NuGet 程序包的缓存目录一般位于 C:\Users\<用户名>\. nuget\packages,除了进入此目录手动删除程序包外,Visual Studio 本身也提供了清理缓存的功能,具体操作如下。

【操作流程】

步骤 1:在 Visual Studio 开发环境中,从菜单栏中依次执行"工具"→"选项"命令,打开"选项"对话框。

步骤 2:从左边的导航窗格中选择"NuGet 包管理器",右边的内容页中会看到一个"清除所有 NuGet 缓存"按钮,单击它就可以清除 NuGet 程序包缓存了,如图 2-25 所示。

图 2-25　清除 NuGet 包缓存

实例 21　保存窗口布局

【导语】

Visual Studio 支持保存子窗口的布局,在需要的时候可以迅速套用。此功能适用于特定偏好的开发者。例如,在开发 Web 应用程序项目时可以使用自己感觉最"顺手"的窗口布局方案;在开发其他类型的应用程序项目时,可以快速切换到另一个布局。

本实例将演示如何保存窗口布局,并在两个布局方案中进行切换。

【操作流程】

步骤 1：启动 Visual Studio 开发环境。

步骤 2：通过"视图"菜单的子菜单，分别打开"解决方案资源管理器""类视图""输出"三个窗口。

步骤 3：把"类视图"窗口放在左侧，"解决方案资源管理器"窗口放在右侧，并把"输出"窗口放在主窗口的底部，如图 2-26 所示。

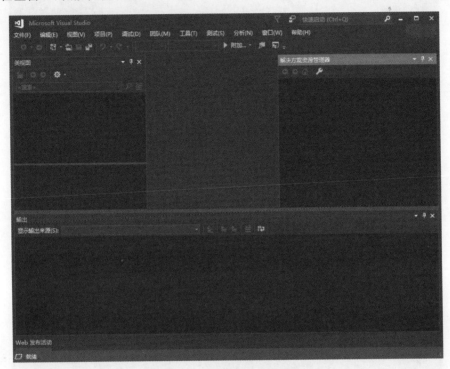

图 2-26　三个子窗口的位置

步骤 4：在菜单栏中执行"窗口"→"保存窗口布局"命令，会弹出一个要求输入布局方案的名称的对话框，输入"布局方案 1"，并单击"确定"按钮，如图 2-27 所示。

步骤 5：依照步骤 2 的方法，通过"视图"菜单分别打开"属性"窗口和"工具箱"窗口。并将"属性"窗口放在主窗口左侧，"工具箱"窗口放在主窗口右侧，布局如图 2-28 所示。

步骤 6：也将此布局保存，命名为"布局方案 2"。

步骤 7：此时在"窗口"→"应用窗口布局"的子菜单下，就能看到刚刚保存的两个布局方案了。单击其中一个就可以进行布局切换。

步骤 8：执行"窗口"→"管理窗口布局"命令，打开"管理窗口布局"对话框，如图 2-29 所示。

步骤 9：在该对话框中，用户可以对布局方案重命名、重新排序和删除。

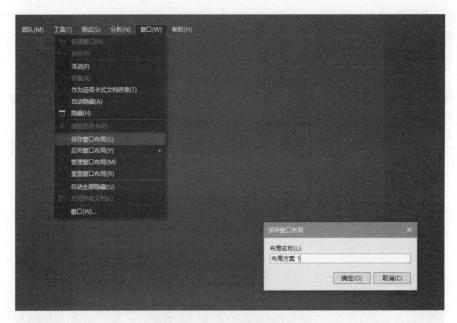

图 2-27　输入布局方案名称

图 2-28　"属性"窗口与"工具箱"窗口的布局

图 2-29 "管理窗口布局"窗口

实例 22 给代码打书签

【导语】

在某行代码上打上书签,在阅读代码时可以快速定位,其用途与现实世界中的书签是相同的。

【操作流程】

步骤 1:打开任意代码文档。

步骤 2:在代码文档中找到要添加书签的代码行,并在该行中任意位置单击,此时,该行周围会出现一个矩形框,如图 2-30 所示。

图 2-30 确定代码行

步骤 3:执行菜单"编辑"→"书签"→"切换书签"命令。书签添加成功后,会在代码编辑器左侧显示 图标。

步骤 4:再次执行"切换书签"命令,可以取消该行的书签。

步骤 5:当书签数量较多时,还可以执行"视图"→"其他窗口"→"书签窗口"命令,打开"书签"窗口。在"书签"窗口中,可以对所有书签进行统一管理,还可以重命名书签,如图 2-31 所示。

图 2-31 "书签"窗口

2.3 代码注释

实例 23 单行注释

【导语】

单行注释只对当前行有效,而且只能写一行注释(自动换行除外)。注释以"//"开头,"//"之后的内容皆被视为注释。

代码注释不参加编译,主要用途是说明代码的功能或调用时要注意的事项,方便人们阅读和理解代码。在编程过程中应当养成写注释的好习惯,既方便他人,也方便自己。

【操作流程】

下面注释为三行,由于"//"只能注释一行,所以每一行开头都要写上"//"。

```
//第一行注释
//序列化一个对象
//可以选用 XML 或 JSON 格式
```

但是以上写法并不完美,"//"与后面的内容距离太近,不便于阅读。可以考虑在"//"之后加入空格,例如下面这样读起来会更舒适。

```
// 第一行注释
// 序列化一个对象
// 可以选用 XML 或 JSON 格式
```

实例 24 多行注释

【导语】

多行注释可以将一行或多行标记为注释,格式是以"/*"开始,以"*/"结尾。"/*"与"*/"在代码文档中必须成对出现。

【操作流程】

以下注释为多行注释,在注释块的起始加上"/*",在注释块的结尾加上"*/"。

```
/* ----------------
   作者:Mr Lu
   修订日期:3 月 5 日
   修订版本号:v1.1
   开发组:A 组
   ----------------- */
```

实例 25 文档注释

【导语】

文档注释是针对代码文档结构而设定的,它可以将类型或类型成员的详细说明文本提供给调用代码的开发者,并且文档注释也会显示在 Visual Studio 代码编辑器的智能提示中。

文档注释通常以"///"开头,而且会使用特定的 XML 元素。常见的文档注释元素如下:

(1)< summary >:摘要。概括性的描述,一般用于类型和类型成员(如属性、事件、方法等)。

(2)< param >:用来描述方法参数,需要指定 name 值,使注释内容与对应的参数关联。

(3)< returns >:用来描述方法的返回值。

(4)< see >:可以从当前注释中链接到其他类型。

(5)< remarks >:备注信息,可作为< summary >的补充。

【操作流程】

步骤 1:声明一个 Person 类,其中包含两个属性。

```
public abstract class Person
{
    public string Name { get; set; }
    public int Age { get; set; }
}
```

步骤 2:分别为 Person 类以及它的成员写文档注释。

```
/// < summary >
/// 该类表示某个人的基本信息
/// </summary>
/// < remarks >它是一个抽象类,不能直接实例化</remarks>
public abstract class Person
{
    /// < summary >
    /// 姓名
    /// </summary>
    public string Name { get; set; }

    /// < summary >
    /// 年龄。该属性的值为< see cref = "System.Int32"/>类型
    /// </summary>
    public int Age { get; set; }
}
```

步骤 3:当在代码中使用 Person 类时,文档注释会出现在智能提示中,如图 2-32 所示。

图 2-32　智能提示中的文档注释

2.4　发布.NET Core 应用项目

实例 26　在 Visual Studio 中发布.NET Core 应用

【导语】

当应用程序的开发与测试工作完成后,将其发布之后就可以在其他机器上运行了。对于 ASP.NET Core 项目,一般发布后会上传到服务器中运行。

本实例演示将如何通过 Visual Studio 开发环境提供的发布向导界面来发布应用程序项目。

【操作流程】

步骤 1:在 Visual Studio 中新建一个控制台应用程序项目。

步骤 2:打开"解决方案资源管理器"窗口,右击项目名称,从打开的菜单中选择"发布"命令,如图 2-33 所示。

步骤 3:对于一般应用程序,仅支持文件目录方式发布,也就是将发布后的文件复制到指定的目录中。默认发布目录位于当前项目的 bin\Release\PublishOutput 子目录中,如果需要更改目录,可以单击"浏览"按钮,然后选择一个目录,如图 2-34 所示。

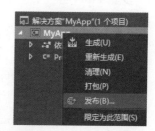

图 2-33　执行"发布"命令

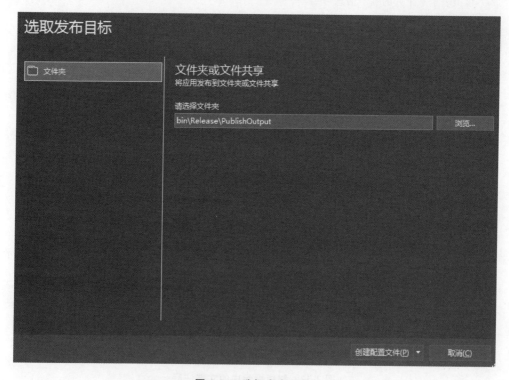

图 2-34　选择发布目录

　　步骤 4：向导对话框右下角的按钮旁边有一个下三角按钮，单击后可以选择发布行为。可选项为"创建配置文件"和"立即发布"。选择"立即发布"后会马上启动发布操作，对应用程序代码进行编译并把生成的文件复制到发布目录中。笔者建议选用"创建配置文件"，这样可以先对相关参数进行设置，再执行发布行为。

　　步骤 5：如图 2-35 所示，如果需要修改配置参数，可以单击"设置"链接，如图 2-36 所示，修改完成后单击"确定"按钮保存。

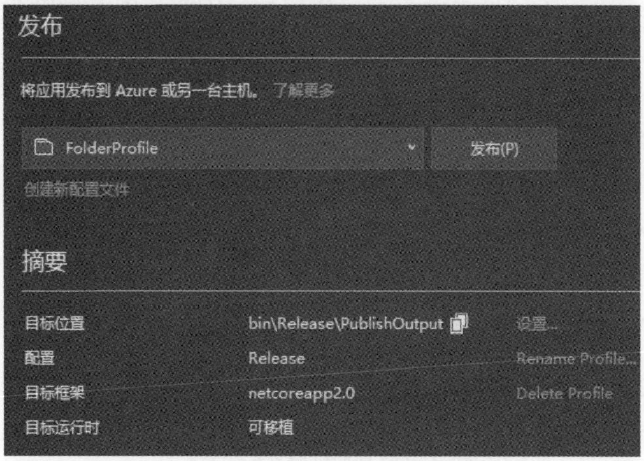

图 2-35　新建的发布配置

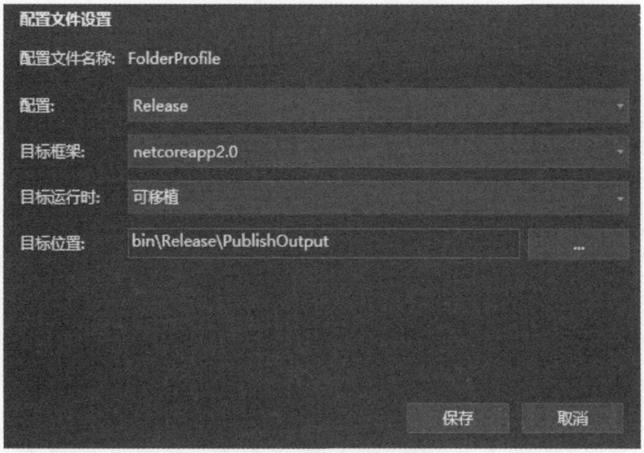

图 2-36　修改发布配置

　　步骤 6：单击"发布"按钮，发布操作随即启动，等待其自动完成即可。

注意：普通应用只可以采用目录方式发布，而对 ASP. NET Core 应用程序项目而言，不仅可以将应用程序发布到指定目录，还可以将项目发布到远程服务器上，例如使用 FTP 上传，或直接发布 Web 应用到 Azure 云上。

实例 27 使用 Visual Studio 发布可独立运行的项目

【导语】

默认发布所生成的应用程序文件,必须依赖 .NET Core 运行库才能正常运行。而通过手动定义特定的目标平台,能够生成可以直接运行的应用程序,即前面提到的"自包含"模式。

使用"自包含"模式发布的程序文件可以直接复制到目标机器上运行,无须事先安装 .NET Core Runtime。由于该发布方式会把依赖的 .NET 类库复制到发布目录中,所以显而易见的缺点就是文件体积大,会出现许多重复文件。

【操作流程】

步骤 1:在"解决方案资源管理器"窗口中右击项目名称,执行"编辑<项目名称>.csproj"命令,其中,<项目名称>.csproj 是项目文件。

步骤 2:此时会用文本编辑器打开项目文件,项目文件本身就是一个 XML 文档。.NET Core 应用程序的项目文件比较简洁,主体内容如下。

```
< Project Sdk = "Microsoft.NET.Sdk">

  < PropertyGroup >
    < OutputType > Exe </OutputType >
    < TargetFramework > netcoreapp2.0 </TargetFramework >
  </PropertyGroup >

</Project >
```

其中 TargetFramework 元素指定目标框架的版本,目前版本号为 2.0。

步骤 3:在 PropertyGroup 结点下添加 RuntimeIdentifiers 元素,并指定目标平台。

```
< PropertyGroup >
  ...
  < RuntimeIdentifiers > win - x64;linux - x64;osx - x64 </RuntimeIdentifiers >
</PropertyGroup >
```

上面配置使应用程序分别支持 64 位的 Windows、Linux 和 MacOS 操作系统。多个平台标识之间用半角分号隔开。

注意:RuntimeIdentifiers 元素支持添加多个目标平台,也可以使用 RuntimeIdentifier,但 RuntimeIdentifier 元素只能添加单个目标平台。例如:

```
< RuntimeIdentifier > win10-x64 </RuntimeIdentifier >
```

步骤 4:保存并关闭文本编辑窗口,重新打开发布配置文件设置对话框,此时"目标运行时"的下拉列表框中能够选择目标平台,如图 2-37 所示。

步骤 5:选择一个平台(例如 win-x64),然后就可以发布特定平台的应用程序了,而且

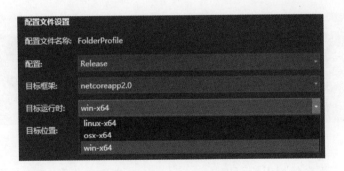

图 2-37 可以选择目标平台

此发布方式所生成的文件是"自包含"模式的。

如图 2-38 所示,发布后生成的文件列表有三部分:第一部分是 .NET Core 类库文件;第二部分是一个 .exe 文件;第三部分是一个 .dll 文件。应用程序代码编译到 .dll 文件中,而 .exe 文件仅作为程序启动器。

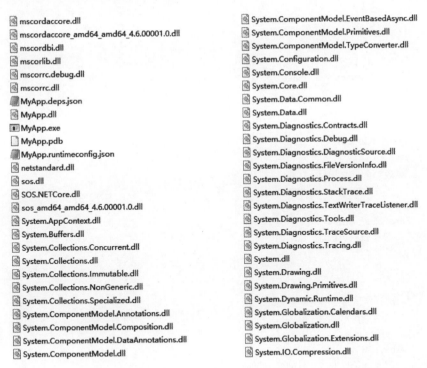

图 2-38 "自包含"发布后输出的文件

步骤 6:在"命令提示符"窗口中输入 .exe 文件的名字,可以直接运行应用程序,如图 2-39 所示。

图 2-39   直接运行应用程序

用于指定各个平台的标识符可以从 runtime. json 文件中获取，该文件默认存储在 C：\ Program Files\dotnet\sdk\NuGetFallbackFolder\microsoft. netcore. platforms\<版本号> 目录下。以下摘录该文件的部分内容(参见代码清单 2-4)。

代码清单 2-4   runtime. json 文件(局部)

```
{
    "runtimes": {
        "base": {
        },

        "any": {
            "#import": [ "base" ]
        },

        "android": {
            "#import": [ "any" ]
        },
        "android - arm": {
            "#import": [ "any" ]
        },
        "android - arm64": {
            "#import": [ "any" ]
        },
            ...

        "win": {
            "#import": [ "any" ]
        },
        "win - x86": {
            "#import": [ "win" ]
        },
        "win - x64": {
            "#import": [ "win" ]
        },
            ...
```

```
"win10": {
    " # import": [ "win81" ]
},
"win10 - x86": {
    " # import": [ "win10", "win81 - x86" ]
},
"win10 - x64": {
    " # import": [ "win10", "win81 - x64" ]
},
    ...

"unix": {
    " # import": [ "any" ]
},
"unix - x64": {
    " # import": [ "unix" ]
},
    ...

"osx": {
    " # import": [ "unix" ]
},
"osx - x64": {
    " # import": [ "osx", "unix - x64" ]
},

"osx.10.10": {
    " # import": [ "osx" ]
},
"osx.10.10 - x64": {
    " # import": [ "osx.10.10", "osx - x64" ]
},

    ...

"linux": {
    " # import": [ "unix" ]
},
"linux - x64": {
    " # import": [ "linux", "unix - x64" ]
},
    ...

"centos": {
    " # import": [ "rhel" ]
```

```
        },
        "centos - x64": {
            "♯ import": [ "centos", "rhel - x64" ]
        },
          ...

        "opensuse. 42. 1 - corert": {
            "♯ import": [ "opensuse. 13. 2 - corert", "opensuse. 42. 1" ]
        },
        "opensuse. 42. 1 - x64 - corert": {
            " ♯ import": [ " opensuse. 42. 1 - corert", " opensuse. 13. 2 - x64 - corert",
"opensuse. 42. 1 - x64" ]
        },

    }
}
```

其中，♯import 属性表示向下兼容。例如，win-x64 可以兼容 win7-x64 和 win10-x64，ubuntu-x86 可以兼容 ubuntu.15.04-x86。

实例 28　使用 dotnet 命令行工具发布"自包含"项目

【导语】

除了可通过 Visual Studio 开发环境来发布"自包含"项目（即可以独立运行的项目）外，还可以使用. NET Core 命令行工具——dotnet 来发布。

在使用 dotnet 工具发布项目之前，可以使用实例 27 中介绍的方法编辑项目文件，在文件中加入< RuntimeIdentifiers >或< RuntimeIdentifier >元素，以指定要发布的目标平台，当然这是可选的。当没有在项目文件中指定目标平台时，编译器也能根据传递给 dotnet 命令的-r 参数来输出符合目标平台的可执行文件（能在目标平台上直接运行的文件）。

【操作流程】

步骤 1：在任意目录下新建一个目录，命名为 Demo。

```
md Demo
```

步骤 2：进入 Demo 目录。

```
cd Demo
```

步骤 3：创建一个新的控制台应用程序项目。

```
dotnet new console
```

步骤 4：本例将发布可以在 Debian（Linux 系统）上独立运行的应用程序，输入以下命令：

```
dotnet publish – c release – r debian – x64
```

其中-c参数指定要生成的版本,在调试阶段,可以指定为debug版本;在正式发布时,应当使用release版本。本实例直接使用release版本,该版本会生成极少(或者没有)调试信息,可提升程序执行效率。-r参数指定目标平台,例如win7-x64、linux-x86、ubuntu-x64等,本实例使用debian-x64。

注意:-r参数只能指定一个目标平台,如果有多个要发布的目标平台,可以多次执行dotnet
　　　publish命令,并且指定不同的-r参数。

　　步骤5:执行完发布命令后,在"\bin\release\netcoreapp<版本号>\<目标平台>"目录下会生成应用程序文件,并且在publish子目录下会包含应用程序文件以及依赖的所有运行时库。

　　步骤6:在Debian系统上执行发布的应用程序前,需要安装两个依赖的包,请执行以下命令进行安装:

```
sudo apt install libunwind8 libicu57
```

ICU软件包支持对UTF-8等Unicode编码的处理。

　　步骤7:把publish目录下的所有文件复制到Debian系统上。

　　步骤8:定位到Demo文件所在目录。

```
cd <具体路径>
```

　　步骤9:输入程序文件名,即可执行。

```
. /Demo
```

注意:在Linux操作系统上执行程序文件,需要在文件前面加上"./"。

　　步骤10:如果输出"Hello World!",说明程序已正常运行。

第 3 章

C♯语言基础

在本章节中,读者将学习到以下内容:

- 使用命名空间;
- 变量与常量;
- 声明程序入口点;
- 流程控制。

3.1 命名空间

实例 29 使用 namespace 关键字

【导语】

命名空间有两个作用:一是把各种类型按照用途进行分组,二是解决命名冲突。

第一个作用是将类型归类,例如在. NET 类库中,有一个 System. Security. Cryptography 命名空间,根据其命名,可以知道在该命名空间下面的类型与安全技术有关,并且包含用于加密或解密的 API。

对于第二个作用,假设用户在程序代码声明两个类型,它们的名字都是 P,虽然名字相同,但两个 P 类型的功能是完全不同的。为了解决同名冲突,就可以分别把两个 P 类型放在不同的命名空间下,例如第一个 P 类型放在 N1 命名空间下,全名称为 N1. P,再把第二个 P 类型放在 N2 命名空间下,全名称为 N2. P。这样 N1. P 与 N2. P 就不再发生命名冲突了。

定义命名空间使用 namespace 关键字,定义后就可以将类型放置在命名空间中。

【操作流程】

步骤 1:在 Visual Studio 开发环境中新建控制台应用程序项目。

步骤 2:新建项目后,会自动打开项目模板生成的 Program. cs 文件。从生成的代码中可以看到,默认的命名空间与项目名字相同,例如,用户给项目命名为 Demo,那么代码默认的命名空间同样为 Demo。如代码清单 3-1 所示。

代码清单 3-1 模板生成的命名空间

```
namespace Demo
{
    ...
}
```

在 Demo 命名空间下，有一个 Program 类（用 class 关键字声明），Program 类下面还有一个 Main 方法，它是整个程序的入口点，即应用程序会从 Main 方法开始执行，当退出 Main 方法后，程序也随之退出。完整结构如代码清单 3-2 所示。

代码清单 3-2 模板生成的完整程序结构

```
using System;

namespace Demo
{
    class Program
    {
        static void Main(string[] args)
        {
            Console.WriteLine("Hello World!");
        }
    }
}
```

步骤 3：在项目生成的命名空间外（即命名空间的右大括号外）另起新行，使用 namespace 关键字声明一个 Test 命名空间。

```
namespace Test
{
}
```

注意：命名空间是一种容器，里面可以包含类型，属于代码块，因此在命名空间后面要加上一对大括号。

步骤 4：在定义好的 Test 命名空间两个大括号之间定义一个 Car 类。声明类使用 class 关键字，class 也是一种类型。

```
namespace Test
{
    public class Car
    {

    }
}
```

注意：类型内部可以包含类型成员，因此类定义之后也要附加一对大括号。

步骤 5：在 Car 类中再定义一个方法。

```
namespace Test
{
    public class Car
    {
        public void Run()
        {
            Console.WriteLine("开车啦。");
        }
    }
}
```

当调用 Run 方法时，会在控制台窗口输出文本信息。

步骤 6：回到 Program 类的 Main 方法，用以下代码替换默认生成的代码。

```
static void Main(string[] args)
{
    Test.Car c = new Test.Car();
    c.Run();
}
```

上面代码首先声明一个 Car 类型的变量 c，并且通过 new 关键字进行实例化，然后调用 Run 方法。

步骤 7：按 F6 快捷键生成解决方案。

步骤 8：打开"命令提示符"窗口，定位到项目文件目录下的 \bin\Debug\netcoreapp<版本号>子目录下。

步骤 9：输入以下命令，执行应用程序。

```
dotnet <项目名称>.dll
```

步骤 10：如果看到输出文本"开车啦"，说明程序已经正确执行。

实例 30　嵌套命名空间

【导语】

命名空间下面不仅可以包含类型，还可以嵌套命名空间。即命名空间 A 下面可以包含命名空间 B，命名空间 B 下面还可以包含命名空间 C。

【操作流程】

步骤 1：新建控制台应用程序，命名为 Demo。

步骤 2：在生成的 Demo 命名空间之外，另声明一个命名空间，命名为 NTest。

```
namespace NTest
{

}
```

步骤 3：在 NTest 命名空间下再声明两个命名空间，分别命名为 NSub1、NSub2。

```
namespace NTest
{
    namespace NSub1
    {

    }

    namespace NSub2
    {

    }
}
```

步骤 4：在 NSub1 命名空间下声明一个类，命名为 WorkTask。

```
class WorkTask
{

}
```

步骤 5：在 NSub2 命名空间下，声明一个名为 Tool 的结构。

```
struct Tool
{

}
```

此时 NTest 命名空间的内部结构如代码清单 3-3 所示。

代码清单 3-3　NTest 命名空间的完整代码

```
namespace NTest
{
    namespace NSub1
    {
        class WorkTask
        {

        }
    }

    namespace NSub2
```

```
    {
        struct Tool
        {

        }
    }
}
```

步骤 6：回到 Program 类的 Main 方法，在方法体中分别使用刚才定义的两个类型来声明变量。

```
static void Main(string[] args)
{
    NTest.NSub1.WorkTask v1 = null;
    NTest.NSub2.Tool v2;
}
```

引用类型时，加上其所在的命名空间名字，每一层命名空间用半角句点分隔。

注意：嵌套命名空间主要是以".""运算符分隔。在实际编写代码时，并不一定要求命名空间之间有嵌套格式，例如本实例中的代码结构也可以写为：

```
namespace NTest.NSub1
{
    class WorkTask
    {

    }
}
namespace NTest.NSub2
{
    struct Tool
    {

    }
}
```

实例 31   引入命名空间

【导语】

使用 using 指令可以在代码中引入命名空间。引入命名空间后，在代码中访问某个类型时就不必敲入命名空间的名字，使代码更简洁，可读性更高。

using 指令可以在以下两处使用：

（1）代码文件顶部，在所有代码之前。此处所引入的命名空间，可以在整个代码文件中使用。不管当前代码文件中有多少个命名空间，有多少个类型，均可使用。

（2）在某个命名空间内。此处只在当前命名空间内有效，在当前命名空间以外不可用。
本实例将以 System. Collections 命名空间下的类型进行演示。

【操作流程】

步骤 1：新建一个控制台应用程序项目。

步骤 2：此时会自动打开 Program. cs 文件。文档顶部默认已经引入了 System 命名空间，在第一行 using 指令后面，引入 System. Collections 命名空间。

```
using System;
using System.Collections;
```

步骤 3：在 Main 方法中实例化一个 ArrayList 对象，并向其中添加三个字符串实例。

```
ArrayList mylist = new ArrayList();
mylist.Add("Tom");
mylist.Add("Jim");
mylist.Add("Jack");
```

ArrayList 是一个容量可自动增长的数组类型，可以向其添加任意类型的元素。

如果没有使用 using 指令引入 System. Collections 命名空间，那么在访问 ArrayList 类的时候就必须写上完整的命名空间，例如：

```
System.Collections.ArrayList mylist = new System.Collections.ArrayList();
```

这样代码会变得冗长，而且阅读起来也不方便。尤其是在一个代码文件中多处使用同一个命名空间时，通过 using 指令在文档的顶部引入后，不必在代码中重复输入命名空间。

步骤 4：输出 ArrayList 对象中所有元素。

```
foreach(object o in mylist)
{
    Console.WriteLine(o);
}
```

图 3-1　输出 ArrayList
实例中的元素

步骤 5：运行应用程序，输出结果如图 3-1 所示。

实例 32　在命名空间内部引入其他命名空间

【导语】

using 指令既可以在代码文档的顶部使用，也可以在某个命名空间内部使用，此时要注意所引入的命名空间只在当前命名空间中有效。

【操作流程】

步骤 1：新建一个控制台应用程序项目，并命名为 Demo。

步骤 2：在生成的 Program. cs 文件中，会创建默认的 Demo 命名空间。请读者手动把 Demo 命名空间外部的 using 指令代码（模板默认生成）删除。

步骤 3：在 Demo 命名空间内部加入以下 using 指令。

```
namespace Demo
{
    using System;
    using System.Collections.Generic;
...
}
```

步骤 4：实例化一个 List＜int＞对象，并添加 4 个元素。

```
List < int > list = new List < int >
{
    100,200,300
};
```

如果不引入 System.Collections.Generic 命名空间，那么在访问 List＜T＞类时就要写上完整的命名空间。

```
System.Collections.Generic.List < int > list = new System.Collections.Generic.List < int >
{
    100,200,300
};
```

注意：由于 System. Collections. Generic 命名空间是在 Demo 命名空间中引入的，所以在 Demo 命名空间以外的代码要访问 List＜T＞类就必须使用 System. Collections. Generic. List＜T＞，而不能直接使用 List＜T＞。

实例 33　使用全局命名空间

【导语】

应用程序项目隐藏着一个根命名空间，即全局命名空间。全局命名空间可以包含项目中的所有类型的访问范围，包括项目中所引用的其他组件。

由于根命名空间是隐式存在的，它没有明确的名称，所以访问它就必须使用 global 关键字。该关键字一般用来解决类型与命名空间的命名冲突问题，在以下实例中进行演示。

【操作流程】

步骤 1：新建控制台应用程序项目。

步骤 2：在 Program 类中声明一个嵌套的类，命名为 System。

```
class Program
{
    public class System { }
    static void Main(string[] args)
    {

    }
}
```

步骤 3：在 Main 方法中尝试实例化 System.Version 类。

```
System.Version v = new System.Version();
```

此时会发生错误，因为此处被识别为上面定义的 System 类，而且 System 类中没有嵌套的 Version 类，即编译器把 System.Version 识别为 System 类的嵌套类 Version。

步骤 4：如果要使用 System 命名空间下的 Version 类，就必须显式加上 global 关键字，通过全局命名空间强制指向 System 命名空间下的 Version 类。

```
global::System.Version v = new global::System.Version();
```

此时，编译器就能正确识别 System.Version 类。

实例 34　为引入的命名空间设置别名

【导语】

尽管命名空间在类型声明阶段解决了命名冲突的问题，然而该冲突在引入命名空间后依然会出现。例如，命名空间 A 下面有一个 Product 类，完整名称为 A.Product；命名空间 B 下面也有一个 Product 类，完整名称为 B.Product。如果将 A、B 两个命名空间同时引入，那么在代码中直接访问 Product 类会发生歧义，即编译器无法判断使用了哪个命名空间下的 Product 类。

如果命名空间的名称比较短（如上面举例中的 A、B），则访问类型时可以把命名空间写全，即在代码中使用 A.Product 或 B.Product；但是如果命名空间的名称很长，在代码中访问类型会显得冗长。例如把上面举例中的 A 命名空间改为 Company.Parts.WorkItems，把 B 命名空间改为 Company.Parts.CheckedItems，那么访问 Product 类时就要写上 Company.Parts.WorkItems.Product 或 Company.Parts.CheckedItems.Product。很明显，这样写出来的代码并不简洁。

要解决这个问题，可以在引入命名空间时分配一个别名。例如为上面的 Company.Parts.WorkItems 分配一个别名 W，这样访问 Product 类时就可以写上 W.Product。

【操作流程】

步骤 1：新建一个控制台应用程序项目。

步骤 2：在 Program.cs 文件中定义两个命名空间。

```
namespace Organization.Component.Extensions
{

}
namespace Organization.Component.MainParts
{

}
```

步骤 3：在以上两个命名空间内，分别声明一个 BackgroundWork 类。

```
namespace Organization.Component.Extensions
{
    public class BackgroundWork { }
}
namespace Organization.Component.MainParts
{
    public class BackgroundWork { }
}
```

步骤 4：在代码文件顶部使用 using 指令引入上面定义的两个命名空间，并为它们分配一个简短的别名。

```
using ext = Organization.Component.Extensions;
using mps = Organization.Component.MainParts;
```

步骤 5：在代码中访问 BackgroundWork 类时，就可以加上命名空间的别名。虽然多了个前缀，但由于别名比较简短，代码看起来依然很简洁。

```
ext.BackgroundWork bw1 = new ext.BackgroundWork();
mps.BackgroundWork bw2 = new mps.BackgroundWork();
```

实例 35 使用 using static 指令

【导语】

使用 using static 指令，可以像引入命名空间那样引入某个类型（该类型是静态类或者包含静态成员）。引入类型后，在代码中访问其静态成员时可以省略类型名称。

本例以 System 命名空间下比较有代表性的两个类来做演示。

【操作流程】

步骤 1：新建控制台应用程序项目。

步骤 2：在文件的顶部，使用 using static 指令引入 Console 和 Math 两个类。

```
using static System.Console;
using static System.Math;
```

步骤 3：此时访问 Console.WriteLine 方法可以不写 Console 类的名称。

```
WriteLine("Hello World!");
```

步骤 4：同样，访问 Math 类也不用写类名 Math。

```
WriteLine($"5 的平方为:{Pow(5d, 2d)}");
WriteLine($"-650 的绝对值是:{Abs(-650)}");
WriteLine($"16,33 中最小的数是:{Min(16, 33)}");
```

其中 Abs、Pow 以及 Min 都是 Math 类公开的静态方法，如果不使用 using static 指令，

则上面三行代码就应写成

```
Console.WriteLine( $ "5 的平方为:{Math.Pow(5d, 2d)}");
Console.WriteLine( $ " – 650 的绝对值是:{Math.Abs( – 650)}");
Console.WriteLine( $ "16,33 中最小的数是:{Math.Min(16, 33)}");
```

显然,使用了 using static 指令后,代码可以更简练。

3.2　变量与常量

实例 36　一次性声明多个变量

【导语】

变量的声明语法如下。

<类型> <变量名>

类型名称与变量名称之间要有空格。对于同一类型的多个变量,可以逐个声明,例如

```
int x;
int y;
int z;
```

其实,可以一次性声明多个类型相同的变量,即按照以下格式在一行代码中同时声明。

```
int x, y, z;
```

【操作流程】

步骤 1:新建控制台应用程序项目。

步骤 2:此时默认会打开 Program.cs 文件。

步骤 3:在 Main 方法中声明三个 string 类型的变量。

```
string a;
string b;
string c;
```

步骤 4:可以在一行代码中同时声明这三个变量(变量之间用半角逗号分隔)。

```
string a, b, c;
```

步骤 5:也可以在声明变量时进行赋值。

```
string d = null, e = "", f = "food";
```

实例 37　让编译器自动推断变量的类型

【导语】

在声明变量时,可以使用 var 关键字来描述类型,编译器会根据代码给变量的赋值来推

断其类型。因此,在使用 var 关键字声明变量后要马上给变量赋值,否则编译器无法推断变量的类型。

【操作流程】

步骤 1：新建一个控制台应用程序项目。

步骤 2：在 Main 方法中使用 var 关键字声明一个变量 abc,并为其赋值。

```
var abc = 3.141d;
```

数值 3.141 带有后缀 d,表示该数值为 double 类型(双精度浮点数),因此编译器推断出变量 abc 的类型为 System.Double。

步骤 3：可以使用以下代码来输出变量 abc 的类型。

```
Console.WriteLine($"变量 abc 的类型为:{abc.GetType().FullName}");
```

GetType 方法返回一个 Type 对象,该对象描述与类型有关的详细信息。应用程序运行之后,将输出以下文本。

```
变量 abc 的类型为:System.Double
```

注意：使用 var 关键字声明的变量必须初始化,即声明后必须马上赋值。因为编译器需要通过分配给变量的值来推断其类型,如果没有赋值,编译器就不知道变量是什么类型了。

实例 38　使用常量

【导语】

常量与变量相对,变量的“变”意味着在声明并初始化之后,可以在后续的代码中修改变量的值;而常量的“常”意味着一旦初始化之后,后续代码无法修改常量的值。

为了直观地看出变量与常量的区别,本实例将同时使用变量与常量。

【操作流程】

步骤 1：新建控制台应用程序项目。

步骤 2：声明变量 x 并初始化,然后在屏幕上输出一次。

```
int x = 10;
Console.WriteLine($"修改前,变量 x 的值:{x}");
```

步骤 3：把变量 x 的值改为 100,再输出一次。

```
x = 100;
Console.WriteLine($"修改后,变量 x 的值:{x}");
```

变量 x 在初始化时设定为 10,然后代码把它的值修改为 100,此时运行代码屏幕上会输出以下文本。

修改前,变量 x 的值:10

修改后,变量 x 的值:100

步骤 4：声明常量 Z,必须在声明后立即初始化。

```
const int Z = 500;
```

声明常量的方法与变量类似,只是要加上 const 关键字。

步骤 5：以下代码试图修改常量 Z 的值。

```
Z = 700;                    // 此行代码会报错
```

常量的值一旦初始化,是不能被修改的,所以上面这行代码会发生编译错误。

注意：按照习惯,常量的名称使用的是全大写的字母。但这只是习惯,并不是语法要求。

实例 39　获取变量的内存地址

【导语】

在 C++语言中,通过指针变量或者引用运算符(&),可以获得变量的内存地址。在 C♯中,尽管有一些限制,仍然可以进行类似的处理。

指针操作在 C♯语言中被认为是不安全的,因此,如果要使用指针变量,则必须将相关的代码写在 unsafe 代码块中,或者在方法的声明中加入 unsafe 修饰符。

例如,以下代码在 unsafe 代码块中声明指针类型的变量。

```
byte b = 255;
unsafe
{
    byte * pb = &b;
}
```

以上代码在方法声明中加入 unsafe 修饰符,表示该方法内部的代码中会出现不安全代码。

```
unsafe void DoSomething()
{
    float f = 0.0077f;
    float * pf = &f;
}
```

【操作流程】

步骤 1：新建一个控制台应用程序项目。

步骤 2：打开"解决方案资源管理器"窗口,右击项目名称,从菜单中选择"属性"命令。

步骤 3：此时会打开项目属性窗口,然后切换到"生成"选项卡。

步骤 4：在"常规"分组下,勾选"允许不安全代码",如图 3-2 所示。

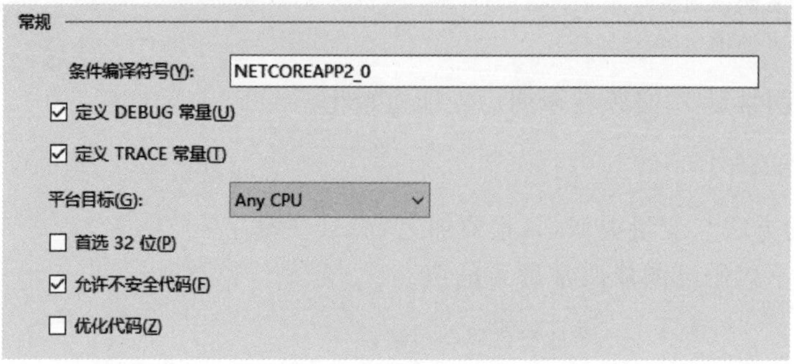

图 3-2　允许使用不安全代码

步骤 5：回到 Program.cs 文件，在 Main 方法上加上 unsafe 修饰符。

```
static unsafe void Main(string[ ] args)
{
}
```

步骤 6：声明一个 int 类型的变量并初始化。

```
int val = 200;
```

步骤 7：声明一个指向 int 类型的指针，并且引用变量的地址。

```
int * p = &val;
```

步骤 8：为了能够获取并输出指针变量所包含的地址，还需要将其转换为 IntPtr 类型。

```
IntPtr ptr = (IntPtr)p;
Console.WriteLine( $ "变量的地址:{ptr.ToString("x")}");
```

指针类型并非从 Object 类派生，所以它没有 ToString 方法。要想在代码中输出指针指向的内存地址，需要将其转换为 IntPtr 类型。

实例 40　输出变量的名称

【导语】

在应用程序中输出变量的名称，实际就是获得变量名称的字符串表示形式，这需要用到 nameof 运算符。

【操作流程】

步骤 1：新建一个控制台应用程序项目。

步骤 2：在打开的 Program.cs 文件中找到 Main 方法，在方法体内部声明四个变量，并进行初始化。

```
string strvar = "hello";
int intvar = 3600;
```

```
var singlevar = 7.115f;
var longvar = 6560000L;
```

在代码中使用不带任何后缀的数值表示整型数值(32位整数),带后缀f的表示单精度浮点数值,带L后缀的数值为长整型数值(64位整数)。

步骤3:将变量的名称与实值输出到屏幕。

```
Console.WriteLine( $"变量 {nameof(strvar)} 的值为 {strvar}。");
Console.WriteLine( $"变量 {nameof(intvar)} 的值为 {intvar}。");
Console.WriteLine( $"变量 {nameof(singlevar)} 的值为 {singlevar}。");
Console.WriteLine( $"变量 {nameof(longvar)} 的值为 {longvar}。");
```

步骤4:按 F5 快捷键运行应用程序,屏幕输出如图 3-3 所示。

图 3-3　输出变量的名称

注意:nameof 运算符不仅可以获取变量/常量的名称,它还可以用于代码文档中的任何对象,例如可以获取命名空间名、类型名、类型成员名等。nameof 运算符能返回对象名称的字符串表示形式,一般可用于向用户输出变量名,或者某些需要以字符串形式提供对象名称的情况,例如通过反射技术动态查找类型的特定成员。

实例41　为变量分配默认值

【导语】

在声明变量时可以为其分配一个初始值,也可以使用类型的默认值。例如,int 类型的默认值为 0,类(class)的默认值是 null。

要获取某个类型的默认值,建议使用 default 关键字,该关键字能自动返回指定类型的默认值。

【操作流程】

步骤1:新建一个控制台应用程序项目。

步骤2:声明一个 int 类型和一个 string 类型的变量,分别用 default 关键字分配默认值。

```
int v = default(int);
string s = default(string);
```

步骤3:在屏幕上输出两个变量的值。

```
Console.WriteLine( $"int 类型的默认值:{v}");
Console.WriteLine( $"string 类型的默认值:{s ?? "null"}");
```

由于 string 类型的默认值是 null，但是 null 在屏幕中无法输出，所以这里用了一个 ?? 运算符，其意思是：如果字符串变量不为 null，就输出字符串内容；如果字符串为 null，就输出字符串"null"。

步骤 4：default 关键字，还有更简洁的写法，就是不必指定类型。例如上面声明变量的代码可以改为

```
int v = default;
string s = default;
```

步骤 5：此时需要更改项目使用的 C# 语言版本，版本号不低于 7.1。打开"解决方案资源管理器"窗口，在项目名称上右击，从菜单中选择"属性"，打开项目属性窗口。

步骤 6：切换到"生成"选项页，在页面底部找到并单击"高级"按钮。

步骤 7：语言版本选择 7.1 或以上，或者选择"最新次要版本（最新）"，然后单击"确定"按钮，如图 3-4 所示。

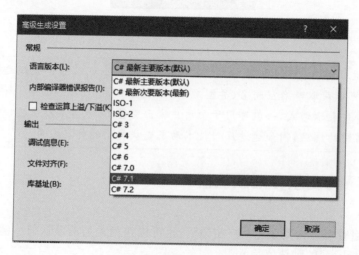

图 3-4　选择语言版本

注意：由于 default 关键字的这项增强功能是在 C# 7.1 中推出的，因此需要修改项目使用的语言版本。

3.3　程序入口点

实例 42　获取命令行参数

【导语】

程序入口点，即应用程序开始执行的位置，进入入口点后，代码会一直往下执行；当代

码退出入口点后,应用程序也会退出,整个应用程序生命周期结束。

程序入口点是一个静态方法,必须命名为 Main。Main 方法中一般会有一个字符串数组类型的参数,该参数用于接收传递给应用程序的命令行参数。

【操作流程】

步骤 1:新建控制台应用程序项目。

步骤 2:项目模板默认会生成 Program 类,并包含一个 Main 方法(即程序入口点)。

```
static void Main(string[ ] args)
{

}
```

步骤 3:输入以下代码,在屏幕上输出命令行参数。

```
StringBuilder sbd = new StringBuilder();
sbd.AppendLine("接收到的命令行参数:");
foreach (string a in args)
{
    sbd.AppendFormat(" {0}", a);
}
Console.WriteLine(sbd);
```

应用程序接收到的命令行参数会传递给 Main 方法的参数 args,数组中每个元素都是一个参数。

步骤 4:要在调试时传递命令行参数,需要打开"解决方案资源管理器"窗口,然后右击项目名称,从菜单中执行"属性"命令,打开项目属性窗口。

步骤 5:在项目属性窗口中切换到"调试"选项卡。

步骤 6:在"应用程序参数"右侧的文本框中输入三个测试参数。

```
-a -b -c
```

参数之间用空格隔开,如图 3-5 所示。

图 3-5　输入用于测试的参数

步骤 7:按 F5 快捷键运行应用程序,在控制台窗口中就能看到传递的命令行参数了,如图 3-6 所示。

步骤 8:如果使用 dotnet 命令直接执行应用程序,可以把需要传递的参数附加在.dll 文件名后面。

```
dotnet Demo.dll - hello - world
```

其中 Demo.dll 是项目编译后生成的程序文件。-hello 和-world 是命令行参数。

步骤 9：执行上述命令后，会输出如图 3-7 所示的内容。

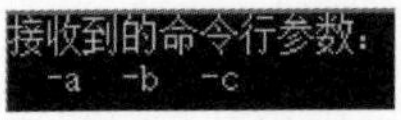

接收到的命令行参数：
-a -b -c

接收到的命令行参数：
-hello -world

图 3-6　输出的命令行参数 　　　　　图 3-7　使用命令行执行程序

实例 43　处理多个入口点

【导语】

一个应用程序只能有一个入口点，但是在程序代码中是可以定义多个 Main 方法的。如果应用程序项目中包含多个 Main 方法，只能从中选择一个作为程序的入口点。

【操作流程】

步骤 1：新建控制台应用程序项目。

步骤 2：项目模板会生成一个 Program 类以及 Main 方法。

步骤 3：另定义一个 Test 类，并在其中也声明一个 Main 方法。

```
class Test
{
    static void Main(string[] args)
    {
        Console.WriteLine("第二个入口点。");
        Console.Read();
    }
}
```

注意：Main 方法必须是静态的（static），但不要求是公共的（public）。

步骤 4：由于项目中包含了两个 Main 方法，此时运行项目会出现以下错误。

错误　CS0017　程序定义了多个入口点。使用 /main（指定包含入口点的类型）进行编译。

步骤 5：打开项目属性窗口，切换到“应用程序”选项卡，在“启动对象”下拉列表框中选择一个包含 Main 方法的类，如图 3-8 所示。此时应用程序就能正常运行了。

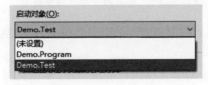

启动对象(O):

Demo.Test

(未设置)
Demo.Program
Demo.Test

图 3-8　选择一个入口点

3.4　流程控制

实例 44　奇数还是偶数

【导语】

if 语句能够对代码的执行进行分支处理,其用法如下:

```
if（＜条件＞）
{
    代码段 1
}
else
{
    代码段 2
}
```

其中"＜条件＞"是一个表达式,其结果为布尔类型(真或假)。如果"＜条件＞"成立(为真),就执行"代码段 1",否则(为假)就执行"代码段 2"。

如果代码逻辑只有一个分支,else 子句可以省略,即:

```
if（＜条件＞）
{
    代码段 1
}
```

当"＜条件＞"成立时,"代码段 1"被执行;如果条件不成立,直接跳过"代码段 1"。

执行本实例时由用户输入一个数值,然后程序判断该数值是奇数还是偶数,最后将结果输出到屏幕上,如图 3-9 所示。

图 3-9　判断数值的奇偶性

【操作流程】

步骤 1:新建一个控制台应用程序项目。

步骤 2:调用 Console 类的 ReadLine 方法读取用户从键盘输入的内容。

```
string input = Console.ReadLine();
```

其中,ReadLine 方法返回一个字符串实例,它表示用户输入的文本,用户可以一次性输入多个字符,并按 Enter 键确认。

步骤 3:得到用户输入的内容后,还需要对内容的有效性进行验证。因为用户有可能输入了非数字字符(例如输入了字母),而且本实例要求是大于 0 的整数,例如:

```
if(uint.TryParse(input, out uint number) && number > 0)
{
    ...
}
```

```
    else
    {
        Console.WriteLine("你输入的内容无效。");
    }
```

其中，TryParse 方法能够对字符串进行分析，验证其能不能转换为 uint 值（无符号整数），如果能转换，就把转换后得到的值保存到变量 number 中，并且 TryParse 返回 true；如果无法转换，方法会返回 false。

此时 if 语句的判断条件由两个因素组成。首先，输入的文本必须是有效的整数；其次，该数值必须是大于 0 的。两个表达式用运算符 && 连接，表示只有当两个表达式同时成立时，if 语句的判断条件才会成立；如果其中有一个不成立，那么整个判断条件也不成立。

步骤 4：确保用户输入的数值有效后，就可以分析其奇偶性了。

```
if(uint.TryParse(input, out uint number) && number > 0)
{
    // 判断整数的奇偶性
    if((number % 2) == 0)
    {
        Console.WriteLine( $ "你输入的 {number} 是偶数。");
    }
    else
    {
        Console.WriteLine( $ "你输入的 {number} 是奇数。");
    }
}
else
{
    Console.WriteLine("你输入的内容无效。");
}
```

奇偶性的判断依据为：数值是否能被 2 整除。这里的处理方法是让 number 变量的值除以 2 并取其余数，如果余数为 0 说明可被 2 整除，即为偶数，否则是奇数。运算符 % 用于获取两个数相除后的余数。

注意：本实例使用了嵌套的 if 语句，即在 if 语句的代码块中又包含一层 if 语句，在一些复杂的逻辑处理中是允许使用多层嵌套的 if 语句的。

实例 45 使用 for 循环输出文本

【导语】

for 循环的用法如下：

```
for ( <变量初始值> ; <循环条件> ; <修改变量> )
{
    代码片段
}
```

首先通过"<变量初始值>"表达式对变量(一般是整数值的类型,如 int、long 等)进行初始化(设定初值),然后启动循环,"代码片段"处的代码会被执行。执行完"代码片段"后会执行"<修改变量>"表达式,对变量的值进行修改(通常是加上 1),接着使用"<循环条件>"判断是否再需要进行循环。如果条件依然成立,则"代码片段"处的代码又会执行;如果"<循环条件>"不成立,就会跳出 for 循环。不断地循环往返,直到跳出 for 语句块。

【操作流程】

步骤 1：新建控制台应用程序项目。

步骤 2：运用 for 循环,在屏幕上输出 5 行文本：

```
for (int n = 1; n <= 5; n++)
{
    Console.WriteLine( $ "这是第 {n} 行文本。");
}
```

其中变量 n 初始化为 1,循环的条件是 n 要小于或等于 5,每次循环过后都会让 n 加上 1。例如,第一轮循环,n 的值为 1,输出"这是第 1 行文本",然后回到 for 语句块起点,将 n 的值加 1,变为 2,2 小于 5,因此条件成立,继续循环,输出"这是第 2 行文本";依此类推,直到 n 的值等于 6 时,循环条件不再成立,就会退出循环。运行效果如图 3-10 所示。

图 3-10　循环输出的文本

实例 46　生成由字符组成的图案

【导语】

本实例是在前面的实例基础上增强的。首先,通过循环产生以下图案：

```
*
**
***
****
*****
******
*******
********
```

把上面的图案中每一行进行反转,即

```
*             →                *
**            →               **
***           →              ***
****          →             ****
*****         →            *****
******        →           ******
*******       →          *******
********      →         ********
```

接着反转所有行，得到

```
*****************
******   ******
******   ******
*****     *****
****       ****
***         ***
**           **
*             *
```

最后把所有行再做一次反转，并拼接到上面各行后面，就能得到如下最终图案。

```
*****************
*******  *******
******    ******
*****      *****
****        ****
***          ***
**            **
*              *
*              *
**            **
***          ***
****        ****
*****      *****
******    ******
*******  *******
*****************
```

控制台最终输出效果如图 3-11 所示。

【操作流程】

步骤 1：新建控制台应用程序项目。

步骤 2：通过循环，产生图案的上半部分。

```
List < string > list1 = new List < string >();
for (int x = 1; x <= 8; x++)
{
    String s1 = "";
    int v = 0;
    while (v < x)
    {
        s1 += " * ";
        v++;
    }
    // 其余的字符用空格补齐,使字符串总长度为 8
    s1 = s1.PadRight(8);
```

图 3-11　程序最后输出的图案

```
// 将整行字符进行反转,并产生新的字符串
string s2 = new string(s1.Reverse().ToArray());
// 将两个字符串进行拼接
list1.Add(s1 + s2);
}
```

步骤 3：将图案中的所有行反转再输出。

```
// 第一轮输出
list1.Reverse();
foreach (var item in list1)
{
    Console.WriteLine(item);
}
```

步骤 4：将图案中的所有行再一次反转,继续输出。

```
// 第二轮输出
list1.Reverse();
foreach (var item in list1)
{
    Console.WriteLine(item);
}
```

实例 47　死循环的处理方法

【导语】

所谓死循环,就是永不休止的循环。循环体内部的代码会永久性地执行,产生的原因在于循环条件永远成立,使得循环体无法退出。在实际编程中,要避免出现死循环,一旦遇到死循环,后续的代码将无法被执行。

如果出于代码逻辑考虑,确实要设定永久成立的循环条件(例如,3<5,因为 3 确实小于5,这样的条件永久成立),那么也要在适合的时候从循环体内部退出循环。要在循环体内部退出循环,可以使用 break 语句,例如：

```
while ( 3 < 5 )
{
    if ( … )
    {
        break;
    }
}
```

【操作流程】

步骤 1：新建一个控制台应用程序项目。

步骤 2：在 Main 方法中设置一个死循环。

```
while (9 == 9)
{
    Console.WriteLine( $ "{DateTime.Now:T} 正在执行循环……");
}
```

由于 9 等于 9 是永远成立的,所以上面的 while 循环代码会永远地执行,除非强制退出应用程序。为了能更好地看到 Console.WriteLine 方法被无限次调用,上面代码中刻意在输出的文本前面加上当前时间。

步骤 3:按 F5 快捷键执行程序,会看到如图 3-12 所示的输出。

步骤 4:要让循环终止,此时只能强制关闭应用程序。

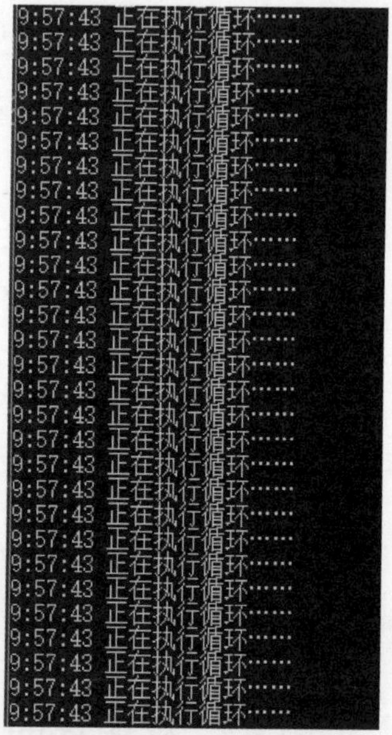

实例 48　退出循环的方法

【导语】

前面提到过,使用 break 语句可以退出循环,在死循环内部更需要这样做。本实例将实现:在死循环执行过程中,只要用户按下 E 键,就可以退出循环。

【操作流程】

步骤 1:新建控制台应用程序项目。

步骤 2:在 Main 方法内设定一个死循环。

图 3-12　应用程序在执行死循环

```
while (true)
{
    …
}
```

循环条件始终是 true,表明这个条件是永远成立的,因此这是一个死循环。

步骤 3:在死循环内部,加退出循环的条件。

```
while (true)
{
    Console.WriteLine("请按 E 键退出。");
    if(Console.ReadKey(true).Key == ConsoleKey.E)
    {
        break;
    }
}
```

当用户按下 E 键后,使用 break 语句退出循环。

实例49　输出 20 以内能被 3 整除的正整数

【导语】

break 语句会直接退出整个循环；而 continue 语句则会跳过本轮循环，重新回到循环代码的顶部执行下一轮循环，循环并不会退出。

本实例将执行一个从 1 到 20 的循环，如果当前数值能被 3 整除就将其输出，否则就跳过本次循环。例如，当前数值为 5，不能被 3 整除，则直接跳过，不再往下执行，而是继续下一轮循环；然后当前数值变为 6，可以被 3 整除，于是就输出数值 6。

【操作流程】

步骤 1：新建控制台应用程序项目。

步骤 2：使用 for 循环对 1 到 20 的正整数进行试验，找出能被 3 整除的数。

```
for(int i = 1; i <= 20; i++)
{
    if ((i % 3) != 0)
        continue;
    Console.Write(" {0}", i);
}
```

当数值不能被 3 整除（即除以 3 后余数不为 0）时，执行 continue 语句跳过本次循环；如果可以被 3 整除，就输出该数值。

步骤 3：按 F5 快捷键运行程序，输出结果如图 3-13 所示。

图 3-13　20 以内可被 3 整除的正整数

实例50　做一道选择题

【导语】

switch 语句首先提取指定表达式的值，然后将该值与各个 case 开关所表示的分支进行匹配，如果与其中一个分支的值相等，那么就执行该 case 开关下的代码。

switch 语法如下：

```
switch ( <匹配表达式> )
{
    case n1:
        ...
```

```
          break;
      case n2:
          ...
          break;
      ...
      default:
          ...
          break;
  }
```

每个分支后都要加上 break、goto、return 等语句,是为了避免代码把后面的分支都执行,如果某个分支匹配后就继续执行后面的分支,就损坏分支语句的逻辑结构了。default 分支是可选的,如果上面各个 case 都不匹配,则执行 default 分支的代码。

本实例将模拟一道选择题,用户通过输入选择进行作答,代码会对用户选择进行分析,并给出被选项的说明。

【操作流程】

步骤 1:新建一个控制台应用程序项目。

步骤 2:设定一道有 4 个选项的选择题。

```
Console.WriteLine("请问,以下哪位历史人物生活在唐朝?");
Console.WriteLine("1、蔡邕");
Console.WriteLine("2、唐寅");
Console.WriteLine("3、王勃");
Console.WriteLine("4、苏轼");
```

步骤 3:读取用户输入。

```
string input = Console.ReadLine();
```

ReadLine 方法读取整行文本并返回,按下 Enter 键进行确认。

步骤 4:对用户输入的选项字符串进行分析。

```
switch (input)
{
    case "1":
        Console.WriteLine("蔡邕生活在东汉时期。");
        break;
    case "2":
        Console.WriteLine("唐寅是明朝人。");
        break;
    case "3":
        Console.WriteLine("恭喜你,答对了。");
        break;
    case "4":
        Console.WriteLine("苏轼生活在北宋时期。");
        break;
```

```
        default:
            Console.WriteLine("你未做出有效选择。");
            break;
    }
```

如果用户选择"3"，就会输出"恭喜你，答对了"；如果用户选择"1"，并非正确答案，因而告诉用户"蔡邕生活在东汉时期"。

步骤 5：按下 F5 快捷键，运行应用程序，输入一个选项，然后按 Enter 键确认，如图 3-14 所示。

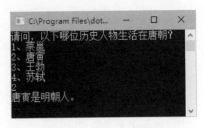

图 3-14　选择一个答案

实例 51　switch 语句的类型匹配

【导语】

switch 语句中的 case 开关除了可以匹配常量外，还可以匹配类型。当测试表达式的类型能够与某个 case 子语句所指定的类型相匹配时，就会执行该 case 分支的代码。代码清单 3-4 演示了类型匹配的简单用法。

代码清单 3-4　switch 语句类型匹配示例

```
object vx = "abcde";
switch (vx)
{
    case int n:
        // 这是一个整数值
        break;
    case string t:
        // 这是字符串
        break;
    default:
        // 未知类型
        break;
}
```

变量声明为 object 类型，而实际赋值时使用了 string 类型的值。第一个 case 子语句需要 int 类型的值，类型不匹配，因此此分支不会执行；第二个 case 子语句需要的是 string 类型的值，类型匹配，所以该分支会被执行。

在使用类型匹配时，一定要注意类型的兼容性问题，例如以下有 A、B、C 三个类，其中，B 类从 A 类派生，C 类从 B 类派生。

```
class A { }
class B : A { }
class C : B { }
```

然后在 switch 语句中使用类型匹配。

```
object o = new B();
switch (o)
{
    case A x:
        // A、B、C 类型的实例均匹配
        break;
    case B x:
        // 只有 B、C 类型的实例匹配
        break;
    case C x:
        // 只有 C 类型的实例匹配
        break;
}
```

这段代码无法通过编译,而且在 Visual Studio 的代码编辑器中也会提示错误,错误的原因是第二个与第三个 case 分支是永远不会被执行的。第一个 case 子语句匹配类型为 A,即无论测试表达式中的实例是 A 类型,B 类型还是 C 类型,都能够与该 case 分支匹配,这是因为 A、B、C 三种类型的实例都能赋值给 A 类型的变量。

要解决该错误,最简单的方法就是调换各 case 子句的顺序,即把代码改为:

```
switch (o)
{
    case C x:
        // A、B、C 类型的实例均匹配
        break;
    case B x:
        // 只有 B、C 类型的实例匹配
        break;
    case A x:
        // 只有 C 类型的实例匹配
        break;
}
```

修改后,如果测试表达式是 C 类型的实例,那么它只能匹配第一个 case 分支;同理,如果实例是 B 类型,它无法赋值给 C 类型的变量,所以只能匹配第二个 case 分支;如果实例是 A 类型,它无法赋值给 B 和 C 的变量,只能匹配第三个 case 分支了。

【操作流程】

步骤 1:新建一个控制台应用程序项目。

步骤 2:声明一个 object 类型的变量,并赋一个 double 类型的数值。

```
object obj = 0.0001d;
```

步骤 3:使用 switch 语句进行类型匹配。

```
switch (obj)
```

```
{
    case int v:
        Console.WriteLine( $ "{v} 是一个 int 值。");
        break;
    case decimal v:
        Console.WriteLine( $ "{v} 是一个 decimal 值。");
        break;
    case double v:
        Console.WriteLine( $ "{v} 是一个 double 值。");
        break;
    default:
        Console.WriteLine("未知类型。");
        break;
}
```

上述代码中,只有第三个 case 子语句能够匹配,因为 obj 变量的实际值为 double 类型。屏幕输出如图 3-15 所示。

图 3-15　匹配 double 类型表达式

实例 52　在 case 语句中使用 when 子句

【导语】

case 语句后除了使用常量值外,还可以进行类型匹配。为了让类型匹配更加精确,可以在 case 语句后加上 when 子语句。when 子语句所使用的表达式必须返回布尔值,只有当 when 子语句返回 true 时,该 case 语句才会被执行。

所以,when 子语句就相当于给 case 分支增加一个额外的条件,以进行更细致的筛选。例如,通过类型匹配可以匹配出一个数组对象实例,可是这个数组有可能是空数组(元素个数为 0),在 case 分支处理时,开发者可能会考虑当出现空数组时做另外处理,此时,when 子语句就发挥作用了。以下代码在 switch 语句块中设定两个 case 分支,这两个分支都接受数组类型的对象,只是其中一个明确接受空数组。

```
case Array arr when arr.Length == 0:
    ...
    break;
case Array arr:
    ...
    break;
```

下面的实例将会进一步演示 when 子句的用法。

【操作流程】

步骤 1:新建控制台应用程序项目。

步骤 2:在生成的 Program 类中增加一个静态方法。该方法接收一个 object 类型的参数,并使用 switch 语句块进行分支处理,详见代码清单 3-5。

代码清单 3-5　DisplayInfo 方法

```
static void DisplayInfo(object instance)
{
    switch (instance)
    {
        case null:
            Console.WriteLine("对象未实例化。");
            break;
        case Array arr when arr.Length == 0:
            Console.WriteLine("这是个空数组。");
            break;
        case Array arr:
            Console.WriteLine($"数组包含 {arr.Length} 个元素。");
            break;
        case IList ls when ls.Count == 0:
            Console.WriteLine("这是个空列表。");
            break;
        case IList ls:
            Console.WriteLine($"列表总共有 {ls.Count} 项。");
            break;
    }
}
```

　　null 值不会匹配任何类型，所以要作为一个常量值来筛选。在使用 when 子语句时一定要把握好 case 的顺序。例如上面代码中对空数组的分析，假设把两个 case 语句做以下调换。

```
case Array arr:
    Console.WriteLine($"数组包含 {arr.Length} 个元素。");
    break;
case Array arr when arr.Length == 0:
    Console.WriteLine("这是个空数组。");
    break;
```

　　这样会发生编译错误。因为不论数组中是否包含元素，第一个 case 语句都能匹配，这样会使得第二个 case 语句永远无法匹配，等同于第二个 case 语句后的代码永远不会被执行。

　　步骤 3：分别向 DisplayInfo 方法传递不同的对象进行测试。

```
// 测试一：空引用
DisplayInfo(null);

// 测试二：空数组
int[] intarr = { };
DisplayInfo(intarr);
```

```
// 测试三：空列表
List<long> listet = new List<long>();
DisplayInfo(listet);

// 测试四：包含元素的数组
byte[] btarr = { 36, 2, 54, 7 };
DisplayInfo(btarr);

// 测试五：包含列表项的列表
List<int> listint = new List<int> { 21, 13, 62, 8, 19 };
DisplayInfo(listint);
```

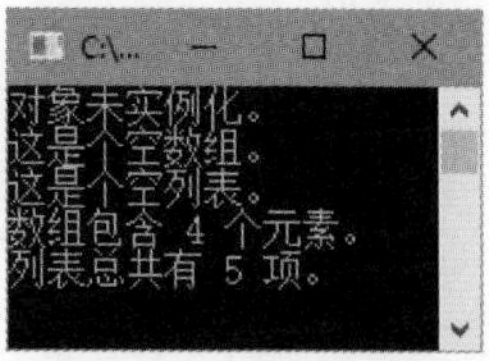

步骤 4：按下 F5 快捷键运行项目，会看到如图 3-16 所示的输出。

图 3-16　when 子句演示结果

实例 53　代码跳转

【导语】

在代码文档中，可以在某段代码前写上标签，然后在代码的其他位置使用 goto 关键字跳转到指定的标签处，并继续执行标签后的代码。

注意：此处所说的标签是在代码逻辑上定义的标签，而非在 Visual Studio 中为代码设置的标签。

【操作流程】

步骤 1：新建一个控制台应用程序项目。

步骤 2：在 Main 方法中定义五处标签，详见代码清单 3-6。

代码清单 3-6　在 Main 方法中定义五处标签

```
left:
Console.WriteLine("你按下了左方向键。");
Console.Read();
return;


right:
Console.WriteLine("你按下了右方向键。");
Console.Read();
return;


up:
Console.WriteLine("你按下了向上键。");
Console.Read();
```

```
return;

down:
Console.WriteLine("你按下了向下键。");
Console.Read();
return;

other:
Console.WriteLine("你按下了其他键。");
Console.Read();
return;
```

标签的定义方法是在标签名称后面紧跟一个英文的冒号。上面代码在每个标签后的代码中都加上了 Console.Read 方法的调用以及 return 语句，这是为了防止代码继续往下执行。例如，假设代码跳转到 left 标签处，那么 left 标签后面的所有代码都会被执行，包括下面 right、up 等标签后面的代码也会执行。因为代码跳转到某个标签后，就会从该标签处继续往下执行，直到程序退出或者没有可执行的代码。

步骤 3：调用 ReadKey 方法从键盘输入中读取一个键码，并判断哪个键被激活了。如果按下了 Left 键，就执行 left 标签后的代码；如果按下了 Right 键，就执行 right 标签后的代码；如果按下了 Up 键，就执行 up 标签后的代码；如果按下了 Down 键就执行 down 标签后的代码；如果按下了其他键，就执行 other 标签后的代码。

```
var keyinfo = Console.ReadKey(true);

if (keyinfo.Key == ConsoleKey.LeftArrow)
    goto left;
else if (keyinfo.Key == ConsoleKey.RightArrow)
    goto right;
else if (keyinfo.Key == ConsoleKey.UpArrow)
    goto up;
else if (keyinfo.Key == ConsoleKey.DownArrow)
    goto down;
else
    goto other;
```

在 goto 关键字后面直接写上要跳转的代码标签即可。

步骤 4：运行项目后，在键盘上按下一个键来测试，结果如图 3-17 所示。

图 3-17　goto 语句测试

第 4 章

面向对象编程

在本章节中，读者将学习到以下内容：

- 类与结构；
- 委托与事件；
- 继承与多态；
- 枚举；
- 特性；
- 运算符；
- 类型转换；
- 可以为 null 的值类型。

4.1 类与结构

实例 54 声明公共类

【导语】

类型分为两种：一种是引用类型，存储在托管堆上，并且变量之间赋值只复制实例引用，而不会产生新实例；另一种是值类型，存储在栈内存中，变量之间赋值会产生新实例。

类(class)属于引用类型。默认情况下，使用 class 关键字声明的类，其可访问性为 internal，即只有当前程序集内部的代码才能访问它，其他程序集中的代码是无法访问的。因此，如果希望所声明的类能够被所有外部代码访问，应该明确使用 public 修饰符，即声明为公共类。

【操作流程】

步骤 1：新建控制台应用程序项目。

步骤 2：在生成的默认命名空间下声明三个公共类。

```
public class Ant { }

public class Dragonfly { }
```

```
public class Spider { }
```

步骤 3：在 Main 方法中，分别使用上面声明的三个类来定义变量，并初始化为默认值。

```
Ant v1 = default(Ant);
Dragonfly v2 = default(Dragonfly);
Spider v3 = default(Spider);
```

注意：如果省略 public 修饰符，默认的可访问性为 internal，即只有当前程序集内部的代码才能访问。

实例 55　为结构定义构造函数

【导语】

结构不允许声明无参数的构造函数，因此如果结构需要声明构造函数，必须声明带参数的构造函数。一般来说，构造函数的参数用于初始化结构中的字段值。

由于结构是值类型，所以声明变量后，既可以使用 new 运算符来创建实例，也可以省略。值类型存储在栈内存中，声明变量后会自动分配空间，无须显式创建实例。

【操作流程】

步骤 1：新建控制台应用程序项目。

步骤 2：在项目模板生成的默认命名空间下声明一个 Rectangle 结构。

```
struct Rectangle
{
    public int Width;
    public int Height;
}
```

结构包含两个公共字段（结构可以包含属性，但常用字段），一般应该添加 public 修饰符，以便其他代码能访问字段。

步骤 3：为 Rectangle 结构定义带两个参数的构造函数，这两个参数用来初始化公共字段的值。

```
struct Rectangle
{
    public int Width;
    public int Height;

    public Rectangle(int w, int h)
    {
        Width = w;
        Height = h;
    }
}
```

步骤4：在 Main 方法中，可以通过三种方式创建 Rectangle 结构的实例。

```
// 无须使用 new 运算符
Rectangle r1;
r1.Width = 10;
r1.Height = 25;

// 显式使用 new 运算符
Rectangle r2 = new Rectangle();
r2.Width = 6;
r2.Height = 17;

// 使用带参数的构造函数
Rectangle r3 = new Rectangle(45, 185);
```

实例56　构造函数的相互调用

【导语】

当一个类中存在多个构造函数时，可能会出现构造函数之间互相调用的情况。其格式为：在当前构造函数后紧跟一个半角冒号，然后使用 this 关键字调用其他构造函数。例如，A 类有两个版本的构造函数，则可以使用以下方式调用其构造函数。

```
    public A()
      :this(1000)
{

}

public A( int n)
{
      Num = n
}

public int Num { get; set; }
```

注意：在一个构造函数中访问其他构造函数，必须在进入函数体之前发生，即在一个构造函数的内部是不能访问其他构造函数的。

【操作流程】

步骤1：新建控制台应用程序项目。

步骤2：如代码清单 4-1 所示，声明一个 Production 类，该类包含三个构造函数。

代码清单 4-1　Production 类

```
/// <summary>
/// 产品类
/// </summary>
public class Production
{
    /// <summary>
    /// 产品编号
    /// </summary>
    public Guid ProductID { get; set; }

    /// <summary>
    /// 产品名称
    /// </summary>
    public string ProductName { get; set; }

    /// <summary>
    /// 生产日期
    /// </summary>
    public DateTime ProductDate { get; set; }

    /// <summary>
    /// 带三个参数的构造函数
    /// </summary>
    /// <param name = "pid">产品编号</param>
    /// <param name = "pname">产品名称</param>
    /// <param name = "pdate">生产日期</param>
    public Production(Guid pid, string pname, DateTime pdate)
    {
        ProductID = pid;
        ProductName = pname;
        ProductDate = pdate;
    }

    /// <summary>
    /// 带两个参数的构造函数
    /// </summary>
    /// <param name = "pname">产品名称</param>
    /// <param name = "pdate">生产日期</param>
    public Production(string pname, DateTime pdate)
        :this(Guid.NewGuid(), pname, pdate)
    {

    }
```

```
/// < summary >
/// 不带参数的构造函数
/// </ summary >
public Production()
    :this(Guid.NewGuid(), "未知产品", DateTime.Today)
{

}
}
```

三个构造函数分别为：

```
// 没有参数的构造函数
public Production();

// 带两个参数的构造函数
public Production(string pname, DateTime pdate);

// 带三个参数的构造函数
public Production(Guid pid, string pname, DateTime pdate)
```

其中，只有带三个参数的构造函数才有实现代码（通过参数给三个属性赋值），其他两个构造函数都是调用这个构造函数，因此另外两个构造函数的方法体内部没有实现代码。

步骤 3：回到 Main 方法，分别使用不同版本的构造函数对 Production 类进行实例化。

```
// 调用无参数的构造函数
Production p1 = new Production();
Console.WriteLine( $ "产品编号:{p1.ProductID}\n产品名称:{p1.ProductName}\n生产日期:{p1.ProductDate:D}\n");

// 调用有两个参数的构造函数
Production p2 = new Production("示例产品", new DateTime(2017, 12, 12));
Console.WriteLine( $ "产品编号:{p2.ProductID}\n产品名称:{p2.ProductName}\n生产日期:{p2.ProductDate:D}\n");
```

步骤 4：按 F5 快捷键，运行应用程序，输出结果如图 4-1 所示。

图 4-1 调用不同版本的构造函数

实例 57 静态构造函数

【导语】

可以直接访问静态成员,无须创建对象实例,但不要误以为没有静态构造函数。常规的构造函数是在对象实例化时创建的,而静态构造函数则是在静态成员首次被访问时创建的。

静态构造函数在应用程序运行期间一旦被调用,其后不论代码是否多次访问静态成员,都不会再调用静态构造函数。如果代码从不访问静态成员,那么静态构造函数永远不会被调用。

【操作流程】

步骤 1:新建控制台应用程序项目。

步骤 2:声明一个类,并在类中定义一个静态属性。

```
public class Test
{
    public static string Sample { get; }
}
```

该属性只有 get 访问器,表示它是只读属性。

步骤 3:在类中定义静态构造函数,在构造函数内部为静态属性初始化。

```
static Test()
{
    Sample = "演示属性";
    Console.WriteLine("静态构造函数被调用。");
}
```

步骤 4:回到 Main 方法,对静态属性进行三次访问。

```
Console.WriteLine(Test.Sample);
Console.WriteLine(Test.Sample);
Console.WriteLine(Test.Sample);
```

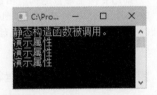

步骤 5:按 F5 快捷键运行项目,从输出结果可以看到,尽管静态成员被访问了三次,但是只调用了一次静态构造函数,如图 4-2 所示。

图 4-2 静态构造函数只调用一次

注意:静态构造函数一般用于初始化静态成员,尤其是只读(使用 readonly 关键字修饰)字段。

实例 58 验证属性值的有效性

【导语】

属性的声明有一种简练的语法,例如:

```
public int NewValue { get; set; }
```

要把属性声明为只读模式,可以按以下格式去掉 set 语句。

```
public int NewValue { get; }
```

这种语法优点是简练明了,但有些时候并不太适用,最典型的情况就是代码对属性值进行验证。这种情况就需要显式地声明一个私有字段来保存属性值(简练语法在编译时会由编译器自动生成存储属性值的字段),并在属性的 set 访问器中对属性的赋值进行检查。

【操作流程】

步骤 1:新建一个控制台应用程序项目。

步骤 2:声明一个 User 类,其中包含两个 string 类型的属性,并且在为属性赋值时需要验证字符串的长度。如果字符串的长度不符合要求,代码会抛出异常,详见代码清单 4-2。

代码清单 4-2 User 类

```
class User
{
    string _userName;
    public string Username
    {
        get { return _userName; }
        set
        {
            if(value.Length > 15)
            {
                throw new ArgumentException("用户名长度不能超过 15 个字符");
            }
            _userName = value;
        }
    }

    string _password;
    public string Password
    {
        get { return _password; }
        set
        {
            if(value.Length < 8)
            {
```

```
                    throw new ArgumentException("密码长度至少要 8 位");
            }
            _password = value;
        }
    }
}
```

value 是一个语言关键字,它是一个特殊的临时变量,用来存放属性的赋值。

Username 属性的值最终由 _userName 字段来存储,Password 属性的值由 _password 字段来存储。在 set 访问器中保存属性值之前进行检查,如果符合要求就把 value 变量的值赋给用来存放属性值的字段。

步骤 3:回到项目模板生成的 Main 方法,实例化一个 User 对象。

```
User u = new User();
```

步骤 4:尝试对 User 实例的属性赋值。

```
try
{
    u.Username = "Tom";
    u.Password = "******";
}
catch(Exception ex)
{
    Console.WriteLine( $ "错误:{ex.Message}。");
}
```

因为向属性赋值的过程中可能会出现异常,所以把赋值的代码写在 try 语句块中,并在 catch 子语句中捕捉可能发生的异常。

步骤 5:运行项目,由于为 Password 属性所赋值的长度小于 8,在对属性值验证时会发生异常,所以输出如图 4-3 所示的内容。

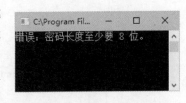

图 4-3 属性值未通过验证

实例 59 初始化只读字段

【导语】

只读字段与常量不同,常量必须在声明时赋值,而且不能使用表达式的运算结果赋值(例如,不能把某个变量的值赋给常量),但只读字段是可以使用其他表达式的运算结果来赋值的。只读字段和常量有一个共同点——初始化之后不能在代码中修改。

初始化只读字段有两种方法:第一种是在声明之后立即赋值;第二种是先声明字段,然后在类构造函数中赋值。

【操作流程】

步骤 1：新建一个控制台应用程序项目。

步骤 2：声明一个类，并添加一个只读字段。

```
class SomeType
{
    public readonly string GenericKey;
}
```

步骤 3：在类构造函数中为只读字段赋值，并且所赋的值来自传递给构造函数的参数。

```
class SomeType
{
    public readonly string GenericKey;

    public SomeType(string key)
    {
        GenericKey = key;
    }
}
```

步骤 4：在 Main 方法中实例化上述类。

```
SomeType s = new SomeType("000 - 862 - 2 - 1515");
```

步骤 5：此时，如果试图修改 GenericKey 字段就会发生错误，因为它是只读的。

```
s.GenericKey = "355 - 15414";
```

步骤 6：虽然不能修改，但允许读取。

```
Console.WriteLine(s.GenericKey);
```

实例 60 重载方法

【导语】

重载方法是指名称相同，但参数的数据类型或个数不相同的一组方法。以下情形可以构成重载：

（1）参数个数相同，但类型不同。例如：

```
public void Play(int x) { }
public void Play(float x) { }
```

以上两个 Play 方法，都有一个 x 参数，但其中一个是 int 类型，另一个是 float 类型。由于参数类型不同，上述两个方法可以构成重载。

（2）参数个数不同，例如：

```
void WorkAs(string args, int times) { }
void WorkAs(string args) { }
void WorkAs() { }
```

上述三个方法,参数个数分别为 3 个、1 个和 0 个,可以构成重载。

但是仅凭返回值类型的差异是无法构成重载的。例如:

```
byte[] GetData(int start, int end) { }
long GetData(int start, int end) { }
```

上述两个方法参数个数和类型都相同,虽然返回值类型不同,但是它们无法构成重载,因为编译器无法根据返回类型来判定调用哪个重载。

【操作流程】

步骤 1:新建一个控制台应用程序项目。

步骤 2:在项目模板生成的默认命名空间中定义一个 Test 类。

```
class Test
{

}
```

步骤 3:在类中定义三个重载的 Compute 方法。

```
class Test
{
    public int Compute(int a)
    {
        return a * 1;
    }

    public int Compute(int a, int b)
    {
        return a * b;
    }

    public int Compute(int a, int b, int c)
    {
        return a * b * c;
    }
}
```

带一个参数的版本会将参数乘以 1 后返回;带两个参数的版本会将两个参数相乘后返回;带三个参数的版本会将三个参数相乘后返回。

步骤 4:回到 Main 方法,尝试调用以上三个重载的 Compute 方法。

```
Test t = new Test();
int r1 = t.Compute(5);
```

```
int r2 = t.Compute(5, 5);
int r3 = t.Compute(5, 5, 5);
Console.WriteLine("三个计算结果分别为:{0},{1},{2}", r1, r2, r3);
```

步骤5：项目运行后,输出以下结果:

三个计算结果分别为:5,25,125

实例61　类实例传递给方法后为什么没有被更改

【导语】

先来看一段让许多初学者疑惑的代码。

首先声明一个 Product 类,用于做测试。

```
class Product
{
    public string Name { get; set; }
    public int Code { get; set; }
}
```

然后定义一个 Update 方法,参数是一个 Product 对象,在方法内部,让参数变量引用一个新的 Product 实例。

```
void Update(Product p)
{
    p = new Product
    {
        Name = "测试产品 C",
        Code = 700021
    };
}
```

实例化一个 Product 对象。

```
Product pro = new Product();
pro.Name = "测试产品 A";
pro.Code = 60009;
```

调用 Update 方法,并传递上面的实例。

```
Update(pro);
```

此时读者一定会认为,pro 变量所引用的应该是 Update 方法中创建的新实例,即 Name 属性为"测试产品 C"。而实际上,pro 变量的 Name 属性依然是"测试产品 A",Code 属性依然是 60009。

这样就出现疑惑了,既然类是引用类型,那为什么调用 Update 方法后,变量 pro 所引用的仍然是原来的 Product 实例呢? 这是因为:变量本身是存储在栈内存中的,当把变量 pro

传递给 Update 方法时，变量 pro 是把自身复制了一份交给方法的 p 参数。如果在 Update 方法中没有让 p 参数引用新的 Product 实例，而只是修改了 p 参数所引用的实例属性，那么当 Update 方法返回后，pro 变量和 p 参数中所存储的引用地址相同，因此，方法内部所作的修改在方法外部会生效。然而，前面的实例代码是在 Update 方法中让 p 参数引用了一个新的 Product 实例，如此一来，pro 变量和 p 参数中所存储的引用就不是同一个地址了，即它们引用了不同的 Product 实例。所以在调用 Update 方法之后，再去访问 pro 变量，实际上访问的还是旧的 Product 实例，而非新创建的实例。这就使得 Update 方法内部所做的修改在方法外部无效。

本实例将演示如何解决这个问题。

【操作流程】

步骤 1：新建一个控制台应用程序项目。

步骤 2：声明 Product 类。

```
class Product
{
    public string Name { get; set; }
    public int Code { get; set; }
}
```

步骤 3：在 Program 类中定义 Update 方法。

```
static void Update( ref Product p)
{
    p = new Product
    {
        Name = "测试产品 C",
        Code = 700021
    };
}
```

注意：在定义方法参数的时候要加上 ref 关键字，这样变量在传递给方法时，就会将自身作为引用来传递，而不是复制自身。

步骤 4：在 Main 方法中实例化一个 Product 对象。

```
Product pro = new Product
{
    Name = "测试产品 A",
    Code = 60009
};
```

步骤 5：为了便于对比，在调用 Update 方法前，先进行一次屏幕输出。

```
Console.WriteLine( $ "调用 Update 方法前。\nName = {pro.Name},Code = {pro.Code}\n\n");
```

步骤 6：调用 Update 方法，并传递变量。

```
Update(ref pro);
```

步骤 7：在调用 Update 方法后，再进行一次屏幕输出。

```
Console.WriteLine( $ "调用 Update 方法后。\nName =
{pro.Name},Code = {pro.Code}");
```

步骤 8：按下快捷键 F5 运行项目，图 4-4 可以对比 Update 调用方法前后的输出。

图 4-4　Update 方法调用前后对比

注意：在调用带有 ref 关键字的方法时，也要使用 ref 关键字。

实例 62　输出参数

【导语】

在声明方法的输出参数的时候需要加上 out 关键字，在调用的时候也需要加上 out 关键字。要接收方法输出的参数值，必须在方法外部定义一个变量。假设 Run 方法有一个布尔类型的输出参数，调用方法如下：

```
bool outResult;
Run ( out outResult );
```

其中，outResult 变量用于接收输出参数。为了提升编写代码的效率，还可以把上面的写法合并成以下语句。

```
Run ( out bool outResult );
```

【操作流程】

步骤 1：新建一个控制台应用程序项目。

步骤 2：在 Program 类中定义一个带输出参数的方法。

```
static void Work(double x, double y, out double result)
{
    result = x + y;
}
```

result 是输出参数，声明时要加上 out 关键字。

步骤 3：在 Main 方法中进行调用。

```
double r;
Work(2.001d, 0.855d, out r);
```

还可以这样调用。

```
Work(2.001d, 0.885d, out double r);
```

步骤 4：输出调用结果。

```
Console.WriteLine("计算结果:{0}", r);
```

步骤 5：运行后,控制台窗口输出以下信息。

```
计算结果:2.886
```

注意：输出参数的功能与返回值有些类似,而且也可以在一个方法中同时使用返回值和输出参数。但是返回值只能是一个单一对象,如果需要方法返回不同数据类型的结果,就应当使用输出参数,因为一个方法可以定义多个输出参数,但不能定义多个返回值。

实例 63   可变个数的方法参数

【导语】

在声明方法参数时,可以使用数组类型的参数,并且在前面加上 params 关键字。这表明在调用方法时,可以直接输入要传递给数组参数的值(即直接传数组元素),每个元素之间用英文的逗号隔开,与传递普通参数一样。

由于 params 关键字所修饰的参数是数组类型,所以参数个数是可变的,也可以是 0 个。为了让编译器能够识别可变个数的参数,一个方法中只能使有一次用 params 关键字修饰的参数,而且该参数必须位于方法参数列表的最后,其后面不能出现其他参数。

【操作流程】

步骤 1：新建一个控制台应用程序项目。

步骤 2：在生成的 Program 类中定义一个方法。

```
static void Sample(params int[] numbers)
{
    Console.WriteLine("\n 参数列表:");
    foreach(int i in numbers)
    {
        Console.Write("{0}", i);
    }
}
```

该方法只有一个参数,类型是 int 数组,并且带有 params 关键字,说明它是一个可变个数的参数。

步骤 3：在 Main 方法中测试对上述方法的调用。

```
Sample(1, 2, 3, 4, 5);
Sample(9, 8);
```

第一次调用传递了 5 个参数,第二次调用传递了 2 个参数。

注意:传递参数时,一定要使用类型匹配的值。例如上面的 Sample 方法,需要的参数均为 int 类型,调用时就不能给参数传递 string 类型的实例。

步骤 4:运行应用程序,两次调用 Sample 方法所输出的内容如图 4-5 所示。

实例 64　使用按引用传递的返回值

图 4-5　调用带可变个数参数的方法

【导语】

除了可以使用按引用传递的输入参数外,还可以使用按引用传递的返回值。与按引用传递的输入参数相似,按引用传递的返回值也使用 ref 关键字。例如以下方法就可以按引用传递返回的数据。

```
ref string GetName ( int index );
```

调用上述方法时,需要一个按引用赋值的变量来获取返回的内容,为了让这个变量能够按引用赋值,在声明的时候也要加上 ref 关键字。如以下代码所示。

```
ref string resStr = ref GetName ( 1 );
```

如果变量是按引用赋值,那么当代码修改变量所指向的对象时,变量所引用的内容也会同步被修改。

当要返回的对象包含比较复杂的数据时(尤其是结构,它会自我复制),可以将其按引用方式返回,以节省对象数据在复制过程中的性能开销。使用按引用传递的返回值时,需要注意以下几点:

(1)当方法(或属性)要按引用返回时,必须有一个变量来存放对象引用,并且该变量的生命周期必须大于该方法(属性)。也就是说,在方法(属性)内部声明的变量是不能按引用返回的,因为当方法(属性)返回后变量的生命周期就结束了,所以这个变量应当是类(或结构)级别的字段(一般是私有字段)。

(2)不能直接返回 null,否则会发生错误。因为该值无任何引用,无法进行传递。但是用来存放引用的变量是可以为 null 的,例如类级别的一个字段可以赋 null 值,当该字段被作为按引用传递的返回值时不会发生错误。

(3)使用 ref 关键字声明的变量,可以引用单个对象实例,也可以引用数组中的某个元素,但不能引用 List < T >对象中的元素。List < T >对象不是直接访问元素实例,它内部有封装和传递变量的过程,而由于数组是可以直接引用元素实例的,因此数组中的元素可以被 ref 关键字声明的变量引用。

为了更好地对比普通返回值与按引用传递的返回值之间的不同,本实例声明了两个基本相同的类,类中都封装一个 int 类型的私有字段,并通过 Value 属性公开该字段的值。而这两个类的差异就在于 Value 属性的返回方式,一个是普通的按值返回,另一个则是按引用返回。

【操作流程】

步骤 1:新建一个控制台应用程序项目。

步骤 2:定义两个类——Test1 和 Test2。详见代码清单 4-3。

代码清单 4-3　Test1 类与 Test2 类

```
class Test1
{
    private int _local;

    public Test1(int init)
    {
        _local = init;
    }

    public void DisplayValue()
    {
        Console.WriteLine( $ "当前值:{_local}");
    }

    public int Value => _local;
}

class Test2
{
    private int _local;

    public Test2(int init)
    {
        _local = init;
    }

    public void DisplayValue()
    {
        Console.WriteLine( $ "当前值:{_local}");
    }

    public ref int Value => ref _local;
}
```

当使用 ref 关键字声明了方法(或属性)后,在返回内部代码时也要加上 ref 关键字。

步骤 3:在 Main 方法中,分别对这两个类进行测试,如代码清单 4-4 所示。

代码清单 4-4　对比按值返回与按引用返回

```
WriteLine(" ------- 不使用按引用传递的返回值 ------- ");
Test1 t1 = new Test1(100);
WriteLine("初始值:");
t1.DisplayValue();
int x = t1.Value;
x = 200;
WriteLine("修改属性返回值之后:");
t1.DisplayValue();

WriteLine("\n------- 使用按引用传递的返回值 ------- ");
Test2 t2 = new Test2(100);
WriteLine("初始值:");
t2.DisplayValue();
ref int y = ref t2.Value;
y = 200;
WriteLine("修改属性返回值之后:");
t2.DisplayValue();
```

步骤 4：运行项目,输出结果如图 4-6 所示。

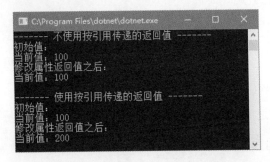

图 4-6　两种返回方式的输出结果

当返回值是按值传递时,会复制一份 _local 变量所指向的实例,然后返回新实例,修改
Value 属性所返回的值时,实际上修改的是复制后的实例,因此 _local 字段的值仍然是 100。

当返回值是按引用传递时,就相当于为 _local 字段创建一"别名",由于 Value 属性返回
的是引用,因此当返回的值被修改后, _local 字段的值也同步被修改。

实例 65　按参数名称来传值

【导语】

假设有如下方法。

```
int Add ( int a, int b )
```

一般情况下,在调用方法时都是将参数按照其定义的顺序进行传递,例如:

```
int x = Add (1, 2);
```

这时候,数值 1 会自动传递给 a 参数,数值 2 会自动传递给参数 b。

但是如果希望把 2 传递参数 a,把 1 传给参数 b,当然最简单的方法是把位置调换一下。

```
Add(2, 1);
```

还有一种方法,就是按参数的命名来传递,即在传递参数时明确指定参数的名字,上面代码也可以写成如下形式。

```
Add (a:2, b:1);
```

或

```
Add (b:1, a:2);
```

【操作流程】

步骤 1:新建一个控制台应用程序项目。

步骤 2:本例以调用 Math 类的 Min 方法为例。首先通过常规调用方法,直接按参数声明的顺序传递即可。

```
int x = Math.Min(5, 13);
```

步骤 3:也可以通过参数名称来显式指定参数值。

```
int y = Math.Min(val1: 2, val2: 6);
// 或者
int z = Math.Min(val2: 17, val1: 58);
```

参数名称与参数值之间,用一个半角冒号来分隔。

实例 66 可选参数

【导语】

在定义参数的同时分配一个默认值,该参数就成为可选参数。可选参数在调用时可以明确赋值,也可以忽略。如果可选参数在调用时被忽略,则保留其默认分配的值。

【操作流程】

步骤 1:新建一个控制台应用程序项目。

步骤 2:定义一个带有两个可选参数的方法。

```
static void Something(int p1, byte p2 = 255, bool p3 = false)
{
    string msg = "参数列表\n" +
                $"{nameof(p1)} = {p1}\n{nameof(p2)} = {p2}\n{nameof(p3)} = {p3}\n";
    Console.WriteLine(msg);
}
```

其中,p1 是必须参数,在调用时必须赋值,p2 和 p3 是可选参数,在调用时可以忽略。

接下来将进行调用演示。

步骤 3：调用上述方法，并为所有参数赋值。

```
Something(20, 100, true);
```

步骤 4：只为第一个可选参数赋值。

```
Something(31, 1);
```

此时，p1 参数的值为 31，p2 是可选参数，默认分配的值为 255，由于此处明确赋值，所以 p2 的值变为 1，p3 参数也是可选参数，仍保持默认值 false。

步骤 5：只为二个可选参数赋值，即 p1 和 p3 两个参数，p2 参数被忽略。

```
Something(p1: 65, p3: true);
```

由于第二个参数被忽略，因此这里要通过参数的名称赋值，以下调用的语法错误。

```
Something(900, , true);
```

步骤 6：按 F5 快捷键运行项目，输出结果如图 4-7 所示。

图 4-7 调用可选参数

实例 67 在声明时初始化属性

【导语】

属性可以使用以下简化的代码来声明。

```
public string Code { get; set; }
```

如果需要，可以在声明后立刻对属性进行初始化，例如以下代码。

```
public string Code { get; set; } = "C - 000";
```

【操作流程】

步骤 1：新建一个控制台应用程序项目。
步骤 2：声明一个类，此类包含三个公共属性，并在声明属性时进行初始化。

```
class Student
{
    public long ID { get; set; } = 0L;
    public string Name { get; set; } = "新学员";
    public string Course { get; set; } = "Visual Basic";
}
```

注意：因为对属性初始化时使用的是赋值语句，所以后面要写上半角分号，表示代码行结束。

步骤 3：使用上面定义的类实例化一个对象，实例化之后不对属性赋值，而是直接输出到屏幕上。

```
Student stu = new Student();
WriteLine("学员编号:{0}\n学员姓名:{1}\n学习课程:{2}", stu.
ID, stu.Name, stu.Course);
```

步骤 4：运行应用程序项目，就能看到各个属性的默认值输出到屏幕上了，如图 4-8 所示。

图 4-8　属性的默认值

4.2　委托与事件

实例 68　委托实例如何绑定方法

【导语】

委托是一种数据类型（属于引用类型），它的声明类似于方法，但委托不包含任何方法的实现代码，因此在调用委托实例前必须绑定方法。单播委托只能绑定一个方法，多播委托则可以绑定多个方法。当委托实例被调用时，与之绑定的所有方法都会被调用。

某个方法实例必须参数类型、参数个数、参数顺序以及返回类型都与对应的委托相匹配时，才能绑定在委托实例。例如，以下委托接受一个 string 类型的参数，并且返回类型为 int。

```
delegate int Test(string str);
```

以下方法不能与 Test 委托实例绑定。

```
int Save ( byte[] buffer );
```

虽然该方法返回 int 类型的值，但是它的参数类型是字节数组，并非字符串类型，因此不能与 Test 委托实例绑定。

【操作流程】

步骤 1：新建一个控制台应用程序项目。

步骤 2：声明一个委托，输入参数有两个，一个是 int 类，一个是 double 类型，返回值为 double 类型。

```
delegate double DoSomething(int x, double y);
```

委托属于数据类型，因此可以直接在命名空间下声明，并使用 delegate 关键字。

步骤 3：在项目模板生成的 Program 类中定义一个静态方法，用于与上面所定义的委托进行绑定。

```
static double RunHere( int a, double b)
{
    return a + b;
}
```

无论是静态方法还是实例方法，只要是可访问的或者参数与返回值匹配的，都可以与委托实例进行绑定。

步骤 4：实例化 DoSomething 委托。

```
DoSomething dele = new DoSomething(RunHere);
```

委托对象实例化时也是使用 new 运算符，并且把要绑定的方法的名字传递给构造函数。委托实例化还可以用简化的语法——直接把方法的名字赋值给委托变量。

```
DoSomething dele = RunHere;
```

步骤 5：委托实例的调用方式与方法的调用一样，可以传参数，也可以接收返回值。

```
double res = dele(16, 27.67d);
```

实例 69 绑定多个方法

【导语】

多播委托允许委托实例绑定多个方法，其基础类型为 MulticastDelegate，但是在实际编写代码时是无须考虑该基类的。在代码中，可以使用"＋"运算符（加号）添加要绑定的方法，或者使用"－"运算符（减号）移除已绑定的方法。

在多播委托实例上添加或移除方法实例，使用更多的是"＋＝"与"－＝"运算符。假设某委托实例变量名为 dx，M1 和 M2 是方法，要让 dx 委托绑定这两个方法，可以写为如下形式。

```
dx = M1;
dx += M2;
```

完整的写法如下。

```
dx = dx + M2;
```

因为多个方法实例合并后会产生新的委托实例，使用"＋＝"运算符让委托实例与新绑定的方法组合后产生的新实例又赋值给 dx 变量，这样就可以使用 dx 变量调用组合后的委托实例。

【操作流程】

步骤 1：新建控制台应用程序项目。

步骤 2：定义一个委托类型。

```
delegate void MyFunction();
```

步骤 3：在 Program 类中定义两个静态方法。

```
static void Output1()
{
    Console.WriteLine("这是第一个方法");
}
static void Output2()
{
    Console.WriteLine("这是第二个方法");
}
```

步骤 4：在 Main 方法中，用上面定义的委托声明一个变量，初始化为 null。

```
MyFunction del = null;
```

步骤 5：让委托变量绑定 Output1 和 Output2 方法。

```
del += Output1;
del += Output2;
```

步骤 6：调用委托实例。

```
del();
```

图 4-9　委托会同时调用
绑定的所有方法

步骤 7：运行应用程序项目，当委托实例被调用，关联的两个方法也会被调用，如图 4-9 所示。

实例 70　匿名方法

【导语】

匿名方法使用 delegate 关键字作为方法名，后接方法参数列表以及方法体。匿名方法可以做到在不定义新方法的前提下直接给委托变量赋值。某个委托类型的声明如下。

```
delegate int DoSomething ( int a, int b );
```

在声明委托变量后，可以用匿名方法直接赋值，而不需要定义新的方法来绑定。

```
DoSomething d = delegate ( int j, int k )
{
    return j + k;
};
```

【操作流程】

步骤 1：新建一个控制台应用程序项目。

步骤 2：定义一个委托，委托返回 void 类型，接受两个 double 类型的参数。

```
delegate void Test(double f, double g);
```

步骤 3：在 Main 方法中，声明一个委托变量，初始化为 null。

```
Test td = null;
```

步骤 4：让委托变量绑定三个匿名方法。

```
td += delegate (double x, double y)
{
    Console.WriteLine( $ "{x} + {y} = {x + y}");
};
td += delegate (double x, double y)
{
    Console.WriteLine( $ "{x} − {y} = {x − y}");
};
td += delegate (double x, double y)
{
    Console.WriteLine( $ "{x} × {y} = {x * y}");
};
```

步骤 5：调用委托。

```
td( 0.3d, 0.2d);
```

图 4-10 调用匿名方法

步骤 6：运行应用程序项目，当委托实例被调用，三个关联的匿名方法就会被调用，运行结果如图 4-10 所示。

注意：如果绑定的方法需要在代码中多次引用，就不能使用匿名方法了，因为匿名方法没有名称，声明之后在代码中无法再次引用。

实例 71　封装事件

【导语】

事件是类型中的一种成员对象，它是委托类型。主要是运用了委托可以绑定一个或多个方法的特点，当作为事件的委托被调用时，就能连带地调用其绑定的方法。这样一来，类型中的代码只负责引发（调用）事件，而不需要考虑如何响应事件。

声明事件需要使用 event 关键字，例如下面委托将作为某个类的事件类型。

```
public delegate void TestEventDelegate(object obj, int arg);
```

在类中，可以用以上委托来定义事件。

```
public event TestEventDelegate Play;
```

事件一般应该声明为公共成员，这样才能方便外部代码引用，以绑定响应事件的方法。假设变量 vt 是某个类的实例，可以把它的 Play 事件与方法绑定。

```
tn.Play += delegate (object o, int a)
{
    Console.WriteLine(a);
};
```

只要 Play 事件在类中被调用，与其绑定的方法也会被调用，这样就达到了"当某件事情发生时，代码会做出响应"的效果。就像上面代码所演示的，Play 事件绑定了一个匿名方法，在匿名方法中通过 WriteLine 方法输出事件参数的值。绑定方法后，一旦 Play 事件被调用，那么屏幕上就会立即输出事件参数的值。

上面所举例的事件定义是直接公开事件委托的，在某些特殊情况下，也可以像属性那样，把事件所使用的委托进行封装，即类型的内部用一个私有字段来存储委托实例，然后将 event 关键字所定义的事件对外公开，但字段本身不对外公开。这种封装一般用在需要对赋值给委托的方法实例进行验证的场合。

【操作流程】

步骤 1：新建一个控制台应用程序项目。

步骤 2：定义一个委托，用来作为事件类型。

```
public delegate void DemoEventDelegate(object obj, int count);
```

步骤 3：声明一个测试类，并包含事件成员。

```
public class Test
{
    DemoEventDelegate _myEvent;

    public event DemoEventDelegate Worked
    {
        add
        {
            _myEvent += value;
        }
        remove
        {
            _myEvent -= value;
        }
    }

}
```

以上代码中，通过一个 _myEvent 私有字段来保存事件，对外公开的事件是 Worked。与属性类似，属性通常用 get 和 set 访问器，而事件也有两个访问器——add 访问器用于向作为事件的委托添加要绑定的方法实例；remove 访问器用于从作为事件的委托实例中移除某个方法实例。value 是一个关键字，表示赋值给委托的值，作用与属性中的 value 关键字相同。

步骤 4：这种封装常用于验证，例如在 add 的时候，可以检查值是否为 null。

```
add
{
    if(value != null)
    {
        _myEvent += value;
    }
}
```

步骤 5：在类中，需要用代码来调用事件委托，这样才能引发事件，此处定义一个公开的 Run 方法，当方法被调用时，会调用事件委托，然后也会调用与委托绑定的所有方法。

```
private int c = 0;
public void Run()
{
    _myEvent?.Invoke(this, ++c);
}
```

每次调用都会先让 c 字段的值加上 1 再传递处理事件的方法。上面代码在调用委托时，在变量名后面加了一个"?"（英文的问号），主要是用来检查_myEvent 字段是否为 null，如果为 null 就不调用了。运算符"?"可以简化代码，它相当于如下代码。

```
if(_myEvent != null)
{
    _myEvent(this, ++c);
}
```

步骤 6：实例化用于测试的类。

```
Test t = new Test();
```

步骤 7：为 Worked 事件绑定处理代码，此处使用了 Lambda 表达式。

```
t.Worked += (k, f) => Console.WriteLine( $ "你已调用了 {f} 次实例。");
```

当 Worked 事件发生时会在屏幕上输出一行文本。

步骤 8：为了验证事件是否会发生，可以连续调用 4 次 Run 方法。

```
t.Run();
t.Run();
t.Run();
t.Run();
```

步骤 9：实例运行后的结果如图 4-11 所示。

图 4-11　引发事件

实例 72　框架提供的委托类型

【导语】

为了提高开发人员的效率(无须自己定义过多的委托类型),.NET 基础框架公开了许多委托类型,并且这些委托类型都带有泛型参数,可以最大程度地扩充其灵活性。这些委托可以分为两类:

(1) Action。用于匹配返回类型为 void 的方法,可以匹配 0 到 16 个参数的方法。在实际开发中,这已经能够处理绝大部分的情形了,通常很少会定义参数过多的方法。

(2) Func。用于匹配返回类型为非 void 类型的方法,同样也能匹配 0 到 16 个输入参数。所有 Func 委托的泛型参数列表中,最后一个(TResult)都表示方法的返回值类型。例如,Func < int, int, string > 可以匹配有两个 int 类型输入参数、返回值为 string 类型的方法。

【操作流程】

步骤 1: 新建一个控制台应用程序项目。

步骤 2: 在项目模板生成的 Program 类中定义两个返回值为 void 类型的方法。

```
static void TestA(string name, int age)
{
    Console.WriteLine( $ "{name} 今年 {age} 岁了。");
}
static void TestB(String name)
{
    Console.WriteLine("你好,{0}", name);
}
```

步骤 3: 再定义两个返回值为非 void 类型的方法。

```
static int TestC(DateTime dt)
{
    return dt.Year;
}
static long TestD(int start, int end)
{
    long r = 1L;
    int cur = start;
    while(cur <= end)
    {
        r * = cur;
        cur++;
    }
    return r;
}
```

步骤 4：使用 Action 委托绑定 TestA 和 TestB 方法。

```
Action < string, int > d1 = TestA;
d1("Bob", 28);
Action < string > d2 = TestB;
d2("Jim");
```

通过泛型参数指定参数的个数和数据类型。

步骤 5：使用 Func 委托绑定 TestC 和 TestD 方法。

```
Func < DateTime, int > d3 = TestC;
Console.WriteLine("今年是 {0} 年。", d3(DateTime.Now));
Func < int, int, long > d4 = TestD;
long res = d4(2, 4);
Console.WriteLine("计算结果:{0}", res);
```

指定 Func 委托的返回类型总是在泛型参数的最后一个。例如上面要绑定 TestD 方法的委托，返回类型为 long，因此使用的委托是 Func < int, int, long >。

实例 73　将方法作为参数进行传递

【导语】

如果没有委托类型，是无法将一个方法作为参数进行传递的，这也是委托的另一个作用。因为委托本身是类，属于引用类型，通过参数传递后，它所绑定的方法的引用也随之被传递。虽然是间接地实现将方法人为参数传递，但也的确能实现该功能。

本实例以 Predicate 委托为例，在一个整形数组中查找出可以被 2 或 3 整除的整数。Predicate 委托实例可以用于数组或列表类型，主要功能是用于查找匹配的元素。这使得元素的查找逻辑与集合对象分开，开发者可以通过 Predicate 委托来绑定自定义的查找方法。

【操作流程】

步骤 1：新建一个控制台应用程序项目。

步骤 2：定义一个数组实例，类型为 int。

```
int[] arr = { 16, 21, 20, 11, 18, 37, 41, 77 };
```

步骤 3：调用 FindAll 方法查找所有匹配的元素，被找到的元素会组成一个新的数组并返回。

```
    int[] resarr = Array.FindAll(arr, element =>
{
    if(((element % 2) == 0) || ((element % 3) == 0))
    {
        return true;
    }
        return false;
});
```

Predicate 委托的声明如下：

```
public delegate bool Predicate< in T>(T obj);
```

该委托带有一个 T 泛型参数，可以最大限度地发挥其灵活性，返回类型为布尔类型，如果元素找到就返回 true，要是找不到就返回 false。FindAll 方法在访问数组中的每个元素时，都会调用 Predicate 委托实例并把元素传递进去，如果返回 true 表明是匹配的，否则就是不匹配的。

图 4-12　　输出数组中可被 2 或 3 整除的整数

步骤 4：运行项目，输出结果如图 4-12 所示。

实例 74　使用 Lambda 表达式动态产生数据

【导语】

Lambda 表达的作用与匿名方法相似，但书写起来比匿名方法简洁，而且 Lambda 方法能够让编译器自动推测参数的数据类型，因此一般只需要给出参数名称即可，不要求明确指定参数的类型。Lambda 表达式可以直接赋值给委托变量。

Lambda 表达式的格式如下。

（<参数列表>）=><方法体>

如果没有参数，就需要一对空白的括号。

() =><方法体>

如果 Lambda 表达式的方法体有多行代码，则需要写在一对大括号中。

本实例将实现一个类，类的构造函数接受一个委托对象，该委托最后会产生一个字典实例（带键/值对的集合），并且该类会公开一个方法，调用后输出字典集合中的数据。

【操作流程】

步骤 1：新建控制台应用程序项目。

步骤 2：定义一个 DataManage 类。

```
public class DataManage
{

}
```

步骤 3：在类中定义一个私有字段，用于存放数据。

```
public class DataManage
{
    IDictionary< int, string> _dicData;
}
```

步骤 4：定义构造函数，并用一个委托作为参数，委托执行后会返回一个字典集合实例。

```
public class DataManage
{
    IDictionary< int, string > _dicData;

    public DataManage(Func< IDictionary< int, string >> data)
    {
        _dicData = data();
    }
}
```

步骤 5：定义一个公共方法，将字典集合中的数据输出到屏幕。

```
public void DisplayData()
{
    Console.WriteLine(" ---- 数据列表 ---- ");
    foreach(var kp in _dicData)
    {
        Console.WriteLine ( $ "{kp.Key,4}\t{kp.Value}");
    }
}
```

格式化字符串中的“,4”表示输出的文本为右对齐，长度为 4 个字符。

步骤 6：在 Main 方法中实例化 DataManage 对象，并通过构造函数传递初始数据。

```
DataManage dm = new DataManage(() => new Dictionary< int, string >
{
    [1] = "window",
    [2] = "house",
    [3] = "kite",
    [4] = "noodles",
    [5] = "claim"
});
```

步骤 7：调用 DisplayData 方法，输出字典集合中的数据。

```
dm.DisplayData();
```

步骤 8：运行应用程序项目，输出内容如图 4-13 所示。

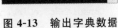

图 4-13　输出字典数据

4.3　继承与多态

实例 75　调用基类的构造函数

【导语】

base 关键字可以访问基类实例的成员，例如构造函数、属性、方法、事件等；相对的，this 关键字代表的是当前类型的实例。只能在当前类的构造函数进入代码块之前访问基类的构造函数，在当前类的其他地方不能访问。

【操作流程】

步骤 1：新建一个控制台应用程序项目。

步骤 2：声明 A 类,定义一个带两个参数的构造函数,随后通过两个公共属性公开两个参数的值。

```
class A
{
    public A( int v1, int v2)
    {
        Value1 = v1;
        Value2 = v2;
    }

    public int Value1 { get; }
    public int Value2 { get; }
}
```

步骤 3：声明 B 类,从 A 类派生。在 B 类的构造函数执行之前,调用 A 类的构造函数并传递参数。

```
class B : A
{
    public B()
        :base(900, 750)
    {

    }
}
```

在 base 关键字之前,需要添加一个英文的冒号,表示先执行 A 类的构造函数,然后再执行 B 类的构造函数。

步骤 4：实例化 B 类的对象,并输出 Value1 和 Value2 属性的值。

```
B v = new B();
Console.WriteLine( $ "Value 1 = {v.Value1}");
Console.WriteLine( $ "Value 2 = {v.Value2}");
```

B 类的 Value1 和 Value2 属性是从 A 类继承的。

步骤 5：按下 F5 快捷键,应用程序将输出以下结果。

```
Value 1 = 900
Value 2 = 750
```

实例 76　重写基类的成员

【导语】

重写基类的成员,应当在成员签名上加 override 关键字。在派生类中重写基类的成员,可以对基类的功能进行扩展,而且还可以使用 base 关键字来访问当前成员的基类版本。

在基类中,如果希望派生类能够重写某个成员,应该在成员签名上加 virtual 关键字,将此成员"虚化"。带 virtual 关键字的成员既可以包含也可以不包含实现代码。

例如以下两种形式。

```
// 基类
public virtual int GetItem ( string key )
// 派生类重写
public override int GetItem ( string key )
```

基类的成员除了可以使用 virtual 关键字外,还可以用 abstract 关键字,这会使成员"抽象化"。抽象成员与虚成员不同,虚化的成员可以包含也可以不包含具体的实现代码,而抽象成员是不能包含实现代码的。因此派生类必须重写抽象成员,但不一定要重写虚成员。

【操作流程】
步骤 1:新建一个控制台应用程序项目。
步骤 2:声明 MyBase 类作为基类,并定义一个虚方法。

```
class MyBase
{
    public virtual void Output()
    {
        Console.WriteLine("基类的方法被调用。");
    }
}
```

步骤 3:定义 MyTest 类,从 MyBase 类派生,并且重写基类的方法。

```
class MyTest : MyBase
{
    public override void Output()
    {
        Console.WriteLine("派生类的方法被调用。");
        base.Output();
    }
}
```

通过 base 关键字,可以调用基类的成员。在上面代码中,先执行派生类的代码,然后再调用基类的方法。

步骤 4:以下代码可以测试成员的重写。

```
MyTest t = new MyTest();
t.Output();
```

实例 77 彻底替换基类的成员

【导语】
重写基类的成员是对基类成员的扩展。但有时需要彻底替换基类的成员,即虽然成员的名称与基类的成员相同,但功能完全不同。

替换基类成员,应当在成员签名上加上 new 关键字,格式如下。

```
// 基类
public void Work ()
// 派生类替换
public new void Work()
```

替换成员一般应用于:派生类的成员名称、参数、返回值类型与基类的相同,但是在功能上是完全不同的情形。

【操作流程】

步骤 1:新建一个控制台应用程序项目。

步骤 2:定义一个 CheckTask 类,公开一个 Run 方法。

```
class CheckTask
{
    public void Run( int max)
    {
        Console.WriteLine("最大执行任务数:{0}。", max);
    }
}
```

步骤 3:定义 DRCheckTask 类,它从 CheckTask 类派生。

```
class DRCheckTask : CheckTask
{
    public new void Run( int count)
    {
        Console.WriteLine("并行任务数:{0}。", count);
    }
}
```

在 DRCheckTask 类中也有一个 Run 方法,并且参数与基类的 Run 方法相同(都是 int 类型),可是它们所代表的含义(功能)不同。基类中 Run 方法的参数表示可以执行的最大任务数,而 DRCheckTask 类的 Run 方法中参数表示要并行的任务数。由于功能完全不同,所以派生类中应该用 new 关键字完全替换基类的 Run 方法。

步骤 4:分别实例化 CheckTask 类和 DRCheckTask 类,并分别调用它们的 Run 方法。

```
CheckTask t1 = new CheckTask();
t1.Run(15);

DRCheckTask t2 = new DRCheckTask();
t2.Run(10);
```

步骤 5:运行应用项目,输出的内容如图 4-14 所示。

图 4-14 两个版本的 Run 方法的输出信息

实例 78 实现多个接口

【导语】

虽然派生类不能同时继承多个类,但可以同时实现多个接口。

【操作流程】

步骤 1:新建一个控制台应用程序项目。

步骤 2:声明两个接口,各包含一个方法。

```
interface IRunner1
{
    void StartWork();
}

interface IRunner2
{
    void EndWork();
}
```

步骤 3:声明一个测试类,该类可以同时实现以上两个接口。

```
class OneWork : IRunner1, IRunner2
{
    public void EndWork()
    {
        Console.WriteLine("结束操作。");
    }

    public void StartWork()
    {
        Console.WriteLine("开始操作。");
    }
}
```

IRunner1 接口包含 StartWork 方法,IRunner2 接口包含 EndWork 方法。OneWork 类同时实现这两个接口,因此该类包含 StartWork 和 EndWork 两个方法。

步骤 4:下面代码对 OneWork 类进行测试调用。

```
OneWork ow = new OneWork();
ow.StartWork();
ow.EndWork();
```

注意:类所实现的接口成员都应该是公共成员,因为接口的用途就是作为一种规范,用以确定面向对象编程的基本模型。接口一般要提供给外部进行代码调用(实现接口的类可以对外部隐藏),只有公共成员才能被外部代码访问。

实例 79　实现接口的结构

【导语】

结构类型虽然不能继承,但结构是可以实现接口的。

【操作流程】

步骤 1：新建一个控制台应用程序项目。

步骤 2：声明一个接口类型,其中包含一个方法。

```
interface ITest
{
    int Add( int a, int b);
}
```

步骤 3：声明一个实现 ITest 接口的结构。

```
struct TestCal : ITest
{
    public int Add( int a, int b)
    {
        return a + b;
    }
}
```

注意：结构实现接口的成员,要求是公共成员。

步骤 4：在 Main 方法中编写以下测试代码。

```
ITest v = new TestCal();
int result = v. Add(10, 5);
Console. WriteLine("计算结果:{0}", result);
```

步骤 5：运行应用程序项目,屏幕输出的结果如下。

计算结果:15

实例 80　隐藏构造函数

【导语】

把构造函数声明为私有成员,无法从类的外部访问构造函数,就不能用 new 运算符来实例化对象了,于是就达到了隐藏构造函数的目的。

隐藏构造函数通常用于特殊用途的类型,例如一些访问某个硬件设备的类,一般不希望在应用程序生命周期内创建过多的实例,因为多个实例同时操作一个设备容易产生冲突。所以隐藏了构造函数的类需要对外公开一个静态成员(例如静态属性),使得外部代码能够访问到类型实例。

【操作流程】

步骤 1：新建一个控制台应用程序项目。

步骤 2：声明一个 Camara 类，模拟相机设备。

```
class Camara
{
    private Guid _deviceID;

    private Camara()
    {
        _deviceID = Guid.NewGuid();
    }

    public Guid DeviceID => _deviceID;
}
```

私有字段 _deviceID 表示设备的标识，并由 DeviceID 属性公开。构造函数加了 private 修饰，表明该构造函数无法被外部访问。

步骤 3：为了让其他代码能够访问到 Camara 实例，需要为 Camara 类定义一个静态的公共属性，以获取实例引用。

```
private static Camara _currentInstance = new Camara();
public static Camara CurrentInstance => _currentInstance;
```

步骤 4：使用时，直接通过静态属性来获取 Camara 类的实例。

```
Camara c = Camara.CurrentInstance;
Console.WriteLine( $ "设备标识:{c.DeviceID}");
```

步骤 5：运行应用项目，得到的输出内容如下。

```
设备标识:1ca3f63e - 8513 - 497a - aa5d - 7749a061e6c5
```

实例81 到底调用了谁

【导语】

抽象类一般可以作为一组相关类型的公共基类，不能实例化，它仅仅为后续继承的类型提供了一个规范。抽象类的作用与接口类似，但也有不同。接口不能包含任何实现代码，而且接口中所有成员都要定义为公共成员；抽象类中既可以包含没有实现代码的抽象成员，也可以包含实现的类型成员。继承抽象类的派生类必须实现其抽象成员。

注意：抽象类中可以包含非抽象成员，但非抽象类中是不能包含抽象成员的。因为非抽象类可以实例化，并且抽象成员没有任何实现代码，即通过非抽象类实例访问抽象成员没有实际意义。

当从抽象类派生时,实现抽象成员的方法与重写虚成员相近,都使用 override 关键字。抽象成员不包含任何实现代码,完全交由派生类实现。当通过抽象类型的变量去调用抽象成员时,应用程序会根据赋值给变量的类型实例来决定执行哪些代码。

【操作流程】

步骤 1:新建一个控制台应用程序项目。

步骤 2:声明一个名为 Animal 的抽象类,表示某种动物,并且包括一个抽象的 Name 属性。

```
abstract class Animal
{
    public abstract string Name { get; }
}
```

从 Animal 派生的类必须实现 Name 属性。

步骤 3:声明三个类,都实现抽象类 Animal(即从 Animal 类派生)。

```
class Cat : Animal
{
    public override string Name => "猫猫";
}

class Rabbit : Animal
{
    public override string Name => "兔子";
}

class Dog : Animal
{
    public override string Name => "狗狗";
}
```

每个派生类都可以根据具体的情况,为 Name 属性返回不同的值。

步骤 4:在 Main 方法中,声明三个 Animal 类型的变量,并分别为每个变量赋值 Cat、Rabbit 和 Dog 的类型实例。

```
Animal a1 = new Cat();
Animal a2 = new Rabbit();
Animal a3 = new Dog();
```

步骤 5:分别访问它们的属性。

```
Console.WriteLine( $ "这只宠物是{a1.Name}");
Console.WriteLine( $ "这只宠物是{a2.Name}");
Console.WriteLine( $ "这只宠物是{a3.Name}");
```

步骤 6:运行应用程序项目,输出结果如下。

这只宠物是猫猫

这只宠物是兔子

这只宠物是狗狗

当访问 a1 的 Name 属性时实际上是访问 Cat 实例的 Name 属性,同理,在访问 a2 变量时实际上是访问 Rabbit 实例的 Name 属性,因此调用谁的 Name 属性取决于为变量所赋的具体实例。

实例 82　析构函数

【导语】

析构函数与构造函数的作用正好相反。构造函数在创建对象实例时调用,用于对类型成员初始化;而析构函数则是在对象实例即将被回收时执行,可用于一些清理工作。

析构函数都以"～"开头,无返回值无参数,"～"之后紧跟类名(无空格),格式如下。

```
class Desk
{
    ～Desk()
    {

    }
}
```

【操作流程】

步骤 1:新建一个控制台应用程序项目。

步骤 2:声明一个用于测试的 Example 类,并且定义它的构造函数与析构函数。

```
class Example
{
    public Example()
    {
        WriteLine("构造函数被调用。");
    }

    ～Example()
    {
        WriteLine("析构函数被调用。");
    }
}
```

步骤 3:在 Program 类中声明一个静态方法,在方法中声明一个 Example 类的变量并进行实例化。

```
static void Test()
{
    Example ex = new Example();
}
```

由于变量 ex 是在方法内部声明的，其生命周期在执行完方法后就会结束。因此在方法外部可以显式调用 GC 的相关方法进行垃圾回收，只有当对象实例被回收时，析构函数才会被调用。

步骤 4：在 Main 方法中调用 Test 方法，随后立即调用 GC 的 Collect 方法进行内存回收。

```
Test();
// 进行垃圾回收
GC.Collect();
```

实例 83 实现 IDisposable 接口

【导语】

通过实现 IDisposable 接口进行回收清理，比析构函数更易于使用。首先，实现 IDisposable 接口后，类型会公开 Dispose 方法，可以在代码中随时调用以执行清理工作；其次，实现了 IDisposable 接口的类型可用于 using 语句块，当 using 语句块代码执行完成后会自动调用 Dispose 方法来清理资源。

本实例实现了一个可以向文本文件写入内容的类。类中包含一个文件流实例，它会占用文件以及相关的内存资源，在类的构造函数中初始化，并在 Dispose 方法中释放文件流所占用的资源。

【操作流程】

步骤 1：新建一个控制台应用程序项目。

步骤 2：声明 TextWriter 类，里面包装了一个文件流对象，可以将字符串写入文件，详见代码清单 4-5。

代码清单 4-5 TextWriter 类完整代码

```
class TextWriter : IDisposable
{
    // 文件名
    const string FILE_NAME = "demo.txt";
    // 文件流
    FileStream fsWriter = null;

    public TextWriter()
    {
        // 打开或创建文件
        fsWriter = File.OpenWrite(FILE_NAME);
    }

    public void WriteText(string str)
    {
        // 获取文本的字节数组
```

```
        byte[] data = Encoding.UTF8.GetBytes(str);
        // 将字节数组写入文件流
        fsWriter.Write(data, 0, data.Length);
        // 将缓冲的数据写入文件
        fsWriter.Flush();
    }

    public void Dispose()
    {
        // 关闭文件流
        fsWriter?.Close();
        // 释放资源
        fsWriter?.Dispose();
    }
}
```

步骤 3：使用 TextWriter 时，可以将其实例放在 using 语句块中，当代码流程执行完退出 using 语句块后，TextWriter 中实现的 Dispose 方法就会被调用，以进行资源清理工作。

```
using(TextWriter wt = new TextWriter())
{
    wt.WriteText("编程真快乐。");
}
```

调用 WriteText 方法可以向文件写入文本内容。

步骤 4：按下 F5 快捷键运行应用程序，待程序退出后，再找到项目路径下的\bin\Debug\netcoreapp<版本号>子目录，会看到一个名为 demo.txt 的文件，应用程序所写入的文本内容就存放在该文件中。

实例 84 显式实现接口

【导语】

显式实现接口就是在实现接口的成员前面加上接口的名称。这种方法可以有效解决接口成员冲突问题。例如，IA 接口中包含 Play 方法，而 IB 接口中也包含 Play 方法，若使用常规方式同时实现这两个接口，那么类型中只能有一个 Play 方法。例如下述代码。

```
interface IA {
    void Play();
}
interface IB {
    void Play();
}
class Test : IA, IB
{
    public void Play() { }
}
```

因为两个接口中 Play 方法的签名相同,只能出现一个。假设这两个接口中的 Play 方法签名相同,但是所代表的功能和含义不同,即 IA 接口中的 Play 方法用来播放音乐,而 IB 接口中的 Play 方法用来开始玩游戏。要同时实现这两个 Play 方法,就要让它显式地实现两个接口了。上述代码可以修改为以下形式。

```
class Test : IA, IB
{
    void IA.Play() { }
    void IB.Play() { }
}
```

显式实现接口后,无法通过实现类的变量去调用 Play 方法,必须使用接口来声明变量才能访问。例如,如果要调用 IA 接口的 Play 方法,就要用 IA 类型去声明变量,赋值时引用 Test 类的实例,然后再通过变量调用 Play 方法。

```
IA v = new Test();
v.Play();
```

使用以下代码是无法访问 Play 方法的。

```
Test x = new Test();
x.Play();
```

【操作流程】

步骤 1:新建一个控制台应用程序项目。

步骤 2:声明两个接口,它们都包含一个 Start 方法。

```
interface IDownloader
{
    void Start();
}
interface IUploader
{
    void Start();
}
```

IDownloader 接口模拟一个从网络下载数据的操作,IUploader 接口则模拟一个向网络上传数据的操作。很明显,两个 Start 方法尽管签名相同但功能不同,一个开启下载操作,另一个开启上传操作,因此如果某个类型同时实现这两个接口,就必须显式实现两个 Start 方法。

步骤 3:声明一个类,同时实现以上两个接口,此处必须使用显式实现接口的方式,否则无法同时完成两个 Start 方法的实现。

```
class NetworkManager : IDownloader, IUploader
{
    void IDownloader.Start()
    {
        Console.WriteLine("正在下载,请稍等……");
```

```
    }
    void IUploader.Start()
    {
        Console.WriteLine("内容上传中,请稍等……");
    }
}
```

步骤 4:在使用时,可以先实例化 NetworkManager 类。

```
NetworkManager mng = new NetworkManager();
```

步骤 5:要启动下载或上传操作,必须通过相应的接口变量来调用。

```
// 要下载,只能通过 IDownloader 接口类型的变量来访问
IDownloader dl = mng;
dl.Start();
// 要上传,也只能通过 IUploader 接口类型的变量来访问
IUploader ul = mng;
ul.Start();
```

因为 NetworkManager 类同时实现了这两个接口,所以 NetworkManager 类的实例可以赋值给使用接口类型声明的变量,属于隐式转换。

图 4-15 调用显式实现接口的成员

步骤 6:运行应用程序项目,会看到如图 4-15 所示的输出结果。

实例 85 阻止类被继承

【导语】

出于对象模型的实际需要,有时需要禁止某个类被继承,即使其成为密封类。以下实例简单演示了使用 sealed 关键字声明密封类的方法。

【操作流程】

步骤 1:新建一个控制台应用程序项目。

步骤 2:声明一个 Pear 类,并加上 sealed 关键字(在 class 关键字之前)。

```
sealed class Pear
{

}
```

步骤 3:尝试从 Pear 类派生出 WildPear 类。

```
class WildPear : Pear
{

}
```

此时会提示错误,因为 Pear 类已经是密封类,无法被继承。

实例 86　嵌套类

【导语】

所谓嵌套类,就是在类中又声明一个类。嵌套类之间虽然产生了层级关系,但每个类都是独立的,也就是说,一个类的内部是不能访问其嵌套类的。如果要访问,只能通过变量来传递。例如,A 类中嵌套了 B 类,在 A 类内部想访问 B 类实例时,可以先在 A 类中声明一个 B 类的私有字段并引用有效的 B 类实例,再通过这个私有字段访问 B 类的某个实例。

【操作流程】

步骤 1:新建控制台应用程序项目。

步骤 2:声明一个公共类,类中包含一个公共方法以及一个嵌套类。

```
public class TheOut
{
    // 公开一个属性用于设置 TheNest 实例,以便在类中访问 TheNest 实例
    public TheNest NestObj { get; set; }

    public void CallNest()
    {
        NestObj?.CallMe();
    }

    public class TheNest
    {
        public void CallMe() => WriteLine("正在访问嵌套的类实例。");
    }
}
```

尽管 TheNest 类包含在 TheOut 类中,然而它们被视为独立的类,即类名分别为 TheOut 与 TheOut.TheNest。为了让 TheOut 类中的代码能访问 TheNest 实例,本实例的处理方法是在 TheOut 类中公开一个 NestObj 属性,该属性可以设置对 TheNest 类实例的引用,这样在 TheOut 类的 CallNest 方法中就可以使用 TheNest 实例了。

步骤 3:对嵌套类的使用进行测试。分别创建两个类的实例,然后把 TheNest 类的实例赋值给 NestObj 属性。

```
TheOut obj1 = new TheOut();
TheOut.TheNest obj2 = new TheOut.TheNest();
obj1.NestObj = obj2;
```

步骤 4:然后就能访问嵌套类中的 CallMe 方法了。

```
obj1.CallNest();
```

注意:访问嵌套类的类名时,需要加上它的父级类的类名。例如本实例中,在声明 obj2 变量时,类名要写成 TheOut.TheNest,中间使用成员运算符(半角句号)连接。

实例 87　匿名类型

【导语】

匿名类型是一种比较方便实用的轻型对象模型。使用之前无须在代码中声明新的类，类型名称由编译器自动分配。因此开发者事先不会知道匿名类型的名称，无法在代码中直接访问类型信息。

正是由于匿名类型的类型名称无法预先知晓，所以在声明匿名类型的变量时只能使用 var 关键字，让编译自动推测变量的类型。初始化匿名类型实例时依然使用 new 运算符。后面紧跟对象初始化代码（写在一对大括号中）。例如，下面代码声明一个匿名类型的变量 x，并使用 new 运算符初始化。

```
var x = new
{
City = "天津",
Phone = "13477689366"
};
```

只能分配公共的只读属性给匿名对象，因此必须在初始化时赋值属性。匿名对象初始化后，属性都是只读的，无法在代码中修改。

【操作流程】

步骤 1：新建控制台应用程序项目。

步骤 2：在项目模板生成的 Main 方法中声明一个变量，并且使用匿名对象进行赋值。

```
var d = new
{
    Color = "白色",
    Size = 43.6f,
    Number = 7988
};
```

给属性赋值的时候，直接写上属性的名称赋值即可，编译器会自动推测属性的类型。

步骤 3：输出匿名对象的各个属性的值。

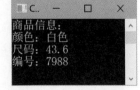

```
string str = $"颜色:{d.Color}\n尺码:{d.Size}\n编号:
{d.Number}";
Console.WriteLine("商品信息:\n{0}", str);
```

步骤 4：按下 F5 快捷键，运行项目，屏幕输出结果如图 4-16 所示。

图 4-16　输出匿名对象的属性值

4.4　枚举

实例88　声明枚举类型

【导语】

枚举类型由一组常量值组成，而且这些常量是可以命名的。在向变量赋值时，必须从枚举类型所定义的值中选择一项。例如，一个枚举可以表示电源开关的状态，假设 On 表示开关处于"打开"状态，并分配整数值 1；Off 表示"关闭"状态，分配整数值 0。当要对电源开关的状态进行更新时，只能选择 On 或者 Off，不会出现其他的值。因此，枚举类型也能起到一种规范选项的作用。枚举中各个常量值都是整数值（如 byte、int、long、uint 等），所以枚举属于值类型。

【操作流程】

步骤 1：新建一个控制台应用程序项目。

步骤 2：声明一个枚举类型，并分配三个值。

```
enum Options
{
    OneWay = 1,
    TwoWay = 2,
    MixWay = 3
}
```

声明枚举类型需要使用 enum 关键字。其中，OneWay、TwoWay、MixWay 是常量的名称，1、2、3 是常量的值。为常量分配一个有意义的名字，可以方便识别和记忆。

步骤 3：在 Main 方法中用上面定义的枚举类型声明三个变量，并分别赋不同的常量值。

```
Options a = Options.OneWay;
Options b = Options.TwoWay;
Options c = Options.MixWay;
```

在给枚举变量赋值时，直接访问枚举类型的常量名即可。

步骤 4：将三个变量所使用的枚举常量名与常量值分别输出到屏幕。

```
WriteLine($"常量名:{a},常量值:{(int)a}");
WriteLine($"常量名:{b},常量值:{(int)b}");
WriteLine($"常量名:{c},常量值:{(int)c}");
```

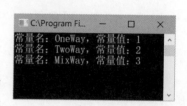

图 4-17　输出枚举的常量名称与常量值

因为枚举的常量值是整数值，并且默认使用 int 类型的值，因此要获取某个常量的值，可以直接将它转换为 int 类型的值。

步骤 5：运行应用程序项目，输出内容如图 4-17 所示。

实例89 指定枚举的基础类型

【导语】

在声明枚举类型时,如果不指定其基础类型,则其常量值默认为 int 类型。在有特殊需要的情况下,可以明确指定枚举中常量值的基础类型。必须使用整数值的基础类型,例如 int、byte、uint、long、ulong 等,不能使用非整数类型,例如 double。

【操作流程】

步骤 1: 新建一个控制台应用程序项目。

步骤 2: 声明一个枚举类型,指定其常量值基于 byte 类型。

```
public enum ReadMode : byte
{
    NewFile = 1,
    OpenCurrent = 2,
    Saved = 3
}
```

步骤 3: 再声明一个枚举类型,常量类型为 uint。

```
public enum PictureQt : uint
{
    HQ = 4,
    LQ = 12,
    MQ = 7
}
```

注意: 指定枚举常量的基础类型使用半角冒号来表示,与类之间的继承相似。

实例90 常量的标志位运算

【导语】

因为枚举类型的基础类型是整数类型,因此,枚举的常量值之间也可以进行位运算。即按位"与"(And)、按位"或"(Or),以及取反(Not)、异或(Xor)等。

支持按位运算的枚举类型在声明时需要应用 FlagsAttribute,例如以下形式。

```
[FlagsAttribute]
enum MultiHue : short
{
    None = 0,
    Black = 1,
    Red = 2,
    Green = 4,
```

```
        Blue = 8
};
```

如果希望枚举类型的值支持位运算,不仅要在类型定义时使用 FlagsAttribute,还必须注意每个常量值的合理安排。一般来说,常量值是以 2 为底数的幂运算结果。例如 1、2、4、8、16、32 等。每个常量值只有作为标志的二进制位才为 1,其他位均为 0。

例如上面举例的 MultiHue 枚举,None 的常量值为 0,转换为二进制为 0000;Black 的常量值转换为二进制为 0001;Red 的常量值转换为二进制为 0010;Green 的常量值转换为二进制为 0100;Blue 的常量值转换为二进制为 1000。

如果将 Black 和 Red 两个值组合,得到的结果为 0011,如果将 Green 和 Blue 两个值进行组合,得到的结果为 1100。如果将 MultiHue 枚举的所有值都进行组合,得到的结果为 1111。

【操作流程】

步骤 1:新建一个控制台应用程序项目。

步骤 2:声明一个枚举类型,并且应用 FlagsAttribute,使其支持按位运算。

```
[Flags]
enum TrackItem
{
    Track1 = 1,
    Track2 = 2,
    Track3 = 4,
    Track4 = 8,
    Track5 = 16
}
```

注意:虽然在不应用 FlagsAttribute 的情况下,枚举的常量值仍然能够进行按位运算,但是当调用枚举实例的 ToString 方法时,是无法正确返回常量值的名称的。如果应用了 FlagsAttribute,调用 ToString 方法可以得到已经组合的常量名称列表,并且以半角逗号隔开。

步骤 3:在项目模板生成的 Program 类中声明一个静态方法,用于在屏幕上输出经过组合运算后的枚举实例的常量名称以及常量的二进制值。

```
static void OutputInfo(TrackItem t)
{
    string p1 = t.ToString();
    string p2 = Convert.ToString((int)t, 2).PadLeft(5,'0');
    Console.WriteLine( $ "{p2, -4} -- {p1}");
}
```

步骤 4:在 Main 方法中,声明几个枚举变量,并赋予经过组合后的枚举值,然后调用

OutputInfo 方法进行测试。

```
// 将 Track1 与 Track2 组合
TrackItem t1 = TrackItem.Track1 | TrackItem.Track2;
OutputInfo(t1);
// 将 Track3、Track4、Track5 进行组合
TrackItem t2 = TrackItem.Track3 | TrackItem.Track4 | TrackItem.Track5;
OutputInfo(t2);
// 将枚举中所有值都进行组合
TrackItem t3 = TrackItem.Track1 | TrackItem.Track2 | TrackItem.Track3 | TrackItem.Track4 |
TrackItem.Track5;
OutputInfo(t3);
```

步骤 5：运行应用程序项目，输出结果如图 4-18 所示。

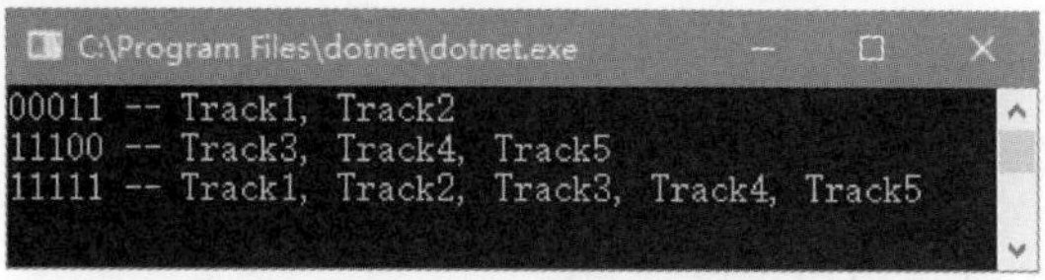

图 4-18　输出按位运算后的枚举值

步骤 6：在声明枚举类型的时候，是允许使用表达式的计算结果来给常量赋值的。可以在上面声明的 TrackItem 枚举中添加一个 AllTracks 常量，然后它的值就是前面 5 个常量值的组合。

```
[Flags]
enum TrackItem
{
    Track1 = 1,
    Track2 = 2,
    Track3 = 4,
    Track4 = 8,
    Track5 = 16,
    AllTracks = Track1 | Track2 | Track3 | Track4 | Track5
}
```

实例 91　自动产生的常量值

【导语】

如果在一个枚举类型中，没有为任何常量明确赋值，就像这样：

```
enum Type
{
    Run, Stop, Close
}
```

这种情况下常量会自动产生从 0 开始,并按顺序排列的整数值。例如,上面的 Type 枚举,Run 常量的值为 0,Stop 常量的值为 1,Close 常量的值为 2。

如果遇到明确赋值的常量,而其后的常量未明确赋值的情况,例如:

```
enum Test
{
    Toy,
    Pie = 5,
    Ship,
    Fox
}
```

其中,Toy 常量没有明确赋值,所以默认为 0。Pie 明确赋值为 5,而且 Pie 之后的常量都没有明确赋值,因此以 Pie 常量的 5 为基础自动生成整数值,即 Ship 常量的值为 6,Fox 常量的值为 7。

【操作流程】

步骤 1:新建一个控制台应用程序项目。

步骤 2:声明一个枚举类型。

```
enum Example
{
    ItemA = 3,
    ItemB,
    ItemC = 10,
    ItemD,
    ItemE
}
```

ItemA 明确赋值为 3,因此 ItemB 自动分配值 4,ItemC 赋值为 10,于是 ItemD 自动分配值 11,ItemE 自动分配值 12。

步骤 3:声明 Example 枚举的变量并进行赋值,然后输出常量对应的整数值。

```
Example y = Example.ItemA;
WriteLine( $ "{y} = {(int)y}");
y = Example.ItemB;
WriteLine( $ "{y} = {(int)y}");
y = Example.ItemD;
WriteLine( $ "{y} = {(int)y}");
```

步骤 4:按 F5 快捷键运行应用程序项目,结果如图 4-19 所示。

图 4-19 输出枚举中自动产生的常量值

实例92 获取枚举中常量的名称

【导语】

在.NET 类库中有一个 Enum 类,它是枚举类型的隐式基类。在代码中声明枚举类型时无须要继承 Enum 类。Enum 类提供一系列方法(包括实例方法和静态方法),可以对枚举类型进行各种处理。例如,本实例需要获取枚举类型中常量的名称,对应地,在 Enum 类中有两个静态方法可以完成此功能。

其中,GetName 方法只能获取枚举类型中单个常量的名称,因此调用该方法时需要提供一个具体的常量;而 GetNames 方法可以获取枚举类型中所有已定义常量的名称,以字符串数组的形式返回。

【操作流程】

步骤1:新建一个控制台应用程序项目。

步骤2:在 System 命名空间下有一个 DayOfWeek 枚举,它定义了一周七天的名称(从星期天到星期六)。可以使用 Enum 类的 GetNames 方法获取 DayOfWeek 枚举中所有常量的名称。

```
string[] days = Enum.GetNames(typeof(DayOfWeek));
```

步骤3:使用 foreach 循环把字符串数组中的元素输出到屏幕上。

```
foreach(string d in days)
{
    Console.WriteLine(d);
}
```

图 4-20 DayOfWeek 枚举中的常量名称列表

步骤4:运行应用程序项目,屏幕输出结果如图 4-20 所示。

实例93 检查枚举实例中是否包含某个标志位

【导语】

枚举类型的常量值可以组合起来使用,在实际开发中,经常需要检查枚举实例中是否包含指定的标志位。例如,枚举类型 Demo 中定义了三个常量,分别命名为 A、B、C,假设声明了一个变量 k,并在赋值时将 A 和 B 组合。

```
Demo k = Demo.A | Demo.B;
```

在代码中有两种方法可以检查变量 k 的值中有没有包含 A。一种方法就是把变量 k 与 Demo.A 的值进行按位"与"运算。由于"与"运算时只有两个标志位同时为1时才能得到结果1,因此,把变量 k 与 Demo.A 进行按位"与"运算后,如果变量 k 中包含 A 的标志位,那么运算的结果就是 Demo.A,因为其他标志位在运算后都为0;如果变量 k 中没有 A 的标志位,那么跟 Demo.A 进行按位"与"运算后的结果就是0。还有一种方法,可以调用枚举类型实例的 HasFlag 方法,通过参数传递要被检查的常量值,如果变量中包含指定的标志位,HasFlag 方法返回 true,否则返回 false。

【操作流程】

步骤 1:新建一个控制台应用程序项目。

步骤 2:声明一个枚举类型 Test,并在其上面应用 FlagsAttribute,表示它支持组合使用。

```
[Flags]
enum Test
{
    Mode1, Mode2, Mode3
}
```

步骤 3:声明一个枚举类型的变量,并将 Mode2 和 Mode3 两个常量组合赋值。

```
Test t = Test.Mode2 | Test.Mode3;
```

步骤 4:使用 HasFlag 方法检查变量中是否包含 Mode3 标志位。

```
bool b = t.HasFlag(Test.Mode3);
```

步骤 5:再声明一个变量,将 Mode1、Mode2、Mode3 三个常量进行组合。

```
Test t2 = Test.Mode1 | Test.Mode2 | Test.Mode3;
```

步骤 6:通过按位"与"运算来检查变量中是否包含 Mode1 标志位。

```
bool b2 = (t2 & Test.Mode1) == Test.Mode1;
```

4.5　特性

实例 94　自定义特性类

【导语】

特性是一种比较特殊的类,通常作为代码对象的附加部分,用于向运行时提供一些补充信息。特性一般有以下特征。

(1) 从 Attribute 类派生。

(2) 类型名称一般以 Attribute 结尾。尽管这不是语法规则,但开发者应当遵守这一约定。使用以 Attribute 结尾的类名,一方面便于他人识别(一看名字就知道是特性类);另一方面,在输入代码时可以将 Attribute 后缀省略,编译器能够自动识别。例如,MTAThreadAttribute 类是一个特性类,在代码中可以直接输入 MTAThread。

(3) 在声明特性类时必须在类上应用 AttributeUsageAttribute。AttributeUsageAttribute 本身也是一个特性类,用于标注当前声明的特性类应用于哪些对象。例如,该特性是否只能在类上面应用,还是可以同时在类、属性和方法上应用。

【操作流程】

步骤 1:新建一个控制台应用程序项目。

步骤 2:声明一个自定义的特性类,命名为 MyDemoAttribute。

```
[AttributeUsage(AttributeTargets.Property | AttributeTargets.Method)]
public class MyDemoAttribute : Attribute
{
    public string Description { get; set; }
}
```

通过应用 AttributeUsageAttribute,指明 MyDemoAttribute 只能应用在属性和方法上面。

步骤 3:声明一个类,并在类的属性和方法上应用上面自定义的特性。

```
public class OrderData
{
    [MyDemo(Description = "订单 ID")]
    public int OrdID { get; set; }

    [MyDemo(Description = "添加时间")]
    public DateTime AddTime { get; set; }

    [MyDemo(Description = "计算折扣价")]
    public double Compute(double q)
    {
        return q * 0.98d;
    }
}
```

Description 是 MyDemoAttribute 类的一个公共属性,在应用特性时,可以在括号中为属性赋值。

注意:不要把特性与代码注释混淆。代码注释虽然也起着附加说明的作用,但是不参与代码编译。而特性是一种类,它本身是参与代码编译的,而且可以在代码中访问。

实例95　向特性类的构造函数传递参数

【导语】

特性类虽然用途特殊,但本质上它也属于类,因此也有构造函数。如果特性类只有公共的无参数构造函数,那么在应用时可以忽略小括号,在中括号中直接输入特性类的名称即可。如果特性类有带参数的构造函数,那么在应用时需要写上一对小括号,然后在小括号中填上参数(与普通构造函数的传参方法一致)。

例如,有一个特性类名为 TestAttribute,其中有两个 string 类型的参数。在应用该特性时应该写为。

```
[Test ( "abc", "def" )]
```

如果特性不仅存在带参数的构造函数,还公开了属性成员,那么可以先为构造函数传递参数,然后再为属性赋值。

例如,某个特性类的声明如下。

```
[AttributeUsage(AttributeTargets.Class)]
class LimitedAttribute:Attribute
{
    int _min, _max;
    public LimitedAttribute(int min, int max)
    {
        _min = min;
        _max = max;
    }

    public int BaseNum { get; set; }
}
```

在应用该特性时,可以先为构造函数传递两个 int 值,然后再为 BaseNum 属性赋值。

```
[Limited(4,6,BaseNum = 1)]
public class Production
{

}
```

【操作流程】

步骤 1:新建一个控制台应用程序项目。

步骤 2:声明一个自定义的特性类。该特性类可应用于类和结构,并且带有一个 double 类型参数的公开构造函数。

```
[AttributeUsage(AttributeTargets.Class | AttributeTargets.Struct)]
public class DoubleRangeAttribute : Attribute
{
    public double Largest { get; }

    public DoubleRangeAttribute(double largest)
    {
        Largest = largest;
    }
}
```

步骤 3：声明一个类，并且应用上面定义的 DoubleRangeAttribute。

```
[DoubleRange(700d)]
public class Test
{

}
```

实例 96 在同一对象上应用多个特性实例

【导语】

在声明特性类时，应用的 AttributeUsageAttribute 特性类有一个名为 AllowMultiple 的属性，用于设置所声明的特性类是否允许在同一个代码对象上应用多个特性实例。该属性默认为 false，即在同一个代码对象上只能应用一个特性实例。

例如，ObsoleteAttribute 类没有将 AllowMultiple 属性设置为 true，所以，在下面代码中会出现错误。

```
[Obsolete]
[Obsolete]
class Docs
{

}
```

尝试编译以上 Docs 类会出现"特性重复"的错误消息，因为 Docs 类上同时应用了两个 ObsoleteAttribute。

【操作流程】

步骤 1：新建控制台应用程序项目。

步骤 2：声明一个自定义的特性类。

```
[AttributeUsage(AttributeTargets.Class, AllowMultiple = true)]
public class CustomAttribute : Attribute
{
    public string Ver { get; set; }
}
```

为了使该特性支持多实例，需要将 AllowMultiple 属性设置为 true。

步骤 3：声明一个普通类，并在该类应用两个 CustomAttribute 实例。

```
[Custom(Ver = "1.0.0.1"), Custom(Ver = "1.0.2.0")]
public class AppData
{

}
```

如果 AllowMultiple 属性的值改为 false 或保留默认值，以上代码将无法通过编译。

实例 97　在运行阶段检索特性实例

【导语】

特性类的作用是为代码对象应用一些辅助的信息,因此在应用程序运行阶段,可以检索特性类实例的相关数据,对数据进行验证。

要实现在运行阶段检索特性,需要用到反射技术,即在运行时获取类型以及其成员相关的信息,然后再查找出已应用特性的对象。

通过 Type 类可以得到各种代码对象(类、方法、属性、字段等)的信息,它们的共同基类是 MemberInfo,通过 GetCustomAttribute 扩展方法(在 CustomAttributeExtensions 类中定义)可以直接检索到已应用的特性实例。

【操作流程】

步骤 1:新建一个控制台应用程序项目。

步骤 2:声明一个特性类,并指定它只能应用于属性成员。

```
[AttributeUsage(AttributeTargets.Property)]
public class MyAttribute : Attribute
{
    public char StartChar { get; set; }
    public int MaxLen { get; set; }
}
```

StartChar 属性用于指定一个字符,即规定目标属性值开头的第一个字符;MaxLen 属性用于设置目标属性值的最大字符串长度。

步骤 3:声明一个测试类,并把 MyAttribute 应用到 RawName 属性上。

```
public class Test
{
    [My(StartChar = 'k', MaxLen = 7)]
    public string RawName { get; set; }
}
```

RawName 属性应用 MyAttribute 后,必须以字符"k"开头限制它的值,并且长度不能大于 7。

步骤 4:在 Program 类中声明一个静态方法,在运行阶段验证 Test 对象的属性值是否满足 MyAttribute 实例中所设定的限制。详见代码清单 4-6。

代码清单 4-6　CheckTest 方法

```
static bool CheckTest(Test t, string property)
{
    // 获取类型信息
    Type type = t.GetType();
```

```
// 查找属性成员
 PropertyInfo prop = type.GetProperty(property, BindingFlags.Public | BindingFlags.
Instance);
    if (prop == null)
    {
        return false;
    }
    // 获取特性
    MyAttribute att = prop.GetCustomAttribute<MyAttribute>();
    // 获取实例的属性值
    string value = prop.GetValue(t) as string;
    if (string.IsNullOrEmpty(value))
        return false;
    // 进行验证
    if (value.StartsWith(att.StartChar) == false)
        return false;
    if (value.Length > att.MaxLen)
        return false;
    return true;
}
```

PropertyInfo 类表示与属性有关的信息，调用它的 GetValue 方法可以获取属性的当前值。将属性的当前值与 MyAttribute 实例中指定的值进行比较，可以验证属性值是否符合要求。

步骤 5：在 Main 方法中实例化 Test 对象，为 RawName 属性设定一个测试值。

```
Test v = new Test { RawName = "k003d6ex915f" };
```

步骤 6：调用 CheckTest 方法对以上 Test 实例的 RawName 属性进行验证。

```
bool b = CheckTest(v, nameof(Test.RawName));
if (b)
    Console.WriteLine("验证通过。");
else
    Console.WriteLine("验证失败。");
```

虽然 Test 对象的 RawName 属性是以字符"k"开头，但是其长度已超过 7，因此验证失败。

实例 98　方法的返回值如何应用特性

【导语】

一般情况下，特性会自动应用到跟随其后的对象上。例如要把特性应用到类上，就将特性写在类声明之前；要把特性应用到属性上，就将特性写在属性声明之前。如以下代码所示。

```
[ComVisible(true)]
public class Checker
{
    [MyCust]
    public int SomeValue { get; set; }
}
```

然而,这种常规做法并不能将特性应用到方法的返回值上,因为一般无须在代码中直接命名返回值。这时就要严格使用特性的规范格式了。应用特性的规范格式如下所示。

```
[ <target>: <attribute> ]
```

其中,< target >是特性要应用的目标对象,例如要应用到类上,可以写为以下形式。

```
[ type: SomeAttribute ]
```

通常可以省略"type:"。

对于方法的返回,则必须将特性的应用目标指定为 return,如下所示。

```
[return: OtherAttr]
int TestMethod() { return 0; }
```

【操作流程】
步骤 1:新建控制台应用程序项目。
步骤 2:声明一个自定义特性类,限定该特性仅应用于返回值。

```
[AttributeUsage(AttributeTargets.ReturnValue)]
public class CheckSumAttribute : Attribute
{
}
```

步骤 3:在 Program 类中添加一个静态方法。

```
static string SaySomething() => "Hello";
```

步骤 4:把上面定义的 CheckSumAttribute 应用到 SaySomething 方法的返回值上。

```
[return: CheckSum]
static string SaySomething() => "Hello";
```

4.6   运算符

实例99   计算一个整数的阶乘

【导语】
本实例主要演示数学运算符的使用。常见的数学运算符有"＋""－""＊""/""％"等。

阶乘的计算方法：假设要计算 5 的阶乘,计算结果为 $1*2*3*4*5$。

【操作流程】

步骤 1：新建控制台应用程序项目。

步骤 2：在 Program 类中添加一个 Compute 方法,传入一个整数值,返回该整数值的阶乘。

```
static long Compute(int num)
{
    if (num == 0)
        return - 1L;
    long res = 1L;
    int temp = 1;
    while(temp <= num)
    {
        res = res * temp;
        temp++;
    }
    return res;
}
```

通过循环语句来完成阶乘的计算。声明一个临时变量 temp,初始化为 1,每一轮循环都将该临时值与 res 变量的值相乘,然后将 temp 的值增加 1,直到 temp 的值大于 num 为止。

步骤 3：使用 Compute 方法计算 4 的阶乘。

```
long r = Compute(4);
Console.WriteLine( $ "4 的阶乘为:{r}");
```

步骤 4：运行项目,输出结果如下。

```
4 的阶乘为:24
```

实例 100　按位平移

【导语】

运算符"<<"是将一个数值的二进制位向左平移,运算符">>"是将之向右平移。例如表达式"10111 >> 2",将数值 10111 的二进制位向右移两位,变成 00101,后面的两个 1 在平移时被截掉。

【操作流程】

步骤 1：新建一个控制台应用程序项目。

步骤 2：声明两个 int 类型的变量,用于稍后做测试。

```
int x = 305;
int y = 1060;
```

步骤 3：将变量 x 的二进制位向左移动 3 个二进制位。

WriteLine($ "{Convert.ToString(x, 2)} 向左移动 3 位,得到 {Convert.ToString(x << 3, 2)}");

步骤 4：将变量 y 的值向右移动 4 个二进制位。

WriteLine($ "{Convert.ToString(y, 2)} 向右移动 4 位,得到 {Convert.ToString(y >> 4, 2)}");

注意：Convert.ToString 方法的第二个参数用于指定数值转换为字符串后输出的进制,2 表示返回二进制的字符串表示形式。

步骤 5：按下快捷键 F5 运行项目,控制台窗口的输出结果如图 4-21 所示。

图 4-21　二进制位平移结果

实例 101　是"大"还是"小"

【导语】

"? … : … "是三目运算符,问号前面是一个必须返回布尔值的表达式,如果表达式为真,就执行冒号前面的表达式,否则就执行冒号后面的表达式。例如：

1 > 3 ? "大于" : "小于"

由于 1 大于 3 不成立,所以运算符返回字符串"小于"。

【操作流程】

步骤 1：新建一个控制台应用程序项目。

步骤 2：声明一个字符串类型的变量,并进行初始化。

string s = "abcdefg";

步骤 3：使用"? … : …"运算符对字符串的长度进行分析,如果字符串长度小于或等于 5 则返回"字符串长度不超过 5",否则返回"字符串长度已超过 5"。

string msg = "字符串长度" + (s.Length <= 5 ? "不超过 5" : "已超过 5");
Console.WriteLine(msg);

步骤 4：运行应用程序项目,由于字符串的长度为 7,其值已经大于 5,因此应用程序输出内容如下。

字符串长度已超过 5

实例 102　typeof 运算符的作用

【导语】

除了可以调用对象实例的 GetType 方法来获取 Type 实例外，还可以使用 typeof 运算符。使用该运算符的优点是不需要事先创建类型实例，直接将类型名称传递给运算符就能得到对应的 Type 实例。

Type 类封装与某个类型相关的各种信息，例如类型名称、所继承的基类、是否为泛型类型等。通过 Type 类实例还可以对指定类型使用反射技术，例如在运行阶段动态调用某个方法。

【操作流程】

步骤 1：新建一个控制台应用程序项目。

步骤 2：声明一个抽象类。

```
public abstract class Person
{
    public abstract int Age { get; set; }
}
```

步骤 3：使用 typeof 运算符获取该类型相关的 Type 对象。

```
Type t = typeof(Person);
```

步骤 4：获取该类型的一些基本信息。

```
Console.WriteLine($"完整类名:{t.FullName}");
Console.WriteLine("是否为抽象类:{0}", t.IsAbstract ? "是" : "否");
Console.WriteLine("是否为公共类:{0}", t.IsPublic ? "是" : "否");
```

步骤 5：通过反射，列出该类型的公共属性。

```
PropertyInfo[] props = t.GetProperties(BindingFlags.Public | BindingFlags.Instance);
Console.WriteLine("\n\n----- 属性列表 -----");
foreach(var p in props)
{
    Console.WriteLine($"{p.Name, -15}{p.PropertyType.Name, -15}");
}
```

PropertyInfo 类 的 Name 属性可以获得属性的名称，PropertyType 属性可以返回该属性的类型相关的 Type 对象。

步骤 6：按 F5 快捷键运行应用程序项目，输出结果如图 4-22 所示。

图 4-22　输出类型信息

实例 103　使用"＋"运算符将两个对象的属性值相加

【导语】

通过对运算符重载,开发人员可以根据自己的需要扩展运算符的功能。例如本实例,要让"＋"运算符能够将两个对象实例的各个属性值全部相加,就需要对"＋"运算符进行重载。

重载运算符时要注意以下几点:

(1) 重载的运算符最好是公共成员,方便在类的外部访问。

(2) 重载的运算符应为静态成员,因为运算符一般是直接使用的,与特定的对象实例关系不大。

(3) 重载运算符时需要使用 operator 关键字。

(4) 重载运算符成员的参数就是运算符的操作数。

【操作流程】

步骤 1：新建一个控制台应用程序项目。

步骤 2：声明一个测试类,该类公开两个 int 类型的属性。

```
class Test
{
    public int Val1 { get; set; }
    public int Val2 { get; set; }
}
```

步骤 3：重载"＋"运算符,把参与计算的两个操作数(Test 类实例)的公共属性的值进行相加。

```
public static int operator + (Test a, Test b)
{
    return a.Val1 + a.Val2 + b.Val1 + b.Val2;
}
```

重载后,"＋"运算符的计算结果为 int 类型。

步骤 4：在 Main 方法中,实例化两个 Test 对象。

```
Test t1 = new Test { Val1 = 5, Val2 = 9 };
Test t2 = new Test { Val1 = 2, Val2 = 6 };
```

步骤 5：使用"＋"运算符将以上两个变量进行相加。

```
int result = t1 + t2;
Console.WriteLine("两个对象的属性值相加结果:{0}", result);
```

步骤 6：按下快捷键 F5 运行应用程序项目,输出结果如下。

两个对象的属性值相加结果:22

实例 104　对 null 进行判断

【导语】

有些时候,在调用某个类的实例成员时,必须先检查实例是否为 null。标准的做法如下(假设 d 是一个变量)。

```
if ( d != null )
{
    d.DoSomething();
}
```

为了让代码显得更为简洁,在调用实例成员时可以在变量名称后面加上一个"?"(英文的问号)运算符,然后再访问实例成员。加上该运算符后,只有当实例不为 null 的前提下代码才会执行,否则就跳过该行代码。所以上面的调用代码可以简写为以下形式。

```
d?.DoSomething();
```

读取属性值的时候也可以使用以下方法。

```
string s = d?.Property;
```

【操作流程】

步骤 1:新建一个控制台应用程序项目。

步骤 2:声明一个 A 类,其中包含一个 Work 方法。

```
class A
{
    public void Work() => Console.WriteLine("{0} 方法被调用。", nameof(Work));
}
```

步骤 3:定义一个 A 类型的变量并赋值新的实例,然后调用其 Work 方法。

```
A a = new A();
a?.Work();
```

由于变量 a 并不为 null,因此 Work 方法会被调用。

步骤 4:再用 A 类声明一个变量,初始化为 null,然后调用 Work 方法。

```
A p = null;
p?.Work();
```

此时,因为变量 p 为 null,所以 Work 方法不会被调用。

4.7 类型转换

实例 105 强制转换

【导语】

强制转换一般用在向"非兼容"类型转换的情形,因为转换会导致数据损坏。例如将 double 类型的数值转换为 int 类型的数值,由于 int 只能容纳整数值,这使得 double 数值的小数部分丢失。

强制转换的方法是在要转换的对象前使用小括号,并在小括号中指定目标类型。例如:

```
int k = (int)f;
```

上述代码将 f 变量的值强制转换为 int 类型。

【操作流程】

步骤 1:新建一个控制台应用程序项目。

步骤 2:声明一个 double 类型的变量 a 并初始化,然后强制转换为 int 类型并赋值给变量 b。

```
double a = 5.10985d;
int b = (int)a;
Console.WriteLine( $ "{a, -15}{b, -15}");
```

强制转换后,变量 a 的小数部分被丢弃,变为 5。

步骤 3:再声明 double 类型的变量 c,然后强制转换为 int 类型并赋值给变量 d。

```
double c = 12.8155d;
int d = (int)c;
Console.WriteLine( $ "{c, -15}{d, -15}");
```

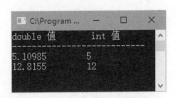

强制转换后,变量 c 中的小数部分也被丢弃,变为整数 12。

步骤 4:运行应用程序项目,屏幕输出结果如图 4-23 所示。

图 4-23 double 类型数值转换为 int 类型数值

注意:并非所有类型之间都能进行强制转换,例如不存在继承关系的类之间不能转换、枚举与委托之间不能进行转换等。

实例 106 将 int 数值隐式转换为 double 数值

【导语】

double 类型的数值包括整数部分与小数部分,而 int 类型的数值仅包含整数部分。当 int 类型的数值赋值给 double 类型的变量时,是不需要强制转换的,直接进行赋值即可,因为从 int 到 double 之间存在隐式转换，转换之后不会造成数据丢失。例如，整数 13 转换为 double 类型值会变为 13.000，数值依然是 13，不存在被丢弃的数据。

【操作流程】

步骤1：新建一个控制台应用程序项目。

步骤2：声明三个 int 类型的变量并进行初始化。

```
int x = 28, y = 66, z = 312;
```

步骤3：声明三个 double 类型的变量，并分别用上面的三个 int 变量进行初始化。

```
double e = x, f = y, g = z;
```

由于此处属于隐式转换，因此直接进行赋值即可。

步骤4：将上面三组数值输出到屏幕（包括转换前与转换后）。

```
Console.WriteLine( $ "{x, - 15}{e, - 15:0.000}");
Console.WriteLine( $ "{y, - 15}{f, - 15:0.000}");
Console.WriteLine( $ "{z, - 15}{g, - 15:0.000}");
```

代码中的"：0.000"用于设置输出字符串的格式，0.000 表示保留三位小数。

步骤5：运行应用程序项目，输出结果如图 4-24 所示。

图 4-24　数值间的隐式转换结果

实例107　输出整数的二进制表示形式

【导语】

Convert 类公开了一组可以将整数数值转换为字符串的方法：

```
string ToString(byte value, int toBase);
string ToString(int value, int toBase);
string ToString(long value, int toBase);
string ToString(short value, int toBase);
```

从上面所列出的方法来看，受支持的整数类型有 byte、int、long、short。所有方法都有一个 toBase 参数，该参数为一个 int 类型的值。作用是指定整数值转换为字符串后所呈现的进制形式。所以 toBase 参数的值是不可以随意指定的，有效值为 2、8、10、16，分别对应二进制、八进制、十进制和十六进制。

【操作流程】

步骤1：新建一个控制台应用程序项目。

步骤2：声明四个变量，类型分别为 byte、int、long、short。

```
byte v1 = 155;
int v2 = 916652;
```

```
long v3 = 1200365172;
short v4 = 5185;
```

步骤 3：使用 Convert.ToString 方法将以上四个变量的值转换为二进制字符串，并输出到控制台窗口中。

```
Console.WriteLine( $ "{v1, -15}{Convert.ToString(v1, 2), -80}");
Console.WriteLine( $ "{v2, -15}{Convert.ToString(v2, 2), -80}");
Console.WriteLine( $ "{v3, -15}{Convert.ToString(v3, 2), -80}");
Console.WriteLine( $ "{v4, -15}{Convert.ToString(v4, 2), -80}");
```

步骤 4：运行应用程序项目，输出结果如图 4-25 所示。

图 4-25　输出整数值的二进制形式

实例 108　将字节数组转换为字符串

【导语】

BitConverter 类是有特定用途的类型转换辅助类，它主要完成基础类型与字节数组之间的转换操作。其中，ToString 方法可以将一个字节数组转换为单个字符串实例，数组中的每字节均输出为两位十六进制数，字节与字节之间用字符"-"连接。

【操作流程】

步骤 1：新建一个控制台应用程序项目。

步骤 2：声明一个字节数组，并进行初始化。

```
byte[] buffer = { 3, 12, 5, 92, 7, 61, 18, 53, 135 };
```

步骤 3：调用 BitConverter.ToString 方法，获得转换后的字符串。

```
string str = BitConverter.ToString(buffer);
Console.WriteLine(str);
```

步骤 4：运行应用程序项目，将看到以下输出结果。

```
03 - 0C - 05 - 5C - 07 - 3D - 12 - 35 - 87
```

实例 109   重写 ToString 方法

【导语】

Object 类包含一个虚方法——ToString。由于 Object 是各种数据类型的基类,因此类型编写者可以重写 ToString 方法,以便能够自定义类型的字符串表示形式。

【操作流程】

步骤 1:新建一个控制台应用程序项目。

步骤 2:声明一个 Production 类,并公开一些属性。

```
public class Production
{
    public int ID { get; set; }
    public int Width { get; set; }
    public int Height { get; set; }
    public string SerialNum { get; set; }
}
```

步骤 3:在 Production 类中重写 ToString 方法,返回自定义字符串,字符串可以由该类的属性值组成。

```
public class Production
{
    ...
    public override string ToString()
    {
        return $"产品序列号:{SerialNum},规格(厘米):{Width} × {Height}";
    }
}
```

步骤 4:在 Main 方法中实例化一个 Production 数组。

```
Production[] prs =
{
    new Production
    {
        ID = 1,
        Width = 150,
        Height = 70,
        SerialNum = "T-312756-K3"
    },
    new Production
    {
        ID = 2,
        Width = 200,
        Height = 85,
        SerialNum = "T-33158-K7"
    },
```

```
    new Production
    {
        ID = 3,
        Width = 210,
        Height = 75,
        SerialNum = "T-23158-K8"
    },
    new Production
    {
        ID = 4,
        Width = 270,
        Height = 56,
        SerialNum = "T-600001-C4"
    },
    new Production
    {
        ID = 5,
        Width = 260,
        Height = 90,
        SerialNum = "T-712558-C7"
    }
};
```

步骤 5：调用 Console.WriteLine 方法将数组中的每个 Production 对象的字符串表示形式输出到窗口上，WriteLine 方法会自动调用实例的 ToString 方法。

```
foreach (Production p in prs)
{
    Console.WriteLine(p);
}
```

步骤 6：按下 F5 快捷键运行应用程序项目，屏幕输出结果如图 4-26 所示。

图 4-26 调用 ToString 方法输出自定义字符串

实例 110　将整数转换为十六进制字符串

【导语】

许多基础类型都公开可以设置格式参数的 ToString 方法，支持使用格式化字符串来确定要返回的字符串格式。例如 ToString("N") 可以将数值以常规数据格式返回，即每隔三位就有一个英文的逗号，形如 23,355,456.22。

十六进制字符串的格式符号为"x",如果字符串为大写(即"X"),则返回的十六进制格式中将以大写字母来呈现,即 A、B、C、D、E、F。格式符号后有时候可以跟一个数字 2,表示使用两位数来描述一字节,例如 3 的"X2"格式将返回"03",255 的"X2"格式则返回"FF"。

【操作流程】

步骤 1:新建一个控制台应用程序项目。

步骤 2:声明一个 int 类型的变量并初始化。

```
int x = 91545588;
```

步骤 3:输出该变量的十六进制形式。

```
Console.WriteLine("{0} -> 0x{1}", x, x.ToString("x2"));
```

步骤 4:运行应用程序项目,输出结果如下。

```
91545588 -> 0x574dff4
```

实例 111 自定义隐式转换

【导语】

在默认情况下,不同类型之间是无法进行转换的,尤其是引用类型与值类型之间更不可能进行转换。但是,为了便于开发者实现一些特殊的转换,语言规范允许使用类似运算符重载的方式来实现自定义的转换。书写格式如下。

```
public static implicit operator <返回的类型> ( <待转换的类型> ) {…}
public static explicit operator <返回的类型> ( <待转换的类型> ) {…}
```

implicit 关键字表示隐式转换,explicit 关键字表示显式转换。两者的不同在于:隐式转换通过赋值可以自动完成转换,例如派生类的实例可以直接赋值给用基类声明的变量;显式转换需要强制转换,例如 double 类型的值要赋值给 int 类型的变量,就需要在赋值时进行强制转换。

本实例将演示从自定义类到 int 类型的隐式转换。

【操作流程】

步骤 1:新建控制台应用程序项目。

步骤 2:声明一个类,表示一个矩形的相关信息,其中包含矩形的宽度和高度。

```
public class RectArea
{
    public RectArea(int width, int height)
    {
        Width = width;
        Height = height;
    }
```

```
public int Width { get; }
public int Height { get; }
}
```

步骤 3：为了通过隐式转换来获得矩形的面积，需要在 RectArea 类中添加自定义转换的实现。

```
public class RectArea
{
...

    public static implicit operator int(RectArea r)
    {
        return r.Width * r.Height;
    }
}
```

注意：自定义的转换需要声明为静态成员，因为转换是面向类型的，而不是面向对象实例的。

步骤 4：在 Main 方法中实例化 RectArea 对象。

```
RectArea v = new RectArea(12, 15);
```

步骤 5：声明 int 类型的变量，并直接将 RectArea 实例赋值给它。

```
int area = v;
```

步骤 6：输出矩形的属性及其面积。

```
Console.WriteLine( $ "矩形信息:\n 宽:{v.Width}\n 高:{v.Height}\n 面积:{area}");
```

图 4-27　输出矩形面积

步骤 7：运行应用程序项目，控制台窗口输出结果如图 4-27 所示。

4.8　可以为 null 的值类型

实例 112　访问可以为 null 的值类型

【导语】

允许值类型为 null 的主要应用场景是面向数据库的编程，因为数据表的字段都可能为 null。当数据模型类与数据库对象映射时，模型类公开的属性值就可以使用为 null 的值类型。

声明可以为 null 的值类型变量时,有两种方法:

第一种是直接使用.NET 类型 Nullable<T>,例如以下形式。

```
Nullable<byte> b = null;
```

第二种是使用 C# 语言的特定语法,例如以下形式。

```
byte? b = null;
```

在运行阶段,以上两种方法所声明的变量类型相同。

要获取 Nullable<T>类型实例的值,可以访问 Value 属性。由于 Nullable<T>类型的变量值有可能为 null,因此最好不要直接访问 Value 属性,而是先检查一下 HasValue 属性是否为 true,如果为 true 说明存在有效值,否则就为 null。

【操作流程】

步骤1:新建一个控制台应用程序项目。

步骤2:声明一个可以为 null 的 int 类型变量并初始化为 null。

```
int? x = null;
```

步骤3:检索变量 x 中的值。

```
if (x.HasValue)
    Console.WriteLine("变量 x 的值为:{0}。", x.Value);
else
    Console.WriteLine("变量 x 为 null。");
```

步骤4:再声明一个可以为 null 的 double 类型的变量,初始化时分配一个有效的值。

```
double? y = 91.3d;
```

步骤5:检索变量 y 中的值。

```
if (y.HasValue)
    Console.WriteLine("变量 y 的值为:{0}。", y.Value);
else
    Console.WriteLine("变量 y 为 null。");
```

图 4-28 输出 Nullable <T>实例的值

步骤6:运行应用程序项目,程序输出结果如图 4-28 所示。

实例 113 为 Nullable<T>实例分配默认值

【导语】

在获取 Nullable<T>实例的值时,如果每次都检查 HasValue 属性会很麻烦,此时可以考虑当实例为 null 时自动返回一个默认值。

假设变量 a 是 Nullable<int>类型实例,在获取 int 值时如果为 null 就返回默认值 5。

语法如下。

```
int val = a ?? 5;
```

这个运算符由两个英文的问号组成。如果变量 a 不为 null,就返回变量 a 的实际值;如果变量 a 为 null,就返回"??"后面的内容,即数值 5。

【操作流程】

步骤 1：新建控制台应用程序项目。

步骤 2：声明 Nullable < int >类型的变量,初始化为 null。

```
int? c = null;
```

步骤 3：通过"??"运算符获取变量 c 的值,如果为 null,默认返回 25。

```
int r = c ?? 25;
```

因为变量 c 初始化时分配为 null,因此赋值后变量 r 的值是 25。

步骤 4：再声明一个 Nullable < int >类型的变量,这次给它分配一个有效值。

```
int? d = 100;
```

步骤 5：获取变量 d 的值,存储到变量 s 中。

```
int s = d ?? 8;
```

变量 d 中包含有效值 100,赋值后变量 s 的值为 100,而不是 8。

第 5 章

数学运算与字符串处理

在本章节中,读者将学习到以下内容:

- 简单数学计算;
- 日期/时间换算;
- 常用的字符串处理;
- 格式控制符;
- 从字符串到其他类型的转换。

5.1 简单数学计算

实例 114　求一组整数中的最大值和最小值

【导语】

　　一组整数(主要是 int 类型)可以用 int 数组来存储,也可以用 List < int >类来存储。要一次性计算出一组数值中的最大值与最小值,可以借助一个辅助类——Enumerable(位于 System. Linq 命名空间下),该类提供了许多扩展方法,可以对集合、列表、数组中的元素进行各种计算与处理。本例将使用 Max 方法和 Min 方法。

【操作流程】

步骤 1：新建一个控制台应用程序项目。

步骤 2：在代码文件顶部引入以下命名空间。

```
using System.Linq;
```

步骤 3：声明一个 int 数组,并用一些整数值进行初始化。

```
int[] srcarr = { 102, 45, 17, 325, 6, 199, 207, 416, 736, 94, 27 };
```

步骤 4：调用 Max 方法筛选出数组中的最大值。

```
Console.WriteLine( $ "\n 其中,最大的数为:{srcarr.Max()}");
```

步骤 5：调用 Min 方法筛选出最小值。

```
Console.WriteLine( $ "最小的值为:{srcarr.Min()}");
```

步骤 6：按下 F5 快捷键运行，输出结果如图 5-1 所示。

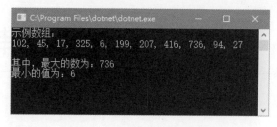

图 5-1　输出最大值与最小值

实例 115　计算平均值

【导语】

Average 扩展方法可用于计算一个数值序列的平均值，支持的输入类型有 int、long、float、double。而计算结果通常返回 float（单精度数值）或 double（双精度数值）两种类型。

【操作流程】

步骤 1：新建一个控制台应用程序项目。

步骤 2：声明一个 double 类型的数组，并进行初始化。

```
double[] src =
{
    20.55d, 4.7d, 0.92d, 5.886d, 110.6d
};
```

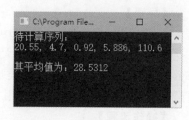

步骤 3：计算以上数组中所有元素的平均值，并输出到控制台窗口中。

```
Console.WriteLine( $ "其平均值为:{src.Average()}");
```

图 5-2　求得数组的平均值

步骤 4：运行应用程序项目，其输出的平均值如图 5-2 所示。

实例 116　计算一个数值的绝对值

【导语】

Math 类提供与数学运算相关的一系列静态方法，可以直接调用，包括求绝对值、求最大或最小值、三角函数、指数幂等。

本实例将使用 Abs 方法返回输入数值的绝对值，支持的输入类型有：整数、单精度小数、双精度小数以及有符号字节。

【操作流程】

步骤 1：新建一个控制台应用程序项目。

步骤 2：在代码文件中使用 using static 指令引入 Math 类。由于该类是静态类，引入后可以在代码中直接访问其公共方法，而无须输入类名。

```
using static System.Math;
```

步骤 3：声明四个变量，用于稍后做测试。

```
double n1 = −3.0112d;
int n2 = 9060;
float n3 = −15.3f;
decimal n4 = 417.63M;
```

步骤 4：调用 Abs 方法计算以上四个变量值的绝对值，并输出到控制台窗口中。

```
WriteLine( $ "{n1} 的绝对值 = {Abs(n1)}");
WriteLine( $ "{n2} 的绝对值 = {Abs(n2)}");
WriteLine( $ "{n3} 的绝对值 = {Abs(n3)}");
WriteLine( $ "{n4} 的绝对值 = {Abs(n4)}");
```

图 5-3　四个数值的绝对值

步骤 5：运行应用程序项目，输出结果如图 5-3 所示。

实例 117　计算一个矩形序列的周长总和

【导语】

计算一个矩形的周长，需要将相邻的两条边长相加再乘以 2。本实例同时也将使用 Enumerable 类的 Sum 扩展方法，以计算所有矩形的周长总和。

【操作流程】

步骤 1：新建一个控制台应用程序项目。

步骤 2：引入 System. Linq 命名空间。

```
using System.Linq;
```

步骤 3：声明一个 Rectangle 结构，用以封装矩形的宽度与高度。

```
struct Rectangle
{
    public float Width;
    public float Height;
}
```

步骤 4：在 Main 方法中声明一个 Rectangle 数组，并使用 4 个 Rectangle 实例进行初始化。

```
Rectangle[] rects =
{
```

```
        new Rectangle{ Width = 16.3f, Height = 7f },
        new Rectangle{ Width = 24.5f, Height = 10f },
        new Rectangle{ Width = 9.6f, Height = 8.5f },
        new Rectangle{ Width = 4f, Height = 12.3f }
};
```

步骤 5：计算这些矩形的周长之和。

```
float lens = rects.Sum(r => (r.Width + r.Height) * 2f);
```

Sum 方法中使用了一个委托，在计算总和的时候，Sum 方法会把每个元素（此处是 Rectangle 实例）都传递到这个委托，并获取计算出来的局部结果，再把所有的局部结果进行相加，以确定最终的值。在该委托中，应当返回单个矩形的周长。

步骤 6：运行应用程序，输出如下结果。

```
以上 4 个矩形的周长总和为:184.4
```

实例 118 求某个角度的正弦值

【导语】

Math 类提供了计算三角函数的相关方法。例如，Sin 方法可用于计算正弦值，Cos 方法可用于计算余弦值等。

不过，这些方法的输入参数皆为弧度角，而人们习惯使用角度值，因此在传递参数的时候，需要使用以下换算公式将角度值转换为弧度角。

$$弧度角 = 角度值 \times \frac{\pi}{180}$$

圆周率（π）的值可以访问 Math 类的 PI 常量获取。

【操作流程】

步骤 1：新建控制台应用程序项目。

步骤 2：分别计算 15°、30°、45°、60°、90° 的正弦值。

```
Console.WriteLine( $ "15 度的正弦值:{Math.Sin(15 * Math.PI / 180)}");
Console.WriteLine( $ "30 度的正弦值:{Math.Sin(30 * Math.PI / 180)}");
Console.WriteLine( $ "45 度的正弦值:{Math.Sin(45 * Math.PI / 180)}");
Console.WriteLine( $ "60 度的正弦值:{Math.Sin(60 * Math.PI / 180)}");
Console.WriteLine( $ "90 度的正弦值:{Math.Sin(90 * Math.PI / 180)}");
```

在调用 Sin 方法的时候，要将角度转换为弧度角。以 30 度为例，将角度值先乘以 Math.PI，再除以 180。

```
30 * Math.PI / 180
```

步骤 3：运行应用程序项目，输出结果如图 5-4 所示。

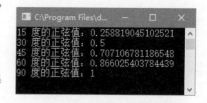

图 5-4 各角度值的正弦值

实例 119   求某个数值的立方

【导语】

Math 类的 Pow 方法的功能是幂运算,其中,参数 x 为底数,参数 y 为指数。要求得某个数值的立方,只需要向 y 参数传递 3 即可。

【操作流程】

步骤 1:新建一个控制台应用程序项目。

步骤 2:声明一个 double 类型的数组,数组中的元素为需要进行幂运算的底数。

```
double[] srcnums = { 5d, 3d, 7d, 4d, 6d };
```

步骤 3:通过 foreach 循环访问数组中的元素,并对每个元素都进行指数为 3 的幂运算(即求立方值)。

```
foreach(double d in srcnums)
{
    Console.WriteLine("{0} 的立方为:{1}\n", d, Math.Pow(d, 3d));
}
```

图 5-5   输出各数值的立方值

步骤 4:运行应用程序项目,输出结果如图 5-5 所示。

实例 120   计算矩形的对角线长度

【导语】

由于矩形的四个角都是直角,并且相对的两条边长度相同,这使得相邻两条边与对角线可以构成一个直角三角形。因此可以运用勾股定理计算出对角线的长度。

假设 w 表示矩形的宽度,h 表示矩形的高度,d 表示对角线的长度。那么,求对角线长度的公式如下。

$$d = \sqrt{w^2 + h^2}$$

【操作流程】

步骤 1:新建一个控制台应用程序项目。

步骤 2:声明一个 Rectangle 类,包含与矩形相关的属性,例如宽度与高度。

```
class Rectangle
{
    public Rectangle(double w, double h)
    {
        Width = w;
        Height = h;
    }
```

```
public double Width { get; }
public double Height { get; }
}
```

步骤 3：在 Rectangle 类中添加一个 Diagonal 属性，返回对角线的长度。

```
class Rectangle
{
    ...
    public double Diagonal
    {
        get
        {
            // 分别计算宽度与高度的平方
            double qw = Math.Pow(Width, 2d);
            double qh = Math.Pow(Height, 2d);
            // 将 qw 与 qh 相加，再获取算术平方根
            double res = Math.Sqrt(qw + qh);
            return res;
        }
    }
}
```

首先调用 Pow 方法分别算出 Width 属性和 Height 属性的平方，然后将两个值相加，并调用 Sqrt 方法开平方根，最后返回对角线的长度。

步骤 4：在 Main 方法中初始化 Rectangle 对象。

```
Rectangle rect = new Rectangle(6d, 10d);
```

步骤 5：在控制台中输出矩形的对角线长度。

```
string message = $ " 宽度:{rect.Width}\n 高度:{rect.
Height}\n 对角线长度:{rect.Diagonal:N2}";
Console.WriteLine(message);
```

步骤 6：运行应用程序项目，输出的对角线长度如图 5-6 所示。

图 5-6　输出矩形的对角线长度

实例 121　处理超大整数

【导语】

在常用的整数类型中，容量最大的是 64 位整数。但是，在一些特定的应用场景中，应用程序需要存储的整数值会远远超过 64 位整数的最大值（例如，两个 64 位整数相乘）。这时候，就需要用到超大整数类型——BigInteger（位于 System.Numerics 命名空间）。

BigInteger 类型的整数没有限定最大值和最小值，也就是说，理论上它可以存储无限大的整数。然而受到计算机内存的限制，很难真正做到"无限制大"。当 BigInteger 耗尽可用

内存时,就会抛出 OutOfMemoryException 异常。

本实例将使用 BigInteger 实例来存放整数 300 的阶乘运算结果,因为其结果已远远超出 64 位整的容量,只能使用 BigInteger 类型存储。

【操作流程】

步骤 1:新建一个控制台应用程序项目。

步骤 2:计算 300 的阶乘,使用 BigInteger 对象来保存结果。

```
int n = 300;
BigInteger bi = 1;
int temp = n;

while(temp > 0)
{
    bi *= temp;
    temp--;
}
```

步骤 3:将计算结果输出到屏幕。

```
Console.WriteLine("{0} 的阶乘:\n{1}", n, bi);
```

步骤 4:运行应用程序项目,屏幕输出结果如图 5-7 所示。

图 5-7　300 的阶乘

5.2　日期/时间换算

实例 122　今天是星期几

【导语】

与日期/时间有关的数据由 DateTime 结构封装。其中,DayOfWeek 属性可以获取某个日期是一周中的哪一天,属性返回 DayOfWeek 枚举值,该枚举类型明确定义了从星期日到星期六,共 7 个常量值。

访问静态属性 Today 可以获取当前日期,再访问 DayOfWeek 属性可以知道今天是星期几。

【操作流程】

步骤 1:新建一个控制台应用程序项目。

步骤 2:在项目模板生成的 Main 方法中,定义一个 DateTime 类型的变量,并获取今天的日期。

```
DateTime today = DateTime.Today;
```

步骤 3:访问 DayOfWeek 属性。

```
var weekday = today.DayOfWeek;
```

步骤 4:通过 switch 语句确定要输出的内容。

```
string msg = "今天是";
switch (weekday)
{
    case DayOfWeek.Sunday:
        msg += "星期天";
        break;
    case DayOfWeek.Monday:
        msg += "星期一";
        break;
    case DayOfWeek.Tuesday:
        msg += "星期二";
        break;
    case DayOfWeek.Wednesday:
        msg += "星期三";
        break;
    case DayOfWeek.Thursday:
        msg += "星期四";
        break;
    case DayOfWeek.Friday:
        msg += "星期五";
        break;
    case DayOfWeek.Saturday:
        msg += "星期六";
        break;
}
Console.WriteLine(msg);
```

步骤 5:运行应用程序项目后,屏幕上就会输出当前日期在一周中的位置,如"今天是星期三"。

实例 123 获取指定日期的农历日期

【导语】

农历是中国传统历法,属于阴阳历(并非纯阴历),用月相(朔望月)确定每月周期,并依据太阳年(回归年)设置二十四节气。平年为十二个月,闰年为十三个月,大月三十天,小月二十九天(朔望月平均长度为 29.530588 天)。

为了方便获取与农历相关的信息,在 System. Globalization 命名空间下,提供了一个专门用于计算中国农历的 ChineseLunisolarCalendar 类,该类从 EastAsianLunisolarCalendar 类派生(因为东亚国家的历法与农历有相似之处,例如表示日本历法的 JapaneseCalendar 类)。

要获取指定日期在农历中的日期,可以分别调用 GetMonth 和 GetDayOfMonth 两个方法,两个方法均返回 int 数值。

【操作流程】

步骤 1:新建一个控制台应用程序项目。

步骤 2:引入以下命名空间。

```
using System.Globalization;
```

步骤 3:实例化 ChineseLunisolarCalendar 对象。

```
ChineseLunisolarCalendar cncld = new ChineseLunisolarCalendar();
```

步骤 4:定义三个使用公历表示的日期,用于稍后测试。

```
DateTime d1 = new DateTime(2017, 12, 18);
DateTime d2 = new DateTime(2018, 3, 20);
DateTime d3 = new DateTime(2018, 5, 15);
```

步骤 5:获取以上三个日期的农历日期(包括月与日)。

```
Console.WriteLine( $ "{d1:d},农历:{cncld.GetMonth(d1)} 月 {cncld.GetDayOfMonth(d1)} 日");
Console.WriteLine( $ "{d2:d},农历:{cncld.GetMonth(d2)} 月 {cncld.GetDayOfMonth(d2)} 日");
Console.WriteLine( $ "{d3:d},农历:{cncld.GetMonth(d3)} 月 {cncld.GetDayOfMonth(d3)} 日");
```

步骤 6:运行应用程序项目,输出结果如图 5-8 所示。

图 5-8 输出指定日期的农历

注意:由于 2017 年存在闰六月(数值为 7);因此,农历 12 月 13 日,实为 11 月 13 日。

实例 124　一天内总共有多少秒

【导语】

DateTime 结构所表示的是某个特定的时间点,而 TimeSpan 结构则可以表示一个时间段,它描述的是时间区域,例如一首乐曲总时长为 00：03：47,这就要使用 TimeSpan 来表示。

TimeSpan 结构定义有 Day、Hours、Minutes、Seconds 等属性,用于获取时间段中各部分的值,例如上面提到的 00：03：47,那么,其 Hours 属性的值为 0,Minutes 属性的值为 3,Seconds 属性的值为 47。

与这些属性相对应的,还有带前缀 Total 的属性,如 TotalHours、TotalMinutes、TotalSeconds 等。这些属性获取的是总值,如上面的 00：03：47,它的 TotalHours 属性的值为 0.063,TotalSeconds 属性的值为 227,即它的总秒数。

【操作流程】

步骤 1：新建一个控制台应用程序项目。

步骤 2：实例化 TimeSpan 结构,时间段为 24 小时。

```
TimeSpan s = new TimeSpan(24, 0, 0);
```

步骤 3：从 TotalSeconds 属性可以获取总秒数。

```
string str = $"一天内总共有 {s.TotalSeconds} 秒,";
```

步骤 4：再创建一个 TimeSpan 实例,初始化时间段为 3 天(72 小时)。

```
s = new TimeSpan(3, 0, 0, 0);
```

步骤 5：获取 3 天时间内的总秒数。

```
str = $"三天内总共有 {s.TotalSeconds} 秒。";
```

步骤 6：运行应用程序项目,输出内容如图 5-9 所示。　　　　图 5-9　输出总秒数

实例 125　日期的加/减运算

【导语】

DateTime 结构提供了几个以 Add 开头的方法,如 AddYears、AddMonths、AddDays 等,这些方法可以对日期/时间进行加法或者减法运算。

如果传递给参数的值是正值,表示时间向后推移;如果是负值,则表示时间向前推移。例如,AddMonths（2）表示两个月之后的日期,AddMonths（−2）则表示两个月前的日期。

【操作流程】

步骤 1：新建一个控制台应用程序项目。

步骤 2：初始化一个日期/时间,用于后面做运算测试。

```
DateTime d1 = new DateTime(2018, 4, 1);
```

步骤 3：计算 6 天后的日期，传递给 AddDays 方法参数的值为 6。

```
DateTime d2 = d1.AddDays(6d);
```

步骤 4：计算 3 天前的日期，传递给 AddDays 方法参数的值为－3。

图 5-10 　日期加/减法
　　　　　计算结果

```
DateTime d3 = d1.AddDays(－3d);
```

步骤 5：运行应用程序项目，输出内容如图 5-10 所示。

实例 126　从日期字符串中产生 DateTime 实例

【导语】

DateTime 结构有一个名为 Parse 的静态方法，该方法会对传入的字符串进行分析，如果字符串表示的是有效的日期/时间，Parse 方法会返回一个 DateTime 实例，并将从字符串中识别出来的数据填充到该 DateTime 实例中；但如果分析失败就会抛出异常。若希望避免抛出异常，可以使用 TryParse 方法，该方法不会抛出异常，但是如果对字符串的分析失败就会返回 false，如果成功就返回 true。

用于进行日期/时间分析的字符串一定要符合标准日期/时间格式的要求，可以在 Windows 系统的日期和时间设置中获取参考信息，如图 5-11 所示。

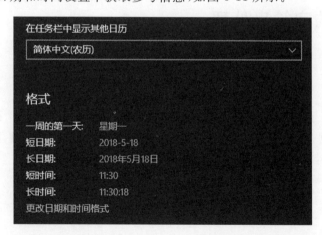

图 5-11　Windows 系统中的标准日期与时间格式

【操作流程】

步骤 1：新建一个控制台应用程序项目。

步骤 2：声明一个字符串类型的变量并初始化，稍后将用它分析日期/时间。

```
string ds = " 2018 年 5 月 20 日 23:14:20 ";
```

步骤 3：调用 Parse 方法对字符串进行分析，以产生新的 DateTime 实例。

```
DateTime dt = DateTime.Parse(ds);
```

步骤 4：输出新产生的 DateTime 实例的相关属性，以验证字符串是否分析成功。

```
string msg = $"{nameof(DateTime.Year), -10} = {dt.Year}\n"
          + $"{nameof(DateTime.Month), -10} = {dt.Month}\n"
          + $"{nameof(DateTime.Day), -10} = {dt.Day}\n"
          + $"{nameof(DateTime.Hour), -10} = {dt.Hour}\n"
          + $"{nameof(DateTime.Minute), -10} = {dt.Minute}\n"
          + $"{nameof(DateTime.Second), -10} = {dt.Second}";
Console.WriteLine(msg);
```

步骤 5：运行应用程序项目，输出结果如图 5-12 所示。

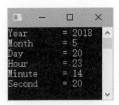

图 5-12　从字符串分析出来的日期与时间

5.3　常用的字符串处理

实例 127　使用 Concat 方法拼接字符串

【导语】

String 类公开了一个名为 Concat 的静态方法，该方法的作用是将多个字符串拼接成一个新的字符串实例。Concat 方法是直接拼接字符串的，此过程中不会使用任何分隔符。例如，字符串"he"与字符串"llo"，调用 Concat 方法拼接后将返回"hello"。

【操作流程】

步骤 1：新建一个控制台应用程序项目。

步骤 2：声明 3 个 string 类型的变量并初始化。

```
string s1 = "abc";
string s2 = "def";
string s3 = "ghi";
```

步骤 3：调用 Concat 方法将以上 3 个字符串实例进行拼接。

```
string sn = string.Concat(s1, s2, s3);
```

```
Console.WriteLine(sn);
```

步骤 4：运行应用程序项目，Concat 方法会把字符串直接合并，输出的新字符串实例如下。

abcdefghi

实例 128　使用"＋"运算符拼接字符串

【导语】

对于数值，"＋"运算符表现为加法运算，而对于字符串实例，则可用于拼接，其效果与 Concat 方法相同，也是直接将多个字符串实例连接起来。

【操作流程】

步骤 1：新建一个控制台应用程序项目。

步骤 2：声明 4 个 string 类型的变量，并进行赋值。

```
string a = "今天";
string b = "的天气";
string c = "很";
string d = "晴朗。";
```

步骤 3：使用"＋"运算符把以上 4 个字符串实例连接起来。

```
string r = a + b + c + d;
```

步骤 4：运行应用程序项目，拼接后的字符串如下。

今天的天气很晴朗。

实例 129　字符串的包含关系

【导语】

Contains 方法用于检查某个字符串中是否包含指定的子字符串，如果包含子字符串，则返回 true，否则返回 false。

例如，字符串"百川东到海"中如果包含子字符串"百川"，那么 Contains 方法就返回 true。

【操作流程】

步骤 1：新建一个控制台应用程序项目。

步骤 2：声明一个字符串变量，并进行初始化，稍后将验证在该字符串中是否包含单词 need。

```
string test = "I need peace with you";
```

步骤 3：判断以上字符串中是否包含单词 need。

```
bool b = test.Contains("need");
```

步骤 4：将验证结果输出到屏幕上。

```
Console.WriteLine("句子 {0} 中{1}单词 need。", test, b ? "包含" : "不包含");
```

步骤 5：运行应用程序项目，屏幕输出的内容如下。

句子 I need peace with you 中包含单词 need。

实例 130　字母的大小写转换

【导语】

将字符串中的字母全部转换为大写字母，可以调用 ToUpper 方法；若需要全部转换为小写字母，应调用 ToLower 方法。

注意：这两个方法对中文字符无效。

【操作流程】

步骤 1：新建一个控制台应用程序项目。

步骤 2：声明一个字符串变量，并为其赋值。

```
string test = "I will be very hard to do it";
```

步骤 3：将字符串中的所有字母全部转换为大写，并输出。

```
Console.WriteLine( $ "全部转为大写:{test.ToUpper()}");
```

步骤 4：将字符串中的字母全部转换为小写，并输出。

```
Console.WriteLine( $ "全部转为小写:{test.ToLower()}");
```

步骤 5：按下 F5 快捷键，运行应用程序项目，屏幕输出内容如图 5-13 所示。

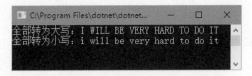

图 5-13　字母的大小写转换

实例 131　使用分隔符连接字符串

【导语】

使用 Concat 方法或者"＋"运算符是将字符串直接连接的，未添加任何分隔的字符，但是在有些情况下，连接字符串后，希望每个子串之间都有一个分隔的符号。例如，将十六进制字符串（用十六进制表示字节）连接后，希望每字节之间都用一个"-"连接。假设有 3 个字符串：7E、9F、26，拼接后变成：7E-9F-26。

要实现在连接字符串的同时使用分隔符，可以调用 String 类的 Join 方法，尽管这个方法有多个重载版本，不过用法一样。第一个参数用于指定分隔符，第二个参数是要进行连接的字符串列表。

【操作流程】

步骤1：新建一个控制台应用程序项目。

步骤2：声明一个 string 数组，并使用几个字符串对象初始化。稍后会将这些字符串元素拼接为一个新的字符串实例。

```
string[] strs = { "abc", "opq", "uvw", "xyz" };
```

步骤3：调用 Join 方法将上面字符串数组中的元素进行拼接，分隔符为下画线（_）。

```
string outstr = string.Join('_', strs);
```

步骤4：运行应用程序项目，输出的新字符串实例如下。

```
abc_opq_uvw_xyz
```

实例 132　查找以"ay"结尾的单词

【导语】

String 类有一对方法，可用于分析字符串的开头与结尾部分。StartsWith 方法可用于判断当前字符串是否以某个字符或字符串开头；相应地，EndsWith 方法可用于分析当前字符串是否以某个字符或字符串结尾。

这两个方法都是返回布尔类型的值，若结果为真表明在字符串的开头或结尾找到了需要的字符，否则要查找的字符不存在。例如，用 StartWith 方法在字符串"then"中查找"th"，方法调用后将返回 true，因为单词 then 确实是以 th 开头。

本实例将从一个字符串数组中查找以"ay"结尾的字符串。

【操作流程】

步骤1：新建一个控制台应用程序项目。

步骤2：声明一个 string 类型的数组，用于稍后做测试。

```
string[] test = { "day", "toy", "try", "pay", "they", "may" };
```

步骤3：使用 foreach 循环，从以上数组中找出以"ay"结尾的元素，并输出到屏幕上。

```
foreach(string s in test)
{
    if (s.EndsWith("ay"))
    {
        Console.WriteLine(s);
    }
}
```

图 5-14　查找以"ay"结尾的单词

在当前字符串中查找是否以某个字符或字符串结尾，应调用 EndsWith 方法。

步骤4：运行应用程序项目，输出结果如图 5-14 所示。

实例 133   依据指定的分隔符来拆分字符串

【导语】

Split 方法的作用与 Join 方法相反。Join 方法是以指定的分隔符来连接字符串,而 Split 方法则是依据指定的分隔符来拆分字符串。

例如,字符串"A+B+C",指定分隔符为"+",于是将拆分出三个字符串实例——A、B、C,同时分隔符"+"会被删除,即返回的字符中是不包含分隔符的。因为拆分之后会出现几段字符串实例,所以 Split 方法的返回类型为 string 数组。

【操作流程】

步骤 1:新建一个控制台应用程序项目。

步骤 2:声明一个 string 类型的变量,并初始化。

```
string test = "enlarge * a * picture";
```

步骤 3:以上述字符串中的"*"字符为分隔符,对字符串进行拆分。

```
string[] results = test.Split('*');
```

步骤 4:输出拆分后的字符串。

```
foreach (string s in results)
{
    Console.Write(" {0}", s);
}
```

图 5-15   拆分后的字符串

步骤 5:运行应用程序项目,应用程序输出的内容如图 5-15 所示。

实例 134   替换字符串

【导语】

Replace 方法分两步完成工作,首先从原来的字符串实例中查找到要被替换的子字符串,然后再用新的子字符串替换掉已查找到的子字符串。如果在原字符串中找不到被替换的字符串,那么 Replace 就将原字符串返回。

【操作流程】

步骤 1:新建一个控制台应用程序项目。

步骤 2:声明一个 string 类型的变量,并进行初始化。

```
string str = "明天去买一台洗衣机";
```

步骤 3:把上面字符串中的"洗衣机"替换为"电冰箱"。

```
string res = str.Replace("洗衣机", "电冰箱");
```

步骤 4：为了对比替换前后的效果，分别将原字符串与替换后的字符串输出到控制台。

```
Console.WriteLine( $ "原字符串:{str}\n 替换后的字符串:{res}");
```

步骤 5：运行应用程序项目，得到如图 5-16 所示的结果。

图 5-16 替换前后的字符串对比

实例 135 反转字符串

【导语】

所谓反转字符串，就是把字符串中所有字符的顺序倒转过来。举个例子，假设有字符串"编程真快乐"，反转之后就会变成"乐快真程编"。

char 类型表示一个字符，而字符串实际上是由多个单字符组成的，所以字符串实例可以先提取出 char 类型的数组对象，然后再调用数组对象的 Reverse 方法将里面的 char 元素顺序倒转过来，最后再用这个 char 数组重新创建字符串实例。

【操作流程】

步骤 1：新建一个控制台应用程序项目。

步骤 2：定义一个 ReverseString 方法，输入参数为要进行反转的字符串，返回内容为已反转的字符串。

```
static string ReverseString(string input)
{
    char[] charr = input.ToCharArray();
    Array.Reverse(charr);
    return new string(charr);
}
```

注意：Reverse 是静态方法，由 Array 类公开。

String 与 string 指向的是相同的类型。String（首字母大写）是 .NET 中的类型，即 System.String 类，而 string（小写字母）是语言关键字，实际上也指向 System.String 类。因此，在代码中既可以使用 string，也可以使用 String。

类似的情况，如语言关键字 int，实际上指向 System.Int32 结构，在代码可以使用 int 关键字，也可以直接用 Int32 结构。

步骤 3：声明一个 string 类型的变量，并赋值。

```
string str = "一行白鹭上青天";
```

步骤 4：调用前面定义的 ReverseString 方法，将字符串进行反转。

```
string result = ReverseString(str);
```

步骤 5：为了能直观地查看效果，将原字符串与反转后的字符串都输出到控制台。

```
Console.WriteLine("原字符串:{0}", str);
Console.WriteLine("反转后的字符串:{0}", result);
```

图 5-17   反转字符串

步骤 6：运行应用程序项目，输出结果如图 5-17 所示。

实例 136   插入与删除字符

【导语】

Insert 方法可以在原字符串的指定位置插入若干字符，相对应地，Remove 方法可以从原字符串中删除一部分字符。

不论是插入字符，还是删除字符，用于确定操作位置的索引都是基于 0 的，即字符串的开头位置为 0，结尾的位置为字符串长度减去 1。例如，要在某个字符串的第 3 个字符处插入内容，那么其位置索引就是 2。

本实例先演示 Insert 方法的使用，后演示 Remove 方法的使用。

【操作流程】

步骤 1：新建一个控制台应用程序项目。

步骤 2：声明一个 string 类型的变量，并初始化。

```
string test = "明天吃饭";
```

步骤 3：在上面字符串的"明天"后面插入字符串"中午"，插入位置为第 3 个字符处，索引为 2。

```
test = test.Insert(2, "中午");
```

插入后返回新的字符串实例，此时字符串变为"明天中午吃饭"。

步骤 4：在"中午"后面插入"出去"，插入位置为第 5 个字符处，索引为 4。

```
test = test.Insert(4, "出去");
```

此时返回的新字符串实例为"明天中午出去吃饭"。

步骤 5：再向 test 变量赋值一个新的字符串实例。

```
test = "小桥公路流水人家";
```

步骤 6：需要将上述字符串中的"公路"删除，可调用 Remove 方法，开始位置为第 3 个字符，索引为 2，删除字符数为 2。

```
test = test.Remove(2, 2);
```

执行 Remove 方法后,将返回新的字符串实例,原字符串变为"小桥流水人家"。

实例 137 填充剩余"空白"

【导语】

String 类公开了两个方法,支持用指定的字符来填充原字符串中的剩余空间。PadLeft 方法将原字符串右对齐,并在左边填充;相反地,PadRight 方法则将原字符串左对齐,并在右边填充。这两个方法各有两个重载。

```
String PadLeft(int totalWidth);
String PadLeft(int totalWidth, char paddingChar);
String PadRight(int totalWidth);
String PadRight(int totalWidth, char paddingChar);
```

totalWidth 指定填充后新字符串实例的长度,如果原字符串长度为 6,而 totalWidth 参数指定为 10,那么新字符串中会包含原字符串和 4 个填充的字符。paddingChar 参数表示用来填充的字符,如果不指定 paddingChar 参数,则默认使用空格来填充。

【操作流程】

步骤 1:新建控制台应用程序项目。

步骤 2:在 Main 方法中,使用 PadRight 方法对示例字符串进行右侧填充。

```
Console.WriteLine("abcd".PadRight(20, '*'));
Console.WriteLine("abcdef".PadRight(20, '*'));
Console.WriteLine("abcdefgh".PadRight(20, '*'));
Console.WriteLine("abcdefghijklmn".PadRight(20, '@'));
```

步骤 3:使用 PadLeft 方法对示例字符串进行左侧填充。

```
Console.WriteLine("opq".PadLeft(16, '+'));
Console.WriteLine("opqrst".PadLeft(16, '#'));
```

步骤 4:运行应用程序项目,屏幕输出结果如图 5-18 所示。

图 5-18 填充后的字符串

实例 138 判断字符是否为数字

【导语】

char 结构有两个方法可以用于检测某个字符是否为数字。

IsDigit 方法仅能用于判断标准的十进制数字字符,即从 0 到 9,共 10 个字符。而 IsNumber 方法的适用面更广,不仅可用于判断标准十进制数字字符,它还可用于判断其他 Unicode 数字字符,例如,"②""柒""ⅳ""1/2"等。

【操作流程】

步骤 1:新建一个控制台应用程序项目。

步骤 2：声明一个 char 类型数组，用于初始化的字符串，其中混有数字字符与非数字字符，用于稍后进行判断处理。

```
char[] charr = { '3', 'f', '⑤', '♯', 'a', '㈥', 'c', '＊' };
```

步骤 3：调用 IsNumber 方法对数组中的字符进行判断。

```
foreach(char c in charr)
{
    Console.WriteLine("{0} {1}数字", c, char.IsNumber(c) ?
"是" : "不是");
}
```

步骤 4：运行应用程序项目，输出结果如图 5-19 所示。

图 5-19　判断是否为数字字符

实例 139　截取字符串

【导语】

截取字符串，就是从原字符串实例中取出部分内容，并产生新的字符串实例。例如，字符串"abcdefghijklmn"，假设从第 3 个字符开始，截取 4 个字符，那么得到的新字符串（或称为子串）就是"cdef"。

截取字符串的功能由 Substring 方法实现，它有两个重载版本。

```
String Substring(int startIndex);
String Substring(int startIndex, int length);
```

如果不指定 length 参数（要截取字符的个数），则从 startIndex 参数所指定的位置开始，一直截取到字符串的末尾。

【操作流程】

步骤 1：新建一个控制台应用程序项目。

步骤 2：声明一个做测试的 string 类型变量，并赋初始值。

```
string s = "从此地出发,大约需要二十分钟";
```

步骤 3：从第 7 个字符开始，截取 7 个字符。

```
string sub = s.Substring(6, 7);
```

startIndex 参数所指定的位置索引是从 0 开始计算的，第 7 个字符的位置应为 6。

步骤 4：同时输出截取前后的字符串实例，以方便对比。

```
Console.WriteLine("{0} -> {1}", s, sub);
```

步骤 5：运行应用程序项目，输出内容如下。

```
从此地出发,大约需要二十分钟 -> 大约需要二十分
```

实例 140 使用 StringBuilder 组装字符串

【导语】

StringBuilder 类为字符串的组装提供了比较综合的功能,覆盖了字符串的各种操作。主要有:

(1) 追加。追加就是在现有字符串的末尾拼接内容。有四个与追加操作相关的方法:Append 方法是直接把内容追加到字符串末尾,不带换行符;AppendLine 方法追加字符串后会自动在末尾加上换行符(\n);AppendFormat 方法在追加字符串时支持使用格式化字符串;AppendJoin 方法与 string.Join 方法相似,先将各个部件通过分隔符串联起来,再追加到原字符串末尾。

(2) 插入与删除。Insert 方法可以在原字符串的某个位置插入新内容,它与追加不同,追加只能把新内容拼接到原字符串的末尾,而 Insert 方法则可以在任意有效位置写入新内容。要从指定位置删除若干字符,可以使用 Remove 方法。

(3) 替换。调用 Replace 方法,可以将原字符串的指定内容替换为新的内容。

(4) 清除。调用 Clear 方法将删除 StringBuilder 实例已缓存的所有字符。

当字符串组装完成,可调用 StringBuilder 实例的 ToString 方法返回已组装好的字符串实例(String 类型)。

有意思的是,StringBuilder 类有很多方法的返回类型也是 StringBuilder,也就是说,当调用某个方法完成某项处理后,StringBuilder 对象会把自身返回给调用方。这种设计模型的好处是可以连续调用一个对象实例的多个方法。例如以下形式。

```
builder.AppendLine(…)
    .Append(…)
    .Append(…)
    .Append(…);
```

【操作流程】

步骤 1:新建一个控制台应用程序项目。

步骤 2:引入 System.Text 命名空间。

```
using System.Text;
```

步骤 3:实例化 StringBuilder 对象。

```
StringBuilder builder = new StringBuilder();
```

步骤 4:向 builder 变量中添加内容。

```
builder.AppendLine("Happy !")
    .Append("abc")
    .Append(" - ")
    .Append("xyz\n")
```

```
.AppendFormat("0x{0:x} = {0}\n", 144650)
.AppendJoin('～', 50, false, 3.6625d)
.AppendLine()
.Replace("Happy", "Hello Jim");
```

以上代码对 builder 变量采取实例方法的连续调用，分别进行了以下处理：

（1）添加一行"Happy！"。

（2）添加字符串"abc"，无换行符。

（3）添加字符"-"，无换行符。

（4）添加字符串"xyz"，后跟换行符"\n"。

（5）通过格式化标志添加整数值 144650，"="左边是十六进制表示方式（使用 x 格式标志，表示十六进制），"="右边是整数的默认表示方式（十进制）。

（6）用字符"～"将整数值 50、布尔值 false、双精度小数 3.6625 连接起来，再追加到 StringBuilder 实例中。

（7）追加一个空白行（调用无参数的 AppendLine 方法）。

（8）将前面添加的"Happy"字符串替换为"Hello Jim"。

步骤 5：调用 Console. WriteLine 方法将 StringBuilder 中的内容输出到屏幕。

图 5-20　**StringBuilder** 对象组装后的字符串

```
Console.WriteLine(builder);
```

WriteLine 方法会自动调用 builder 变量的 ToString 方法。

步骤 6：运行应用程序项目，屏幕输出如图 5-20 所示。

实例 141　字符串查找

【导语】

字符串查找的结果是返回被找到字符串所在的位置，如果没有找到要查找的字符串，那么就返回−1。

IndexOf 方法与 LastIndexOf 方法的作用正好是相对的。如果要查找的字符串在原字符串中出现多次，那么 IndexOf 方法返回字符串第一次出现时的位置，而 LastIndexOf 方法则是返回字符串最后一次出现时的位置。

【操作流程】

步骤 1：新建一个控制台应用程序项目。

步骤 2：声明一个 string 类型的变量，并进行初始赋值。

```
string test = "明日复明日,明日何其多";
```

步骤 3：上述字符串变量中，出现了三个"明日"，下面代码分别找出"明日"第一次和最后一次出现的位置。

```
int first = test.IndexOf("明日");
```

```
int last = test.LastIndexOf("明日");
```

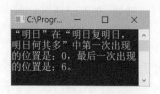

步骤 4：在控制台中输出相关信息。

```
Console.WriteLine(""明日"在"{0}"中第一次出现的位置是:{1},
最后一次出现的位置是:{2}。", test, first, last);
```

步骤 5：运行应用程序项目,输出结果如图 5-21 所示。

图 5-21　查找字符串的位置

实例 142　比较字符串时忽略大小写

【导语】

String 类的 Compare 方法有以下重载版本。

```
static int Compare(String strA, String strB, bool ignoreCase);
```

方法对两个字符串对象(strA 与 strB)进行比较,如果两者相同,Compare 方法返回 0;如果返回非 0 值,表示两个字符串对象并不相同。当返回值大于 0 时,表示 strA 在字符排序上要比 strB 更靠后,反之则更靠前。例如,strA 为"abc",strB 为"xyz",那么,相比较后,返回值为 −1,因为"abc"在字符中的排序更靠前。

字符排序一般有这几种依据:数字顺序、字母顺序、中文拼音顺序。

【操作流程】

步骤 1：新建一个控制台应用程序项目。

步骤 2：声明两个 string 类型的变量,并进行初始化。

```
string s1 = "abcd";
string s2 = "ABCD";
```

步骤 3：对上面两个字符串进行比较。

```
int rc = string.Compare(s1, s2, true);
```

步骤 4：输出比较结果。

```
Console.Write( $ "忽略大小写差异后,{s1} 与 {s2} ");
if (rc == 0)
    Console.Write("相等");
else
    Console.Write("不相等");
```

图 5-22　忽略大小写后
　　　　　两字符串相等

步骤 5：运行应用程序项目,输出结果如图 5-22 所示。

实例 143　"@"符号在字符串中的用途

【导语】

在字符串常量前面加上一个"@"符号,表示将忽略字符串中的转义字符,如"\n""\t""\r"等,尤其是在输入文件路径的时候该符号特别有用。

例如,在不使用"@"符号时,文件路径需要这样处理:

```
"\\folder1\\folder2\\test.pptx"
```

由于"\"是转义字符的开始标志,因此如果在文本中出现该字符,就必须写成"\\"。而在使用了"@"符号之后,转义字符被忽略,就可以直接使用原义字符。

```
@"\folder1\folder2\test.pptx"
```

【操作流程】

步骤 1:新建一个控制台应用程序项目。

步骤 2:声明一个 string 类型的变量,并为其赋值。

```
string s = @"文本一\n 文本二\t 文本三";
```

步骤 3:将字符串输出到屏幕。

```
Console.WriteLine(s);
```

步骤 4:运行应用程序项目,控制台窗口将输出以下内容。

文本一\n 文本二\t 文本三

因为"@"符号忽略了所有的转义字符,所以,"\n"和"\t"不会被视为换行符和制表符,而仅仅作为普通字符输出。

实例 144　处理字符串中出现的双引号

【导语】

由于字符串常量本身需要放在一对双引号中,因此,如果字符串中出现双引号,那就得进行特殊处理。

如果字符串常量没有使用"@"符号,可以通过转义的方式解析字符串中的双引号,形式如下:

```
"the output content is \"data updated\""
```

如果字符串常量使用了"@",此时转义失效,需要在字符串中出现的双引号可以用连续两个双引号表示。

```
@"run ""cmd"""
```

【操作流程】

步骤 1:新建一个控制台应用程序项目。

步骤 2:声明 string 类型变量并赋值,在字符串常量中使用转义字符插入双引号,随后将其输出。

```
string s1 = "type in \"dir\"";
Console.WriteLine(s1);
```

步骤 3：在带"@"符号的字符串中，通过连续输入两个双引号的方式插入双引号。并将字符串输出。

```
string s2 = @"execute the ""dotnet new"" command";
Console.WriteLine(s2);
```

步骤 4：运行应用程序项目后，控制台窗口输出以下文本。

```
type in "dir"
execute the "dotnet new" command
```

注意：如果字符串中包含中文的双引号，不需做任何处理。因为中文的标点符号不会干扰代码编译。

5.4 格式控制符

实例 145　输出百分比

【导语】

百分比的格式控制符为"P"或"p"，使用该格式控制符，可以将普通数值输出为百分比形式，也就是将原数值乘以 100 并在后面接上"％"符号。

在格式控制符后面紧跟一个整数，可以指定要保留的小数位数。例如，"P3"表示将原数值输出为百分比形式，并保留 3 位小数。

举个例子，浮点数 0.003，使用"P"格式控制符后，输出的字符串为"0.30％"。

【操作流程】

步骤 1：新建一个控制台应用程序项目。

步骤 2：声明并初始化一个单精度浮点数值。

```
float val = 0.1785f;
```

步骤 3：使用"P"格式控制符输出以上数值的百分比形式，默认情况下，"P"格式控制符将保留 2 位小数。

```
Console.WriteLine( $ "{"p", - 15}{val, - 10:p}");
```

步骤 4：使用"P3"格式控制符输出百分比形式，而且保留 3 位小数。

```
Console.WriteLine( $ "{"p3", - 15}{val, - 10:p3}");
```

步骤 5：按下 F5 快捷键运行应用程序项目，控制台的输出如图 5-23 所示。

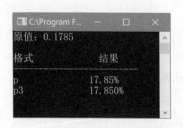

图 5-23　输出百分比格式文本

实例 146　输出当前语言中的货币格式

【导语】

使用"C"或"c"格式控制符所输出的文本,会在文本前面加上一个货币符号。该格式控制符是根据当前系统所使用的区域与语言属性来确定货币符号的,例如人民币将使用"￥"符号。

【操作流程】

步骤 1:新建一个控制台应用程序项目。

步骤 2:直接使用"c"格式控制符输出数值,默认保留 2 位小数。

```
WriteLine("{0:c}", 20.5);
```

输出结果如下。

￥20.50

步骤 3:输出货币格式,并保留 1 位小数。

```
WriteLine("{0:c1}", 150.39);
```

输出结果将小数部分的 0.39 四舍五入,变为如下形式。

￥150.4

步骤 4:输出货币格式,仅保留整数部分。

```
WriteLine("{0:c0}", 83.71);
```

输出时将去掉小数部分,结果如下。

￥84

实例 147　输出多个币种格式

【导语】

许多数值类型(如 double、decimal 等)都公开一个特殊的 ToString 方法重载。

```
string ToString(string format, IFormatProvider provider);
```

format 参数指定格式控制符,provider 是一个接口,其中一个实现类是位于 System. Globalization 命名空间下的 CultureInfo。CultureInfo 类封装了与各地区的语言与文化信息相关的数据。

获取 CultureInfo 实例有多种方法,例如可以通过调用构造函数进行实例化,并向构造函数传递区域/语言名称或标识 ID;还可以通过 GetCultureInfo、GetCultureInfoByIetfLanguageTag 等静态方法来直接获得 CultureInfo 实例。

除了 ToString 方法，还可以使用 String 类的 Format 方法、StringBuilder 类的 AppendFormat 方法来输出由 IFormatProvider 修饰的格式化字符串。

本实例将演示 ToString 方法结合 CultureInfo 来输出不同货币的文本表示形式。

【操作流程】

步骤 1：新建一个控制台应用程序项目。

步骤 2：声明一个变量并赋一个十进制数值，用于稍后做测试。

```
decimal val = 3960.12M;
```

步骤 3：获取 6 个 CultureInfo 实例，分别表示中国大陆、中国台湾、美国、中国香港、中国澳门、日本。

```
CultureInfo cn = CultureInfo.GetCultureInfoByIetfLanguageTag("zh-CN");
CultureInfo tw = CultureInfo.GetCultureInfoByIetfLanguageTag("zh-TW");
CultureInfo us = CultureInfo.GetCultureInfoByIetfLanguageTag("en-US");
CultureInfo mo = CultureInfo.GetCultureInfoByIetfLanguageTag("zh-MO");
CultureInfo hk = CultureInfo.GetCultureInfoByIetfLanguageTag("zh-HK");
CultureInfo jp = CultureInfo.GetCultureInfoByIetfLanguageTag("ja-JP");
```

步骤 4：根据上面获取的 6 个区域信息，输出不同的货币格式。

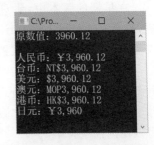

```
Console.WriteLine("原数值:{0}\n", val);
Console.WriteLine("人民币:{0}", val.ToString("C", cn));
Console.WriteLine("台币:{0}", val.ToString("C", tw));
Console.WriteLine("美元:{0}", val.ToString("C", us));
Console.WriteLine("澳元:{0}", val.ToString("C", mo));
Console.WriteLine("港币:{0}", val.ToString("C", hk));
Console.WriteLine("日元:{0}", val.ToString("C", jp));
```

图 5-24　输出多种货币格式

步骤 5：运行应用程序项目，屏幕输出内容如图 5-24 所示。

实例 148　数字的两种常用格式

【导语】

数字一般有两种表示格式：一种是直接表示（格式控制符为 G），例如 12345678.6665；还有一种也比较常见，即每隔 3 位就用一个英文的逗号标注（格式控制符为 N），例如 12,345,678.22。

【操作流程】

步骤 1：新建一个控制台应用程序项目。

步骤 2：声明一个 decimal 变量并赋值。

```
decimal d = 8582113.76352M;
```

"M"是一个类型后缀，在数值后面加上"M"或"m"，表示一个 decimal 类型的数值，就像可以在双精度数值后面加上"d"一样。

步骤 3：分别以"G"和"N"格式输出数值的字符串形式。

```
Console.WriteLine("{0,-15}{1,-20:G}", "G",d);
Console.WriteLine("{0,-15}{1,-20:N}", "N", d);
```

在 Console.WriteLine 方法或者 String.Format 方法中，格式占位符用一对大括号括着的整数值表示，从 0 开始计算。在格式占位符中，以逗号（英文）开头表示被格式化文本的对齐方式，正数值表示右对齐，负数值表示左对齐，数字表示所占用的字符数，如果格式化输出的内容小于该长度，则用空格填充剩余空间。以冒号（英文）开头表示要使用的格式控制符，例如本例中用到的"G"和"N"。

图 5-25　输出常见的数字格式

步骤 4：按下快捷键 F5 运行应用程序项目，输出结果如图 5-25 所示。

实例 149　使用字符串内插

【导语】

在早期的版本中，要对字符串进行格式化输出，一般需要借助 String 类的 Format 方法，或者 Console、TextWriter、StringBuilder 等类所公开的相关方法。但是这些方法都需要安排从 0 开始计算的格式占位符，操作起来也不太简便。

而使用字符串内插，就可以直接在初始化字符串实例时插入格式控制。而且字符内插并不需要基于 0 的有序格式占位符，在一对大括号内直接写上表达式即可。

例如，要输出字符串"圆周率＝XXX"，其中，XXX 是通过 Math.PI 常量返回的。此时可以用内插字符串。

```
string v = $"圆周率 = {Math.PI}";
```

在运行阶段，生成的字符串如下。

```
圆周率 = 3.14159265358979
```

字符串内插的标志是字符串常量前要加上"$"符号，否则编译器仅将其视为普通字符串，内插的表达式不会被计算。

字符串内插还可以对格式设置进行补充。在表达式之后，用逗号（半角）开头表示字符的对齐方式，负值表示左对齐，正值表示右对齐；随后以冒号（半角）开头表示格式控制符。完整的格式如下。

```
{<表达式>,<对齐方式>:<格式控制符>}
```

【操作流程】

步骤 1：新建一个控制台应用程序项目。

步骤 2：声明两个 int 类型的变量并初始化。

```
int m = 100;
int n = 450;
```

步骤 3：使用字符串内插，输出形如"A ＋ B ＝ C"的字符串。

```
Console.WriteLine( $ "{m} + {n} = {m + n}");
```

步骤 4：声明一个 double 类型的变量 r，它表示一个圆的半径。

```
double r = 7.325d;
```

步骤 5：通过字符串内插，输出圆的面积，并且保留 2 位小数。

```
Console.WriteLine( $ "半径为 {r} 的圆的面积为:{Math.PI * r * r:N2}");
```

在表达式之后紧跟"：N2"，表示输出的值为常规数字，"2"表示保留 2 位小数。

步骤 6：运行应用程序项目，输出结果如下。

```
100 + 450 = 550
半径为 7.325 的圆的面积为:168.56
```

实例 150　长日期与短日期

【导语】

标准日期格式用得比较多的是长日期和短日期，具体的显示方式取决于系统的设置（如图 5-26 所示）。

图 5-26　Windows 系统中关于日期格式的设置

调用 DateTime 实例的 ToLongDateString 方法可以直接返回长日期字符串,同样,调用 ToShortDateString 方法可以返回短日期字符串。不过本实例主要演示通过格式控制符来返回长日期和短日期字符串。

长日期的格式控制符为"D",短日期的格式控制符则为"d"。

【操作流程】

步骤 1:新建一个控制台应用程序。

步骤 2:初始化一个 DateTime 对象,稍后用于测试。

```
DateTime dt = new DateTime(2018, 5, 1);
```

步骤 3:使用"D"和"d"格式控制符分别输出上述日期的长日期和短日期形式。

```
Console.WriteLine( $ "长日期:{dt:D}");
Console.WriteLine( $ "短日期:{dt:d}");
```

步骤 4:运行应用程序项目,控制台输出内容如下。

```
长日期:2018 年 5 月 1 日
短日期:2018 - 5 - 1
```

实例 151 自定义日期和时间格式

【导语】

对于日期和时间值,最常用到的有年、月、日、时、分、秒,其中每一部分都有对应的格式控制符。

(1)年。一般使用"yyyy"表示,即 4 位整数,如 2015。也可以使用控制符"yy",使用 2 位整数表示,如 2018 年,输出为 18。

(2)月。"M"表示从 1 到 12,"MM"表示从 01 到 12。

(3)日。"d"表示从 1 到 31,"dd"表示从 01 到 31。

(4)时。"h"表示从 1 到 12,"hh"表示从 00 到 12。如果需要 24 小时表示方式,就要用大写的 H,即"H"表示从 0 到 23,"HH"表示 00 到 23。

(5)分。"m"表示从 0 到 59,"mm"表示从 00 到 59。

(6)秒。"s"表示从 0 到 59,"ss"表示从 00 到 59。

例如,要输出形如"2017-6-3"的格式,格式控制符为"yyyy-M-d";要输出"2017-6-3 15:10:20",则格式控制符为"yyyy-M-d HH:mm:ss"。

【操作流程】

步骤 1:新建一个控制台应用程序项目。

步骤 2:声明一个 DateTime 类型的变量,并进行初始化。

```
DateTime dt = new DateTime(2018, 2, 1, 16, 37, 11);
```

步骤 3：使用自定义的格式控制符，调用 ToString 方法返回自定义的日期/时间表示方式。

```
Console.WriteLine( $ "自定义日期/时间格式：{dt.ToString("yyyy‐M‐d,HH:mm:ss")}");
```

步骤 4：运行应用程序项目，控制台输出内容如下。

自定义日期/时间格式：2018‐2‐1,16:37:11

实例 152　自定义小数位数

【导语】

"＃"与"0"格式控制符的作用相同，都是用来自定义数字格式的。但是两个格式控制符之间略有不同。

"＃"仅填充有效位，如果某数位上是 0 并且不是必需的，那么就会被忽略。例如 0.2，使用"＃.＃＃"格式控制符后就会输出".2"，整数部分的 0 会被忽略，小数部分虽然有 2 位，但只有"2"才是有效位。

同样以 0.2 为例，对于"0"格式控制符，"0.00"就会输出"0.20"。因为"0"格式控制符对于非有效位都用"0"来填充。

【操作流程】

步骤 1：新建一个控制台应用程序项目。

步骤 2：声明一个 double 类型的变量并进行赋值。

```
double d = 572.562170932d;
```

步骤 3：将上面变量的值转为字符串输出，分别保留 5 位小数、3 位小数、1 位小数，以及仅保留整数位。

```
Console.WriteLine("保留 5 位小数：{0}", d.ToString("0.00000"));
Console.WriteLine("保留 3 位小数：{0}", d.ToString("0.000"));
Console.WriteLine("保留 1 位小数：{0}", d.ToString("0.0"));
Console.WriteLine("保留整数：{0}", d.ToString("＃"));
```

步骤 4：运行应用程序项目，控制台输出内容如图 5-27 所示。

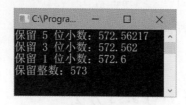

图 5-27　保留小数位

5.5 从字符串到其他类型的转换

实例 153 从二进制字符串产生 int 实例

【导语】

Convert 类公开了一组方法，支持将整数字符串转换为整数类型，这些方法包括：

```
byte ToByte(string value, int fromBase);
short ToInt16(string value, int fromBase);
static int ToInt32(string value, int fromBase);
long ToInt64(string value, int fromBase);
sbyte ToSByte(string value, int fromBase);
ushort ToUInt16(string value, int fromBase);
uint ToUInt32(string value, int fromBase);
ulong ToUInt64(string value, int fromBase);
```

这些方法都有一个共同的参数——fromBase。此参数用于指定 value 参数属于什么进制的字符串。如果字符串表示的是十六进制的数值，那么 fromBase 参数的值为 16。

本实例演示的是将二进制字符串转换为 32 位整数值。其他整数类型只需要调用相对应的方法即可。

【操作流程】

步骤 1：新建一个控制台应用程序项目。

步骤 2：声明一个字符串变量，并赋值一个二进制数值。

```
string str = "1011101001";
```

步骤 3：调用 Convert.ToInt32 方法将二进制字符串转换为 int 值。

```
int result = Convert.ToInt32(str, 2);
```

步骤 4：在控制台中分别输出转换前后的内容。

```
Console.WriteLine( $ "\"{str}\" -> {result}");
```

步骤 5：运行应用程序项目，控制台输出内容如下。

```
"1011101001" -> 745
```

实例 154 Parse 与 TryParse 方法

【导语】

许多基础的值类型都公开了两个方法——Parse 和 TryParse。这两个方法的作用相同，即对传入的字符串进行分析，然后产生新的值类型实例。假设调用 Double 结构的 Parse

方法,如果能够顺利分析传递给方法的字符串,就会返回一个新的 Double 实例。Parse 方法一旦分析失败就会抛出异常。而 TryParse 方法在字符串分析失败后不会抛出异常,如果分析成功,该方法返回 true,否则返回 false。

【操作流程】

步骤 1:新建一个控制台应用程序项目。

步骤 2:声明一个字符串变量,将其通过 Parse 方法进行分析,并转换为 double 类型的值。

```
string s1 = "4.00012";
double v1 = double.Parse(s1);
Console.WriteLine("\"{0}\" -> {1}", s1, v1);
```

步骤 3:下面代码使用 Parse 方法对字符串进行分析,然后转换为 DateTime 实例。

```
string s2 = "2016 - 11 - 25";
DateTime v2 = DateTime.Parse(s2);
Console.WriteLine("\"{0}\" -> {1}", s2, v2);
```

步骤 4:接下来通过 TryParse 方法尝试将字符串转换为 16 位整数值。

```
string s3 = "6507";
bool b = short.TryParse(s3, out short v3);
if (b)
{
    Console.WriteLine("\"{0}\" -> {1}", s3, v3);
}
else
{
    Console.WriteLine("字符串\"{0}\"无法转换为 16 位整数。", s3);
}
```

步骤 5:同样,使用 TryParse 方法将字符串转换为 int 实例。

```
string s4 = "69kh";
b = int.TryParse(s4, out int v4);
if (b)
{
    Console.WriteLine("\"{0}\" -> {1}", s4, v4);
}
else
{
    Console.WriteLine("字符串\"{0}\"无法转换为 32 位整数。", s4);
}
```

由于变量 s4 中包含字母"k"和"h",是无法转换成整数值的,所以 TryParse 方法会返回 false。

步骤 6:运行应用程序项目,输出结果如图 5-28 所示。

图 5-28 字符串分析结果

实例 155 对字符串进行 UTF-8 编码

【导语】

在一些特定情况下,例如要将字符串写入到文件中,或者要将字符串通过网络发送,就要考虑对字符串编码的问题。因为计算机是以字节方式存储数据的,字符串在存储前就需要转换为字节序列,这便是编码的过程。

常用的编码格式有 ASCII、UTF-8、GBK、GB2312 等。对于简体中文字符,可以使用 GB2312 编码,但为了提高通用性,一般使用 UTF-8 编码比较多。

在 System.Text 命名空间下的 Encoding 类可以完成字符串与字节序列之间的转换。为了方便开发者调用,Encoding 类还以静态属性的形式公开常用编码的实例。具体可参考代码清单 5-1。

代码清单 5-1 Encoding 类公开的常用编码格式

```
public static Encoding UTF8 { get; }
public static Encoding UTF7 { get; }
public static Encoding UTF32 { get; }
public static Encoding Unicode { get; }
public static Encoding BigEndianUnicode { get; }
public static Encoding ASCII { get; }
public static Encoding Default { get; }
```

Default 获取的编码由操作系统的设置决定。对于简体中文版本的操作系统,一般为 GB2312 编码。

要获取字符串编码后的字节序列,可调用 GetBytes 方法;而调用 GetString 方法则可以从已编码的字节序列中读出字符串。

【操作流程】

步骤 1:新建一个控制台应用程序项目。

步骤 2:引入 System.Text 命名空间。

using System.Text;

步骤 3:声明一个字符串变量并进行初始化。

string str = "你好,小王。";

步骤 4：对字符串进行 UTF-8 编码，然后输出字节数组。

```
byte[] data = Encoding.UTF8.GetBytes(str);
Console.WriteLine("utf - 8 编码后的字节序列:\n{0}", BitConverter.ToString(data));
```

步骤 5：从已编码的字节数组中重新读取字符串。

```
string back = Encoding.UTF8.GetString(data);
Console.WriteLine("从 utf - 8 编码后的字节序列中读回字符串:\n{0}", back);
```

> **注意**：读取字符串时，使用的编码格式一定要与编码时所使用的编码格式一致。如本例，编码时使用的是 UTF-8 编码，那么在读取字符串时也要使用 UTF-8 编码。

步骤 6：运行应用程序项目，控制台输出内容如图 5-29 所示。

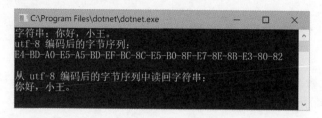

图 5-29　字符串编码

实例 156　字符串的 HTML 编码

【导语】

当字符串被呈现为 HTML 文档内容时，某些特殊字符需要进行转义，否则会与文档中的 HTML 标记冲突。例如，字符串中出现的"<"就必须替换为"&lt；"，">"就必须替换为"&gt；"。

本实例将演示 WebUtility 类的用法。该类位于 System.Net 命名空间下，其功能是进行字符串的 HTML 编码与解码操作。

【操作流程】

步骤 1：新建一个控制台应用程序项目。

步骤 2：声明字符串变量并进行赋值。

```
string str = "< 1 > Item 1\n < 2 > Item 2\n < 3 > Item 3 & Item 4";
```

上述字符串中含有与 HTML 不兼容的字符，接下来将对这些字符进行编码。

步骤 3：对上面的字符串进行 HTML 编码。

```
string htmlstr = WebUtility.HtmlEncode(str);
```

步骤 4：分别输出原字符串与编码后的字符串。

```
WriteLine( $ "原字符串:\n{str}\n");
WriteLine( $ "HTML 编码后的字符串:\n{htmlstr}");
```

步骤 5：按下快捷键 F5 运行应用程序项目，输出内容如图 5-30 所示。

图 5-30   HTML 编码

实例 157   字符串隐式转换为自定义类

【导语】

在重写转换运算符时，加上 implicit 关键字可以实现隐式转换。本实例将通过此种方式实现将 string 类型隐式转换为自定义类的实例。

假设自定义类有 4 个公共属性——ID、Name、Age、City，字符串由这 4 个属性的值组成，并使用制表位符"\t"分隔。当实现自定义转换时，将通过制表位符拆分字符串，然后将拆分出来的 4 个字符串分别赋给自定义类的属性。

【操作流程】

步骤 1：新建一个控制台应用程序项目。

步骤 2：声明一个 Student 类，假设它封装了与学员有关的信息。

```
class Student
{
    public int ID { get; set; }
    public string Name { get; set; }
    public int Age { get; set; }
    public string City { get; set; }
}
```

步骤 3：在 Student 类中实现自定义隐式转换，使得 string 实例可以直接赋值给 Student 变量。

```
public static implicit operator Student(string input)
{
    // 拆分字符串
    string[] parts = input.Split('\t');
    if (parts.Length != 4)
        return null;
```

```
    return new Student
    {
        ID = Convert.ToInt32(parts[0]),
        Name = parts[1],
        Age = Convert.ToInt32(parts[2]),
        City = parts[3]
    };
}
```

步骤 4：在 Main 方法中，声明一个 string 类型的变量并赋值，稍后将使用该字符串来测试隐式转换。

```
string str = "10026\t 小张\t28\t 成都";
```

步骤 5：声明 Student 类型的变量，直接把 str 变量赋给它，会自动完成隐式转换。

```
Student stu = str;
```

步骤 6：输出转换后产生的 Student 实例各个属性的值。

```
WriteLine("学员信息:");
WriteLine( $ "学号:{stu.ID}\n学员姓名:{stu.Name}\n学员年龄:{stu.Age}\n所在城市:{stu.City}");
```

步骤 7：运行应用程序项目，控制台输出结果如图 5-31 所示。

图 5-31 隐式转换产生的 Student 实例

第6章

泛型与集合

在本章节中,读者将学习到以下内容:

- 泛型;
- 数组;
- 集合;
- 元组。

6.1 泛型

实例 158　使用泛型参数

【导语】

泛型的作用是扩大类型的灵活性与通用性,在定义类型(如类、接口)时可以设置命名的类型占位符,即泛型参数。例如在声明下面的 Test 类时指定 T、F 两个占位符。

```
class Test<T, F>
{
    public Test(T a, F b)
    {
        WriteLine(a.GetType().Name);
        WriteLine(b.GetType().Name);
    }
}
```

T 与 F 就是泛型参数,Test 类也就是泛型类。在调用 Test 类时,用真实的类型去替换泛型参数,例如,T 参数替换为 string 类型,F 参数替换为 byte 类型。

```
Test<string, byte> c = new Test<string, byte>("abc", 255);
```

此时,Test 类的公共构造函数就会变为以下形式。

```
public Test( string a, byte b ){ }
```

如果用 int 类型替换泛型参数 T，用 long 类型替换泛型参数 F，则 Test 类的公共构造函数变为以下形式。

```
public Test( int a, long b ) { }
```

从以上例子可以看出，使用泛型参数可以增加 Test 类的通用性。当类型需要变更时，不必对 Test 类进行改动，也不必定义新的类型，而是直接用具体的类型将泛型参数 T 和 F 替换即可。

由于泛型参数仅仅是占位符，具体类型未知，因此在指定泛型参数时，不需要指定类型，只需要给定一个有效命名。

【操作流程】

步骤 1：新建一个控制台应用程序项目。

步骤 2：声明 Sample 类，该类带有一个名为 K 的泛型参数，K 所代表的类型将作为 Work 方法的输入参数 p 的类型。

```
public class Sample < K >
{
    public void Work(K p)
    {
        Console.WriteLine( $ "{p.GetType().FullName, - 20}:{p}");
    }
}
```

在 Work 方法内部，向控制台输出参数的完整类型名称及对应值。

步骤 3：在 Main 方法中，实例化 6 个 Sample 对象。并使用不同的数据类型替换泛型参数 K。然后调用 Work 方法，并向方法传递合适的参数值。

```
Sample < string > s1 = new Sample < string >();
s1.Work("Hello");
Sample < DateTime > s2 = new Sample < DateTime >();
s2.Work(DateTime.Now);
Sample < decimal > s3 = new Sample < decimal >();
s3.Work(0.33M);
Sample < float > s4 = new Sample < float >();
s4.Work(11.954f);
Sample < byte > s5 = new Sample < byte >();
s5.Work(255);
Sample < uint > s6 = new Sample < uint >();
s6.Work(798652);
```

向 Work 方法传递的值的类型一定要与实例化 Sample 类时为泛型参数 K 所指定的类型匹配。例如，K 的类型为 byte，则向 Work 方法传递的必须是 byte 类型的值，即 0～255（包括 0 和 255）的整数值，若 K 为 string 类型，那么传递给 Work 方法的值必须是字符串。

步骤 4：按下 F5 快捷键，运行应用程序，控制台输出的文本如图 6-1 所示。

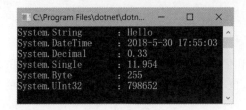

图 6-1　泛型参数的类型与实例值

实例 159　实现泛型接口

【导语】

当某个类型要实现包含泛型参数的接口时，可以考虑以下两种情况：

（1）在实现泛型接口时就明确泛型参数的类型，即使用确定的类型替换接口中的泛型参数。

（2）泛型参数的类型依然未确定，可以用当前类型中所指定的泛型参数去替换接口中原有的泛型参数。

本实例将涉及以上两种情况。

【操作流程】

步骤 1：新建一个控制台应用程序项目。

步骤 2：声明一个带泛型参数的接口。

```
public interface ITest<P, Q>
{
    void Output(P x, Q y);
}
```

泛型参数 P 和 Q 作为 Output 方法的输入参数的类型。

步骤 3：声明 Something1 类，并且该类在实现 ITest 接口时，明确指定 ITest 接口的泛型参数类型分别为 int 和 double。

```
public class Something1 : ITest<int, double>
{
    public void Output(int x, double y)
    {
        WriteLine("{0} - {1}", x.GetType(), x);
        WriteLine("{0} - {1}\n", y.GetType(), y);
    }
}
```

步骤 4：声明 Something2 类，该类也带有泛型参数，并用该类的泛型参数替换 ITest 接口的泛型参数。

```
public class Something2<J, K> : ITest<J, K>
{
    public void Output(J x, K y)
    {
        WriteLine("{0} - {1}", x.GetType(), x);
        WriteLine("{0} - {1}\n", y.GetType(), y);
    }
}
```

步骤 5：在 Main 方法中，实例化 Something1 对象，并调用 Output 方法。

```
Something1 v1 = new Something1();
v1.Output(500, 99.88d);
```

在声明 Something1 类的时候已经明确使用了 int 和 double 类型替换 ITest 接口中的泛型参数，因此 Output 方法的第一个参数只能是 int 类型，第二个参数只能是 double 类型。

步骤 6：实例化一个 Something2 类型的对象，并指定泛型参数为 uint 和 ushort 类型。

```
Something2<uint, ushort> v2 = new Something2<uint, ushort>();
v2.Output(9009, 17);
```

步骤 7：再实例化一个 Something2 对象，将泛型参数替换为 char 类型和 string 类型。

```
Something2 < char, string > v3 = new Something2 < char,
string>();
v3.Output('c', "cat");
```

图 6-2　调用实现了泛型接口的类

由于在声明 Something2 类的时候同时指定了泛型参数，所以在实例化该类时可以使用各种类型来替换泛型参数。

步骤 8：运行应用程序项目，屏幕输出内容如图 6-2 所示。

实例 160　限制泛型参数只能使用值类型

【导语】

因为泛型参数可以是任意类型，所以如果编译器仅仅将参数假定为 Object 类型（即按照 Object 类的成员进行访问），那么代码在访问某些特定类型时就会引发编译错误。

为了避免引发编译错误，有时候需要对泛型参数进行限制，也就是泛型约束。常用的泛型约束如下。

（1）class：限制泛型参数的类型必须是类（引用类型）。

（2）struct：限制泛型参数的类型必须是结构（值类型）。

（3）new()：要求类型必须包含公共的、无参数的构造函数。当使用多个约束时，new()必须放到最后。

（4）unmanaged：要求类型是非托管类型。此约束不常用。

（5）接口或者基类：要求类型必须实现指定接口，或者必须从指定类型派生。

泛型约束可以组合使用，例如下列泛型类要求类型参数是引用类型（class），而且要实现 IService 接口。

```
public class MainItem<U> where U: class, IService
{
    ...
}
```

泛型约束的使用方法是在声明类型或类型成员之后应用 where 关键字，然后才是类型参数的约束条件。如果有多个泛型参数，也可以用多个 where 关键字，格式如下。

```
public class SomeOne<T, S>
    where T : class, new()
    where S : ITask
{

}
```

【操作流程】

步骤 1：新建一个控制台应用程序项目。

步骤 2：声明一个类，命名为 Test，带有一个泛型参数 T。

```
class Test<T>
{
    ...
}
```

步骤 3：对泛型参数 T 进行约束，限制只能是值类型，即类型为结构。

```
class Test<T> where T : struct
{
    ...
}
```

步骤 4：在类中声明一个 Start 方法，并且接受一个 T 类型的参数。

```
public void Start(T x)
{
    string CheckType(Type t) => t.IsValueType ? "是" : "不是";
    Type type = x.GetType();
    Console.WriteLine( $ "{type.Name} {CheckType(type)}值类型。");
}
```

CheckType 是一个内联方法，它的格式与方法类似，但不需要指定访问修饰符，一般用于实现简单的逻辑处理。如本例中的 CheckType,只是用于判断类型 T 是否为值类型,如果是返回字符串"是",否则返回字符串"不是"。

步骤 5:回到 Main 方法,用定义好的泛型类声明一个变量,然后创建一个新实例。随后调用 Start 方法,此时类型参数 T 为 int 类型。

```
Test < int > tv = new Test < int >();
tv.Start(100);
```

步骤 6:类似地,再声明一个 Test 类的变量并实例化,然后调用 Start 方法,类型参数 T 为 byte 类型。

```
Test < byte > tq = new Test < byte >();
tq.Start(152);
```

步骤 7:运行应用程序项目,显示以下输出信息。

```
Int32 是值类型。
Byte 是值类型。
```

注意:由于在声明 Test 类时已经给类型参数 T 添加了约束条件,所以在声明 Test 类的变量时,类型参数 T 只能使用值类型,不能使用引用类型。

实例 161 泛型方法

【导语】

泛型方法的声明方式与泛型类相似,在方法名称后直接指定泛型参数,而且也可以使用类型约束。

调用泛型方法时可分两种情况讨论:

(1) 如果类型参数被用于输入参数,那么在调用泛型方法的时候不需要明确指定参数类型,编译器会根据输入参数的值推断出类型。例如下面的调用代码,根据传递给方法参数的值,编译器可推断出泛型参数类型为 string。

```
obj.SetVal( "abcdefg" );
```

实际上,相当于以下形式。

```
obj.SetVal < string >( "abcdefg" );
```

(2) 如果泛型参数作为方法返回值,那么在调用方法时应当明确指定类型,因为编译器不能推断出返回值的类型。

本实例将演示泛型方法的声明与调用。

【操作流程】

步骤 1:新建一个控制台应用程序项目。

步骤 2：声明两个类，分别命名为 A、B，稍后在调用泛型方法时使用。

```
public class A { }
public class B { }
```

步骤 3：声明一个 Sample 类。

```
class Sample
{

}
```

步骤 4：在 Sample 类中声明 DoSomething 方法，该方法带有一个类型参数 T，而且还包含一个 T 类型的输入参数。

```
public void DoSomething<T>(T p)
    where T : struct
{
    Console.WriteLine("{0} - {1}", p.GetType().Name, p);
}
```

类型参数 T 被限制为值类型，类型为结构。

步骤 5：声明 GetSomething 方法，此方法带有类型参数 T，方法的返回值类型也为 T。

```
public T GetSomething<T>()
    where T : class, new()
{
    return new T();
}
```

在方法中，为了能够通过 new 运算符返回 T 类型的实例，对 T 类型做了约束，T 必须是引用类型（类），而且具备无参数的公共构造函数。

步骤 6：在 Main 方法中，实例化 Sample 类。

```
Sample s = new Sample();
```

步骤 7：调用 Sample 类实例的 DoSomething 方法，由于类型参数在方法中作为输入参数的类型，编译器可以根据赋值推断类型，因此无须明确指定类型。

```
// char
s.DoSomething('z');
// byte
s.DoSomething((byte)5);
// double
s.DoSomething(6.3333d);
// int
s.DoSomething(777);
```

步骤 8：调用 GetSomething 方法，由于类型参数作为返回值的类型，无法自动推断类型，所以必须明确指定 T 的类型。

```
A xa = s.GetSomething<A>();
B xb = s.GetSomething<B>();
```

实例 162 将泛型参数限制为枚举类型

【导语】

虽然将泛型参数约束为枚举类型的情形不多见，在实际开发中也不常用，但是可以将其作为一种开发技巧进行了解。实现方法是把约束条件设定为 System.Enum 类型。

【操作流程】

步骤 1：新建一个控制台应用程序项目。

步骤 2：在项目模板生成的 Program 类中添加一个静态方法。该方法带有一个泛型参数 T，并将类型 T 约束为枚举类型，其输入参数的类型也是 T。

```
static (string, int) CallTest<T>(T p)
    where T: Enum
{
    // 获取常量名称
    string name = Enum.GetName(p.GetType(), p);
    // 获取常值
    int value = Convert.ToInt32(p);
    return (name, value);
}
```

方法的返回类型是元组，里面包含一个 string 类型的值以及一个 int 类型的值。在方法体内部，通过 Enum.GetName 方法得到传递给方法参数的枚举常量的名称；而如果需要获取枚举值，直接将其转换为 int 类型即可。

步骤 3：为了便于稍后测试，可以声明一个枚举类型。

```
public enum Oper
{
    Open = 5,
    Close = 12,
    Reset = 6
}
```

步骤 4：在 Main 方法中，测试 CallTest 方法的调用。

```
(string Name, int Val) res = CallTest(Oper.Open);
```

在接收方法的返回值时，可以为元组中的项重新命名，例如在本例中，将 string 类型的项命名为 Name，将 int 类型的项命名为 Val。

步骤 5：在控制台中输出结果。

```
Console.WriteLine( $ "枚举常量名:{res.Name},常量值:{res.Val}");
```

步骤 6：运行应用程序项目,屏幕的输出内容如下。

```
枚举常量名:Open,常量值:5
```

实例 163　泛型参数的输入与输出

【导语】

如果泛型参数不带任何修饰符,那么在分配对象实例时,类型参数只能是固定的类型。例如以下形式。

```
Class < A > x = new Class < A >();
```

假设 B 类从 A 类派生,则分配以下对象实例时会报错。

```
Class < A > x = new Class < B >();
```

因为泛型参数未使用任何修饰符,使得参数类型是固定的。声明变量时使用的是 A 类型,而分配对象实例时使用的是 B 类型,前后不一致,会出现编译错误。

要使泛型中的类型参数成为变体,一般可以使用两个修饰符——in 和 out。带 in 修饰符的是“输入类型”,此类型参数一般用于委托或方法的输入参数,属于逆变。带 out 修饰符的是“输出类型”,一般用于委托或方法的返回值,属于协变。

泛型的输入/输出类型参数只能用于委托和接口两种数据类型,不能用于类与结构,而且作为类型参数的类型不能是值类型。

【操作流程】

步骤 1：新建一个控制台应用程序项目。

步骤 2：声明两个类,稍后用于测试。

```
public class Ball { }
public class FootBall : Ball { }
```

FootBall 类从 Ball 类派生。按照隐式转换的要求,FootBall 类的实例可以赋值给使用 Ball 类型声明的变量。

步骤 3：声明两个带可变类型参数的泛型接口。

```
public interface ITest1 < in T > { }
public interface ITest2 < out T > { }
```

在 ITest1 接口中,T 类型参数使用了 in 修饰符,表示它是一个输入类型,即逆变。在 ITest2 接口中,T 类型参数使用了 out 修饰符,表示该类型将作为输出参数(返回值),即协变。

步骤 4：声明两个类，分别实现 ITest1 和 ITest2 接口。

```
public class Test1 < T > : ITest1 < T > { }
public class Test2 < T > : ITest2 < T > { }
```

步骤 5：在 Main 方法中用 ITest1 接口声明变量，类型参数为 FootBall 类，然后用 Test1 类的新实例进行赋值，类型参数为 Ball 类。

```
ITest1 < FootBall > t1 = new Test1 < Ball >();
```

上述情况属于逆变。t1 变量的泛型参数只能接受 FootBall 类型，而它所引用的实例的泛型参数则可以接受 Ball 和 FootBall 两个类型，可以看到，赋值之后实例能分配的兼容性变小了，当通过 t1 变量调用相关成员时，只能使用 FootBall 类。

步骤 6：用 ITest2 接口声明变量，并指定泛型参数为 Ball 类，使用 Test2 实例赋值的，泛型参数为 FootBall 类。

```
ITest2 < Ball > t2 = new Test2 < FootBall >();
```

变量 t2 能够接受 Ball 和 FootBall 两种类型的返回值，而它所引用的实例只能返回 FootBall 类型的对象。当使用 t2 变量调用相关成员时，由于 ITest2 < Ball > 的分配兼容性较大，能够顺利引用 Test2 < FootBall > 实例所返回的对象，此情况属于协变。

实例 164 在委托类型中使用泛型

【导语】

框架类库自带的 Action 和 Func 委托都属于泛型委托。其中，Action 委托适配返回类型为 void 的方法，参数个数为 0 到 16 个，泛型参数都使用了 in 修饰符；Func 委托的输入参数个数为 0 到 16 个，并带有一个输出参数（其泛型参数使用 out 修饰符），这个输出参数就是方法的返回值。Func 委托用于匹配返回非 void 类型的方法。

在开发过程中，不仅可以使用现成的 Action 和 Func 委托，开发人员也可以声明自己所需的泛型委托。

【操作流程】

步骤 1：新建一个控制台应用程序项目。

步骤 2：声明一个委托类型，并带有泛型参数。

```
public delegate R MyTestDel < in A1, in A2, out R >(A1 m, A2 n)
    where A1:struct
    where A2:struct;
```

其中，A1、A2 是输入参数，R 是输出参数，并且约束 A1 和 A2 类型必须是值类型。

步骤 3：用上面声明的委托定义变量，并初始化。

```
MyTestDel < int, byte, string > test = (a, b) =>
    {
```

```
        string ret =  $ "type = {a. GetType(). Name}, value = {a}\ntype = {b. GetType().
Name}, value = {b}";
        return ret;
};
```

通过填充类型参数，使得委托实例的输入参数分别为 int 和 byte，返回类型为 string。

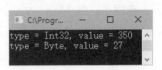

步骤 4：尝试调用委托实例，并将调用结果输出到控制台。

```
Console. WriteLine(test(350, 27));
```

图 6-3　泛型委托调用结果

步骤 5：运行应用程序项目，得到的输出结果如图 6-3 所示。

实例 165　将抽象类作为类型约束

【导语】

将泛型参数约束为抽象类或者接口，可以有效规范对类型实例的访问，这在实际开发中比较实用。如果不给类型参数添加约束，那么在默认情况下编译器就以 Object 类的成员进行规范，这会带来诸多不便。

然而如果使用抽象类或者接口来约束类型参数，那么在访问参数实例时就很方便了。例如声明一个接口，名为 IService，接口中明确声明两个方法——Open 和 Close。在泛型参数中添加约束，要求类型必须实现 IService 接口。在这种情况下，访问泛型参数实例的代码不需要关心有多少个类实现了 IService 接口，因为不管是哪个类，只要它实现了该接口，必然会包含 Open 和 Close 这两个方法，如此一来，代码只需要调用方法。

【操作流程】

步骤 1：新建一个控制台应用程序项目。

步骤 2：为了便于稍后测试，先声明一个抽象类 Animal，它表示所有动物，同时包含一个抽象的 CheckIn 方法。

```
/// <summary>
/// 公共基类
/// </summary>
public abstract class Animal
{
    public abstract void CheckIn();
}
```

所有从 Animal 类派生的类都必须实现 CheckIn 方法。

步骤 3：声明 4 个新类，都实现 Animal 抽象类，详见代码清单 6-1。

代码清单 6-1　4 个实现 Animal 类的新类

```
/// <summary>
/// 猫鼬
```

```
/// </summary>
public class Meerkat : Animal
{
    public override void CheckIn()
    {
        Console.WriteLine("这是猫鼬。\n");
    }
}

/// <summary>
/// 狐狸
/// </summary>
public class Fox : Animal
{
    public override void CheckIn()
    {
        Console.WriteLine("这是狐狸。\n");
    }
}

/// <summary>
/// 鸡
/// </summary>
public class Chicken : Animal
{
    public override void CheckIn()
    {
        Console.WriteLine("这是鸡。\n");
    }
}

/// <summary>
/// 鹌鹑
/// </summary>
public class Quail : Animal
{
    public override void CheckIn()
    {
        Console.WriteLine("这是鹌鹑。\n");
    }
}
```

步骤 4：声明一个泛型接口，将类型参数标注为输入参数，这样可以在后续使用中支持传递不同派生程度的类。

```
public interface ITest < in T >
{
    void DoWork(T pr);
}
```

步骤 5：声明泛型类，并实现上面的泛型接口，将类型参数约束为必须是从 Animal 派生的类。

```
public class TestAnl < T > : ITest < T >
            where T : Animal
{
    public void DoWork(T pr)
    {
        // CheckIn 方法是在抽象类中定义的
        // 所有实现该抽象类的类型都能访问
        pr.CheckIn();
    }
}
```

步骤 6：使用 ITest 接口声明一个变量，然后使用 TestAnl 类的新实例对其初始化，类型参数使用 Animal 类，这样做能够增加调用 DoWork 方法的灵活性，能够向该方法传递各种 Animal 类的子类实例。

```
ITest < Animal > t = new TestAnl < Animal >();
```

步骤 7：调用 DoWork 方法，依次将 Animal 类的 4 个派生类的实例传递进去。

```
t.DoWork(new Fox());
t.DoWork(new Meerkat());
t.DoWork(new Quail());
t.DoWork(new Chicken());
```

图 6-4　4 个子类的调用结果

步骤 8：按 F5 快捷键运行实例，控制台输出结果如图 6-4 所示。

6.2　数组

实例 166　四种方式初始化数组实例

【导语】

在创建数组实例时，一般有四种方式可以对数组实例中的元素进行初始化。

（1）实例化数组时明确指定元素个数，并在创建实例后，依次给每个元素赋值。

```
int[] x = new int[3];
x[0] = 1;
x[1] = 2;
x[2] = 3;
```

（2）在创建数组实例时明确指定元素个数，随后直接初始化。

```
int[] v = new int[3] { 1, 8, 3 };
```

（3）在实例化数组对象时不指定元素个数，而是由初始化的元素来确定元素个数。

```
int[] t = new int[] { 33, 4, 105, 80 };
```

（4）这是第三种方式的简写，实例化数组时直接用元素来填充。

```
int[] f = { 16, 27, 63, 91 };
```

本实例将演示使用以上四种方式来初始化数组对象。

【操作流程】

步骤1：新建一个控制台应用程序项目。

步骤2：创建新的数组实例，并对元素逐一初始化。

```
string[] arr1 = new string[4];
arr1[0] = "how";
arr1[1] = "old";
arr1[2] = "are";
arr1[3] = "you";
```

步骤3：在创建数组实例的同时对元素进行初始化，数组大小已确定。

```
double[] arr2 = new double[2] { 0.0012d, 6.008d };
```

步骤4：数组大小未确定，通过填充元素来决定其大小。

```
long[] arr3 = new long[] { 355558L, 70001L, 6969221L };
```

步骤5：数组大小未确定，通过简化语法使用数组元素直接填充。

```
uint[] arr4 = { 3608, 270, 4256, 8088, 6120 };
```

实例167　创建二维数组

【导语】

日常开发中，一维数组的使用频率最高，偶尔会用到二维数组，二维以上的数组极少使用。一维数组的声明方式是在类型后面跟随一对空的中括号；二维数组的声明方式就是在中括号中添加一个逗号（英文）；三维数组的声明方式就是中括号中添加两个逗号，其他维度依次类推。

例如,以下代码声明一个元素为 char 类型的二维数组。

```
char[,] chs;
```

以下代码声明三维数组。

```
char[,,] chs;
```

多维数组的元素个数为每个维度中元素个数的乘积。例如,int[2,3,5]有三个维度,元素个数＝2×3×5,即 30 个元素。

【操作流程】

步骤 1：创建一个控制台应用项目。

步骤 2：声明一个二维数组,然后实例化。

```
float[,] da = new float[5, 3];
```

步骤 3：为数组中的元素赋值。

```
da[0, 0] = 0.1101f;
da[0, 1] = 0.1102f;
da[0, 2] = 0.1103f;
da[1, 0] = 0.1212f;
da[1, 1] = 0.1105f;
da[1, 2] = 0.1204f;
da[2, 0] = 0.1015f;
da[2, 1] = 0.1217f;
da[2, 2] = 0.1005f;
da[3, 0] = 0.1705f;
da[3, 1] = 0.1303f;
da[3, 2] = 1.1002f;
da[4, 0] = 2.1217f;
da[4, 1] = 2.3015f;
da[4, 2] = 2.2165f;
```

访问二维数组中的元素时,第一个索引定位第一维度的位置,第二个索引定位第二维度的位置,该数组对象共有 15 个元素。

步骤 4：通过 for 循环,输出二维数组中所有元素的值。

```
for( int x = 0; x < 5; x++ )
{
    for( int y = 0; y < 3; y++ )
    {
        Console.Write( $ "[{x}, {y}] : {da[x, y]} ");
    }
    Console.Write("\n");
}
```

由于是二维数组，需要嵌套两个 for 循环。外层 for 循环用于访问第一维度的元素，内层 for 循环用于访问第二维度的元素。

步骤 5：运行应用程序项目，控制台上的输出如图 6-5 所示。

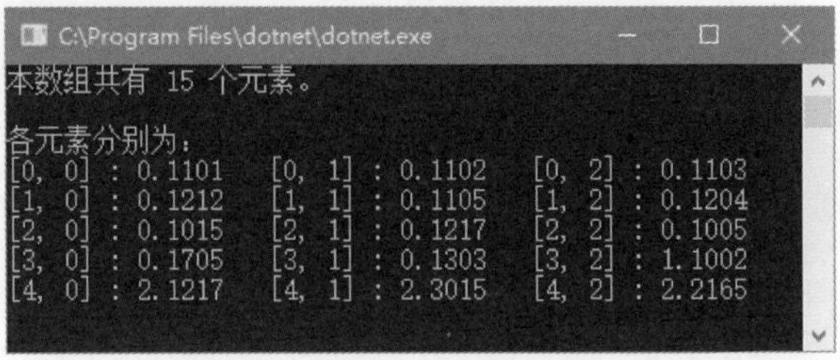

图 6-5　输出二维数组中的元素

实例 168　使用简化语法初始化多维数组

【导语】

一维数组初始化的简化语法比较简单，只需要一对大括号将元素括起来，例如以下格式。

```
double[] a = { 0.00015d, 0.00000058d, 0.0012d };
```

多维数组初始化的方法类似，只是在大括号中需要嵌套大括号，嵌套的层数与数组的维数相同。

例如，要初始化二维数组 int[2,3]，需要嵌套两层大括号。方法是在最外层大括号中嵌套 2 个大括号，而每个大括号中包含 3 个元素，格式如下。

```
int[,] vk =
{
    { 1, 2, 3 },
    { 4, 5, 6 }
};
```

但是，不能写成以下形式。

```
int[,] b =
{
    { 1,2 },
    { 3,4 },
    { 5,6 }
};
```

因为这样就会变成 int[3,2]了，虽然元素的总数都是 6，但数组的结构是不同的。

再例如，三维数组 int[2,3,2]的元素总数为 12，类似地，因为有三个维度，所以要嵌套三层大括号。顶层大括号封装整个数组对象，它里面包含两个大括号，即为第二层；第二层

中的每个大括号里面都包含三个大括号,即为第三层;在第三层中,每个大括号里面都包含
两个 int 类型的元素。代码如下。

```
int[,,] c =
{
    {
        { 10, 11 },
        { 12, 13 },
        { 14, 15 }
    },
    {
        { 31, 32 },
        { 33, 34 },
        { 35, 36 }
    }
};
```

【操作流程】

步骤 1:新建一个控制台应用程序项目。

步骤 2:用简化语法初始化一个二维数组。

```
long[,] a =
{
    {
        340001, 340002,340003,340006
    },//0
    {
        7874225,724435,6868000,602500
    },//1
    {
      552558,201112,7800002,3200025
    },//2
    {
        5800001,5800002,57000003,57000021
    },//3
    {
        1320002, 1320005,1320006,1320008
    },//4
    {
        6006001,97900047,8900523,36554225
    } //5
};
```

该数组为 long[6,4],共 24 个元素。

步骤3：初始化一个三维数组。

```
short[,,] b =
{
    {
        {
           20,14,15,61,62
        },//0
        {
            8,54,25,81,9
        },//1
        {
            32,33,34,35,36
        },//2
        {
            43,44,45,46,47
        } //3
    },//0
    {
        {
            99,98,97,96,95
        },//0
        {
            84,83,82,81,80
        },//1
        {
            100,101,102,103,104
        },//2
        {
            151,152,153,154,155
        } //3
    } //1
};
```

该数组为三维数组 short[2,4,5]，共 40 个元素。

步骤4：将以上两个数组对象的元素输出到控制台。

```
Console.WriteLine( $ "数组 {nameof(a)} 有 {a.Length} 个元素,它们分别是:");
foreach(var x in a)
{
    Console.Write("{0} ", x);
}
Console.WriteLine( $ "\n\n 数组 {nameof(b)} 有 {b.Length} 个元素,它们分别是:");
foreach(var x in b)
{
    Console.Write( $ "{x} ");
}
```

步骤 5：运行应用程序，控制台的输出内容如图 6-6 所示。

图 6-6　输出多维数组中的元素

实例 169　使用 Array 类创建数组实例

【导语】

创建数组实例，不仅可以使用基于编程语言的表达式，还可以使用.NET 中的内置类型来实现。Array 类是所有数组类型的隐式基类，它与代码中所使用的数组实例之间的继承关系是由编译器来完成的，开发人员不需要编写实现代码。

Array 类公开 CreateInstance 静态方法，调用该方法后直接产生一个新的数组实例，虽然在方法签名中它的返回值类型是 Array，但在运行阶段调用时，它会返回数组对象的实际类型。因此在调用 CreateInstance 方法之后，既可以将其返回的对象强制转换为实际的数组类型来操作，也可以直接调用 Array 类的实例方法进行操作，例如可以调用 SetValue 方法在数组的指定索引处设置元素，或调用 GetValue 方法获取指定索引处的元素。

【操作流程】

步骤 1：新建一个控制台应用程序项目。

步骤 2：调用 CreateInstance 方法产生一个 double 数组。

```
double[] a = (double[])Array.CreateInstance(typeof(double), 3);
```

CreateInstance 方法的 elementType 参数用于指定数组元素的类型，此处为 double 类型；后面的参数用于指定每个维度的长度（即元素个数）。由于该数组为一维数组，因而 3 表示该数组将包含 3 个元素。

步骤 3：为数组的每个元素赋值。

```
a[0] = 656.3775d;
a[1] = 12.399d;
a[2] = 800.187d;
```

步骤 4：调用 CreateInstance 方法创建一个二维数组。

```
byte[,] b = (byte[,])Array.CreateInstance(typeof(byte), 5, 4);
```

步骤 5：为数组中各元素赋值。

```
b[0, 0] = 1;
b[0, 1] = 3;
b[0, 2] = 4;
b[0, 3] = 2;
b[1, 0] = 10;
b[1, 1] = 11;
b[1, 2] = 12;
b[1, 3] = 13;
b[2, 0] = 14;
b[2, 1] = 15;
b[2, 2] = 16;
b[2, 3] = 17;
b[3, 0] = 35;
b[3, 1] = 36;
b[3, 2] = 37;
b[3, 3] = 38;
b[4, 0] = 94;
b[4, 1] = 201;
b[4, 2] = 202;
b[4, 3] = 203;
```

实例 170　SetValue 方法与 GetValue 方法

【导语】

除了在代码中通过语言表达式直接操作数组外，还可以通过 Array 类的一些成员方法来操作数组，较为典型的是设置或获取数组的元素。

SetValue 方法在数组对象的指定索引处设置元素，相应地，GetValue 方法可以获取指定索引处的元素。

【操作流程】

步骤 1：新建一个控制台应用程序项目。

步骤 2：调用 CreateInstance 方法产生数组实例。

```
Array arr = Array.CreateInstance(typeof(string), 7);
```

步骤 3：为数组对象设置元素。

```
arr.SetValue("星期日", 0);
arr.SetValue("星期一", 1);
arr.SetValue("星期二", 2);
arr.SetValue("星期三", 3);
arr.SetValue("星期四", 4);
arr.SetValue("星期五", 5);
arr.SetValue("星期六", 6);
```

步骤 4：依次输出数组中的元素。调用 GetValue 方法获取与索引相对应的元素。

```
Console.WriteLine("此数组有 {0} 个元素。", arr.Length);
Console.WriteLine("这些元素分别是:");
System.Text.StringBuilder strbd = new System.Text.StringBuilder();
for(int i = 0; i < arr.Length; i++)
{
    strbd.Append(arr.GetValue(i) + " ");
}
Console.WriteLine(strbd);
```

图 6-7　GetValue 方法
获取数组元素

步骤 5：运行应用程序，屏幕输出的信息如图 6-7 所示。

实例 171　获取某个维度的元素个数

【导语】

每个数组实例都有两个实例方法，可以获取到数组中指定维度的元素个数。它们分别是：

```
int GetLength(int dimension);
long GetLongLength(int dimension);
```

其中，dimension 参数用于指定维数，计数从 0 开始，即第一维度为 0，第二维度为 1，第三维度为 2，依次类推。

两个方法的作用相同，都是获取特定维度上的元素个数。带"Long"的方法主要在当数组中元素个数超出 32 位整数的上限时使用，一般调用 GetLength 即可。

注意：数组实例的 Length 或 LongLength 属性获取的是数组中所包含元素的总数，不考虑维度。

【操作流程】

步骤 1：新建一个控制台应用程序项目。

步骤 2：创建一个三维数组并初始化。

```
int[,,] a =
{
    {
        {
            605, 621, 319, 24
        },
        {
            703, 105, 94, 8
        },
        {
```

```
            30, 252, 4502, 2
        }
    },
    {
        {
            785, 1, 12, 36
        },
        {
            109, 408, 216, 5
        },
        {
            562, 306, 54, 37
        }
    }
}
```

步骤 3：分别获取三个维度上元素的个数，并进行输出。

```
// 获取第一维度的元素个数
int len = a.GetLength(0);
Console.WriteLine( $ "第一维度有 {len} 个元素。");
// 获取第二维度的元素个数
len = a.GetLength(1);
Console.WriteLine( $ "第二维度有 {len} 个元素。");
// 获取第三维度的元素个数
len = a.GetLength(2);
Console.WriteLine( $ "第三维度有 {len} 个元素。");
```

步骤 4：输出整个数组的元素总数。

```
Console.WriteLine( $ "整个数组共有{a.Length} 个元素。");
```

图 6-8　输出数组中各维度的元素数量

步骤 5：运行应用程序，输出信息如图 6-8 所示。

实例 172　动态调整数组的大小

【导语】

Array 类有一个静态方法名为 Resize，其方法格式如下。

```
static void Resize<T>(ref T[] array, int newSize);
```

它是一个泛型方法，类型参数 T 指定数组元素类型，newSize 参数设定数组的新容量。实际上，数组实例一旦初始化，它的大小是固定的，不可修改。Resize 方法的实现原理是创建新的数组实例，并将大小设置为 newSize，然后把 array 中现有的元素复制到新实例中，并通过引用（参数带有 ref 修饰符）让 array 参数引用新创建的数组实例，这样就达到了动态调整数组大小的目的。因此，调整数组大小后就创建了一个全新的实例，原有的实例被丢弃。

【操作流程】

步骤 1：创建控制台应用项目。

步骤 2：声明一个 double 类型的数组，并进行赋值。

```
double[] arr = { 0.001d, 0.000025d, 0.3135d };
```

步骤 3：上面数组实例包含 3 个元素，大小为 3。现在把数组大小改为 5。

```
Array.Resize(ref arr, 5);
```

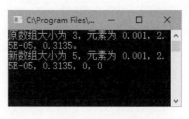

图 6-9　数组大小调整前后的对比

步骤 4：运行应用程序，控制台输出内容如图 6-9 所示。

实例 173　反转数组

【导语】

Reverse 方法支持将数组中元素的顺序反转。反转是基于数组元素的当前顺序，例如一个整型数组的当前顺序为 1、2、3，那么反转后的顺序为 3、2、1。

反转可分为两种情况：一种是把数组中所有元素的顺序反转；另一种是把数组中部分元素的顺序反转。

【操作流程】

步骤 1：新建一个控制台应用程序项目。

步骤 2：实例化一个字符串数组。

```
string[] a = { "ab", "cd", "ef", "gh" };
```

步骤 3：对以上数组中的所有元素进行全部反转。

```
Array.Reverse(a);
```

步骤 4：再创建一个 int 数组。

```
int[] b = { 0, 1, 2, 3, 4, 5, 6, 7, 8 };
```

步骤 5：对以上数组进行部分反转，从第 4 个元素开始，反转 4 个元素。

```
Array.Reverse(b, 3, 4);
```

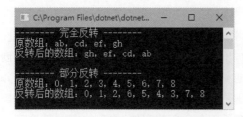

图 6-10　数组反转前后对比

第 4 个元素是 3，从此处起连续 4 个元素，即 3、4、5、6，把它们反转后就是 6、5、4、3，而 0、1、2、7、8 这几个元素的位置是不变的，因此反转后的数组应为 0、1、2、6、5、4、3、7、8。

步骤 6：运行应用程序，输出内容如图 6-10 所示。

实例174 查找符合条件的元素

【导语】

有两种方法可以查找数组中满足特定条件的元素。

第一种方法是查找单个元素。执行程序会逐一验证数组中的元素，一旦遇到符合条件的元素，就马上将该元素返回。无论数组中有多少个元素符合查找条件，代码只会返回第一个找到的元素。这种查找方式可以调用 Find 方法完成。

第二种方法是把数组中所有符合条件的元素重新组合为一个新的数组实例，并返回给代码调用者。这种方式可以通过调用 FindAll 方法来完成。

不论是 Find 方法还是 FindAll 方法，都带有一个委托类型的参数——Predicate，该委托的定义如下。

```
delegate bool Predicate < in T >(T obj)
```

输入参数 obj 可通过泛型参数来确定类型，在与该委托绑定的方法中，开发人员可以根据实际需求编写代码，对 obj 参数传递的对象进行验证，如果符合条件就返回 true，否则返回 false。

在 Find 方法或者 FindAll 方法中，执行程序会为数组中的每个元素调用一次 Predicate 实例，并把此元素传递给 obj 参数。只要调用委托的结果返回 true，就表示它就是要查找的元素。

【操作流程】

步骤 1：新建一个控制台应用程序项目。

步骤 2：声明一个 WorkItem 类，假设它表示某个生产过程中一道工序的基本信息。

```
public class WorkItem
{
    public int ID { get; set; }
    public string Title { get; set; }
    public DateTime StartTime { get; set; }
    public DateTime EndTime { get; set; }
}
```

其中，StartTime 属性表示工序的开始时间，EndTime 属性表示工序的结束时间。

步骤 3：实例化一个 WorkItem 数组，并填充 6 个元素，详见代码清单 6-2。

代码清单 6-2　初始化 WorkItem 数组

```
WorkItem[] items =
{
    new WorkItem
    {
        ID = 1,
        Title = "工序 1",
```

```
            StartTime = new DateTime(2018,7,1,8,36,0),
            EndTime = new DateTime(2018,7,2,17,30,0)
        },
        new WorkItem
        {
            ID = 2,
            Title = "工序 2",
            StartTime = new DateTime(2018, 7, 2, 10, 15, 0),
            EndTime = new DateTime(2018, 7, 5, 18, 0, 0)
        },
        new WorkItem
        {
            ID = 3,
            Title = "工序 3",
            StartTime = new DateTime(2018, 7, 1, 15, 25, 0),
            EndTime = new DateTime(2018, 7, 12, 17, 0, 0)
        },
        new WorkItem
        {
            ID = 4,
            Title = "工序 4",
            StartTime = new DateTime(2018, 7, 14, 9, 16, 0),
            EndTime = new DateTime(2018, 7, 20, 8, 20, 0)
        },
        new WorkItem
        {
            ID = 5,
            Title = "工序 5",
            StartTime = new DateTime(2018, 7, 23, 9, 10, 0),
            EndTime = new DateTime(2018, 7, 28, 15, 32, 0)
        },
        new WorkItem
        {
            ID = 6,
            Title = "工序 6",
            StartTime = new DateTime(2018, 7, 18, 9, 11, 0),
            EndTime = new DateTime(2018, 7, 25, 16, 45, 0)
        }
    };
```

步骤 4：查找开始时间晚于 2018 年 7 月 15 日的工序。此处使用 Find 方法，虽然原来的数组中有多个元素符合条件，但只返回最先找到的那个。

```
WorkItem res = Array.Find(items, i =>
{
    DateTime condition = new DateTime(2018, 7, 15);
    if (i.StartTime > condition)
        return true;
    return false;
});
```

步骤 5：输出找到元素的信息。

```
Console.WriteLine("开始时间晚于 2018 年 7 月 15 日的工序:");
Console.WriteLine( $ "编号:{res.ID}\n 标题:{res.Title}\n 开始时间:{res.StartTime}\n 结束时
间:{res.EndTime}\n\n");
```

步骤 6：查找开始时间晚于 2018 年 7 月 10 日的工序。此处使用 FindAll 方法,它会把找到的所有元素组成新的数组返回。

```
WorkItem[] resitems = Array.FindAll(items, i =>
{
    DateTime condition = new DateTime(2018, 7, 10);
    if (i.StartTime > condition)
    return true;
    return false;
});
```

步骤 7：由于 FindAll 方法返回的是数组对象,因此在获取查找结果时可以使用 foreach 循环来枚举元素。

```
Console.WriteLine("开始时间晚于 2018 年 7 月 10 日的工序:");
foreach (var w in resitems)
{
    Console.WriteLine( $ "编号:{w.ID}\n 标题:{w.Title}\n 开始时间:{w.StartTime}\n 结束时
间:{w.EndTime}\n");
}
```

步骤 8：运行应用程序,控制台的输出结果如图 6-11 所示。

图 6-11　输出查找到的元素

实例175 查找符合条件的元素的索引

【导语】

Find 与 FindAll 方法是直接查找元素并将其返回，但有些时候，并不需要知道要查找的元素内容，而仅仅需要知道其所在位置（即索引）。

FindIndex 与 FindLastIndex 方法支持对数组中的元素进行查找，找到后返回元素的索引。两个方法的不同点在于：FindIndex 方法只返回符合条件的第一个元素的索引，而 FindLastIndex 方法则返回符合条件的最后一个元素的索引。如果找不到符合条件的元素，这两个方法都会返回 −1。

【操作流程】

步骤 1：新建一个控制台应用程序项目。

步骤 2：定义一个字符串数组，并初始化。

```
string[] src =
{
    "page",
    "food",
    "make",
    "good",
    "sleep"
};
```

步骤 3：使用 FindIndex 方法查找以上数组中含有字母 a 的元素，并返回第一个符合条件的元素的索引。

```
int index = Array.FindIndex(src, i =>
{
    if (i.Contains("a"))
        return true;
    return false;
});
Console.WriteLine("找到包含字母"a"的首个元素的索引:{0}", index);
```

步骤 4：同样，查找含有字母 a 的元素，但返回符合条件的最后一个元素的索引。

```
int lastindex = Array.FindLastIndex(src, i =>
{
    if (i.Contains("a"))
        return true;
    return false;
});
Console.WriteLine("找到包含字母"a"的最后一个元素的索引:{0}", lastindex);
```

步骤 5：运行应用程序，输出结果如图 6-12 所示。

图 6-12 查找带字母 a 的元素索引

实例176 确定数组中元素的存在性

【导语】

确定元素的存在性与查找元素不同,因为不需要获得元素的相关信息,只需要确定数组中是否包含某个元素。

判断数组中是否存在满足条件的元素,可以调用 Exists 方法,如果存在符合条件的元素,该方法返回 true,否则返回 false。

【操作流程】

步骤 1:新建一个控制台应用项目。

步骤 2:声明一个 Student 类。

```csharp
public class Student
{
    public string Name { get; set; }
    public string City { get; set; }
    public string Course { get; set; }
}
```

步骤 3:创建一个 Student 数组,并填充一些 Student 对象。

```csharp
Student[] stus =
{
    new Student
    {
        Name = "小曹",
        Course = "C++",
        City = "广州"
    },
    new Student
    {
        Name = "小王",
        Course = "PhotoShop",
        City = "成都"
    },
    new Student
    {
        Name = "小刘",
        Course = "VB",
```

```
            City = "天津"
        }
    };
```

步骤 4：调用 Exists 方法确认以上数组中是否存在来自重庆的学员，即 Student 对象的 City 属性是否为"重庆"。

```
bool res = Array.Exists(stus, x => x.City == "重庆");
if (res)
    Console.WriteLine("存在来自重庆的学员。");
else
    Console.WriteLine("不存在来自重庆的学员。");
```

上述数组实例中并没有 City 属性为"重庆"的 Student 实例，因此 Exists 方法返回 false，即不存在符合条件的元素。

实例 177 复制数组中的元素

本实例将演示如何将一个数组对象中的部分元素复制到另一个数组对象中，其中用到了以下重载版本的 Copy 方法（Array 类公开的静态方法）。

```
static void Copy ( Array sourceArray, int sourceIndex, Array destinationArray, int
destinationIndex, int length);
```

sourceArray 表示来源数组，方法要从该数组中复制元素；destinationArray 表示目标数组，要接收被复制元素；sourceIndex 是来源数组中要开始进行复制的元素索引；destinationIndex 是目标数组中要开始写入被复制元素的索引；length 是要复制元素的个数。

【操作流程】

步骤 1：新建一个控制台应用程序项目。

步骤 2：创建一个 int 数组，作为来源数组。

```
int[] arr1 = { 1, 2, 3, 4, 5, 6 };
```

步骤 3：创建第二个数组对象，它只能容纳 3 个元素。

```
int[] arr2 = new int[3];
```

步骤 4：从 arr1 数组中复制 4、5、6 到 arr2 数组中。

```
Array.Copy(arr1, 3, arr2, 0, 3);
```

在 arr1 数组中，元素 4 的索引为 3，因此在调用 Copy 方法时，sourceIndex 参数应该传递数型值 3。在 arr2 数组中，从第一个索引开始存放复制过来的元素，destinationIndex 参数的值应为 0。

步骤 5：分别输出两个数组中的元素进行对比。

```
Console.WriteLine( $ "来源数组:{string.Join(',', arr1)}");
Console.WriteLine( $ "目标数组:{string.Join(',', arr2)}");
```

步骤6：运行应用程序,得到的输出结果如下。

```
来源数组:1,2,3,4,5,6
目标数组:4,5,6
```

6.3　集合

实例178　将数字进行降序排列

【导语】

标准的排序方案为：数字从小到大（即升序）,字母从 A 到 Z（或从 a 到 z）。如果要让数字从大到小排序（即降序）,可以尝试用比较器实现。

比较器可以分析两个对象之间的差异,一般返回一个整数值,如果该值等于 0,表示两个对象相等；如果该值大于 0,表示对象 A 比对象 B 要大；如果该值小于 0,表示对象 A 比对象 B 要小。

有两个与实现自定义比较相关的接口：IComparer 接口面向 Object 类型；IComparer< T >接口带类型参数,可以更好地控制要进行比较的类型。

不过,在实战阶段,开发者可以不直接实现以上两个接口,而是考虑从 Comparer < T >类派生。Comparer< T >是抽象类,派生时必须实现 Compare 方法,原型如下。

```
int Compare(T x, T y)
```

类型 T 是个类型参数,可用实际类型替换。

通过访问 Default 静态属性,也可以获得标准（默认）的比较器。当数值 A 大于数值 B 时,返回大于 0 的整数；当数值 A 小于数值 B 时,返回小于 0 的整数,该方法默认以升序排列。所以要想实现降序排列,只要反过来即可：当数值 A 大于数值 B 时,返回小于 0 的整数；当数值 A 小于数值 B 时,返回大于 0 的整数。

【操作流程】

步骤1：新建一个控制台应用程序项目。

步骤2：从 Comparer < T >派生出一个自定义的比较器,因为本实例是针对 int 类型数值进行处理,T 的类型为 int。

```
public class MyComparer : Comparer < int >
{
    public override int Compare(int x, int y)
    {
        return - (x - y);
    }
}
```

Compare 方法的实现很简单,直接将两个数值相减,然后在前面加上一个负号(一)即可。加上负号之后,本来大于 0 的值就会变成小于 0,本来小于 0 的值就会大于 0,这就达到反向排序的效果了。

步骤 3:此处使用 SortedSet<T>集合来做演示,只要往这个类里面添加元素就会自动排序,不需要去调用 Sort 方法。在初始化时,需要将上述自定义的 MyComparer 比较器实例传递给构造函数,否则它只会按默认规则排序。

```
SortedSet<int> list = new SortedSet<int>(new MyComparer());
```

步骤 4:向集合添加 5 个整数值。

```
list.Add(15);
list.Add(2);
list.Add(25);
list.Add(13);
list.Add(7);
```

步骤 5:为了验证是否自动进行降序排列,可以将集合中的元素输出到控制台。

```
foreach (int x in list)
{
    Console.WriteLine(x);
}
```

步骤 6:运行应用程序,控制台输出内容如下。

```
25
15
13
7
2
```

实例 179　初始化 List<T>集合

【导语】

List<T>类是泛型类,带有类型参数,所以它表示的是一种强类型的集合,并且支持动态添加、删除、修改、查找元素等操作。

在实例化 List<T>对象时,可以创建一个空的列表,然后往里面添加元素,例如调用 Add 或 AddRange 方法。每次调用 Add 方法只能添加一个元素,而调用 AddRange 方法可以一次性添加多个元素,也可以将其他集合(例如数组)的元素加进去。

也可以把另一个集合实例(实现了 IEnumerable<out T>接口的均可)传递给 List<T>的构造函数来初始化,调用构造函数后会自动将另一个集合的元素添加到当前列表中。

【操作流程】

步骤 1：新建一个控制台应用程序项目。

步骤 2：引入 System.Collections.Generic 命名空间，许多泛型集合相关的类型都在这个命名空间下。

```
using System.Collections.Generic;
```

步骤 3：实例化一个空白的列表。

```
List < int > la = new List < int >();
```

步骤 4：调用 3 次 Add 方法，添加 3 个元素。

```
la.Add(5);
la.Add(6);
la.Add(7);
```

步骤 5：调用 AddRange 方法，把一个数组实例中的 3 个元素也添加进当前列表中。

```
int[] a = { 29, 39, 49 };
la.AddRange(a);
```

步骤 6：输出 la 列表中所有元素。此时 la 列表中应有 6 个元素。

```
Console.WriteLine("第一个列表中的元素:");
foreach (int n in la)
{
    Console.Write(" {0}", n);
}
```

步骤 7：实例化第二个列表，并且把上述 la 列表实例传递给构造函数，即 lb 列表初始化后就带有 6 个元素了。

```
List < int > lb = new List < int >(la);
```

步骤 8：再向 lb 列表中添加 2 个元素。

```
lb.Add(100);
lb.Add(600);
```

步骤 9：输出 lb 列表中的元素。此时 lb 列表中应有 8 个元素。

```
Console.WriteLine("\n\n第二个列表中的元素:");
foreach (int n in lb)
{
    Console.Write(" {0}", n);
}
```

步骤 10：运行应用程序，输出结果如图 6-13 所示。

图 6-13　输出 la 和 lb 列表的元素

实例 180　实现 IEnumerator 接口

【导语】

IEnumerator 接口位于 System. Collections 命名空间下，它的作用是对集合元素进行枚举。在实现该接口时，主要实现以下两个成员：

（1）Current 属性：获取当前位置的元素。IEnumerator 在枚举集合元素时只会一路向前，从第一个元素到最后一个元素，逐个列举，并且是只读的。也就是说，在枚举元素的过程中，不能对集合进行修改（不能添加、删除或替换元素）。

（2）MoveNext 方法：这个方法是完成枚举逻辑的核心，必须实现。在 IEnumerator 初始化时，必须将当前位置放到所有元素之前（如果要枚举集合对象，可以将索引定位为－1），Current 属性也要初始化为默认值，例如 null（引用类型）或者 0（值类型）。当调用 MoveNext 方法时，枚举器向前位移一个位置，并把下一个元素赋值给 Current 属性。成功枚举元素后返回 true，如果已经到了集合的末尾或者无法再往下枚举，需要返回 false。

还有一个 Reset 方法，此方法只用于 COM 互操作。如果代码中不使用 COM 互操作，此方法可以保留空白（不添加任何实现代码）。

从 IEnumerator 接口还引申出一个 IEnumerator＜T＞接口，声明如下：

```
public interface IEnumerator＜out T＞ : IEnumerator, IDisposable
```

它是一个泛型接口，带有输出参数 T（协变），并继承了 IEnumerator 接口的成员，同时包含 IDisposable 接口的成员。IDisposable 接口有一个 Dispose 方法，实现它可以在对象实例被销毁时释放相关的资源（例如对文件句柄的引用）。

IEnumerator＜T＞接口也存在一个与 IEnumerator 接口同名的属性——Current，但它的类型不是 Object，而是由类型参数 T 指定的类型。因此当实现 IEnumerator＜T＞接口时，可以先实现该接口的 Current 属性，然后显式实现 IEnumerator 接口的 Current 属性，这样可以避免同名成员的冲突。

本实例将演示一个实现 IEnumerator＜T＞接口的自定义类，它将枚举出 10 个随机生成的整数。当已产生的整数超过 10 个时，MoveNext 方法返回 false。

【操作流程】

步骤 1：在 Visual Studio 中创建一个控制台应用程序项目。

步骤 2：引入以下两个命名空间。

```
using System.Collections;
using System.Collections.Generic;
```

步骤 3：声明一个实现了 IEnumerator＜T＞的类，其中用 int 替换类型 T。详见代码清单 6-3。

代码清单 6-3　MyEnumerator 类的完整代码

```
public class MyEnumerator : IEnumerator<int>
{
    Random rand = null;
    int count;

    public MyEnumerator()
    {
        rand = new Random();
        count = 0;
        Current = default(int);
    }

    public int Current { get; private set; }

    object IEnumerator.Current
    {
        get { return Current; }
    }

    public void Dispose()
    {
        rand = null;
    }

    public bool MoveNext()
    {
        if (++count > 10)
            return false;
        Current = rand.Next();
        return true;
    }

    public void Reset()
    {
        count = 0;
        Current = default(int);
    }
}
```

在 MyEnumerator 类的构造函数中，对相关成员进行初始化。rand 字段引用了

Random 类实例，负责产生随机整数，该实例可在 Dispose 方法中销毁引用（即给变量赋值 null 引用），也可以不处理，运行时会自行清理。count 字段用来存放已经枚举的整数数量，初始化时为 0，每产生一个整数值就会加上 1。

在 MoveNext 方法中，先将 count 字段加上 1，如果加 1 后大于 10，直接返回 false，不需要枚举项目了；否则产生新的随机数，并赋值给 Current 属性，最后返回 true。

Reset 方法不是必需的，可以保留但不编写实现代码，它主要用于 COM 交互，此处将 count 字段与 Current 属性的值还原为默认值。

步骤 4：在 Main 方法中，实例化 MyEnumerator 类。

```
MyEnumerator et = new MyEnumerator();
```

步骤 5：通过循环调用 MoveNext 方法枚举出所有随机产生的整数，直到它返回 false。

```
while (et.MoveNext())
{
    Console.WriteLine(et.Current);
}
```

图 6-14　枚举出的
10 个整数

步骤 6：运行应用程序，上述代码所枚举的 10 个随机整数如图 6-14 所示。

实例 181　IEnumerable 接口与 foreach 循环

【导语】

若某个集合类型实现了 IEnumerable 接口，就可以使用 foreach 循环语句对其进行枚举。IEnumerable 接口只有一个方法——GetEnumerator，该方法被调用后会向调用方返回一个实现了 IEnumerator 接口的类型实例，然后程序代码就可以通过 MoveNext 方法，并配合使用 Current 属性来逐一获取集合中的元素。

常用的集合类型如 SortedList、Hashtable、Queue 等都实现了 IEnumerable 接口，因此可以直接使用 foreach 循环枚举其中的元素。

本实例将演示一个自定义类，该类实现了 IEnumerable 接口，并且该类中包含一个 string 类型的数组。GetEnumerator 方法返回用于枚举 string 数组的对象实例，该实例的类型实现了 IEnumerator 接口，可以通过它的 MoveNext 方法向前移动要访问的索引位置。

【操作流程】

步骤 1：新建一个控制台应用程序项目。

步骤 2：首先声明一个实现了 IEnumerator 接口的类，它的功能是配合 MoveNext 方法与 Current 属性来枚举 string 数组中的元素。为了能访问到相关数组，该类的构造函数带有一个接收 string 数组类型的参数。详见代码清单 6-4。

代码清单 6-4 MyEnumerator 类的完整代码

```
internal class MyEnumerator : IEnumerator
{
    string[] _arr;
    int _currentIndex;

    public MyEnumerator(string[] src)
    {
        _arr = src;
        _currentIndex = -1;
    }

    public object Current { get; private set; }

    public bool MoveNext()
    {
        // 如果当前位置已超出索引的最大值,就返回 false
        if(++_currentIndex >= _arr.Length)
        {
            Current = null;
            return false;
        }

        Current = _arr[_currentIndex];
        return true;
    }

    public void Reset()
    {
        throw new NotImplementedException();
    }
}
```

注意:IEnumerator 只能向前读取,不能循环读取。也就是说,当要读取元素的索引已经超出数组的大小后,必须使 MoveNext 方法返回 false,不能重新回到集合的开始位置。Reset 方法可以不添加实现代码。

步骤 3:声明一个模拟集合类,实现 IEnumerable 方法。

```
public class MyExampleCollection : IEnumerable
{
    string[] arraySrc = { "red", "blue", "green", "gray" };

    public IEnumerator GetEnumerator()
```

```
    {
        return new MyEnumerator(arraySrc);
    }
}
```

GetEnumerator 方法将返回刚才声明的 MyEnumerator 类实例。

步骤 4：回到 Main 方法，先创建一个新的 MyExampleCollection 实例。

```
MyExampleCollection en = new MyExampleCollection();
```

步骤 5：此时可以使用 foreach 循环语句直接对 MyExampleCollection 实例进行枚举。

```
foreach(var item in en)
{
    Console.WriteLine(item);
}
```

图 6-15　循环列出四个字符串实例

步骤 6：运行应用程序项目，输出的结果如图 6-15 所示。

实例 182　IEnumerable＜T＞与 foreach 循环

【导语】

IEnumerable 接口只能针对 Object 类型进行处理，在使用 foreach 循环时也是默认以 Object 类型访问。因此在枚举集合元素时常常要进行类型转换，而这些类型转换多数情况下是不必要的，频繁进行类型转换对应用程序的性能也有负面影响。

为了解决以上问题，便衍生出 IEnumerable＜T＞接口，声明如下。

```
interface IEnumerable＜out T＞ : IEnumerable
```

从接口的声明可以看出，它也包含了 IEnumerable 接口的成员。IEnumerable＜T＞接口还重新定义了 GetEnumerator 方法，使其所返回的对象也支持泛型。

```
IEnumerator＜T＞ GetEnumerator();
```

有了类型参数 T，就可以限制集合的类型，而不再是默认的 Object，可以在一定程度上避免了过多的类型转换。在使用 foreach 循环语句枚举元素时也可以做到强类型。

本实例以 decimal 类型替换类型参数 T，实现 IEnumerable＜T＞接口。当用 foreach 语句枚举元素时，临时变量可以直接表示为 decimal 类型。

【操作流程】

步骤 1：新建一个控制台应用程序项目。

步骤 2：为了方便调用，先实现 IEnumerator＜T＞接口，T 为 decimal。详见代码清单 6-5。

代码清单6-5　NumberEnumerator 类的完整代码

```csharp
internal class NumberEnumerator : IEnumerator<decimal>
{
    decimal[] srcNumbers;                   //来源数组
    int currentIndex;                       //当前元素的索引

    public NumberEnumerator(decimal[] source)
    {
        srcNumbers = source;
        currentIndex = -1;                  //索引位于第一个元素之前
    }

    public decimal Current { get; private set; }

    // 显式实现 IEnumerator 接口的 Current 属性
    object IEnumerator.Current => Current;

    public void Dispose()
    {

    }

    public bool MoveNext()
    {
        // 如果索引超出范围
        if(++currentIndex >= srcNumbers.Length)
        {
            Current = default;
            return false;
        }
        // 获取当前索引处的元素
        Current = srcNumbers[currentIndex];
        return true;
    }

    public void Reset()
    {

    }
}
```

此处 Reset 和 Dispose 方法可以保留空白方法体。

步骤3：实现 IEnumerable<T>，T 为 decimal。

```csharp
public class Numbers : IEnumerable<decimal>
{
```

```
decimal[] numberarr = { 7.33M, 16.12M, 800.56M, 1202.633M, 170.9M };

public IEnumerator < decimal > GetEnumerator()
{
    return new NumberEnumerator(numberarr);
}

// 显式实现 IEnumerable 接口的 GetEnumerator 方法
IEnumerator IEnumerable.GetEnumerator()
{
    return GetEnumerator();
}
}
```

步骤 4：回到 Main 方法，创建 Numbers 实例。

```
Numbers nbs = new Numbers();
```

步骤 5：使用 foreach 语句枚举元素，临时变量可以直接声明为 decimal 类型。

```
foreach (decimal n in nbs)
{
    Console.WriteLine(" {0:G}", n);
}
```

图 6-16 foreach 循环枚举出来的数值

步骤 6：运行应用程序，控制台输出结果如图 6-16 所示。

实例 183 IEnumerable 接口与 yield return 语句

【导语】

yield return 语句比较有趣，它可以在一个方法（get 访问器或运算符）中返回多个值（每条 yield return 语句返回一个值，但可以多次使用），这些返回值会被隐式地组成一个集合实例（迭代器）。因此，包含 yield return 语句的成员，其返回类型必须是 IEnumerable 或者是 IEnumerable < T >。

无须显式地编写新类来实现 IEnumerable 或者是 IEnumerable < T >接口，仅仅将接口类型作为返回类型即可，运行时会隐式创建集合。如果返回的类型是 IEnumerable 接口，那么使用 foreach 语句枚举出来的元素默认为 object 类型。如果返回的类型是 IEnumerable < T >接口，那么 foreach 语句枚举出来的类型就是类型参数 T 的具体类型。例如，返回类型为 IEnumerable < int >，那么在使用 foreach 语句时，枚举出来的元素为 int 类型。

代码逻辑在使用 foreach 循环进行迭代时，会将每一条 yield return 语句后的元素依次返回，其间如果想终止迭代，可以使用如下 yield break 语句。

```
yield break;
```

【操作流程】

步骤 1：新建一个控制台应用程序项目。

步骤 2：在项目模板生成的 Program 类中定义一个静态方法，返回类型为 IEnumerable，在方法体中，依次返回 3 个 int 数值。

```
static IEnumerable Test1()
{
    yield return 0;
    yield return 1;
    yield return 2;
}
```

步骤 3：再在 Program 类中定义一个静态方法，此次返回类型为 IEnumerable < string >，方法依次返回 3 个字符串实例。

```
static IEnumerable < string > Test2()
{
    yield return "abcd";
    yield return "opqrs";
    yield return "@#$%";
}
```

步骤 4：在 Main 方法中，先调用 Test1 方法，并与 foreach 循环一起使用，枚举其返回的内容。

```
foreach (var item in Test1())
{
    Console.WriteLine(item);
}
```

步骤 5：用同样的方式调用 Test2 方法。

```
foreach (var item in Test2())
{
    Console.WriteLine(item);
}
```

以上两个 foreach 循环中，都用 var 关键字来声明临时变量 item，目的是让编译器自动推断类型。

如图 6-17 所示，把鼠标指针移到枚举 Test1 方法返回结果的 item 变量上，从智能提示可以看到，item 变量被推断为 object 类型。

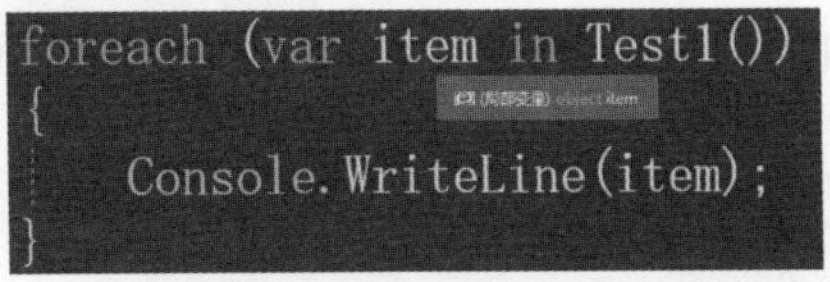

图 6-17　智能提示显示为 object 类型

在枚举 Test2 方法返回结果的代码中，item 变量被推断为 string 类型，如图 6-18 所示。

图 6-18　智能提示显示为 string 类型

实例 184　无重复元素的集合

【导语】

HashSet＜T＞是一个泛型集合，与其他集合类相比，它有一个明显的特征——该集合不能包含重复的元素。当调用 Add 方法向集合中添加元素后会返回一个布尔值，如果成功添加就返回 true；如果在集合中已经存在要添加的元素，Add 方法会返回 false，并且元素不会被添加到集合中。

【操作流程】

步骤 1：新建一个控制台应用程序项目。

步骤 2：创建一个 HashSet＜T＞实例，类型 T 为 int 类型。

```
HashSet＜int＞ set = new HashSet＜int＞();
```

步骤 3：调用 3 次 Add 方法向集合中添加元素，并对方法的返回值进行分析。

```
// 不重复，可添加
bool b = set.Add(1000);
Console.WriteLine("元素 {0} {1}。", 1000, b ? "添加成功" : "未添加");

// 不重复，可添加
b = set.Add(2000);
Console.WriteLine("元素 {0} {1}", 2000, b ? "添加成功" : "未添加");

// 1000 已经存在，不添加
b = set.Add(1000);
Console.WriteLine("元素 {0} {1}", 1000, b ? "添加成功" : "未添加");
```

因为 1000 与 2000 两个元素不重复，所以能成功添加到集合中；当再次添加 1000 时，由于元素已经存在，所以第二次的 1000 不会被添加。

步骤 4：运行应用程序，输出结果如图 6-19 所示。

图 6-19　集合中不能有重复元素

实例 185　双向链表

【导语】

LinkedList<T>是一个比较有趣的集合,它属于"双向"链表,支持如下操作。

(1) 在列表首部插入元素。

(2) 在列表尾部插入元素。

(3) 在某个元素之前插入元素。

(4) 在某个元素之后插入元素。

(5) 元素可以从列表中移除,也可以重新加入到列表的任意位置。

LinkedList<T>是泛型集合,可用实际类型替换类型参数 T。加入到列表中的元素都由 LinkedListNode<T>对象进行维护,称为结点。当元素被移除之前,可以通过结点的 Previous 属性获得当前元素的前一个结点,或通过 Next 属性获取下一个结点。

每个 LinkedListNode<T>实例也是可单独维护的,结点从一个列表中移除并添加到另一个列表的过程中,不会分配新的内存空间。访问 Value 属性可以获取到与结点对应的元素值。

运用 LinkedList<T>集合类,可以对元素进行任意顺序"组装"。本实例将演示两个 LinkedList<T>集合的常规用法。

【操作流程】

步骤 1:新建一个控制台应用程序项目。

步骤 2:实例化第一个 LinkedList 集合。

```
LinkedList<string> list = new LinkedList<string>();
```

步骤 3:向集合中添加 5 个元素。

```
// 添加第一个
var node = list.AddFirst("秦");
// 跟随其后
node = list.AddAfter(node,"汉");
// 同上
node = list.AddAfter(node, "隋");
// 跟随其后,先添加"宋"
node = list.AddAfter(node, "宋");
// 再在"宋"之前插入"唐"
list.AddBefore(node, "唐");
```

添加元素后,方法会返回一个 LinkedListNode<T>实例,以便调整顺序。

步骤 4:创建第二个 LinkedList 实例。

```
LinkedList<byte> list2 = new LinkedList<byte>();
```

步骤 5:在列表的尾部连续追加 4 个元素。

```
list2.AddLast(1);
list2.AddLast(3);
list2.AddLast(2);
list2.AddLast(4);
```

步骤 6：此时，集合中元素的顺序为 1、3、2、4，接下来把 3 和 2 调换一下，让顺序变为 1、2、3、4。

```
// 先找出元素 3
var foundnode = list2.Find(3);
// 获取元素 2 的结点
var thirdnode = foundnode.Next;
// 将该元素移除
list2.Remove(foundnode);
// 再把这个元素插入到 2 之后
list2.AddAfter(thirdnode, foundnode.Value);
```

调整方法是：先找出 3 所在的结点，再通过这个结点找到 2 所在的结点（因为两个结点是连续的，所以可以通过 Next 属性获取）。接着将 3 移除，最后再插入到 2 的后面。

图 6-20　两个 LinkedList 集合中的元素

步骤 7：运行应用程序，控制台输出的结果如图 6-20 所示。

实例 186　自定义相等比较

【导语】

要判断两个对象是否相等，框架默认的比较方式有时并不能满足实际开发需求，尤其是在使用字典等数据结构的场合。这时候，开发人员应当考虑实现所需要的相等比较方式。

编写自定义的相等比较逻辑，有以下几个可选方案。

（1）重写 Object 类的 Equals 方法。由于 Equals 是在 Object 类中定义的虚方法，并且所有类型都以 Object 为基类，因此在自定义的类型中，可以通过重写 Equals 方法来安排比较逻辑。

（2）实现 IEqualityComparer 接口。该接口除了有 Equals 方法外，还需要实现 GetHashCode 方法。GetHashCode 方法返回一个 int 值，用于唯一标识该对象，即为对象设置一个索引。返回哈希码可以提升两个对象在相等比较中的处理效率，如果两个对象返回相同的哈希码，就可以认为两者是相等的，这样就省去了深度比较所花费的性能开销。当哈希码无法为对象进行唯一标识时，就会调用 Equals 方法进行更深层次的比较。

（3）实现 IEqualityComparer＜T＞接口。IEqualityComparer 接口是针对 object 类型的，对类型的约束不强，而且比较过程中会进行大量的类型转换（频繁装箱与拆箱），造成一定的性能损失。IEqualityComparer＜T＞属于泛型接口，可通过类型参数 T 对比较对象的类型进行约束，提升比较运算的效率。

（4）实现 EqualityComparer＜T＞抽象类。此类实现了 IEqualityComparer 与 IEqualityComparer＜T＞两个接口（对 IEqualityComparer 接口采取了显式实现方案），并且包括框架的默认比较方案（通过静态的 Default 属性可以获取）。

在现实开发过程中，笔者比较推荐实现 EqualityComparer＜T＞抽象类的方案，因为此方案既有框架内部的默认实现，又包含自定义的实现，可用性更强。

本实例将演示如何实现 EqualityComparer＜T＞抽象类，并通过 HashSet＜T＞集合进行测试。

【操作流程】

步骤 1：新建一个控制台应用程序项目。

步骤 2：定义一个 Contact 类，模拟联系人信息（包括身份标识、姓名、手机号三个属性）。

```
public class Contact
{
    public string Name { get; set; }
    public string PhoneNo { get; set; }
    public long ID { get; set; }
}
```

步骤 3：实现 EqualityComparer＜T＞抽象类，实现两个 Contact 对象的相等比较，T 参数的类型为 Contact。

```
public sealed class ContactEqualityComparer : EqualityComparer < Contact >
{
    public override bool Equals(Contact x, Contact y)
    {
        if (x == null || y == null)
            return false;
        if (object. ReferenceEquals(x, y))
            return true;
        if (x. ID == y. ID && x. Name == y. Name && x. PhoneNo == y. PhoneNo)
            return true;
        return false;
    }

    public override int GetHashCode(Contact obj)
    {
        return obj. ID. GetHashCode() ^ obj. Name. GetHashCode() ^ obj. PhoneNo. GetHashCode();
    }
}
```

GetHashCode 方法的最优实现方案是：既能得到对象的唯一标识，又能尽可能地简单以保证运算效率。一般来说，将类型中各个属性（或字段）的值的哈希码进行"异或"运算，这种运算法则被称为"同为 0，异为 1"。

在实现 Equals 方法时,进行了以下三个层次的比较:①如果两个 Contact 对象中有其中一个为 null,则无须再深入分析,二者必然不相等;②引用比较,如果两者指向的是同一个对象实例,必然是相等的;③如果以上两个层次均无法判定,就对 Contact 对象的三个属性值进行一一比较。

步骤 4:由于 HashSet < T >集合中不存放重复的元素,因此使用该集合进行相等比较测试的效果明显。实例化一个 HashSet 集合,并将刚才定义的 ContactEqualityComparer 实例传递给构造函数,这样就可以覆盖 HashSet 集合中元素的默认比较方案。

```
HashSet < Contact > set = new HashSet < Contact >(new ContactEqualityComparer());
```

步骤 5:在集合中执行五次添加元素操作。详见代码清单 6-6。

代码清单 6-6　　执行五次添加元素操作

```
set.Add(new Contact
{
    ID = 721001,
    Name = "老李",
    PhoneNo = "223225688"
}); // 第一次添加

// 添加相同实例
Contact c1 = new Contact
{
    ID = 7412002,
    Name = "老何",
    PhoneNo = "1685584562"
};
Contact c2 = c1;
set.Add(c1); // 第二次添加
set.Add(c2); // 第三次添加

// 不同实例,但属性值相同
Contact c3 = new Contact
{
    ID = 500002,
    Name = "老肖",
    PhoneNo = "170023"
};
Contact c4 = new Contact
{
    ID = 500002,
    Name = "老肖",
    PhoneNo = "170023"
};
set.Add(c3); // 第四次添加
set.Add(c4); // 第五次添加
```

步骤 6：输出集合中所有元素。

```
foreach (Contact c in set)
{
    string msg =  $"身份标识:{c.ID}\n" +
                  $"姓名:{c.Name}\n" +
                  $"手机:{c.PhoneNo}\n";
    Console.WriteLine(msg);
}
```

虽然添加了五次元素，但集合中仅有 3 个元素，原因是：第一次添加的是一个全新的 Contact 对象，这是一个元素；第二次和第三次添加的元素都引用了同一个对象实例，只能算一个元素；第四次和第五次添加的元素虽然不是同一个实例，但它们的各自对应的属性值相同，视为相等，也只能算一个元素，总共为 3个元素。

图 6-21　仅输出 3 个元素

步骤 7：运行应用程序，输出结果如图 6-21 所示。

实例 187　清空集合中的所有元素

【导语】

许多集合都公开了 Clear 方法，可以一次性删除集合中的所有元素。Remove 方法通常只能删除一个元素，虽然可以通过循环语句调用 Remove 方法来删除集合中的所有元素，但也不如一次性调用 Clear 方法简练，余下的删除操作就在运行时由框架处理。

【操作流程】

步骤 1：新建一个控制台应用程序项目。

步骤 2：引入以下命名空间。

```
using System.Collections.Generic;
```

步骤 3：创建 List<T>实例，并添加一些元素。

```
List<int> list = new List<int>();
list.Add(25);
list.Add(26);
list.Add(27);
```

步骤 4：在调用 Clear 方法前后，分别输出列表中元素的个数，以便观察效果。

```
Console.WriteLine("列表中元素个数:{0}", list.Count);
list.Clear();
Console.WriteLine("调用 Clear 方法后,列表中的元素个数:{0}", list.Count);
```

步骤 5：按 F5 快捷键运行应用程序,控制台输出内容如下。

列表中元素个数:3
调用 Clear 方法后,列表中的元素个数:0

实例 188　判断字典集合中是否存在某个键

【导语】

字典中每个项都由键(Key)和值(Value)组成,其中,键是用来对该项进行唯一性标识的,即键在整个字典集合中是无重复的,但值是可以重复的。

向字典集合中写入项时,一般的情况是：如果某个键不存在,便新增一条键/值对,即添加新项;如果某个键已经存在,则将与该键对应的值替换掉。从字典集合中读取时,为了避免访问不存在的键,在读取之前应该先检测一下键的存在性。

字典集合类型(如 Hashtable、Dictionary 等)会公开一个 ContainsKey 方法,通过该方法可以得到一个布尔值,以指示要查找的键是否存在。

【操作流程】

步骤 1：新建一个控制台应用程序项目。

步骤 2：引入以下命名空间,以便访问 Dictionary 类。

```
using System.Collections.Generic;
```

步骤 3：创建一个字典实例,其中 Key 的类型为 string,Value 的类型为 double。

```
IDictionary<string, double> dic = new Dictionary<string, double>();
```

步骤 4：向字典中添加元素。

```
dic["a"] = 0.0001d;
dic["b"] = 0.0002d;
dic["c"] = 0.0003d;
```

步骤 5：分别检测键"a"与键"b"是否存在于字典集合中。

```
Console.WriteLine("键"a"{0}", dic.ContainsKey("a") ? "存在" : "不存在");
Console.WriteLine("键"d"{0}", dic.ContainsKey("d") ? "存在" : "不存在");
```

步骤 6：运行应用程序,控制台输出结果如下。

键"a"存在
键"d"不存在

实例 189　定义索引器

【导语】

索引器跟属性比较相似,同样具有 get 和 set 访问器。不同的是,索引器带有一个参数——即索引。例如,可以用以下句式访问数组中某个元素。

```
a = arr[2];
```

这是一个典型的索引器,其中 2 是传递给索引器的参数。

索引器的声明格式如下。

```
<修饰符> <类型> this[<参数列表>]
{
    get { … }
    set { … }
}
```

　this 是索引器的固定名称,表示通过对象实例进行访问。中括号内可以包含多个参数,但是大多数情况下只定义一个参数。

【操作流程】

步骤 1:新建一个控制台应用程序项目。

步骤 2:声明一个类,里面包装了一个 byte 数组,外部代码可以通过类公开的索引器与 byte 数组交互。PrintAll 方法用于向控制台输出 byte 数组中的所有元素。详见代码清单 6-7。

代码清单 6-7　带索引器的示例类

```
public class MySample
{
    private byte[] _data = new byte[10];

    public byte this[int index]
    {
        get
        {
            if (index < 0 || index >= _data.Length)
                return 0;
            return _data[index];
        }
        set
        {
            if (index >= 0 || index < _data.Length)
            {
                _data[index] = value;
            }
        }
    }

    public void PrintAll()
    {
        string msg = string.Join("、", _data);
        Console.WriteLine( $ "元素列表:\n{msg}\n\n");
    }
}
```

步骤 3：创建 MySample 类的新实例。

```
MySample sa = new MySample();
```

步骤 4：通过索引器，向实例内部 byte 数组的元素赋值。

```
sa[0] = 209;
sa[1] = 39;
sa[5] = 122;
sa[9] = 60;
```

步骤 5：调用一次 PrintAll 方法，输出对象内部 byte 数组中所有元素。

```
sa.PrintAll();
```

步骤 6：运行应用程序，输出结果如图 6-22 所示。

图 6-22　输出 byte 数组中的元素

实例 190　带多个参数的索引器

【导语】

索引器支持多个参数，但至少要包含一个参数，它与方法不同，方法可以不带参数。本实例将演示一个带两个参数的索引器（只读，仅包含 get 访问器），并返回两个参数的乘积。

【操作流程】

步骤 1：新建一个控制台应用程序项目。

步骤 2：声明一个类，其中包含一个索引器。该索引器有两个 int 类型的参数，并返回这两个参数的乘积。

```
public class Test
{
    public long this[int a, int b]
    {
        get
        {
            return a * b;
        }
    }
}
```

步骤3：实例化 Test 对象。

```
Test t = new Test();
```

步骤4：通过索引器计算两个整数值的乘积。

```
long r = t[800, 20000];
```

步骤5：输出计算结果。

```
Console.WriteLine( $ "计算结果：{r}");
```

步骤6：运行应用程序，控制台输出内容如下。

计算结果：16000000

实例191 使用泛型的栈队列

【导语】

"栈"是一种数据结构，它的特点是"后进先出"。它犹如一个单向开口的箱子，先放进去的东西位于箱子底部，后放进去的东西会往上堆叠。当要从箱子中取出东西时，要先拿掉上面的东西，最后才能取出箱子底部的东西。

Stack<T>是栈结构的泛型版本，相比于面向 object 类型的版本，使用泛型版本的集合可以避免频繁的类型转换而导致的性能损耗。

向栈队列中添加元素叫入栈，也叫压栈。此时需要调用 Push 方法完成入栈操作。相反地，从栈队列中取出元素称为出栈，或叫弹栈。出栈需要调用 Pop 方法，该方法返回取出的元素，并从栈队列中删除该元素。也就是说每出栈一个元素，Count 属性就会减 1。此外，还有一个 Peek 方法，此方法也能取出栈队列中的元素，但不会删除该元素。若希望在出栈操作时避免错误，还可以调用 TryPop 或 TryPeek 方法。这两个方法如果操作失败，会返回 false，而不会抛出异常。

【操作流程】

步骤1：新建一个控制台应用程序项目。

步骤2：实例化一个 Stack<T>对象，类型参数 T 为 int 类型。

```
Stack < int > st = new Stack < int >();
```

步骤3：调用 Push 方法，向栈队列中压入三个元素。

```
st.Push(3);
st.Push(2);
st.Push(1);
```

步骤4：弹栈方法一，调用 Pop 方法让元素出栈，并随时检查 Count 属性是否为 0。

```
while (st.Count > 0)
```

```
{
    Console.WriteLine(st.Pop());
}
```

步骤 5：弹栈方法二，调用 TryPop 方法弹出元素，直到其返回 false（栈队列中已无元素）。

```
while (st.TryPop(out int x))
{
    Console.WriteLine(x);
}
```

由于栈队列遵循的是"后进先出"顺序，上面代码中，放入栈队列中的顺序是 3、2、1，而取出来的顺序应当为 1、2、3。

实例 192　自动排序的字典集合

【导语】

SortedDictionary < TKey，TValue > 与常规字典集合相比，多了一个特殊功能——自动排序。向字典中添加键/值对时，会自动将集合中所有项按照键（Key）进行排序。

本实例将演示默认排序方案，即按照升序排序。

【操作流程】

步骤 1：新建一个控制台应用程序项目。

步骤 2：创建 SortedDictionary < TKey，TValue > 实例，其中 TKey 为 int 类型，TValue 为 string 类型。

```
SortedDictionary< int, string > dic = new SortedDictionary< int, string >();
```

步骤 3：向字典中添加项目。

```
dic[20] = "hook";
dic[5] = "book";
dic[32] = "look";
dic[3] = "disk";
dic[12] = "list";
dic[7] = "foot";
```

上述代码中，为每个项设定的 Key 是不规律的，添加到字典集合后，会自动完成排序。

步骤 4：输出字典集合中每个项的 Key 和 Value。

```
foreach (var p in dic)
{
    Console.Write("{0} - {1}\n", p.Key, p.Value);
}
```

步骤 5：运行应用程序，会看到如图 6-23 所示的输出结果。

图 6-23　完成排序后的键/值对

实例 193　自定义 SortedDictionary 集合的排序规则

【导语】

SortedDictionary 类的构造函数中有以下重载：

```
public SortedDictionary(IComparer<TKey> comparer);
```

这个版本的构造函数为自定义排序规则提供了可能。本实例将演示从 Comparer<T>类派生出一个自定义的比较器，对字符串的长度进行比较。最终实现效果是让 SortedDictionary 字典的 Key 按照字符串的长度进行升序排序，即字符串长度越长，次序就越靠后。

【操作流程】

步骤 1：新建一个控制台应用程序项目。

步骤 2：引入以下命名空间。

```
using System.Collections.Generic;
```

步骤 3：自定义比较器，比较两个字符串对象的长度。

```
public class CustSortComparer : Comparer<string>
{
    public override int Compare(string x, string y)
    {
        return x.Length - y.Length;
    }
}
```

比较代码很简单，将两个字符串对象的长度相减即可。如果两者长度相等，就返回 0；如果 x 的长度大于 y 的长度，就返回正值；如果 x 的长度小于 y 的长度，就返回负值，在字典集合中，就能使各项的 Key 按字符串长度进行升序排列了。

步骤 4：在 Main 方法中创建 SortedDictionary 实例，并向构造函数传递上面定义的 CustSortComparer 对象。

```
SortedDictionary<string, DateTime> dic = new SortedDictionary<string, DateTime>(new
CustSortComparer());
```

步骤 5：向字典中添加项，注意各项的键长度。

```
dic["ab"] = new DateTime(2018, 1, 1);
dic["hijklmn"] = new DateTime(2018, 1, 3);
dic["opqr"] = new DateTime(2018, 1, 5);
dic["s"] = new DateTime(2018, 1, 7);
dic["stuvwxyz"] = new DateTime(2018, 1, 9);
```

步骤 6：尝试将字典中的各项输出。

```
foreach (var dp in dic)
```

```
{
    Console.Write( $ "{dp.Key, - 10} - {dp.Value}\n");
}
```

步骤 7：运行应用程序，输出结果如图 6-24 所示。

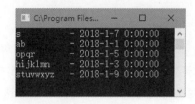

图 6-24　字典中的 Key 按字符串长度排序

实例 194　"先进先出"队列

【导语】

"后进先出"，即栈，最后放进去的元素最先被取出来。而双向链表就相当于两端开口的管子，元素从一边进去，再从另一边出来，即先进去的元素可最先被取出。

双向链表有两个相关的类型：一个是以 object 类型为基础的，即 Queue 类；另一个是泛型集合 Queue < T >，它带有类型参数 T，可以根据需要指定元素的类型。

要操作 Queue < T >类，可以调用以下几个方法：

（1）Enqueue：向链表中添加元素（入队）。

（2）Dequeue：从链表中取出元素（出队），然后该元素会被删除。

（3）Peek：从链表中取出元素，但不删除元素。

（4）TryDequeue 与 TryPeek：从链表中取出元素，发生错误时不会抛出异常。

【操作流程】

步骤 1：新建一个控制台应用程序项目。

步骤 2：创建 Queue < T >实例，参数 T 为 int 类型。

```
Queue < int > q = new Queue < int >();
```

步骤 3：向队列添加一些元素。

```
q.Enqueue(3);
q.Enqueue(2);
q.Enqueue(1);
```

步骤 4：从队列中取出所有元素，并输出。

```
while(q.TryDequeue(out int x))
{
    Console.WriteLine(x);
}
```

当队列中的元素被取完后,TryDequeue 方法会返回 false,所以可以用一个 while 循环来取出所有元素。元素进去时的顺序为 3、2、1,根据"先进先出"的规律,最后输出的顺序也是 3、2、1。

实例 195 自定义 ToReadOnlyDictionary 方法

【导语】

在某些特定的应用场景中,程序创建字典集合的实例后,并不希望字典中的数据被修改,即只读字典。在.NET 类库中,有一个名为 ReadOnlyDictionary 的泛型类,该类可以通过现有的字典集合创建一个只读的字典集合。

下面代码演示如何创建只读的字典集合。

```
IDictionary< int, string> srcdic = new Dictionary< int, string>();
srcdic[1] = "a";
srcdic[2] = "b";
srcdic[3] = "c";
ReadOnlyDictionary< int, string> rodic = new ReadOnlyDictionary< int, string>(srcdic);
```

而本实例则是通过对 IDictionary< TKey,TValue>接口进行扩展,使生成只读字典的功能更具通用性和灵活性。

【操作流程】

步骤 1:新建一个控制台应用程序项目。

步骤 2:定义一个 DictionaryExtensions 类,在类中定义扩展方法,对 IDictionary 接口进行扩展,返回一个只读字典集合。

```
public static class DictionaryExtensions
{
    public static IReadOnlyDictionary< TKey, TValue > ToReadOnlyDictionary< TKey, TValue >
(this IDictionary< TKey, TValue > srcDictionary)
    {
        return new ReadOnlyDictionary< TKey, TValue >(srcDictionary);
    }
}
```

注意:包含扩展方法的类要声明为静态类,扩展方法也要声明为静态的。

步骤 3:在 Program 类中定义一个方法,用于返回一个只读字典集合实例,在方法的实现代码中,调用上面定义的扩展方法。

```
static IReadOnlyDictionary< string, string> GetReadOnly()
{
    IDictionary< string, string> d = new Dictionary< string, string>();
    d["city"] = "Guang Zhou";
```

```
    d["name"] = "Mr Liu";
    d["subject"] = "ASP.NET Core";
    return d.ToReadOnlyDictionary();
}
```

在产生只读字典前，要先初始化可读可写的字典集合，否则无法存入数据。

步骤4：在 Main 方法中，尝试调用 GetReadOnly 方法。

```
IReadOnlyDictionary<string, string> rdic = GetReadOnly();
```

步骤5：输出只读字典中各项的 Key 和 Value。

```
foreach(string key in rdic.Keys)
{
    Console.WriteLine("{0} - {1}", key, rdic[key]);
}
```

图 6-25　只读字典中的数据

步骤6：运行应用程序，控制台输出结果如图 6-25 所示。

实例 196　初始化字典集合的方法

【导语】

有三种初始化字典集合的方法。

（1）调用 Add 方法。

```
Dictionary<int, double> dict = new Dictionary<int, double>();
dict.Add(200, 0.000021d);
```

Add 方法的第一个参数是新元素的 Key，第二个参数是新元素的 Value。如果 Key 已经存在，会替换 Value。

（2）通过索引器赋值。

```
IDictionary<float, float> dicx = new Dictionary<float, float>();
dicx[0.1f] = 0.00001f;
dicx[0.2f] = 0.00002f;
```

（3）在调用构造函数后立即填充元素。

```
Dictionary<string, int> d2 = new Dictionary<string, int>
{
    ["a"] = 100,
    ["b"] = 200,
    ["c"] = 300
};
```

【操作流程】

步骤1：新建一个控制台应用程序项目。

步骤 2：创建第一个字典对象，使用索引器来初始化。

```
Dictionary<string, string> dic1 = new Dictionary<string, string>();
dic1["k1"] = "val_1";
dic1["k2"] = "val_2";
dic1["k3"] = "val_3";
```

步骤 3：创建第二个字典对象，调用 Add 方法初始化。

```
Dictionary<int, long> dic2 = new Dictionary<int, long>();
dic2.Add(1, 1560000);
dic2.Add(2, 1570000);
dic2.Add(3, 1580000);
```

步骤 4：创建第三个字典对象，在调用构造函数之后马上初始化。

```
Dictionary<decimal, DateTime> dic3 = new Dictionary<decimal, DateTime>
{
    [12M] = new DateTime(2017, 9, 1),
    [13M] = new DateTime(2017, 10, 1),
    [14M] = new DateTime(2017, 11, 1)
};
```

实例 197　ArrayList 的使用

【导语】

ArrayList 类与 List<T>有些类似，支持在集合中添加和删除元素，但是 ArrayList 是面向 object 类型的，读写元素的过程中会发生大量的类型转换，从而增加性能开销。因此，比较庞大的集合应当优先考虑使用泛型集合，而小型集合使用 ArrayList 类所带来的性能开销较小。

【操作流程】

步骤 1：新建一个控制台应用程序项目。

步骤 2：实例化一个 ArrayList 集合。

```
ArrayList list = new ArrayList();
```

步骤 3：添加三个元素。

```
list.Add(5580);
list.Add(7899878L);
list.Add('v');
```

步骤 4：删除集合中的第一个元素。

```
list.RemoveAt(0);
```

RemoveAt 方法可以把指定索引处的元素移除。

步骤 5：再添加两个元素。

```
list.Add("test");
list.Add((uint)36000);
```

由于常量表达式 36000 默认被识别为 int 类型，而此处希望添加的数据类型是 uint，因此要显式地进行类型转换。

步骤 6：输出集合中的元素，以便观察。

```
foreach(object o in list)
{
    Console.WriteLine(o);
}
```

步骤 7：此时，集合中应有 4 个元素，输出的内容如下。

```
7899878
v
test
36000
```

实例 198　使用 Span < T >提升处理字符串的性能

【导语】

.NET 中许多类型都是在托管堆中分配内存的，在对连续内存块进行操作时，某些数据类型会比较花时间，其中最典型的是字符串。在处理字符串的过程中会不断创建新的实例，这些过程必将占用一定的时间。

.NET Core 类库提供了一种特殊的结构——Span < T >，它可以用于操作各种连续分布的内存数据。可以通过以下来源初始化 Span < T >。

（1）常见的托管数组。

（2）栈内存中的对象。

（3）本地内存指针。

此外，Span < T >支持 GC 功能，不需要显式释放内存。与 Span < T >对应，还有一个只读版本——ReadOnlySpan < T >。

本实例演示了用两种方法将某个字符串中的两个字符（"2"和"0"）转换为 int 数值 20，并且使用 Stopwatch 组件分别计算两种方法所消耗的时间。

【操作流程】

步骤 1：新建一个控制台应用程序项目。

步骤 2：声明并初始化一个字符串实例，稍后做测试使用。

```
string str = "我家里养了 20 只猫";
```

步骤 3：第一种处理方法，调用 Substring 方法取出"2"和"0"两个字符，再通过 Parse 方法产生 int 实例。

```
Stopwatch sw1 = Stopwatch.StartNew();
for(int x = 0; x < 10000000; x++)
{
    int v = int.Parse(str.Substring(5, 2));
}
sw1.Stop();
Console.WriteLine( $ "常规方法:耗时 {sw1.ElapsedMilliseconds} ms");
```

步骤 4：第二种方法，使用 Span < T >，T 为 char 类型。调用 Slice 方法取出"2"和"0"两个字符，再通过自定义代码将其转换为 int 值。

```
Stopwatch sw2 = Stopwatch.StartNew();
ReadOnlySpan < char > span = str.ToCharArray();
for (int x = 0; x < 10000000; x++)
{
    int v = 0;
    var subspan = span.Slice(5, 2);
    for(int i = 0; i < subspan.Length; i++)
    {
        char ch = subspan[i];
        v = (ch - '0') + v * 10;
    }
}
sw2.Stop();
Console.WriteLine( $ "使用 Span:耗时 {sw2.ElapsedMilliseconds} ms");
```

由于从 Span 实例中取出来的元素是 char 类型，为了能得到与字符相对应的整数值，应该将其减去字符"0"的 ASCII 码。字符"0"的 ASCII 码是 48，以此类推，字符"1"的 ASCII 码为 49，字符"2"的 ASCII 码为 50，如果要使字符"2"与整数 2 对应，就要用 50 减去 48。

图 6-26 两种处理方法的耗时对比

步骤 5：运行应用程序，如图 6-26 所示，通过对比代码执行时间，采用 Span < T >的效率较高。

注意：为了能让对比的效果更直观，本实例在一个 for 循环中将每种处理方法的代码重复执行了 10000000 次。

在计时的时候，Stopwatch 组件自身也会消耗一定的 CPU 资源，因此代码执行所耗费的准确时间与 Stopwatch 所计算的结果会存在误差，仅用于参考。

实例 199　多个 Task 同时操作 ConcurrentBag 集合

【导语】

ConcurrentBag < T >是一个泛集合,它较为明显的优点是可以在多个线程上同时访问,并且该集合是无序的,即从集合中取出元素的顺序可能与放入的顺序不一致。

要向集合中添加元素可以调用 Add 方法。而取出元素则有两个方法可用:TryTake 方法取出元素然后把元素从集合中删除,TryPeek 方法取出元素但不会删除元素。

要判断 ConcurrentBag < T >集合中是否存在元素,一种方法是访问 Count 属性,它表示集合中包含元素的个数;另一种方法是访问 IsEmpty 属性,如果集合为空则返回 true。

【操作流程】

步骤 1:新建一个控制台应用程序项目。

步骤 2:实例化 ConcurrentBag < T >集合,参数 T 为 int 类型。

```
ConcurrentBag < int > bag = new ConcurrentBag < int >();
```

步骤 3:在项目生成的 Program. cs 文件头部的 using 指令块中,添加对以下命名空间的引用。

```
using System. Collections. Concurrent;
using System. Threading. Tasks;
```

步骤 4:启动第一个 Task,向集合中添加元素。

```
Task t1 = Task.Run(() =>
{
    for (int k = 45; k < 51; k++)
    {
        Console.WriteLine("即将添加元素:{0}", k);
        bag.Add(k);
    }
});
```

步骤 5:启动第二个 Task,从集合中取出元素,此 Task 在第一个 Task 执行之后执行。

```
Task t2 = t1.ContinueWith((task) =>
{
    while (!bag.IsEmpty)
    {
        if(bag.TryTake(out int item))
        {
            Console.WriteLine("已取出元素:{0}", item);
        }
    }
});
```

ContinueWith 方法指定在某个 Task 之后延续新的 Task。如果两个 Task 同时执行,由于集合的初始状态是空的,会导致第二个 Task 中无法获取到元素。所以要让第一个 Task 先执行,这样在执行第二个 Task 时,就能保证集合中是有元素的。

步骤 6:调用 WaitAll 方法,让当前线程暂停执行,等待上面两个 Task 执行完成再继续。

```
Task.WaitAll(t1, t2);
```

步骤 7:运行应用程序,控制台输出信息如图 6-27 所示。

图 6-27　跨线程添加和读取元素

实例 200　跨线程访问 BlockingCollection 集合

【导语】

BlockingCollection < T >集合允许多线程访问(添加或移除元素)。当集合中的元素数量达到容量上限时,添加操作会被阻止,直到集合中有元素被移除(重新获得可用容量);同样地,当从集合中移除元素时,如果集合中无可用元素,那么移除操作会被阻止,直到集合中有新的元素加入。

多个线程可以同时调用 Add 或 TryAdd 方法向集合添加元素,也可以同时调用 Take 或 TryTake 方法移除元素。当调用 CompleteAdding 方法后,就不能再向集合中添加元素了,否则会引发异常。

【操作流程】

步骤 1:新建一个控制台应用程序项目。

步骤 2:创建 BlockingCollection < T >实例,T 为 int 类型。

```
using (BlockingCollection < int > bc = new BlockingCollection < int >())
{
    ...
}
```

BlockingCollection < T >类实现了 IDisposable 接口,若不再使用要将其释放。将初始化代码放在 using 语句块中,当代码离开 using 块时会自动调用 Dispose 方法。

步骤 3:在 using 代码块内部,创建第一个 Task,用于向集合添加元素。

```
Task t1 = Task.Run(async () =>
{
    for (int k = 0; k < 5; k++)
    {
        int item = k + 1;
        Console.WriteLine("即将添加元素:{0}", item);
        bc.Add(item);
```

```
        await Task.Delay(650);
    }
    // 标记添加操作已完成
    bc.CompleteAdding();
});
```

在调用 CompleteAdding 方法后,集合被标记为已完成添加操作,此时所有线程均无法再向集合添加元素。

步骤 4:创建第二个 Task,用于从集合中移除元素。

```
Task t2 = Task.Run(() =>
{
    while (true)
    {
        if (bc.TryTake(out int item))
        {
            Console.WriteLine("取出元素:{0}", item);
        }
        // 是否退出循环
        if (bc.IsCompleted) break;
    }
});
```

当集合中的所有元素都被移除了(空集合),IsCompleted 属性会变为 true,此时就可以退出 while 循环了。

步骤 5:调用 WaitAll 方法等待所有 Task 执行完成,然后释放上述两个 Task。

图 6-28 跨线程添加和移除元素

```
Task.WaitAll(t1, t2);
t1.Dispose();
t2.Dispose();
```

步骤 6:运行应用程序,输出结果如图 6-28 所示。

6.4 元组

实例 201 Tuple 类的使用

【导语】

简单地说,元组就是将一组松散的对象简单地组合在一起。元组比数组的灵活性略强,因为数组中所有元素的类型是统一的,而元组使用了泛型参数,使得每个元素的类型相互独立。元组不同于类和结构,类和结构是高度整合的数据类型,其中要实现各种复杂的功能;元组只是一系列单一对象的简单组合,不存在复杂的操作。

.NET 框架最早引入元组的概念,是通过 Tuple 类实现的,而且存在多个泛型版本,可容纳元素数量为 1~8 个。元组中将所有元素分配给 Item * 属性,其中 * 表示序号,例如 Item1、Item2、Item3 等,Item * 属性个数取决于元素的个数。

创建元组实例有两种方法:

(1) 直接调用泛型版本 Tuple 类构造函数。例如要创建一个三元组,即可以组合三个对象的元组,并按下列格式实例化。

```
Tuple< int, long, char > t = new Tuple< int, long, char >(1000, 20000L, 'p');
```

以上代码创建了三元组实例,其中,Item1 是 int 类型,Item2 是 long 类型,Item3 是 char 类型。

(2) 直接调用 Tuple 类的 Create 方法,此方法为静态方法,格式如下。

```
var k = Tuple.Create< byte, string >(255, "full");
```

以上代码创建了一个二元组实例,Item1 为 byte 类型,Item2 为 string 类型。方法返回一个 Tuple< T1, T2 >对象。

【操作流程】

步骤 1:新建一个控制台应用程序项目。

步骤 2:创建三元组实例,元素类型都是 string。

```
Tuple < string, string, string > t1 = new Tuple < string, string, string >("make", "it",
"easy");
```

步骤 3:输出三元组中 Item1、Item2 和 Item3 的数据类型与对应的值。

```
Console.WriteLine("三元组:");
string msg = $"{nameof(t1.Item1)}:{t1.Item1.GetType().Name} = {t1.Item1}\n{nameof(t1.
Item2)}:{t1.Item2.GetType().Name} = {t1.Item2}\n{nameof(t1.Item3)}:{t1.Item3.GetType().
Name} = {t1.Item3}";
Console.WriteLine(msg);
```

步骤 4:再创建一个二元组,元素类型分别为 int 和 uint。

```
Tuple< int, uint > t2 = new Tuple< int, uint >(70000, 950000);
```

步骤 5:输出二元组中 Item1 和 Item2 的数据类型与对应的值。

```
Console.WriteLine("\n 二元组:");
msg = $"{nameof(t2.Item1)}:{t2.Item1.GetType().Name} = {t2.
Item1}\n{nameof(t2.Item2)}:{t2.Item2.GetType().Name} = {t2.
Item2}";
Console.WriteLine(msg);
```

图 6-29 输出两个元组的相关信息

步骤 6:运行应用程序项目,控制台输出的信息如图 6-29 所示。

实例 202　推荐使用的元组——ValueTuple

【导语】

ValueTuple 的使用方法与 Tuple 类似，但 ValueTuple 是值类型，不需要分配堆内存，效率更优于 Tuple 类。此外，ValueTuple 的 Item * 成员都是公共字段，这使得 ValueTuple 在初始化之后仍然可以修改元素。

与 Tuple 类一样，ValueTuple 也有两种初始化方法：一种是直接调用构造函数初始化；另一种是调用静态的 Create 方法直接获得元组实例。

【操作流程】

步骤 1：新建控制台应用程序项目。

步骤 2：创建四元组，元素类型分别为 short、uint、ulong 和 string。

```
ValueTuple < short, uint, ulong, string > t1 = ValueTuple.Create < short, uint, ulong, string >
(160, 300, 50000000UL, "head");
```

步骤 3：使用 StringBuilder 类组装要输出的元组信息，包括 Item * 字段的类型和具体内容。

```
StringBuilder strbd = new StringBuilder();
strbd.AppendLine("四元组:");
strbd.AppendFormat("{0}:{1} = {2}\n", nameof(t1.Item1), t1.Item1.GetType().Name, t1.Item1);
strbd.AppendFormat("{0}:{1} = {2}\n", nameof(t1.Item2), t1.Item2.GetType().Name, t1.Item2);
strbd.AppendFormat("{0}:{1} = {2}\n", nameof(t1.Item3), t1.Item3.GetType().Name, t1.Item3);
strbd.AppendFormat("{0}:{1} = {2}\n", nameof(t1.Item4), t1.Item4.GetType().Name, t1.Item4);
```

步骤 4：再创建二元组，元素类型为 bool 和 byte。

```
ValueTuple < bool, byte > t2 = ValueTuple.Create < bool, byte >(false, 100);
```

步骤 5：向 StringBuilder 对象追加 Item * 字段的信息。

```
strbd.AppendLine("\n\n 二元组:");
strbd.AppendFormat("{0}:{1} = {2}\n", nameof(t2.Item1), t2.Item1.GetType().Name, t2.Item1);
strbd.AppendFormat("{0}:{1} = {2}\n", nameof(t2.Item2), t2.Item2.GetType().Name, t2.Item2);
```

步骤 6：尝试修改二元组中 Item2 字段的值。

```
t2.Item2 = 210;
```

步骤 7：将修改后的新值也追加到 StringBuilder 对象中。

```
strbd.AppendFormat("修改后,{0} = {1}", nameof(t2.Item2),
t2.Item2);
```

步骤 8：将 StringBuilder 对象中的字符串全部输出到控制台。

```
Console.WriteLine(strbd);
```

步骤 9：运行应用程序,输出结果如图 6-30 所示。

图 6-30 输出 ValueTuple 的 Item * 字段信息

实例 203 C♯语法中的 ValueTuple

【导语】

ValueTuple 结构得到 C♯语法的支持,可以使用简洁的语法在代码中直接声明元组。

```
var a = (100, (byte)15, true);
```

也可以在声明时明确 ValueTuple 的类型。

```
ValueTuple<string, string> b = ("Jack", "Bob");
```

还可以选择更简洁的方式声明。

```
(long, uint) f = (123454321L, 7899);
```

【操作流程】

步骤 1：新建一个控制台应用程序项目。

步骤 2：声明三元组并初始化,元素类型分别为 string、string 和 byte。

```
(string, string, byte) x = ("subject", "body", 26);
```

步骤 3：输出三元组中 Item * 字段的值。

```
Console.WriteLine("三元组:\nItem1 = {0}\nItem2 = {1}\nItem3 = {2}\n", x.Item1, x.Item2,
x.Item3);
```

图 6-31 输出两个元组中各字段的值

步骤 4：再声明一个二元组,初始化时直接用两个 DateTime 实例填充,编译时会自动推断出该二元组的元素类型均为 DateTime。

```
var y = (new DateTime(2017, 1, 1), new DateTime(2018, 1, 1));
```

步骤 5：输出二元组中 Item * 字段的值。

```
Console.WriteLine("二元组:\nItem1 = {0:d}\nItem2 = {1:d}", y.Item1, y.Item2);
```

步骤 6：运行应用程序项目,控制台输出内容如图 6-31 所示。

实例 204　重命名元组的字段

【导语】

在.NET 基础类型中，ValueTuple 结构的字段都以 Item * 来命名，这样在编写代码时并不方便，因此基于 C♯ 语言编译器支持对元组中的字段使用自定义命名。但在运行阶段，依然是以 ValueTuple 为基础的，为字段重命名仅仅是编程语言的功能。

例如，以下代码声明三元组。

```
(int ID, string Title, string Body) v = (1, "demo", "some one");
```

此时，Item1 字段被重命名为 ID，Item2 字段被重命名为 Title，Item3 字段被重命名为 Body。在访问时，可以直接使用自定义的字段名。

```
v.Title = "the best";
```

也可以用 var 关键字先声明元组，初始化时再重命名字段。

```
var w = (Count: 999, Symb: '*');
```

以上代码中，编译器会根据赋值推断出 Count 字段为 int 类型，Symb 字段为 char 类型。

【操作流程】

步骤 1：新建一个控制台应用程序项目。

步骤 2：声明二元组，元素类型都是 double。

```
(double x, double y) d = (0.000025d, 3.115d);
```

步骤 3：将元组中的字段相乘，并输出计算结果。

```
Console.WriteLine("x * y = {0}", d.x * d.y);
```

步骤 4：为了验证元组的基础类型为 ValueTuple，可以通过反射技术输出元组中各个字段在运行时的名称以及所属的数据类型。

```
// 运行时类型
Type t = d.GetType();
// 获取字段列表
var fds = t.GetFields(BindingFlags.Public | BindingFlags.Instance);
Console.WriteLine("元组的运行时类型:{0}", t.Name);
string infos = string.Empty;
foreach (var f in fds)
{
    infos += $"{f.Name}:{f.FieldType.Name}\n";
}
Console.WriteLine("各字段名称与类型:\n{0}", infos);
```

步骤5：运行应用程序，输出结果如图 6-32 所示。从输出内容可以看出，元组的实际类型是 ValueTuple＜T1，T2＞。尽管在代码中对字段进行了重命名，而其实际字段名称依然是 Item1 和 Item2。

图 6-32　输出元组在运行时的实际类型

实例 205　将元组解构为变量

【导语】

声明元组时，如果不使用变量名，则编译器会将元组中的各个字段自动解构为单独的变量，其语法如下。

(＜类型＞＜字段＞, ＜类型＞＜变量＞, ……) ＝ (＜为字段分配的值＞);

这样声明之后，元组中的每个字段都可以作为单独的变量被访问。当然也可以用 var 关键字来声明。

var (＜字段列表＞) ＝ (＜为字段赋值＞);

【操作流程】

步骤1：新建一个控制台应用程序项目。

步骤2：声明三元组，并让字段解构为变量。

(long BookID, string BookName, string Author) ＝ (10000031L, "Sample Book", "Tommy");

步骤3：输出各字段的内容。

Console.WriteLine($ "编号:{BookID}\n 书名:{BookName}\n 作者:{Author}");

解构之后，元组中的字段可作为普通变量来使用。

步骤4：运行应用程序项目，控制台输出内容如下。

```
编号:10000031
书名:Sample Book
作者:Tommy
```

实例 206　解构自定义类型

【导语】

C♯语言的元组还支持将用户自定义的类型进行解构，即可以将某个类的属性解构为元组。使类型支持解构为元组的方法是：在类型中定义一个公共方法，返回类型为 void，必须将方法命名为 Deconstruct。组成新元组的元素由 Deconstruct 方法的 out 参数决定，一个类型中可以定义多个 Deconstruct 方法以解构出不同元素个数的元组。

【操作流程】

步骤 1：新建一个控制台应用程序项目。

步骤 2：声明一个自定义类。

```
public class Order
{
    public int OID { get; set; }
    public string CustomName { get; set; }
    public string ContactName { get; set; }
    public float Amount { get; set; }
    public string PhoneNo { get; set; }
}
```

步骤 3：在 Order 类中定义 Deconstruct 方法，将 Order 类的五个属性进行解构。

```
public void Deconstruct(out int oid, out string custName, out string contact, out float amount,
out string phone)
{
    oid = OID;
    custName = CustomName;
    contact = ContactName;
    amount = Amount;
    phone = PhoneNo;
}
```

步骤 4：在 Main 方法中实例化一个 Order 对象，并对属性进行初始化。

```
Order o = new Order
{
    OID = 6012001,
    CustomName = "XXX 贸易有限公司",
    ContactName = "刘先生",
    Amount = 1700.34f,
    PhoneNo = "13322500121"
};
```

步骤 5：对 Order 实例进行解构。

```
var (id, cust, contact, amout, phone) = o;
```

步骤 6：输出解构后的元组字段。

```
Console.WriteLine( $ "订单号:{id}\n 客户单位:{cust}\n 联系
人:{contact}\n 订购数量:{amout}\n 电话:{phone}");
```

步骤 7：运行应用程序项目，输出结果如图 6-33 所示。

图 6-33 输出解构后变量的值

实例 207 将元组作为返回值

【导语】

元组的另一个作用——充当方法的返回值。尤其是在一个方法中需要同时返回多个对象给调用方的时候,虽然可以使用 out 参数,但使用元组可以更简洁。

【操作流程】

步骤 1:新建一个控制台应用程序项目。

步骤 2:定义一个返回三元组的方法。

```
static (string, int, string) GetData()
{
    return ("Test 1", 35, "Test 2");
}
```

该方法没有对元组中的字段进行重命名,因此三个字段的名字分别为:Item1、Item2、Item3。

步骤 3:调用上述方法,获取返回的元组后,不对字段重命名,直接输出。

```
var k = GetData();
Console.WriteLine("未对字段重命名:");
Console.WriteLine("Item1 = {0}, Item2 = {1}, Item3 = {2}", k.Item1, k.Item2, k.Item3);
```

步骤 4:也可以在获取返回的元组后,对字段重命名。

```
var (Mark1, Count, Mark2) = GetData();
Console.WriteLine("\n 对字段进行重命名:");
Console.WriteLine( $ "{nameof(Mark1)} = {Mark1}, {nameof(Count)} = {Count}, {nameof(Mark2)} = {Mark2}");
```

步骤 5:在 Program 类中再定义一个方法,在返回二元组时,重命名字段。

```
static (int Number1, int Number2) GetNumbers()
{
    Random rand = new Random();
    return (rand.Next(0, 1000), rand.Next(0, 1000));
}
```

步骤 6:调用方法,获取返回的元组,并直接访问已经命名的字段。

```
var d = GetNumbers();
Console.WriteLine("\n 返回带重命名字段的元组:");
Console.WriteLine( $ "{nameof(d.Number1)} = {d.Number1}, {nameof(d.Number2)} = {d.Number2}");
```

步骤 7：运行应用程序，控制台输出结果如图 6-34 所示。

图 6-34　获取方法返回的元组数据

第 7 章

LINQ 与动态类型

在本章节中,读者将学习到以下内容:

- LINQ 中常见的扩展方法;
- LINQ 语法;
- 动态类型。

7.1 常见的扩展方法

实例 208 求最大值与最小值

【导语】

使用 Max 与 Min 两个扩展方法,可以分别筛选出原序列中的最大值与最小值。这两个方法的应用目标是实现了 IEnumerable＜T＞的对象。

【操作流程】

步骤 1:新建一个控制台应用程序项目。

步骤 2:引入以下命名空间。

```
using System.Linq;
```

步骤 3:初始化一个 int 数组。

```
int[] arrsrc = { 100, 58, 8, 91, 560, 27, 42 };
```

步骤 4:分别调用 Max 和 Min 方法求得最大值与最小值。

```
// 求最大值
int max = arrsrc.Max();
// 求最小值
int min = arrsrc.Min();
```

步骤 5:向控制台输出求得的最大值与最小值。

```
Console.WriteLine("原数组元素:{0}", string.Join("、", arrsrc));
```

```
Console.WriteLine("其中,最大值为:{0},最小值为:{1}", max, min);
```

步骤 6：运行应用程序,输出结果如下。

原数组元素:100、58、8、91、560、27、42
其中,最大值为:560,最小值为:8

实例 209　求工序列表中最长的加工周期

【导语】

Enumerable 的许多扩展方法都带有一个 Func<T，TResult>委托类型的参数,可以通过这个委托参数来返回要进行计算的目标值。当扩展方法被调用时,会将 Enumerable 对象中的每个元素都传递给这个委托,即每访问一个元素,就会调用一次该委托。

本实例声明一个 WorkItem 类,它表示一道与工序相关的信息,其中包含工序的开始时间 StartTime,以及工序的结束时间 EndTime。如果要计算一个工序序列中最长的加工周期,就需要使用 Func<T，TResult>委托返回 EndTime 减去 StartTime 的结果,最后交给 Max 方法去筛选。

【操作流程】

步骤 1：新建一个控制台应用程序项目。

步骤 2：引入以下命名空间。

```
using System.Linq;
using System.Collections.Generic;
```

步骤 3：声明 WorkItem 类。

```
public class WorkItem
{
    /// <summary>
    /// 工序序号
    /// </summary>
    public int ID { get; set; }
    /// <summary>
    /// 工序描述
    /// </summary>
    public string Desc { get; set; }
    /// <summary>
    /// 开始时间
    /// </summary>
    public DateTime StartTime { get; set; }
    /// <summary>
    /// 结束时间
    /// </summary>
    public DateTime EndTime { get; set; }
}
```

步骤 4：在 Main 方法中实例化一个 List 对象，并向其中添加 5 个 WorkItem 对象，详见代码清单 7-1。

代码清单 7-1　向 List 中添加 WorkItem 对象

```
List<WorkItem> works = new List<WorkItem>();
works.Add(new WorkItem
{
    ID = 1,
    Desc = "工序 A",
    StartTime = new DateTime(2018, 5, 10, 8, 32, 16),
    EndTime = new DateTime(2018, 5, 13, 14, 20, 0)
});
works.Add(new WorkItem
{
    ID = 2,
    Desc = "工序 B",
    StartTime = new DateTime(2018, 5, 12, 7, 26, 15),
    EndTime = new DateTime(2018, 5, 12, 18, 24, 15)
});
works.Add(new WorkItem
{
    ID = 3,
    Desc = "工序 C",
    StartTime = new DateTime(2018, 5, 17, 9, 45, 0),
    EndTime = new DateTime(2018, 5, 19, 20, 36, 4)
});
works.Add(new WorkItem
{
    ID = 4,
    Desc = "工序 D",
    StartTime = new DateTime(2018, 6, 1, 11, 0, 0),
    EndTime = new DateTime(2018, 6, 4, 16, 34, 0)
});
works.Add(new WorkItem
{
    ID = 5,
    Desc = "工序 E",
    StartTime = new DateTime(2018, 7, 3, 7, 49, 0),
    EndTime = new DateTime(2018, 7, 5, 18, 17, 0)
});
```

步骤 5：求得最大加工周期，并输出。

```
var max = works.Max(w => w.EndTime - w.StartTime);
Console.WriteLine("最长加工周期为:{0:%d} 天 {0:%h} 时 {0:%m} 分 {0:%s} 秒", max);
```

步骤 6：运行应用程序，控制台输出内容如下。

最长加工周期为：3 天 5 时 47 分 44 秒

实例 210 计算字符串的总长度

【导语】

本实例将通过 Sum 方法计算一个字符串数组中所有字符串的长度总和。Sum 方法所返回的类型一般为数值，如 int、double、decimal、long、float 等。

【操作流程】

步骤 1：新建一个控制台应用程序项目。

步骤 2：引入以下命名空间。

```
using System.Linq;
```

步骤 3：声明并初始化字符串数组。

```
string[] arr =
{
    "effect", "teach", "table", "purpose", "transport"
};
```

步骤 4：计算数组中所有字符串的总长度。

```
int len = arr.Sum(x => x.Length);
Console.WriteLine($"字符串总长度:{len}");
```

步骤 5：运行应用程序，控制台输出内容如下。

字符串总长度：32

实例 211 合并两个序列

【导语】

Concat 扩展方法支持将当前序列与方法参数中另一个指定的序列进行合并，最后返回一个新的序列——新序列中包含二者的所有元素。

【操作流程】

步骤 1：新建控制台应用程序项目。

步骤 2：创建两个 List 实例，并分别填充元素。

```
List<int> list1 = new List<int>
{
    20, 21, 22
};
List<int> list2 = new List<int>
```

```
{
    23, 24
};
```

步骤 3：将以上两个列表进行合并，然后输出合并后新列表的元素。

```
var result = list1.Concat(list2);
Console.WriteLine("合并后的列表:");
Console.WriteLine(string.Join('、', result));
```

步骤 4：运行应用程序，控制台输出内容如下。

```
合并后的列表:
20、21、22、23、24
```

实例 212　有多少个矩形的面积超过 100cm²

【导语】

扩展方法 Count 可用于计算序列中元素的个数，并且可以根据指定的条件进行统计。通过 Func < TSource, bool >委托来给定统计条件，该委托的输入参数为原序列中的元素实例，返回值为一个布尔值，即如果给定的元素符合统计要求就返回 true，不符合就返回 false。

本实例用一个 Rectangle 结构来表示矩形数据，包含 Width 和 Height 两个字段。然后产生一个矩形序列，调用 Count 扩展方法来统计面积大于 $100cm^2$ 的矩形数量。

【操作流程】

步骤 1：新建一个控制台应用程序项目。

步骤 2：引入以下命名空间。

```
using System.Collections.Generic;
using System.Linq;
```

步骤 3：声明 Rectangle 结构，其中 Width 字段表示宽度，Height 字段表示高度，单位都是 cm。

```
public struct Rectangle
{
    public float Width;
    public float Height;
}
```

步骤 4：在 Main 方法中初始化 Rectangle 数组。

```
Rectangle[] rects =
{
    new Rectangle{ Width = 16.002f, Height = 7f },
    new Rectangle{ Width = 2.5f, Height = 4.74f },
```

```
        new Rectangle { Width = 1.5f, Height = 3.5f },
        new Rectangle{ Width = 6.9f, Height = 12.3f },
        new Rectangle{ Width = 0.8f, Height = 10.22f },
        new Rectangle{ Width = 9.4f, Height = 21.3f },
        new Rectangle{ Width = 6.5f, Height = 32.8f }
    };
```

注意：在数值常量后面加上 f，表示一个单精度数值。

步骤 5：求得面积大于 $100cm^2$ 的矩形个数。

```
int count = rects.Count(r => (r.Width * r.Height) > 100f);
```

步骤 6：运行应用程序，控制台输出内容如下。

面积大于 100 平方厘米的矩形有 3 个

实例 213   按员工年龄进行降序排列

【导语】

本实例运用 OrderByDescending 扩展方法对一个表示员工信息序列中的元素进行降序排列，即按照员工年龄从大到小排序。

调用 OrderByDescending 方法后返回的对象类型为 IOrderedEnumerable < TElement >接口，开发人员在编写代码时不必关心哪些类型实现了该接口，因为框架内部已经封装好。该接口继承了 IEnumerable 接口，因此支持使用 foreach 循环访问序列中的元素。

【操作流程】

步骤 1：新建一个控制台应用程序项目。

步骤 2：引入以下命名空间。

```
using System.Collections.Generic;
using System.Linq;
```

步骤 3：定义一个 Employee 类，假设它封装了员工的基本信息。

```
public class Employee
{
    /// < summary >
    /// 员工编号
    /// </summary>
    public int Eid { get; set; }
    /// < summary >
    /// 员工姓名
    /// </summary>
    public string Ename { get; set; }
    /// < summary >
```

```
    /// 员工年龄
    /// </summary>
    public int Eage { get; set; }
}
```

步骤 4：在 Main 方法内部创建一个以 Employee 为元素类型的 List 实例，并且进行初始化。

```
List<Employee> emps = new List<Employee>
{
    new Employee { Eid = 1, Ename = "老高", Eage = 28 },
    new Employee { Eid = 2, Ename = "老刘", Eage = 42 },
    new Employee { Eid = 3, Ename = "老张", Eage = 27 },
    new Employee { Eid = 4, Ename = "老王", Eage = 45 },
    new Employee { Eid = 5, Ename = "老陈", Eage = 36 },
    new Employee { Eid = 6, Ename = "老姜", Eage = 46 },
    new Employee { Eid = 7, Ename = "老徐", Eage = 51 }
};
```

步骤 5：调用 OrderByDescending 方法，按照员工年龄进行降序排列。

```
var result = emps.OrderByDescending(e => e.Eage);
```

步骤 6：输出排序后的员工序列。

```
Console.WriteLine("将员工年龄按降序排列:");
foreach (Employee emp in result)
{
    Console.WriteLine($"员工编号:{emp.Eid},员工姓名:{emp.Ename},员工年龄:{emp.Eage}");
}
```

步骤 7：运行应用程序项目，控制台输出的信息如图 7-1 所示。

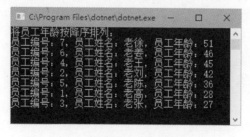

图 7-1　按员工年龄降序排列

实例 214　去掉重复的元素

【导语】

本实例通过使用 Distinct 扩展方法，去除 int 数组中的重复元素。Distinct 方法处理完后会返回新的序列,新序列中不包含重复的元素。

【操作流程】

步骤 1:新建一个控制台应用程序项目。

步骤 2:初始化一个 int 数组,其中包含重复的元素。

```
int[] arr = { 100, 150, 150, 32, 35, 35, 35 };
```

步骤 3:去除重复的元素。

```
IEnumerable<int> result = arr.Distinct();
```

步骤 4:输出前后两个序列中的元素,以便对比。

```
Console.WriteLine("原序列元素:{0}", string.Join('、', arr));
Console.WriteLine("去除重复元素后:{0}", string.Join('、', result));
```

步骤 5:运行应用程序,输出内容如图 7-2 所示。

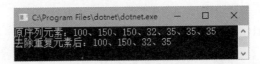

图 7-2　去除重复的元素

实例 215　筛选出两个序列中的差异元素

【导语】

当序列 A 调用 Except 扩展方法并将序列 B 作为参数传递时,该方法将筛选出序列 A 中与序列 B 不相同的元素;相反地,如果序列 B 调用 Except 扩展方法并将序列 A 传递给方法的参数,那么该方法将筛选出序列 B 中与序列 A 不相同的元素。调用方法后得到的返回值是一个新的序列,里面包含了有差异的元素。

【操作流程】

步骤 1:新建一个控制台应用程序项目。

步骤 2:引入以下命名空间。

```
using System.Linq;
using System.Collections.Generic;
```

步骤 3:初始化两个 uint 数组。

```
uint[] list1 = { 1, 2, 3, 4, 5, 6 };
uint[] list2 = { 1, 2, 7, 4, 8, 6 };
```

步骤 4:分别调用两个数组实例的 Except 扩展方法,得到当前数组与另一数组之间的差异集。

```
IEnumerable<uint> result1 = list1.Except(list2);
IEnumerable<uint> result2 = list2.Except(list1);
```

步骤 5：输出两个差异集中的元素。

```
Console.WriteLine("序列 1:{0}", string.Join(' ', list1));
Console.WriteLine("序列 2:{0}", string.Join(' ', list2));
Console.WriteLine("序列 1 中与序列 2 不同的元素:{0}", string.Join(' ', result1));
Console.WriteLine("序列 2 中与序列 1 不同的元素:{0}", string.Join(' ', result2));
```

步骤 6：运行应用程序，输出结果如图 7-3 所示。

图 7-3　两个数组中元素的差异

两个数组中存在的差异元素有 3、5、7、8，对 list1 数组而言，它与 list2 数组的差异元素是 3 和 5；对 list2 数组而言，它与 list1 数组的差异元素是 7 和 8。

实例 216　处理 First 方法抛出的异常

【导语】

First 方法的作用是从序列中取出第一个元素，但是如果序列是空的，调用 First 方法就会发生异常。解决方案有以下两种：第一种方案是将调用 First 方法的代码写在 try…catch 语句块中，显式捕捉可能发生的异常；第二种方案是调用另一个与 First 功能相似的扩展方法——FirstOrDefault，这个方法的功能也是从序列中取出第一个元素，但是如果序列是空的，就会返回元素类型的默认值。例如，如果元素类型是 int，当获取不到元素时，方法就返回 0。

【操作流程】

步骤 1：新建一个控制台应用程序项目。

步骤 2：引入以下命名空间。

```
using System.Collections.Generic;
using System.Linq;
```

步骤 3：产生一个空白序列，元素类型为 long。

```
IEnumerable<long> empty = Enumerable.Empty<long>();
```

创建一个空白序列的方法很简单，直接调用 Enumerable 类的静态方法 Empty 即可。

步骤 4：尝试调用 First 方法获取序列中的第一个元素。

```
try
{
    long x = empty.First();
    Console.WriteLine("第一个元素:{0}", x);
}
catch(Exception ex)
{
    Console.WriteLine( $ "错误:{ex.Message}");
}
```

由于序列中不存在元素,调用 First 方法就会发生异常,推荐的做法是把代码写在 try…
catch 语句块中。当以上代码被执行时,控制台会输出以下错误信息。

错误: Sequence contains no elements

步骤 5:通过 FirstOrDefault 方法获取序列中的第一个元素。

```
long y = empty.FirstOrDefault();
Console.WriteLine("第一个元素:{0}", y);
```

由于序列为空,无法获取第一个元素,但会返回 long 类型的默认值 0,因此控制台输出
以下信息。

第一个元素: 0

实例 217　当序列中有且仅有一个元素时

【导语】

当一个序列中有且仅有一个元素时,可以调用 Single 扩展方法来返回这个元素,当然
也可以用 First 方法来返回。Single 方法与 First 方法最明显的区别是:Single 方法只有在
序列中仅有一个元素时候有效;而 First 方法是不管序列中有多少个元素,只要存在元素就
可用。

如果序列为空或者元素数量不为 1,调用 Single 扩展方法会抛出异常,也可以调用
SingleOrDefault 方法来避免抛出异常。当发生异常时,方法将返回元素类型的默认值。

【操作流程】

步骤 1:新建一个控制台应用程序项目。

步骤 2:引入以下命名空间。

```
using System.Collections.Generic;
using System.Linq;
```

步骤 3:初始化一个 List 实例,元素类型为 int,并且列表中只有一个元素。

```
List < int > list = new List < int > { 15 };
```

步骤 4:调用 Single 方法,获取单个元素。

```
int x = list.Single();
```

步骤 5：运行应用程序,输出结果如下。

唯一的元素:15

实例 218　筛选出手机号以 135 或 136 开头的联系人信息

【导语】

Where 扩展方法可用于从序列中筛选出符合条件的元素,组成新的序列,并返回给调用方。

本实例将通过 Where 方法从联系人集合中筛选出手机号码以 135 或 136 开头的联系人对象。

【操作流程】

步骤 1：新建一个控制台应用程序项目。

步骤 2：引入以下命名空间。

```
using System.Collections.Generic;
using System.Linq;
```

步骤 3：声明一个新类,用来封装与联系人相关的信息。

```
public class Contact
{
    public int ContactID { get; set; }
    public string ContactName { get; set; }
    public string ContactEmail { get; set; }
    public string ContactPhoneNo { get; set; }
}
```

步骤 4：在 Main 方法中声明一个 Contact 类型的数组,并填充元素,详见代码清单 7-2。

代码清单 7-2　初始化 Contact 数组

```
Contact[] contacts =
{
    new Contact
    {
        ContactID = 6501,
        ContactName = "小何",
        ContactEmail = "abc@test.org",
        ContactPhoneNo = "13578921100"
    },
    new Contact
    {
```

```
            ContactID = 6502,
            ContactName = "小石",
            ContactEmail = "dede@sample.net",
            ContactPhoneNo = "13498016676"
        },
        new Contact
        {
            ContactID = 6503,
            ContactName = "小陈",
            ContactEmail = "tisst@126.com",
            ContactPhoneNo = "13655614578"
        },
        new Contact
        {
            ContactID = 6504,
            ContactName = "小黄",
            ContactEmail = "acc@163.com",
            ContactPhoneNo = "13521347309"
        },
        new Contact
        {
            ContactID = 6505,
            ContactName = "小李",
            ContactEmail = "ckh@126.net",
            ContactPhoneNo = "13340090078"
        },
        new Contact
        {
            ContactID = 6506,
            ContactName = "小刘",
            ContactEmail = "fl89@nt.cn",
            ContactPhoneNo = "15882133255"
        }
    };
```

步骤 5：调用 Where 方法，对联系人序列进行筛选。

```
var result = contacts.Where(c => c.ContactPhoneNo.StartsWith("135") || c.ContactPhoneNo.StartsWith("136"));
```

步骤 6：将筛选结果输出到控制台。

```
Console.WriteLine("手机号以 135 或 136 开头的联系人有:");
foreach(Contact ct in result)
{
    Console.WriteLine($"\n联系人编号:{ct.ContactID}\n联系人名称:{ct.ContactName}\n联
```

系人电邮:{ct.ContactEmail}\n 联系人手机号:{ct.ContactPhoneNo}");
}

步骤 7:运行应用程序,输出结果如图 7-4 所示。

图 7-4　筛选后的联系人序列

实例 219　将对象转换为字典集合

【导语】

ToDictionary 扩展方法比较有趣,它可以将序列中的每个元素转换为 Key-Value 对,然后组成一个字典集合。

本实例用到以下重载版本。

```
Dictionary < TKey, TElement > ToDictionary < TSource, TKey, TElement >(this IEnumerable < TSource >
source, Func < TSource, TKey > keySelector, Func < TSource, TElement > elementSelector);
```

其中,keySelector 参数与 elementSelector 参数都是委托类型,分别用于返回作为字典中元素的 Key 和 Value。

【操作流程】

步骤 1:新建一个控制台应用程序项目。

步骤 2:引入以下命名空间。

```
using System.Collections.Generic;
using System.Linq;
```

步骤 3:声明一个类,它表示一件产品的基础信息。

```
public class Production
{
    /// < summary >
    /// 产品编号
```

```
/// </summary>
public int PID { get; set; }
/// <summary>
/// 产品名称
/// </summary>
public string Name { get; set; }
/// <summary>
/// 产品尺寸
/// </summary>
public float Size { get; set; }
/// <summary>
/// 生产数量
/// </summary>
public int Quantity { get; set; }
}
```

步骤 4：在 Main 方法中声明一个 Production 数组，并进行实例化。

```
Production[] prds =
{
    new Production
    {
        PID = 4007,
        Name = "产品 1",
        Size = 123.45f,
        Quantity = 65
    },
    new Production
    {
        PID = 4008,
        Name = "产品 2",
        Size = 77.01f,
        Quantity = 100
    },
    new Production
    {
        PID = 4012,
        Name = "产品 3",
        Size = 45.13f,
        Quantity = 25
    }
};
```

步骤 5：调用 ToDictionary 方法将数组中的 Production 元素转换为字典结构的数据。其中，PID 属性将作为字典的 Key，Name 属性将作为字典的 Value。

```
IDictionary<int, string> dic = prds.ToDictionary(p => p.PID, p => p.Name);
```

步骤 6：输出新生成的字典集合中的元素信息。

```
Console.WriteLine("转换得到的字典数据:");
foreach(var kp in dic)
{
    Console.WriteLine("{0} - {1}", kp.Key, kp.Value);
}
```

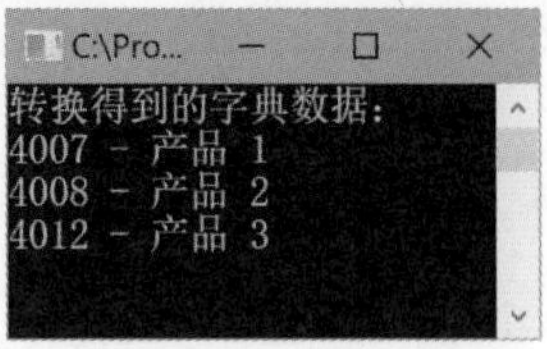

图 7-5　生成的字典数据

步骤 7：运行应用程序,输出结果如图 7-5 所示。

实例 220　将原始序列进行分组

【导语】

要将原始序列中的元素进行分组,可以调用 GroupBy 扩展方法。此方法有多个重载版本,本实例使用了以下重载的形式。

```
IEnumerable < TResult > GroupBy < TSource, TKey, TResult >(this IEnumerable < TSource > source,
Func < TSource, TKey > keySelector, Func < TKey, IEnumerable < TSource >, TResult >
resultSelector);
```

其中有三个类型参数：TSource 是原始序列中的元素,TKey 是分组依据(例如按某对象的 Age 属性进行分组,那么 TKey 就是 Age 属性的类型),TResult 是返回给调用方的已分组序列中的元素类型。

keySelector 委托用于产生分组依据,resultSelector 委托则用于产生分组结果。resultSelector 委托有两个输入参数：第一个参数是分组依据,即该分组的"标题";第二个参数是隶属该分组下的元素所组成的子序列。

在本实例中,Student 类表示学员信息,代码将对学员列表中的对象按照他们各自所参与的课程分组,例如,参与学习 C++语言的学员便构成一个分组。

【操作流程】

步骤 1：新建一个控制台应用程序项目。

步骤 2：引入以下命名空间。

```
using System.Linq;
using System.Text;
```

步骤 3：声明 Student 类,表示学员信息。

```
public class Student
{
    public int ID { get; set; }
    public string Name { get; set; }
    public string Course { get; set; }
}
```

步骤 4：在 Main 方法中实例化一个 Student 数组并填充一些示例元素。详见代码清单 7-3。

代码清单 7-3　用于示例的 Student 数组

```
Student[] stus =
{
    new Student
    {
        ID = 201,
        Name = "小王",
        Course = "C"
    },
    new Student
    {
        ID = 202,
        Name = "小曾",
        Course = "C++"
    },
    new Student
    {
        ID = 203,
        Name = "小吕",
        Course = "C++"
    },
    new Student
    {
        ID = 204,
        Name = "小孙",
        Course = "C#"
    },
    new Student
    {
        ID = 205,
        Name = "小郑",
        Course = "C"
    },
    new Student
    {
        ID = 206,
        Name = "小叶",
        Course = "C"
    },
    new Student
    {
        ID = 207,
        Name = "小苏",
        Course = "C#"
    },
    new Student
    {
        ID = 208,
        Name = "小梁",
        Course = "Delphi"
    }
};
```

步骤 5：调用 GroupBy 方法，按照学员所参与的课程进行分组。

```
var result = stus.GroupBy(s => s.Course, (gKey, gItems) => (GroupKey: gKey, ItemCount:
gItems.Count(), Items: gItems));
```

调用以上方法后，产生的结果类型是三元组序列，其中 GroupKey 字段表示分组标题，ItemCount 字段表示该分组下学员数量，Items 字段表示属于该分组的学员列表。

步骤 6：输出分组后的序列信息。

```
Console.WriteLine("学员参与课程汇总:");
StringBuilder strbuilder = new StringBuilder();
foreach(var g in result)
{
    strbuilder.AppendFormat("课程:{0}\n", g.GroupKey);
    strbuilder.AppendFormat(" 参与人数:{0}\n", g.ItemCount);
    strbuilder.AppendLine(" 名单:");
    foreach (Student s in g.Items)
    {
        strbuilder.AppendFormat(" {0} - {1}\n", s.ID, s.Name);
    }
}
Console.WriteLine(strbuilder);
```

以上代码使用了 StringBuilder 类来组装字符串，再通过 WriteLine 方法进行输出。

图 7-6　分组后的学员信息

步骤 7：运行应用程序，输出结果如图 7-6 所示。

7.2　LINQ 语法

实例 221　筛选能被 5 整除的整数

【导语】

LINQ 语句以 from 子句开头，以 select 子句结尾，这两个子句是必要元素。在 from 子句与 select 子句之间，可以使用其他辅助查询的子句，如 where、orderby、group 等。在使用 LINQ 语法的代码中，需要引入 System.Linq 命名空间。

要从序列中筛选出符合条件的元素，应当在 select 子句之前使用 where 子句。一个查询中可以包含多个 where 子句，而且 where 子句后面可以跟随多个表达式，表达式的计算结果必须为布尔值。

本实例将演示使用 LINQ 语法从一个整数序列中筛选出能被 5 整除的元素，即与 5 进行模运算后结果为 0 的元素。

【操作流程】

步骤 1：新建一个控制台应用程序项目。

步骤 2：初始化一个 int 类型的数组。

```
int[] arr = { 12, 15, 35, 32, 45, 77, 80, 63 };
```

步骤 3：使用 LINQ 语句筛选出能被 5 整除的元素。

```
var res = from n in arr
          where (n % 5) == 0
          select n;
```

步骤 4：输出筛选后的元素。

```
Console.WriteLine("能被 5 整除的元素有:");
foreach(int x in res)
{
    Console.Write(" {0}", x);
}
```

图 7-7　能被 5 整除的元素

步骤 5：运行应用程序,输出结果如图 7-7 所示。

实例 222　求序列中元素的平方根并按降序排列

【导语】

本实例中查询语句的处理有两个步骤：首先求得元素的平方根,实现方法是调用 Math 类的 Sqrt 方法；然后将计算结果降序排列,如果要在 LINQ 语句中进行排序,就需要在 select 子句之前使用 orderby 子句。

orderby 子句用法如下。

```
orderby <排序对象> ascending | descending
```

ascending 关键字表示升序排列,此为默认排序方式,因此如果要按升序排列,可以省略 ascending 关键字。descending 关键字表示降序排列,由于降序并非默认排序方式,所以不能省略 descending 关键字。

【操作流程】

步骤 1：新建一个控制台应用程序项目。

步骤 2：声明并初始化一个 double 数组。

```
double[] srcs =
{
    17.5d, 42.33d, 100d, 130d, 256d, 312.14d, 96.656d
};
```

步骤 3：使用 LINQ 语句将数组中元素的平方根进行降序排列。

```
var q = from x in srcs
        let s = Math.Sqrt(x)
        orderby s descending
        select (x, s);
```

let 关键字可以在查询语句内部声明一个临时变量,此处使用临时变量 s 来保存元素 x 的平方根计算结果。select 子句产生一个二元组,其中第一个字段是元素 x,第二个字段是计算结果 s(临时变量)。

步骤 4：输出查询结果。

```
foreach (var n in q)
{
    Console.WriteLine("{0, -10} -> {1, -16}", n.x,
n.s);
}
```

图 7-8　按元素的平方根降序排列

步骤 5：运行应用程序,输出内容如图 7-8 所示。

实例 223　select 子句返回的内容

【导语】

执行 LINQ 语句查询后所返回的元素类型取决于 select 子句,即该子句后面的表达式所产生的结果。为了提高查询代码的灵活性,一般不建议专门为查询结果定义新类型,因为查询语句产生的结果多数情况下是动态的。

本书推荐使用以下两种返回类型：

(1) 最为经典的做法——返回匿名类型。匿名类型的类型名称由编译器自动分配,在编写代码期间,开发人员是无法得知其类型名称的。只需要使用 new 运算符对匿名类型进行类型实例化,并对类型属性赋值即可。

(2) 可以考虑返回元组,并且可以将元组中的字段重命名为有意义的、易识别的名称。如果查询结果用于方法返回值,select 子句返回元组是比较合理的,因为匿名类型是动态生成的类型名称,在方法的返回值上无法固定类型名。过去的做法是将方法的返回类型设定为动态类型(Dynamic),然后把查询结果赋值给动态类型,但这样做容易输错代码(访问动态类型没有智能提示)。但结合最新的语言特性,可以让查询返回元组,再通过方法将元组返回给调用方,这种做法可以弥补匿名类型不能确定类型名称的不足。

本实例演示了 LINQ 查询的三种返回类型,分别为：字符串、匿名类型以及元组。

【操作流程】

步骤 1：新建一个控制台应用程序项目。

步骤 2：初始化一个日期/时间数组。

```
DateTime[] dts =
{
    new DateTime(2016, 6, 12),
    new DateTime(2018, 4, 13),
    new DateTime(2001, 9, 21)
};
```

步骤 3：使用 LINQ 查询数组中的日期,并以短日期字符串的形式返回。

```
var q1 = from d in dts
            select d.ToShortDateString();
```

步骤 4：声明一个自定义类，命名为 Person。

```
public class Person
{
    public int ID { get; set; }
    public string Name { get; set; }
    public int Age { get; set; }
}
```

步骤 5：实例化一个 Person 类型的数组。

```
Person[] parr =
{
    new Person{ ID = 1, Name = "老胡", Age = 23 },
    new Person{ ID = 2, Name = "老冯", Age = 30 },
    new Person{ ID = 3, Name = "老余", Age = 31 }
};
```

步骤 6：通过查询返回一个包含匿名类型的结果，该匿名类型仅仅引用了 Person 对象的 ID 和 Name 属性的内容。

```
var q2 = from p in parr
            select new
            {
                PersonID = p.ID,
                PersonName = p.Name,
            };
```

注意：初始化匿名类型时，如果属性名称与原对象的属性名称相同，可以直接引用原对象的属性；否则，可以自定义新的属性名称。

步骤 7：声明一个字符串实例。

```
string s = "abcdef";
```

步骤 8：由于该字符串是由 char 序列组合而成的，所以可以将 string 对象视为 char 类型元素的序列进行查询操作。

```
var q3 = from c in s
            let index = s.IndexOf(c)
            select (Index: index, Char: c);
```

在查询内部，用 index 变量临时存放字符 c 在字符串 s 中的索引，在 select 子句中，返回二元组，包含 Index 和 Char 两个字段。

在 foreach 循环中,可以直接访问元组的字段。

```
foreach (var i in q3)
{
    Console.WriteLine( $ "{i.Index} - '{i.Char}'");
}
```

步骤 9:运行应用程序,控制台输出结果如图 7-9 所示。

图 7-9　用 select 子句确定查询所返回的元素类型

实例 224　按员工所属部门分组

【导语】

本实例假设 Employee 类表示某公司的员工信息,其中,Name 属性是员工姓名,Department 属性是员工所属的部门。随后将员工信息序列按照部门进行分组。

在 LINQ 查询中对序列进行分组需要用到 group…by 子句,group 关键字之后是要进行分组的对象,by 关键字之后是分组标题,即依据什么进行分组。

分组后会返回一个实现了 IGrouping 接口的对象实例,该接口也继承了 IEnumerable 接口成员,使得代码支持枚举此分组下的元素,同时又带有一个 Key 属性,即分组标题。

【操作流程】

步骤 1:新建一个控制台应用程序项目。

步骤 2:定义 Employee 类。

```
public class Employee
{
    public string Name { get; set; }
    public string Department { get; set; }
}
```

步骤 3：初始化一个 Employee 数组。

```
Employee[ ] emps =
{
    new Employee{ Name = "小黄", Department = "财务部" },
    new Employee{ Name = "小卢", Department = "开发部" },
    new Employee{ Name = "小邢", Department = "开发部" },
    new Employee{ Name = "小陈", Department = "财务部" },
    new Employee{ Name = "小卜", Department = "公关部" },
    new Employee{ Name = "小罗", Department = "仓储部" },
    new Employee{ Name = "小许", Department = "开发部" },
    new Employee{ Name = "小田", Department = "仓储部" }
};
```

步骤 4：通过 LINQ 查询，将员工信息序列按部门名称分组。

```
var q = from e in emps
        group e by e.Department;
```

步骤 5：输出分组后的序列信息。

图 7-10 分组后的
员工信息

```
foreach (var g in q)
{
    Console.WriteLine("{0}:", g.Key);
    foreach (var emp in g)
    {
        Console.WriteLine(" {0}", emp.Name);
    }
    Console.WriteLine();
}
```

第一层循环是读取单个分组数据，第二层循环是访问该分组下所包含的员工信息。

步骤 6：运行应用程序，输出内容如图 7-10 所示。

实例 225 "内联"查询

【导语】

使用 join 子句可以将当前查询的序列与另一个"有关系"的序列联合起来进行分析，语法如下。

```
from a in <当前序列>
join b in <另一个序列> on a.id equals b.pid
select…
```

on 后面的表达式是两个序列进行关联的条件，即当前序列中的元素必须有某个属性值与另一个序列中元素的某个属性值相等。此处的相等判断不能使用＝＝运算符，应当使用

equals 关键字,这是 LINQ 语法中联合查询专用的关键字。

联合查询中的"内联"模式是这样的:假如有两个序列,一个是自行车列表,另一个是人员列表。每辆自行车都有它的主人,而每位人员可以拥有多辆自行车,因此人与自行车之间形成了"一对多"的关系。当这两个序列进行联合查询时,如果自行车序列中存在与人员序列中不匹配的元素,那么这个元素(自行车)就不会被查询出来,因为它与人员序列中的元素(人)没有对应关系。

本实例将进行这样的演示:第一个序列为课程列表,第二个序列为学生列表。一位学生可以选择多门课程,同样也存在有些课程没有学生选择的情况。当两个序列联合查询时,没有被选择的课程不会出现在查询结果中。

【操作流程】

步骤 1:新建一个控制台应用程序项目。

步骤 2:声明一个 Course 类,表示课程信息。

```
public class Course
{
    public int ID { get; set; }
    public string Name { get; set; }
}
```

步骤 3:声明 Student 类,表示学生信息。

```
public class Student
{
    public string Name { get; set; }
    public int CourseID { get; set; }
}
```

步骤 4:初始化课程与学生序列。

```
Course[] courses =
{
    new Course { ID = 301, Name = "HTML 5" },
    new Course { ID = 302, Name = "C++" },
    new Course { ID = 303, Name = "ASP.NET Core" },
    new Course { ID = 304, Name = "PHP" },
    new Course { ID = 305, Name = "Javascript" }
};

Student[] students =
{
    new Student { Name = "小季", CourseID = 304 },
    new Student { Name = "小吴", CourseID = 303 },
    new Student { Name = "小白", CourseID = 303 },
    new Student { Name = "小曹", CourseID = 302 },
    new Student { Name = "小解", CourseID = 302 }
};
```

步骤 5：联合查询两个序列。

```
var qr = from s in students
         join c in courses on s.CourseID equals c.ID
         select (StudentName: s.Name, CourseName: c.Name);
```

学生信息中的 CourseID 属性与课程信息中 ID 属性关联，即课程编号。

步骤 6：输出查询结果。

```
foreach (var x in qr)
{
        Console.WriteLine ( $ " {x.StudentName} 选 了《{x.CourseName}》");
}
```

图 7-11　学生选课信息查询结果

步骤 7：运行应用程序，控制台输出结果如图 7-11 所示。

注意：由于课程"HTML 5"和"Javascript"没有被选，在学生序列中没有对应关系，因此不会出现在查询结果中。

实例 226　处理查询中的异常

【导语】

定义 LINQ 语句后并不是马上执行，而是仅保存查询指令，当查询结果被访问时，查询才会真正执行。因此，如果要处理 LINQ 查询中可能发生的异常，不需要把 LINQ 语句放在 try…catch 代码块中，而应该把访问查询结果的代码放在 try…catch 代码块中。

【操作流程】

步骤 1：新建一个控制台应用程序项目。

步骤 2：初始化一个 int 数组。

```
int[] arrsrc = { 1, 4, 8, 32 };
```

步骤 3：使用 LINQ 语句对上述数组进行查询，在 select 子句中将元素值除以 0。

```
var q = from x in arrsrc
        select x / 0;
```

由于 0 是不能做除数的，上述代码自然是错误的，但是执行上述代码时并不会抛出异常，因为查询并未真正执行，只有当查询结果被访问时才会执行。

步骤 4：使用 foreach 语句访问查询结果，此时，代码应当写在 try…catch 代码块中，当发生异常时可以进行捕捉。

```
try
{
    foreach( int i in q)
```

```
    {
        Console.WriteLine(i);
    }
}
catch(Exception ex)
{
    Console.WriteLine("错误信息:{0}", ex.Message);
}
```

步骤 5：运行应用程序,得到的结果如下。

错误信息: Attempted to divide by zero.

实例 227　DefaultIfEmpty 方法的作用

【导语】

DefaultIfEmpty 方法的作用是:当某个序列中没有元素时,将返回该元素类型的默认值,例如以下序列。

```
List < int > l = new List < int >();
```

此时,列表中没有元素,调用以下代码返回一个只有单个元素的序列,其中包含 int 类型的默认值,即 0。

```
var e = l.DefaultIfEmpty();
```

DefaultIfEmpty 方法一般用于联合查询中,当第二个序列中不存在与第一个序列匹配的元素时将返回元素的默认值,以保证第一个序列中的元素能够全部查询出来,即"左外联"查询。

本实例将定义两个序列:一个是订单序列(Order 类表示),另一个是订单详细数据序列(OrderDetails 类表示),而 Order 类中的 Details 属性会引用一个关联的 OrderDetails 实例。在两个序列联合查询时,一旦订单详细数据序列中不存在与 Details 属性匹配(Details 属性为 null)的元素,就返回一个固定的 OrderDetails 实例作为默认值。

【操作流程】

步骤 1：新建一个控制台应用程序项目。

步骤 2：声明 OrderDetails 类,表示订单详细信息。

```
public class OrderDetails
{
    public int Amount { get; set; }
    public decimal Price { get; set; }
    public string Code { get; set; }
}
```

步骤 3：声明 Order 类,表示订单信息,其中 Details 属性引用 OrderDetails 实例。

```
public class Order
{
    public int ID { get; set; }
    public DateTime Date { get; set; }
    public bool State { get; set; }
    public OrderDetails Details { get; set; }
}
```

步骤 4：实例化两个 OrderDetails 对象。

```
OrderDetails d1 = new OrderDetails
{
    Amount = 10,
    Price = 2.5M,
    Code = "T - 70770"
};
OrderDetails d2 = new OrderDetails
{
    Amount = 12,
    Price = 3.2M,
    Code = "T - 70778"
};
```

步骤 5：实例化三个 Order 对象。第三个 Order 实例的 Details 属性没有引用任何对象。

```
Order o1 = new Order
{
    ID = 1,
    Date = new DateTime(2018, 3, 1),
    State = true,
    Details = d1
};
Order o2 = new Order
{
    ID = 2,
    Date = new DateTime(2018, 3, 13),
    State = false,
    Details = d2
};
Order o3 = new Order
{
    ID = 3,
    Date = new DateTime(2018, 3, 18),
    State = true,
    Details = null
};
```

步骤 6：声明两个 List 集合，用于存放以上对象。

```
List < Order > orders = new List < Order > { o1, o2, o3 };
List < OrderDetails > details = new List < OrderDetails > { d1, d2 };
```

步骤 7：对上述两个序列进行联合查询。

```
var q = from o in orders
        join d in details on o.Details equals d into g
        from x in g.DefaultIfEmpty(new OrderDetails { Amount = 0, Price = 0.00M, Code = "未
知编码" })
        select (OrderID: o.ID, Amout: x.Amount, Code: x.Code);
```

当没有匹配项时，产生一个固定的 OrderDetails 对象作为默认值，其中 Amount 属性为 0，Price 属性为 0.00，Code 属性为"未知编码"。

步骤 8：输出查询结果到控制台。

```
foreach (var i in q)
{
    Console.WriteLine("{0, - 11}{1, - 10}{2, - 20}",
i.OrderID, i.Amout, i.Code);
}
```

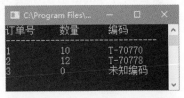

图 7-12 "左外"联合查询的结果

步骤 9：运行应用程序，输出结果如图 7-12 所示。

实例 228　使用 LINQ 将序列转换为 XML 文档

【导语】

本实例将演示如何通过 LINQ 查询，把一个 Account 类型的序列转换为 XML 文档。要将查询结果转换为 XML 格式，关键是运用 select 子句。select 子句之后可以产生一个 XElement 对象，作为 XML 元素的包装，在 XElement 内还可以嵌套子元素或者使用 XAttribute 来定义 XML 特性。

XML 文档一般需要根元素，所以在 LINQ 查询生成 XML 元素序列后，还要用一个单独的 XElement 实例来包装，以作为 XML 文档的根元素，最后再把这个根元素实例传递给 XDocument 类的构造函数，最终形成一个完整的 XML 文档。

【操作流程】

步骤 1：新建一个控制台应用程序项目。

步骤 2：声明 Account 类，模拟用户信息。

```
public class Account
{
    /// < summary >
    /// 用户 ID
    /// </ summary >
    public int UserID { get; set; }
```

```
/// <summary>
/// 用户名
/// </summary>
public string UserName { get; set; }
/// <summary>
/// 用户密码
/// </summary>
public string Password { get; set; }
/// <summary>
/// 是否为管理员
/// </summary>
public bool IsAdmin { get; set; }
}
```

步骤 3：在 Main 方法中实例化一个 Account 数组。

```
Account[] accs =
{
    new Account
    {
        UserID = 1,
        UserName = "user 1",
        Password = "123",
        IsAdmin = false
    },
    new Account
    {
        UserID = 2,
        UserName = "user 2",
        Password = "678",
        IsAdmin = false
    },
    new Account
    {
        UserID = 3,
        UserName = "user 3",
        Password = "hjk",
        IsAdmin = true
    }
};
```

步骤 4：使用 LINQ 语句查询上述数组中的所有元素并产生 XElement 实例。XML 元素名称为 account，而 Account 实例的属性分别对应着 user_id、user_name、password 和 is_admin 四个 XAttribute 实例。

```
var elements = from a in accs
               select new XElement("account",
```

```
                new XAttribute("user_id", a.UserID),
                new XAttribute("user_name", a.UserName),
                new XAttribute("password", a.Password),
                new XAttribute("is_admin", a.IsAdmin));
```

步骤 5：创建文档根元素,元素名称为 accounts,用以包装上述代码所产生的 XML 元素序列,最后用于初始化 XML 文档。

```
// 创建文档的根元素
XElement root = new XElement("accounts", elements);
// 创建文档对象
XDocument doc = new XDocument(root);
```

步骤 6：运行应用程序,转换得到如下的 XML 文档。

```
< accounts >
  < account user_id = "1" user_name = "user 1" password = "123" is_admin = "false" />
  < account user_id = "2" user_name = "user 2" password = "678" is_admin = "false" />
  < account user_id = "3" user_name = "user 3" password = "hjk" is_admin = "true" />
</accounts >
```

实例 229　将分组后的序列重新排序

【导语】

group 子句可以搭配 into 关键字,暂时存放已经分好组的元素,例如：

```
group x by x.Type into gs
```

其中,gs 就是保存该分组序列的临时变量名。

在完成对数据序列的分组后,可以通过嵌套一个 LINQ 查询对组内元素进行重新排序,例如：

```
from a in someList
    group a by a.Type into gk
    let q2 = (from b in gk orderby b select b)
    select new { Key = gk.Key, SubItems = q2 };
```

其中,临时变量 q2 所引有的就是一个嵌套的 LINQ 查询。

【操作流程】

步骤 1：新建一个控制台应用程序项目。

步骤 2：初始化一个 string 类型的数组。

```
string[] arrsrc =
{
    "at", "act", "market", "fable", "also", "alt", "bee", "back", "book", "build", "face",
"full", "fish", "food", "find", "meet", "make", "moo", "muklek"
};
```

步骤 3：将以上数组中的单词按首字母进行分组，并对组内的单词重新排序。

```
var q = from s in arrsrc
        group s by s[0].ToString().ToUpper() into g
        orderby g.Key
        let nq = (from w in g
                    orderby w
                    select w)
        select (Key: g.Key, Items: nq);
```

步骤 4：输出查询结果。

```
foreach (var t in q)
{
    Console.WriteLine(t.Key);
    foreach (var sub in t.Items)
    {
        Console.WriteLine(" {0}", sub);
    }
}
```

步骤 5：运行应用程序，输出内容如下。

```
A
  act
  also
  alt
  at
B
  back
  bee
  book
  build
F
  fable
  face
  find
  fish
  food
  full
M
  make
  market
  meet
  moo
  muklek
```

实例 230　将字典集合转换为字符串序列

【导语】

使用 LINQ 语句查询字典集合,可以通过 select 子句把字典集合中的键/值对转换为字符串序列。

【操作流程】

步骤 1:新建一个控制台应用程序项目。

步骤 2:实例化一个字典集合,稍后用于做转换。

```
IDictionary<string, int> dic = new Dictionary<string, int>
{
    ["item 1"] = 342,
    ["item 2"] = 700,
    ["item 3"] = 800
};
```

步骤 3:使用 LINQ 查询将字典集合转为字符串序列。

```
var q = from p in dic
        select $"{p.Key} : {p.Value}";
```

步骤 4:输出转换之后的字符串序列。

```
foreach(string i in q)
{
    Console.WriteLine(i);
}
```

图 7-13　从字典转换而来的字符串

步骤 5:运行应用程序项目,结果如图 7-13 所示。

实例 231　修改 XML 元素的内容

【导语】

本实例将首先演示运用 LINQ 语句查询出符合条件的 XML 元素,然后对该元素中某个子元素的内容进行修改。

【操作流程】

步骤 1:新建一个控制台应用程序项目。

步骤 2:定义一个用于测试的 XML 元素。

```
{
    XElement testel = new XElement("Productios",
        new XElement("Product",
            new XElement("id", 1201),
            new XElement("desc", "产品 A"),
            new XElement("mode", 7)),
```

```
        new XElement("Product",
            new XElement("id", 1202),
            new XElement("desc", "产品 B"),
            new XElement("mode", 3)));
}
```

XElement 类可以直接用于产生 XML 元素，如果不依赖文档相关的属性，可以不与 XDocument 类关联。

步骤 3：使用 LINQ 语句查询出 mode 子元素中内容为 3 的 Product 元素。

```
var q = from x in testel.Elements()
        where (int)x.Element("mode") == 3
        select x;
```

步骤 4：修改这个 Product 元素下面 desc 子元素的内容。

```
if(q.Count() > 0)
{
    XElement e = q.First();
    e.Element("desc").Value = "产品 G";
}
```

访问元素实例的 Value 属性可以修改该元素中的内容。

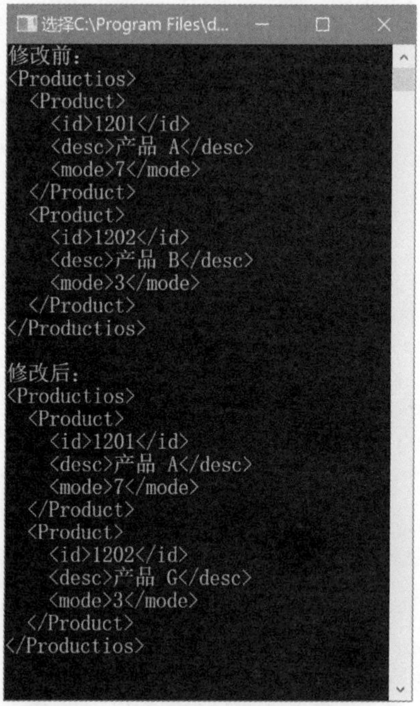

步骤 5：运行应用程序示例，输出结果如图 7-14 所示。修改 XML 元素后，"产品 B"已经变成"产品 G"。

图 7-14　修改前后的 XML 元素对比

实例 232　使用并行 LINQ

【导语】

开启 LINQ 查询的并行模式，只需要在原序列上调用 AsParallel 扩展方法，但是不应该滥用并行模式。如果查询的量很小，并且在查询的过程没有过于复杂的处理，一般不建议使用并行模式。

满足以下条件的查询，可以考虑以并行模式执行：

（1）序列中数据量很大。

（2）LINQ 查询中 where 与 select 子句上需要额外的处理工作（例如要转换类型）。

（3）对产生的结果没有严格的顺序要求（尽管并行查询可以调用 AsOrdered 扩展方法来维持序列的顺序，但在一定程度上会降低性能，仅在必要时使用）。

本实例将定义一个 Rectangle 结构，它表示一个矩形的信息，其中包含宽度和高度两个字段。实例代码以并行方式生成一个庞大的 Rectangle 序列，然后分别用普通和并行两种模式进行 LINQ 查询,最后分别统计出两种模式下执行 LINQ 查询所消耗的时间(单位是 ms)。

【操作流程】

步骤 1:新建一个控制台应用程序项目。

步骤 2:定义 Rectangle 结构。

```
public struct Rectangle
{
    public double Width;
    public double Height;
}
```

步骤 3:初始化 Rectangle 序列,本例使用 ConcurrentQueue ＜ T ＞集合来包装,该集合支持并行操作,并且是线程安全的。

```
ConcurrentQueue ＜ Rectangle ＞ testList = new ConcurrentQueue ＜ Rectangle ＞();
```

步骤 4:以并行方式向集合中添加元素。

```
Parallel.For(20, 300000000, n =>
{
    testList.Enqueue(new Rectangle
    {
        Width = n,
        Height = n
    });
});
```

步骤 5:分别以普通模式、并行模式执行 LINQ 查询,在 select 子句中计算矩形的面积。Stopwatch 组件的作用是计算执行代码所耗费的时间,详见代码清单 7-4。

代码清单 7-4　两种模式执行 LINQ 的对比

```
Stopwatch watch = new Stopwatch();
watch.Restart();
var q1 = from x in testList
        select x.Width * x.Height;
watch.Stop();
Console.WriteLine("普通模式,耗时:{0} ms", watch.ElapsedMilliseconds);

watch.Restart();
var q2 = from x in testList.AsParallel()
        select x.Width * x.Height;
watch.Stop();
Console.WriteLine("并行模式,耗时:{0} ms", watch.ElapsedMilliseconds);
```

步骤 6:运行应用程序,输出结果如图 7-15 所示。

从输出结果来看,在并行模式下执行 LINQ 查询确实提升了性能。

图 7-15　两种模式耗时对比

注意：Stopwatch 组件自身在运行期间也会占用一定的 CPU 资源，因此该组件所统计的耗时并非完全准确，仅供参考。

实例 233　将 XML 转换为元组

【导语】

LINQ 查询语句通常是通过 select 子句实现数据转换的。本实例将通过 LINQ 语句查询某个 XML 元素下的子元素列表，并在 select 子句后返回二元组，元组中的字段对应着 XML 元素中相应 Attribute(特性)的值。

【操作流程】

步骤 1：新建一个控制台应用程序项目。

步骤 2：创建 XML 测试数据，其中包含一个 Items 根元素，根元素下有三个 Item 元素，每个元素中带有两个特性——Val1 和 Val2。

```
XElement xml = new XElement("Items",
                new XElement("Item",
                    new XAttribute("Val1", 100),
                    new XAttribute("Val2", 250)),
                new XElement("Item",
                    new XAttribute("Val1", 7500),
                    new XAttribute("Val2", 900)),
                new XElement("Item",
                    new XAttribute("Val1", 2003),
                    new XAttribute("Val2", 6230)));
```

步骤 3：用 LINQ 查询上述 XML 数据中的 Item 元素，并将它的特性值转换为元组中的字段值。

```
var q = from el in xml.Elements("Item")
        let v1 = Convert.ToInt32(el.Attribute("Val1").Value)
        let v2 = Convert.ToInt32(el.Attribute("Val2").Value)
        select (Value_1: v1, Value_2: v2);
```

步骤 4：输出元组序列中每个字段的值。

```
foreach(var t in q)
{
    Console.WriteLine( $ "Value 1 : {t.Value_1}\nValue 2 : {t.Value_2}\n");
}
```

步骤 5：运行应用程序项目，输出结果如图 7-16 所示。

图 7-16 XML 数据转换为二元组

实例 234 生成带命名空间的 XML 文档

【导语】

使用 XElement 类创建 XML 元素时，可以搭配使用 XNamespace 类来定义 XML 命名空间。将 XNamespace 实例与 XML 元素的名字直接连接起来（如同用"＋"运算符拼接字符串一样），命名空间就会自动与元素关联了（XNamespace 类内部实现了运算符重载）。

【操作流程】

步骤 1：新建一个控制台应用程序项目。

步骤 2：声明 XML 命名空间。

```
XNamespace ns = "http://demo.org";
```

XNamespace 类内部有实现隐式转换，因此直接可以将字符串实例赋给 XNamespace 类型的变量。

步骤 3：实例化三个 XML 元素，均使用以上定义的 ns 变量为 XML 文档的命名空间。

```
XElement n1 = new XElement(ns + "Group",
                new XElement(ns + "Name", "Jack"),
                new XElement(ns + "Level", 3));
XElement n2 = new XElement(ns + "Group",
```

```
                new XElement(ns + "Name", "Tom"),
                new XElement(ns + "Level", 2));
XElement n3 = new XElement(ns + "Group",
                new XElement(ns + "Name", "Jim"),
                new XElement(ns + "Level", 7));
```

步骤 4： 再声明一个 XML 元素，将上述三个元素都包装起来。

```
XElement root = new XElement(ns + "Groups", n1, n2, n3);
```

步骤 5： 输出刚生成的 XML 内容。

```
Console.WriteLine(root);
```

步骤 6： 运行应用程序实例，控制台输出结果如图 7-17 所示。

图 7-17　带命名空间的 XML 元素

实例 235　添加命名空间前缀

【导语】

一个 XML 文档中所使用的元素可能会来自于不同的命名空间，为了能够区分来自不同命名空间的元素，或者来自不同命名空间的同名元素，需要为命名空间添加一个前缀，这个前缀类似于命名空间的别名，在同一个文档中不会重复出现。

XML 命名空间的前缀是通过 XAttribute 类将其作为元素特性添加到文档中的，形如：

```
xmlns:abc = "http.temp.orp"
```

这里"abc"为命名空间的前缀。

【操作流程】

步骤 1： 新建一个控制台应用程序项目。

步骤 2： 定义两个备用的 XML 命名空间。

```
XNamespace ns1 = "demo1.org";
```

```
XNamespace ns2 = "demo2.org";
```

步骤 3：声明两个 XAttribute 实例，为以上两个命名空间添加前缀。

```
XAttribute profileAtt1 = new XAttribute(XNamespace.Xmlns + "na", ns1);
XAttribute profileAtt2 = new XAttribute(XNamespace.Xmlns + "nb", ns2);
```

特性中的"xmlns"字段可以通过访问 XNamespace 类的 Xmlns 静态属性直接获取，随后紧跟的是命名空间前缀的名称，此处分别命名为"na"和"nb"。

步骤 4：创建 XML 元素及其子元素。

```
XElement xml = new XElement(ns1 + "Root", profileAtt1, profileAtt2,
    new XElement(ns1 + "Layout1", "Border"),
    new XElement(ns2 + "Layout2", "Canvas"));
```

将上述定义的用于指定命名空间别名的两个特性分别应用到 Root 元素上。子元素会继承特性中指定的别名，因此 Root 的子元素无须再添加 xmlns 特性。

步骤 5：生成的 XML 文档如下。

```
< na:Root xmlns:na = "demo1.org" xmlns:nb = "demo2.org">
  < na:Layout1 > Border </na:Layout1 >
  < nb:Layout2 > Canvas </nb:Layout2 >
</na:Root >
```

Root、Layout1 元素都来自 demo1.org 命名空间，Layout2 来自 demo2.org 命名空间。

7.3　动态类型

实例 236　通过 ExpandoObject 类创建动态实例

【导语】

需要使用 dynamic 关键字来声明动态类型，并且在编译阶段动态对象不会进行解析，而是在运行阶段进行解析，因此在代码编辑器中输入代码时，不会出现成员列表的智能提示。开发人员在访问动态类型的成员时，一定不能将成员的名字输错了。

ExpandoObject 是专为动态类型而封装的类型，可以把该类型的新实例赋值给用 dynamic 关键字声明的变量，随后就可以作为动态对象来访问。

【操作流程】

步骤 1：新建一个控制台应用程序项目。

步骤 2：引入以下命名空间。

```
using System.Dynamic;
```

步骤 3：声明动态类型的变量，再用 ExpandoObject 的新实例进行初始化。

```
dynamic dx = new ExpandoObject();
```

步骤 4：给动态类型的成员赋值，成员名称无须事先定义，它会在运行阶段动态添加。

```
dx.Message = "Hello";
dx.Time = new DateTime(2009, 2, 1, 23, 54, 16);
```

步骤 5：访问动态类型的成员，并输出成员的值。

```
Console.WriteLine( $ "Message = {dx.Message}\nTime = {dx.Time}");
```

注意：成员名称一定要与前面写入时用的名称保持一致。

步骤 6：运行应用程序，输出内容如下。

```
Message = Hello
Time = 2009 - 2 - 1 23:54:16
```

实例 237 以字典形式访问 ExpandoObject

【导语】

因为 ExpandoObject 类显式实现了 IDictionary 接口，所以能够作为字典类型来访问。运行阶段向 ExpandoObject 实例添加的动态成员名称，会以字符串形式存放在动态类型中。

如果以字典形式访问 ExpandoObject 对象，需要将它将转换为 IDictionary 接口，再通过该接口去读取里面的数据。

【操作流程】

步骤 1：新建一个控制台应用程序项目。

步骤 2：引入以下命名空间。

```
using System.Dynamic;
using System.Collections.Generic;
```

步骤 3：声明动态类型变量，并初始化其成员。

```
dynamic d = new ExpandoObject();
d.AppName = "Sample";
d.Ver = "1.0.3";
d.Desc = "test application";
d.Release = 5;
```

步骤 4：使用 IDictionary 接口引用动态类型实例。

```
IDictionary< string, object > dic = d;
```

步骤 5：使用 foreach 循环读出字典中的 Key 和 Value 的值。

```
foreach(var i in dic)
{
    Console.WriteLine( $ "{i.Key} : {i.Value}");
}
```

步骤 6：运行应用程序，输出内容如下。

```
AppName : Sample
Ver : 1.0.3
Desc : test application
Release : 5
```

实例 238　自定义的动态类型

【导语】

尽管框架提供了默认的动态类型处理方案，也封装了 ExpandoObject 类供开发人员使用，但是有时候在开发过程中会有特殊需求，这种情况下框架所提供的方案也许不能解决现有问题，开发人员可以考虑编写自定义的动态类型。

编写自定义动态类型的整体思路：从 DynamicObject 类派生出自己的类型，然后根据需要有选择地重写 DynamicObject 类的虚方法（在声明时虚方法使用 virtual 关键字）。

一般情况下，开发人员需要重点重写以下两个虚方法。

（1）TrySetMember：该方法类似于为公共属性或字段赋值，调用格式为 obj. Property = 105。

（2）TryGetMember：类似于访问字段或属性，主要是读取内容，形如 a ＝ obj. Property。

另外，可能需要重写以下几个方法。

（3）TryInvokeMember：类似于方法调用，形如 obj. Add(…)。

（4）TryInvoke：模拟委托对象的调用形式，形如 obj(…)。

（5）TryBinaryOperation：模拟运算符，例如按位"与"、加减法等运算。

（6）TryGetIndex 和 TrySetIndex：类似于索引器。

本实例将自定义一个动态类型，重写 TryGetMember 和 TrySetMember 方法，实现 get 和 set 访问器，该动态类型内部使用字典集合来存放数据。

【操作流程】

步骤 1：新建一个控制台应用程序项目。

步骤 2：声明一个类，从 DynamicObject 类派生。

```
public class CustomDynamicObject : DynamicObject
{
    ...
}
```

步骤 3：重写 TryGetMember 方法，完成 get 访问器。

```
public override bool TryGetMember(GetMemberBinder binder, out object result)
{
    return _data.TryGetValue(binder.Name.ToLower(), out result);
}
```

binder 参数中包含访问动态类型时传递的调用数据，例如成员名字，返回值类型等。

步骤 4：重写 TrySetMember 方法，实现 set 访问器。

```
public override bool TrySetMember(SetMemberBinder binder, object value)
{
    return _data.TryAdd(binder.Name.ToLower(), value);
}
```

步骤 5：在 Main 方法中使用上述自定义动态类型。声明变量时需要使用 dynamic 关键字，然后用自定义动态类型的新实例为变量赋值。

```
dynamic dv = new CustomDynamicObject();
```

步骤 6：为动态对象赋值。

```
dv.ItemA = 30000;
dv.ItemB = (uint)500000;
dv.ItemC = 'p';
```

注意：动态类型的成员名称将在运行阶段解析，因此在输入代码时不会有智能提示。

步骤 7：输出动态类型各成员的值，以及成员值的数据类型。

```
Console.WriteLine($"ItemA : {dv.ItemA}, {dv.ItemA.GetType()}");
Console.WriteLine($"ItemB : {dv.ItemB}, {dv.ItemB.GetType()}");
Console.WriteLine($"ItemC : {dv.ItemC}, {dv.ItemC.GetType()}");
```

步骤 8：运行应用程序，控制台的输出文本如图 7-18 所示。

图 7-18　输出自定义动态类型的成员

实例 239　在自定义动态类型中直接定义成员

【导语】

在从 DynamicObject 类派生时，可以通过重写 TryGetMember、TrySetMember 等方法

来响应调用代码的成员访问。实际上,开发者可以在自定义的动态类型上直接定义成员,如字段、属性、方法等。在应用程序运行期间,会优先查找并解析类中已经定义的成员,如果调用方所指定的成员未在类中定义,才会去调用 TryGetMember 等方法。

【操作流程】

步骤 1:新建一个控制台应用程序项目。

步骤 2:从 DynamicObject 类派生出一个自定义的动态类型。

```
public class MyDynamic : DynamicObject
{
    private IDictionary< string, object > data = new Dictionary< string, object >();

    // 明确定义的属性,动态类型会直接访问该属性
    public string WorkDescription { get; set; }
    public string WorkName { get; set; }
    public bool IsStarted { get; set; }

    // 其他未声明的属性就通过重写的 TryGetMember 和 TrySetMember 方法访问
    public override bool TryGetMember(GetMemberBinder binder, out object result)
    {
        Console.WriteLine( $ "\n 类中未定义的成员 :{binder.Name}\n");
        return data.TryGetValue(binder.Name.ToLower(), out result);
    }
    public override bool TrySetMember(SetMemberBinder binder, object value)
    {
        Console.WriteLine( $ "\n 类中未定义的成员 :{binder.Name}\n");
        return data.TryAdd(binder.Name.ToLower(), value);
    }
}
```

在上述类中,WorkDescription、WorkName、IsStarted 是类型明确定义的成员,在访问动态类型时,如果调用方访问的成员名称与它们匹配,则它们会被优先访问;如果调用方请求访问的成员名称在类中未定义,转而访问 TrySetMember 方法和 TryGetMember 方法。

步骤 3:在 Main 方法中声明动态类型变量,并用 MyDynamic 类的新实例对其初始化。

```
dynamic d = new MyDynamic();
```

步骤 4:向动态类型对象的成员赋值。

```
d.WorkName = "冲压工序";                          //已定义成员
d.WorkDescription = "此工序需要持续较长的时间";        //已定义成员
d.IsStarted = false;                            //已定义成员
d.WorkType = 15;                                //未定义成员
d.StartTime = new DateTime(2018, 8, 3);         //未定义成员
```

步骤 5：在控制台中输出部分成员的内容。

```
Console.WriteLine( $ "Work Name : {d.WorkName}");
Console.WriteLine( $ "Start Time : {d.StartTime}");
Console.WriteLine( $ "Work Type : {d.WorkType}");
```

步骤 6：运行应用程序，输出内容如图 7-19 所示。

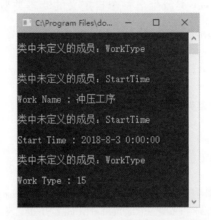

图 7-19 调用带已定义成员的动态类型

实例 240 模拟委托实例的调用

【导语】

在继承 DynamicObject 类时重写 TryInvoke 方法，可以模拟委托类型的调用方式。方法原型如下：

```
bool TryInvoke( InvokeBinder binder, object[] args, out object result);
```

其中，args 参数表示在调用时传递进来的参数列表，result 参数表示调用结果。

本实例将通过重写 TryInvoke 方法来模拟委托实例的调用，并且将传递的参数进行累加，最后输出计算结果。

【操作流程】

步骤 1：新建一个控制台应用程序项目。

步骤 2：从 DynamicObject 类派生一个自定义类，并重写 TryInvoke 方法。

```
public class MyCustDynamic : DynamicObject
{
    public override bool TryInvoke( InvokeBinder binder, object[] args, out object result)
    {
        result = 0;
        int temp = 0;
```

```
foreach( int n in args.Cast < int >( ))
{
    temp += n;
}
result = temp;
return true;
    }
}
```

步骤 3：在 Main 方法中以动态类型方式实例化 MyCustDynamic 类。

```
dynamic d = new MyCustDynamic();
```

步骤 4：模拟委托实例调用，并接收调用结果。

```
int r = d(2, 10, 15, 7);
```

步骤 5：运行应用程序,得到的计算结果如下。

计算结果: 34

第二篇 技术进阶

掌握上一篇章中的基础知识后，读者将在本篇中学习到以下常用的技术模块。

- 文件与目录的常用操作（如创建与删除文件）；
- 流（Stream）对象的运用（内存流、文件流等）；
- 序列化与反序列化；
- 多线程与异步编程；
- 数据的加密与解密；
- 网络通信技术的应用（Socket 编程、HTTP 交互）；
- 反射（在运行时获取类型信息，动态调用类型或类型成员）。

第 8 章

文件与 I/O

在本章节中，读者将学习到以下内容：
- 目录与文件；
- 流；
- 压缩与解压缩；
- 内存映射文件；
- 命名管道。

8.1　目录与文件

实例 241　创建目录与文件

【导语】

本实例将演示 Directory 类和 File 类的使用方法。Directory 类公开了一系列静态方法，可以很方便地操作目录，例如创建目录、删除目录等。File 类的功能与 Directory 类相似，它也公开了一系列静态方法，以便对文件进行操作，例如创建文件、向文件写入数据、删除文件等。

【操作流程】

步骤 1：新建控制台应用程序项目。

步骤 2：在当前应用所在的目录下新建子目录，命名为 test_dir。

```
Directory.CreateDirectory("test_dir");
```

步骤 3：在 test_dir 目录下创建一个新文件，命名为 sample. data。

```
var stream = File.Create("test_dir/sample.data");
```

调用 Create 方法后，返回一个 FileStream 实例，随后可以通过该对象向文件写入内容。

步骤 4：向新文件中写入 5 字节。

```
byte[] buffer = { 5, 7, 9, 11, 13 };
```

```
stream.Write(buffer, 0, buffer.Length);
stream.Close();
stream.Dispose();
```

FileStream 实例是流对象,使用完之后必须释放,避免应用程序长时间占用文件资源。

实例 242　修改文件的创建时间

【导语】

File 类公开了一对可以操作文件的创建时间的静态方法:GetCreationTime 方法返回指定文件的创建时间,SetCreationTime 方法则用于修改文件的创建时间。与创建时间相似,可以通过 GetLastAccessTime 和 SetLastAccessTime 方法来读写文件的最后访问时间,也可以通过 GetLastWriteTime 和 SetLastWriteTime 方法来读写文件的最后写入时间。

本实例首先创建文件,然后修改文件的创建时间。

【操作流程】

步骤 1:新建一个控制台应用程序项目。

步骤 2:创建新文件。

```
string file_name = "testFile";
// 创建文件
using(var s = File.Create(file_name))
{
    s.WriteByte(100);
    s.WriteByte(200);
}
```

步骤 3:输出文件的创建时间。

```
Console.WriteLine( $ "文件 {file_name} 的创建时间:{File.GetCreationTime(file_name)}");
```

步骤 4:修改文件的创建时间。

```
DateTime creationTime = new DateTime(2016, 8, 16, 23, 14, 50);
File.SetCreationTime(file_name, creationTime);
```

步骤 5:再次输出文件的创建时间。

```
Console.WriteLine( $ "修改后,文件 {file_name} 的创建时间为:{File.GetCreationTime(file_
name)}");
```

步骤 6:运行应用程序,输出结果如图 8-1 所示。

```
文件 testFile 的创建时间: 2016-8-16 23:14:50
修改后, 文件 testFile 的创建时间为: 2016-8-16 23:14:50
```

图 8-1　修改前后的创建时间

步骤 7:打开所创建文件的"属性"窗口,可以看到修改后的创建时间,如图 8-2 所示。

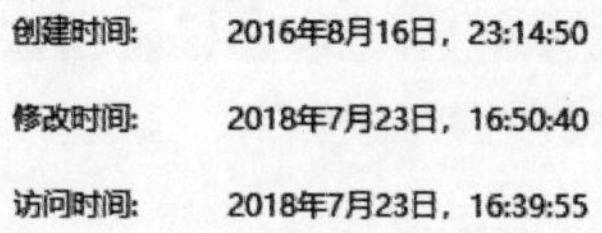

创建时间:	2016年8月16日，23:14:50
修改时间:	2018年7月23日，16:50:40
访问时间:	2018年7月23日，16:39:55

图 8-2　系统显示文件的创建时间

实例 243　使用 FileInfo 类来创建文件

【导语】

File 类提供的静态方法使用简便，除 File 类公开的方法外，开发人员也可以使用 FileInfo 类来创建文件。与 File 不同，在使用 FileInfo 前需要进行实例化，传递给构造函数的参数为要处理的文件名（相对路径或绝对路径）。实例化 FileInfo 对象后，可以调用实例方法 Create 来创建新文件，该方法调用后返回一个文件流实例（FileStream），可用于向文件写入内容。类似地，对于 DirectoryInfo 类，也可以先进行实例化，然后调用 Create 方法来创建目录。

【操作流程】

步骤 1：新建一个控制应用程序项目。

步骤 2：创建 FileInfo 实例。

```
FileInfo file = new FileInfo("test_data");
```

步骤 3：调用 Create 方法创建新文件，并向该文件写入数据。

```
using(var s = file.Create())
{
    s.Write(new byte[] { 55, 13, 27, 4, 16 });
}
```

步骤 4：运行示例程序后，在应用程序所在目录会生成一个 test_data 文件，可以通过系统的"属性"窗口查看刚新建的文件，如图 8-3 所示。

实例 244　判断目录是否已经存在

【导语】

要分析指定的目录是否存在，有两种方法：

（1）直接调用 Directory 类的 Exists 方法，并将待分析目录的完整路径传递给方法，如果目录已经存在，Exists 方法返回 true，否则返回 false。

（2）先用待分析目录的路径创建一个 DirectoryInfo 实例，再通过其 Exists 属性来判断目录是否存在。

对应地，如果要判断一个文件是否存在，可以调用 File 类的 Exists 方法，或者使用 FileInfo 类的 Exists 属性。

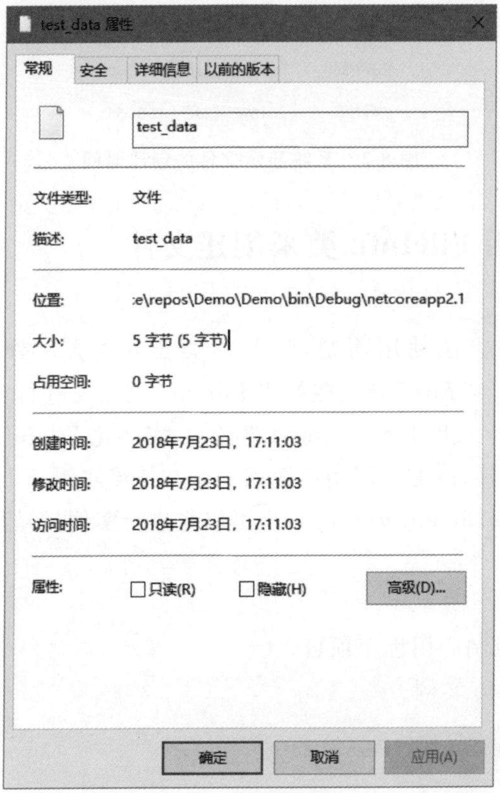

图 8-3　查看文件属性

【操作流程】

步骤 1：新建控制台应用程序项目。

步骤 2：声明一个字符串类型的变量，表示目录的名称。

```
string dirName = "sample_folder";
```

步骤 3：当目录不存在的情况下，创建该目录。

```
if (!Directory.Exists(dirName))
{
    Directory.CreateDirectory(dirName);
}
```

如果目录已经存在，那么就不会去创建目录了。

实例 245　向文件追加文本

【导语】

以"Append"开头的方法，都是用于向文件追加内容的，其特点是：如果文件不存在，将创建新文件，并写入内容；如果文件已经存在且文件中已有内容，就从文件的末尾开始写入,即文件原有的内容不会被删除。

File 类公开了以下几种追加方法。

(1) AppendAllLines:写入的内容以行为单位,内容中的每个元素单独写入一行,元素后面自动追加换行符。

(2) AppendAllText:以文件末尾为写入点,一次性将内容写入文件,内容结尾不会自动添加换行符。

(3) AppendText:此方法最为灵活。它返回一个 StreamWriter,支持向文件写入各种数据类型的内容,如 char、int 等。

本实例将演示 AppendAllText 方法的使用,将四句唐诗写入文本文件,其中第二次写入的文本中带有换行符。

【操作流程】

步骤 1:新建控制台应用程序项目。

步骤 2:声明字符串变量,存放文件名。

```
string file_name = "abc.txt";
```

步骤 3:依次向文件追加四句唐诗。

```
File.AppendAllText(file_name, "绝对有佳人,");
File.AppendAllText(file_name, "幽居在空谷。\r\n");
File.AppendAllText(file_name, "自云良家子,");
File.AppendAllText(file_name, "零落依草木。");
```

步骤 4:按下 F5 快捷键运行程序。

步骤 5:待程序执行结束后,打开项目的\bin\Debug\netcoreapp<版本号>子目录,会看到有一个 abc.txt 文件,用记事本打开该文件,就能看到本实例所写入的内容,如图 8-4 所示。

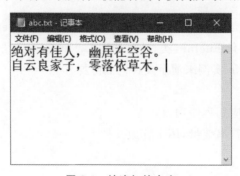

图 8-4 被追加的内容

注意:为了能在记事本中查看文件时呈现换行效果,示例中使用的换行符为\r\n,即回车符与换行符的结合。

实例 246　覆写文件内容

【导语】

以"Write"开头的方法，不同于以"Append"开头的方法。Append* 方法不会删除文件原有的内容，而 Write* 方法是先清除文件原有的内容，再重新写入。

本实例将演示 WriteAllText 方法的使用方法，三次写入文件，而最终只保留最后一次写入的内容。

【操作流程】

步骤 1：新建控制台应用程序项目。

步骤 2：声明一个字符串变量，存放文件名。

```
string fileName = "abc.txt";
```

步骤 3：调用 WriteAllText 方法，分三次写入文件。

```
File.WriteAllText(fileName, "第一次写入的文本。");
File.WriteAllText(fileName, "第二次写入的文本。");
File.WriteAllText(fileName, "第三次写入的文本。");
```

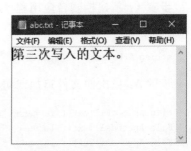

图 8-5　保留最后写入的内容

步骤 4：运行示例程序。

步骤 5：待程序执行结束后，找到项目目录下的\bin\Debug\netcoreapp >版本号>子目录，打开 abc. txt 文件，如图 8-5 所示，文件中只保留最后一次写入的内容。

实例 247　使用 FileInfo 类删除文件

【导语】

删除文件有两种方法：第一种方法是直接调用 File 类的 Delete 方法，此方法为静态方法；第二种方法是先实例化 FileInfo 类，然后调用 Delete 实例方法删除文件。

本实例将通过 FileInfo 实例来演示文件的删除操作。

【操作流程】

步骤 1：新建控制台应用程序项目。

步骤 2：声明一个字符串变量，用于存放文件名。

```
string fileName = "test";
```

步骤 3：创建 FileInfo 实例。

```
FileInfo info = new FileInfo(fileName);
```

步骤 4：判断文件是否已存在，如果存在，就调用 Delete 方法删除文件。

```
if (info.Exists)
```

```
{
    info.Delete();
}
```

步骤 5：删除文件后，重新创建文件，并在文件中写入随机生成的字节。

```
using (var fs = info.Create())
{
    byte[] buffer = new byte[512];
    // 用于产生随字节
    Random rand = new Random();
    rand.NextBytes(buffer);
    fs.Write(buffer);
}
```

实例 248　以行的形式写入文本

【导语】

以行的形式写入文本，会自动在每个文本元素的后面加上换行符。File 类提供两种写入文本的方法：一种是 AppendAllLines 方法，它在文件现有的内容上写入新文本；另一种是 WriteAllLines 方法，它会将文件现有的内容删除，然后再写入新的文本。

本实例将演示 AppendAllLines 方法的用法，它在写入过程中不会删除原有的内容。

【操作流程】

步骤 1：新建一个控制台应用程序项目。

步骤 2：声明字符串变量，存放文件名。

```
string fileName = "1.txt";
```

步骤 3：准备要写入文件的四行文本，也就是一个字符串数组。

```
String[] lines =
{
    "第一行文本",
    "第二行文本",
    "第三行文本",
    "第四行文本"
};
```

待写入的文本中不要求带有换行符，因为 AppendAllLines 方法会自动在字符串后面加上换行符。

步骤 4：调用 AppendAllLines 方法，将上述字符串数组中的文本写入目标文件。

```
File.AppendAllLines(fileName, lines);
```

步骤 5：按快捷键 F5 运行应用程序。

步骤 6：待程序执行完成之后，找到项目目录下的\bin\Debug\netcoreapp<版本号>子目录，打开 1.txt 文件，就可以看到写入的四行文本了，如图 8-6 所示。

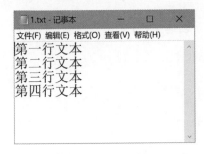

图 8-6　已写入四行文本

实例 249　重命名目录

【导语】

若需要重命名目录，可以使用 Move 方法。Move 方法的主要功能是移动文件或目录，但也可以用于实现文件或目录的重命名，原理是将原来的文件或目录移动到相同的位置，但在移动的目标位置使用新的名字。

本实例演示了使用 Move 方法来重命名目录，文件的重命名方法类似。

【操作流程】

步骤 1：创建控制台应用程序项目。

步骤 2：声明两个字符串变量，分别表示重命名前后的目录名称。

```
string oldName = "test_1";
string newName = "test_2";
```

步骤 3：用 oldName 作为目录名称创建一个新目录。

```
Directory.CreateDirectory(oldName);
```

步骤 4：调用 Move 方法移动创建好的目录，目标为新的目录名称，即 newName 变量所指定的名称。

```
Directory.Move(oldName, newName);
```

步骤 5：运行应用程序。

步骤 6：待程序执行完成后，在项目所在的目录下找到\bin\Debug\netcoreapp<版本号>子目录，可以看到名为 test_2 的目录。

注意：考虑到各个平台中文件系统的差异，一般建议跨平台应用程序使用相对路径，增强应用程序的通用性。

实例 250 通过 ReadAllLines 方法读取文件中的所有行

【导语】

ReadAllLines 方法一般用于读取文本文件,它可以将文件中的所有文本行读出来,并将每一行作为一个元素存入 string 数组中,被读出的每一行字符都会自动去掉换行符。

【操作流程】

步骤 1:新建控制台应用程序项目。

步骤 2:在应用程序项目所在目录下找到\bin\Debug\netcoreapp<版本号>子目录,在该子目录下新建一个文件,并使用文本编辑工具往文件中输入几行文本,例如在 Windows 平台上,可以使用记事本来输入内容并保存。

保存文件时注意选择文件的编码为 UTF-8(如图 8-7 所示),这样应用程序在读取文本时不会读出乱码。

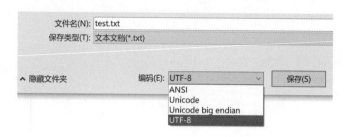

图 8-7 文本文件以 UTF-8 编码保存

步骤 3:回到 Visual Studio 开发环境,在 Main 方法中声明一个字符串变量,用于存放待访问的文件名,即刚才所保存的文本文件的名字。

```
string fileName = "test.txt";
```

步骤 4:读出文件中的所有行。

```
string[] lines = File.ReadAllLines(fileName);
```

步骤 5:输出读取的各行字符。

```
foreach (string line in lines)
{
    Console.WriteLine(line);
}
```

图 8-8 从文件中读出的文本行

步骤 6:运行应用程序,读出的文本如图 8-8 所示。

实例 251　依据文件的大小排序

【导语】

本实例整合了文件操作与 LINQ 查询相关的知识点。

访问 FileInfo 类的实例属性 Length，可以以字节为单位获取当前文件的大小。在 LINQ 语句中，可以使用 orderby 子句并以 Length 属性为依据进行排序，最后以二元组的形式返回查询结果。

【操作流程】

步骤 1：新建一个控制台应用程序项目。

步骤 2：在 Program 类中编写一个名为 MakeFiles 的静态方法，该方法的作用是产生 20 个随机大小的文件，稍后可用于测试。

```
static void MakeFiles()
{
        Random rand = new Random();
        for(int x = 0; x < 20; x++)
        {
            // 随机产生字节数
            int bufferLen = rand.Next(10, 99999);
            // 创建字节数组
            byte[] buffer = new byte[bufferLen];
            // 用随机字节填充数组
            rand.NextBytes(buffer);
            // 创建新文件,并写入内容
            using(FileStream fs = File.Create("demo_" + (x + 1)))
            {
                fs.Write(buffer);
            }
        }
}
```

步骤 3：在 Main 方法中，调用 MakeFiles 方法来生成随机文件。

```
MakeFiles();
```

步骤 4：实例化 DirectoryInfo 类，目标目录为当前应用程序所在的目录。

```
DirectoryInfo dir = new DirectoryInfo("./");
```

步骤 5：使用 LINQ 语句查询，并按文件大小排序。

```
var q = from f in dir.EnumerateFiles("demo_*")
        orderby f.Length
        select (FileName: f.Name, FileSize: f.Length);
```

此处使用 EnumerateFiles 方法罗列当前目录下的子文件而非 GetFiles 方法，因为

EnumerateFiles 方法更适用于查询操作,此方法不必等待所有文件扫描完成后再返回,从调用方法开始就会返回找到的文件,所以能提升查询的效率。

步骤 6:输出查询结果。

```
foreach (var i in q)
{
        Console.WriteLine($"文件:{i.FileName},大小:
{i.FileSize} 字节");
}
```

图 8-9　按大小排序后的文件列表

步骤 7:(此步骤可选)打开项目属性窗口,切换到"生成事件"选项页,在"生成前事件命令行"中输入以下命令:

```
del $(OutDir)\\demo_*
```

这样可以在重新生成项目的时候删除测试所用的文件。$(OutDir)宏表示应用项目的输出目录,默认是项目目录下的\bin\Debug\netcoreapp <版本号>子目录。

步骤 8:运行应用程序,排序后的结果如图 8-9 所示。

实例 252　枚举磁盘驱动器

【导语】

DriveInfo 类封装了与磁盘驱动器的有关的信息,如卷标、可用空间、根目录等。调用静态的 GetDrives 方法,可以获取当前系统中的驱动器列表。在访问驱动器信息之前,应当先检查一下 IsReady 属性,只有当该属性为 true 时,此驱动器的信息才有效。

【操作流程】

步骤 1:新建控制台应用程序项目。

步骤 2:调用静态方法 GetDrives,获取驱动器列表。

```
DriveInfo[] drs = DriveInfo.GetDrives();
```

步骤 3:通过 LINQ 语句查询出 IsReady 属性为 true 的驱动器信息。

```
var q = from d in drs
        where d.IsReady
        select d;
```

步骤 4:输出驱动器信息。

```
foreach (var di in q)
{
        Console.WriteLine($"驱动器名:{di.Name}");
```

```
Console.WriteLine( $ "卷标:{di.VolumeLabel}");
Console.WriteLine( $ "总容量:{di.TotalSize}");
Console.WriteLine( $ "当前可用空间:{di.TotalFreeSpace}");
Console.WriteLine( $ "驱动器类型:{di.DriveType}");
Console.WriteLine( $ "文件格式:{di.DriveFormat}");
Console.WriteLine( $ "根目录:{di.RootDirectory.Name}");
Console.Write("\n");
}
```

步骤 5：运行应用程序，输出结果如图 8-10 所示。

图 8-10　驱动器信息

8.2　流

实例 253　向内存流写入内容

【导语】

流，是输入/输出操作中很常用的一种类型，它表示数据内容的字节按照顺序进行排列。读写流中的字节时，既可以按照其排列的顺序来处理，也可以随意移动读写的指针位置，以完成更复杂的输入/输出操作。

内存流，即从内存中划分出一个特定区域，应用程序可以将字节序列存放到这个区域中。内存流很适合用于读写临时数据，因为它不用处理磁盘上的文件，可以直接在内存中完成相关处理，速度快，而且用完之后可以马上释放内存资源。对于不需要长久保存的内容，特别适合在内存流中读写。

MemoryStream 类封装了一系列操作内存流的方法。所有与流相关的类型都实现了 IDisposable 接口，以便于在使用完之后可以释放其占用的资源。比较优雅的一种做法是：把流对象的实例放在 using 语句块中，在执行完 using 语句块后会自动释放实例。

【操作流程】

步骤 1：新建一个控制台应用程序项目。

步骤 2：声明一个字节数组，并进行赋值。

```
byte[] buffer = { 155, 16, 3, 200, 77, 9, 21, 34, 60 };
```

步骤 3：在 using 代码块中创建 MemoryStream 实例。

```
using(MemoryStream stream = new MemoryStream())
{
    ...
}
```

步骤 4：将刚才创建的字节数组写入到内存流中。

```
using(MemoryStream stream = new MemoryStream())
{
    // 写入内容
    stream.Write(buffer);
}
```

注意：在 Stream 类中，接受 byte[ ]类型参数的 Write 方法声明如下。

```
void Write(byte[ ] buffer, int offset, int count);
```

而本实例中实际使用的为如下重载版本。

```
void Write(ReadOnlySpan < byte > buffer);
```

该方法接受的参数类型是 ReadOnlySpan < byte >，之所以可以直接把 byte[ ]类型的实例传递给 buffer 参数，是因为 ReadOnlySpan 结构定义了隐式转换，数组类型实例可以直接赋值给 ReadOnlySpan 类型的变量，隐式转换的声明如下。

```
static implicit operator ReadOnlySpan < T >(T[ ] array);
```

实例 254　将内存流中的内容转换为字节数组

【导语】

MemoryStream 类公开了 ToArray 方法，能够将内存流中所包含的内容转换为字节数组。

【操作流程】

步骤 1：新建一个控制台应用程序项目。

步骤 2：声明一个字节数组变量，稍后用于接收从内存流中转换的内容。

```
byte[ ] data = null;
```

步骤 3：创建内存流实例，并向其中写入 20 个随机生成的字节。

```
using (MemoryStream stream = new MemoryStream())
```

```
{
    // 用于产生随机字节
    Random rand = new Random();
    // 写入 20 字节
    byte[] buffer = new byte[20];
    rand.NextBytes(buffer);
    stream.Write(buffer);
}
```

步骤 4：随后调用内存流实例的 ToArray 方法，获取字节数组。

```
using (MemoryStream stream = new MemoryStream())
{
    ...
    // 从流中重新提取字节数组
    data = stream.ToArray();
}
```

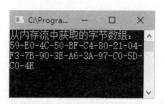

步骤 5：在控制台中输出从内存流中提取的字节序列。

```
Console.WriteLine(BitConverter.ToString(data));
```

图 8-11　从内存流中提取的字节序列

步骤 6：运行应用程序，得到的结果如图 8-11 所示。

实例 255　从内存流中读取内容

【导语】

本实例演示了 Read 方法的使用，它的声明如下：

```
int Read(byte[] buffer, int offset, int count);
```

buffer 参数是一个字节数组，用来存放读出来的字节。offset 参数指定数组中开始存入读出字节的位置索引，即从 buffer 数组的哪个位置开始写入读到的数据，此索引是从 0 开始计算的。count 参数指定要从流中读入的字节的最大数量。Read 方法的返回值表示实际读取的字节数量，如果流中剩余的字节小于 count 参数指定的数量，则 Read 方法所返回的数量会小于 count 参数所指定的数量；如果已经到了流的末尾，无可用字节，则 Read 方法返回 0。

【操作流程】

步骤 1：新建一个控制台应用程序项目。

步骤 2：在 Program 类中定义一个 GetStream 方法，用于创建内存流实例并向流中写入字节序列。

```
static MemoryStream GetStream()
{
    MemoryStream ms = new MemoryStream();
```

```
// 写入 5 字节
ms.WriteByte(1);
ms.WriteByte(2);
ms.WriteByte(3);
ms.WriteByte(4);
ms.WriteByte(5);
// 将读写指针复位
ms.Position = 0L;
return ms;
}
```

步骤 3：在 Main 方法中，调用 GetStream 方法获取流实例的引用，并写入 using 语句块中。

```
using(MemoryStream stream = GetStream())
{
    ...
}
```

步骤 4：从流中读取刚刚写入的字节序列。

```
using(MemoryStream stream = GetStream())
{
    byte[] buffer = new byte[stream.Length];
    stream.Read(buffer, 0, buffer.Length);
    Console.WriteLine( $ "读出的字节:\n{BitConverter.ToString(buffer)}");
}
```

步骤 5：运行应用程序，输出结果如下。

```
读出的字节:
01 - 02 - 03 - 04 - 05
```

实例 256　使用 StreamWriter 类将文本写入文件

【导语】

　　StreamWriter 类继承了 TextWriter 类，它是专门为写入文本内容而设计的。StreamWriter 类支持以流的形式将内容写入文件，虽然它允许写入如 bool、int、decimal、float、object 等数据类型的内容，但最终会以文本的形式写入文件中（如同调用了写入对象的 ToString 方法）。

　　StreamWriter 类默认使用 UTF-8 编码格式来写入文本，如需改用其他编码格式，可以调用带有 System.Text.Encoding 类型参数的构造函数，例如以下形式。

```
StreamWriter(System.IO.Stream, System.Text.Encoding)
```

　　写入内容的时候，可以调用 Write 方法或者 WriteLine 方法，两种方法功能相近，只是

WriteLine 方法会自动在写入的内容后面追加换行符。

StreamWriter 类可以应用于各种类型的流，例如内存流、文件流等。如果调用的是带 string 类型参数的构造函数，则可以直接指定文件名，StreamWriter 类会把文本内容直接输出到文件中。

【操作流程】

步骤 1：新建控制台应用程序项目。

步骤 2：在项目模板生成的 Main 方法中，创建 StreamWriter 实例，要写入的文件名为 abc.txt。

```
using (StreamWriter writer = new StreamWriter("abc.txt"))
{
    ...
}
```

步骤 3：依次写入以下数据类型的内容：int、decimal、string、bool、DateTime。

```
using (StreamWriter writer = new StreamWriter("abc.txt"))
{
    writer.WriteLine(300);
    writer.Write(0.335M);
    writer.Write("test");
    writer.WriteLine(false);
    writer.Write(DateTime.Today);
}
```

步骤 4：运行应用程序。

步骤 5：待程序执行完成后，找到应用程序所在的目录，打开 abc.txt 文件，能看到已写入该文本文件的内容，如图 8-12 所示。

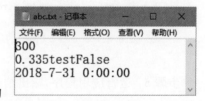

图 8-12　写入到文本文件中的内容

实例 257　使用 StreamReader 类读取文本文件

【导语】

与 StreamWriter 类相对应，框架提供了一个 StreamReader 类，用于以文本形式读取流中的内容。

常用的读取方法如下。

（1）Read 方法：可以读取一个字符，以 int 类型返回，可以转换为 char 类型；此方法的其他重载支持读取多个字符，结果存储在 char 数组中。

（2）ReadLine 方法：每次读取一行。

（3）ReadToEnd 方法：一次性读取所有文本。

在读取流的时候，有两种方法可以判断读取指针是否已经到了流的末尾（到了流的末尾就无法读取有效的内容了）：

第一种是调用 Peek 方法。该方法会提取下一个字符,但不会执行读取,如果没有可用字符,方法返回−1,以此判断读取指针已经到了流的末尾。

第二种方法是检查 Read 或 ReadLine 方法的返回值。对于 ReadLine 方法,如果返回 null,说明没有可读取的内容了。对于 Read 方法,如果读不到有效字符,会返回−1。

本实例首先将四行文本写入文件,随后使用 StreamReader 类逐行读出文本,并输出到控制台。

【操作流程】

步骤 1:新建控制台应用程序项目。

步骤 2:在 Program 类中定义 WriteSomethingToFile 方法,用于将文本写入文件。

```
static void WriteSomethingToFile()
{
    using(StreamWriter writer = new StreamWriter("demo.txt"))
    {
        writer.WriteLine("first line");
        writer.WriteLine(5000000L);
        writer.WriteLine(0.000075d);
        writer.WriteLine(6600);
    }
}
```

步骤 3:在 Main 方法中,调用 WriteSomethingToFile 方法写入文件。

步骤 4:调用 WriteSomethingToFile 方法后,实例化 StreamReader 类,从文件中读取内容(逐行读取,并向控制台输出)。

```
using(StreamReader reader = new StreamReader("demo.txt"))
{
    string line = null;
    while((line = reader.ReadLine()) != null)
    {
        Console.WriteLine(line);
    }
}
```

步骤 5:运行应用程序,输出结果如下。

```
first line
5000000
7.5E - 05
6600
```

实例 258　调用 Seek 方法重新设置流的当前位置

【导语】

在读写流中的内容时,在需要的情况下可以修改流的当前位置。Seek 方法可以调整流的当前读写位置。Seek 方法的第一个参数是新的位置,如果位置向流的结尾移动,则新的位置为正值;反之,如果位置向流的开头移动,则应为负值。Seek 方法的第二个参数是指定新位置的参考点,由 SeekOrigin 枚举指定,它包含以下三个可用值。

(1)Begin:新位置以流的开头为参考。

(2)Current:新位置以流的当前位置为参考。

(3)End:新位置是相对于流的结尾而设定的。

【操作流程】

步骤 1:新建控制台应用程序项目。

步骤 2:创建内存流实例,并将实例化过程写在 using 代码块中。

```
using(MemoryStream ms = new MemoryStream())
{
    ...
}
```

步骤 3:向流中写入 8 字节。

```
for(byte x = 1; x <= 8; x++)
{
    ms.WriteByte(x);
    Console.Write(" 0x{0:x2}", x);
}
```

步骤 4:将流的当前位置(读写指针)调整到倒数第三个字节处。由于位置是相对于流的尾部的,因此位置索引为-3。

```
ms.Seek(-3, SeekOrigin.End);
```

步骤 5:从新位置开始逐个字节读取,直到流的结尾。

```
int r;
while ((r = ms.ReadByte()) > -1)
{
    Console.Write(" 0x{0:x2}", r);
}
```

步骤 6:运行应用程序,控制台输出结果如图 8-13 所示。

图 8-13 读出流中最后 3 字节

实例 259　通过 Position 属性更改流的当前位置

【导语】

要设置流的当前位置,除了使用 Seek 方法外,还可以直接设置 Position 属性。该属性的值是从 0 开始计算的,即 0 表示流的开始位置。

【操作流程】

步骤 1:新建控制台应用程序项目。

步骤 2:将随机产生的字节序列写入文件。

```
using(FileStream fs = new FileStream("demo", FileMode.OpenOrCreate))
{
    Random rand = new Random();
    byte[] data = new byte[10];
    rand.NextBytes(data);
    fs.Write(data);
}
```

步骤 3:从该文件中读出最后 5 字节。

```
using(FileStream fs = new FileStream("demo", FileMode.Open))
{
    // 重新设定当前位置
    fs.Position = 5L;
    byte[] buffer = new byte[fs.Length - fs.Position];
    // 读入字节
    fs.Read(buffer, 0, buffer.Length);
    // 输出结果
    Console.WriteLine( $ "文件中的最后 5 字节为:\n{BitConverter.ToString(buffer)}");
}
```

Position 属性的值是以 0 为基础的,从第 6 个字节开始读取,当前位置应设定为 5。

步骤 4:运行应用程序,输出的结果如下。

```
文件中的最后 5 字节为:
17 - 88 - 25 - C0 - 7B
```

8.3　压缩与解压缩

实例 260　使用 DeflateStream 类压缩文件

【导语】

在 System.IO.Compression 命名空间下,框架已经封装了一组常用的类,用于对流进行压缩和解压缩,这些类的操作方法与流相似(毕竟它们都是从 Stream 类派生出来的)。

本实例使用压缩功能类 DeflateStream，它采用 Deflate 压缩标准算法，属于 huffman 编码的增强版。框架内部默认通过 zlib 实现 DeflateStream 类。

【操作流程】

步骤 1：新建控制台应用程序项目。

步骤 2：接收用户输入，分别收集待压缩文件的路径和压缩后文件的输出路径。

```
Console.WriteLine("请输入待压缩文件的完整路径:");
string inputFilePath = Console.ReadLine();
Console.WriteLine("请输入压缩后文件的输出路径:");
string outputFilePath = Console.ReadLine();
```

ReadLine 方法将从控制台读取用户输入的一行文本，以用户按下 Enter 来确认。

步骤 3：对输入文件进行压缩。

```
using (FileStream instream = new FileStream(inputFilePath, FileMode.Open))
using (FileStream outstream = new FileStream(outputFilePath, FileMode.Create))
using (DeflateStream defstream = new DeflateStream(outstream, CompressionLevel.Optimal))
{
    instream.CopyTo(defstream);
}
```

在实例化 DeflateStream 类时，需要绑定一个基础流实例，随后会将压缩好的数据写入到这个流中，此处以输出文件流为写入目标。CopyTo 方法可以完成流与流之间简单的数据传递，它直接把输入文件流中的所有字节序列复制到目标流中。

步骤 4：执行完文件压缩后，分别输出两个文件的大小，以观察压缩效果。

```
FileInfo f1 = new FileInfo(inputFilePath), f2 = new FileInfo(outputFilePath);
Console.WriteLine($"压缩前文件大小:{f1.Length}");
Console.WriteLine($"压缩后文件大小:{f2.Length}");
```

步骤 5：运行应用程序，依次输入待压缩文件与压缩后文件的路径，按下 Enter 键确认后会输出压缩前后的文件大小，如图 8-14 所示。

图 8-14　文件压缩前后的大小对比

注意：并非所有文件都能产生较高的压缩比，某些特殊文件在压缩后反而会增大，但增大的幅度较小。

实例 261　创建 Zip 压缩文档

【导语】

ZipArchive 类支持对 zip 压缩文档的基本管理,压缩文档中的每个文件(实体)由 ZipArchiveEntry 类进行维护。调用 ZipArchiveEntry 实例的 Delete 方法可以将文件从 zip 文档中删除;调用 Open 方法将得到一个流实例,可以对压缩文档中的文件实体进行读写操作。

本实例将完成两项操作:首先创建一个 zip 压缩文档,并向该文档添加三个文件实体,每个实体都写入内容。然后将该压缩文档中的文件实体解压出来,分别存储到三个文本文件中。

【操作流程】

步骤 1:新建一个控制台应用程序项目。

步骤 2:声明一个 string 类型的变量,存放文件名。

```
string zipFile = "demo.zip";
```

步骤 3:创建 zip 压缩文档,并存入三个实体,详见代码清单 8-1。

代码清单 8-1　在新 zip 压缩文档中存入三个实体

```
using (FileStream outfs = File.Create(zipFile))
{
    using (ZipArchive zip = new ZipArchive(outfs, ZipArchiveMode.Create))
    {
        // 第一个文件
        ZipArchiveEntry et1 = zip.CreateEntry("docs/doc1.txt");
        using (Stream stream = et1.Open())
        {
            using (StreamWriter writer = new StreamWriter(stream))
            {
                writer.Write("示例文档 A");
            }
        }
        // 第二个文件
        ZipArchiveEntry et2 = zip.CreateEntry("docs/doc2.txt");
        using (Stream stream = et2.Open())
        {
            using (StreamWriter writer = new StreamWriter(stream))
            {
                writer.Write("示例文档 B");
            }
        }
        // 第三个文件
        ZipArchiveEntry et3 = zip.CreateEntry("docs/doc3.txt");
```

```
                    using (Stream stream = et3.Open())
                    {
                        using (StreamWriter writer = new StreamWriter(stream))
                        {
                            writer.Write("示例文档 C");
                        }
                    }
                }
            }
```

注意：若要创建新的压缩文档，在调用 ZipArchive 类的构造函数时，不仅要提供基础文件的流，还要将 mode 参数指定为 ZipArchiveMode.Create，否则会发生异常。
调用 CreateEntry 方法时指定的实体名称，允许使用相对路径。

步骤 4：将已创建的 zip 压缩文档中的三个实体解压出来，并存到文本文件中。详见代码清单 8-2。

代码清单 8-2　解压文档中的实体

```
using(FileStream instream = File.OpenRead(zipFile))
{
    using(ZipArchive zip = new ZipArchive(instream))
    {
        foreach(ZipArchiveEntry et in zip.Entries)
        {
            using(Stream stream = et.Open())
            {
                using(FileStream fsout = File.Create(et.Name))
                {
                    stream.CopyTo(fsout);
                }
            }
        }
    }
}
```

步骤 5：运行应用程序。
步骤 6：应用程序执行完成后，在应用程序所在的目录下，会看到被解压出来的三个文本文件，如图 8-15 所示。

实例 262　使用 GZipStream 类压缩文件

【导语】
GZIP（全称 GNUzip）最早由 Jean-loup Gailly 和 Mark Adler 开发，用于 Unix 系统的文

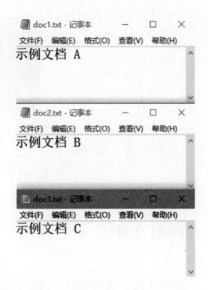

图 8-15　解压后的三个文本文件

件压缩,通常文件扩展名为.gz,是非常普遍的一种数据压缩格式,或者说是一种文件格式。框架以 GZipStream 类来封装 GZip 算法相关功能,使用方法与 DeflateStream 相同。

　　本实例将提示用户输入待压缩文件的路径,确认后使用 GZip 算法压缩文件,并在应用所在目录下输出名为 demo.gz 的文件。

【操作流程】

步骤 1:新建一个控制台应用程序项目。

步骤 2:获取用户输入的待压缩文件路径。

```
Console.WriteLine("请输入待压缩文件的路径:");
string inFilePath = Console.ReadLine();
```

步骤 3:声明一个 string 类型的变量,表示输入的压缩文件名。

```
string outFileName = "demo.gz";
```

步骤 4:对输入文件进行压缩处理。

```
using (FileStream fsIn = File.OpenRead(inFilePath))
using (FileStream fsOut = File.Create(outFileName))
{
    using (GZipStream gz = new GZipStream(fsOut, CompressionMode.Compress))
    {
        fsIn.CopyTo(gz);
    }
}
```

步骤 5：分别输出压缩前后的文件大小，以供对比。

```
FileInfo info1 = new FileInfo(inFilePath);
FileInfo info2 = new FileInfo(outFileName);
Console.WriteLine ( $ " 压 缩 前, 文 件 大 小: { info1.
Length}");
Console.WriteLine ( $ " 压 缩 后, 文 件 大 小: { info2.
Length}");
```

图 8-16   用 GZip 算法压缩文件

步骤 6：运行应用程序，输出内容如图 8-16 所示。

8.4   内存映射文件

实例 263   读写内存映射文件

【导语】

内存映射文件，其实是在应用程序内存空间中划分的一块特殊内存，可以像操作磁盘文件那样，在内存中新建文件，并写入或读取内容。

在内存中不仅可以读写文件，内存映射文件还可以从磁盘文件中提取内容，映射到内存空间中进行操作。这对于大型文件的读写尤为重要，应用程序不需要将整个文件都加载到内存中，而是映射文件中的"一段"数据，可以大大提升效率。

内存映射文件也可以用于在进程之间共享数据。例如，A 进程创建了文件 1.data 并写入数据，然后 B 进程可以从 1.data 文件中读取刚刚写入的数据。

在内存区域中创建的文件不需要显式删除，当引用该内存的最后一个进程退出时，内存中的数据就会被清理并由系统回收。

本实例简单演示了如何在内存中创建文件，并在同一个进程中写入和读取内容。

【操作流程】

步骤 1：新建一个控制台应用程序项目。

步骤 2：调用 CreateNew 静态方法创建新的内存文件。

```
MemoryMappedFile file = MemoryMappedFile.CreateNew("test", 200L);
```

步骤 3：向内存文件写入一行文本。

```
using (var mvstream = file.CreateViewStream())
{
    using (StreamWriter writer = new StreamWriter(mvstream))
    {
        writer.WriteLine("你好,这是一行文本。");
    }
}
```

调用 CreateViewStream 方法可以获得一个 MemoryMappedViewStream 实例，并通过流来读写文件。

步骤 4：读取写入内存文件的文本。

```
using (MemoryMappedFile mfile = MemoryMappedFile.OpenExisting("test"))
{
    using (var vstream = mfile.CreateViewStream())
    {
        using (StreamReader reader = new StreamReader(vstream))
        {
            string str = reader.ReadLine();
            Console.WriteLine(str);
        }
    }
}
```

对于已经存在的内存文件，应该调用 OpenExisting 静态方法来获得 MemoryMappedFile 实例的引用。

注意：调用 CreateNew 方法创建的 MemoryMappedFile 实例，在写入完数据后，不要立即释放资源。由于本实例的读写操作都是在同一个进程中执行的，如果写完数据后就释放实例，系统检测不到对内存文件的其他引用，新创建的内存文件就会被回收，就无法读取之后的代码了。

实例 264　将内存映射文件写入磁盘文件

【导语】

内存映射文件是存在于内存中的，一旦访问该内存区域的所有进程都退出，内存中的数据就会被回收，文件内容就丢失了。因此有必要将内存映射文件与磁盘文件关联，这样当内存中的数据被回收时，会将这些数据自动写入到磁盘文件中，可持久存储。

要建立内存文件与磁盘文件之间的映射关系，在获得 MemoryMappedFile 实例时，应该调用静态的 CreateFromFile 方法。

【操作流程】

步骤 1：新建一个控制台应用程序项目。

步骤 2：调用 CreateFromFile 方法，建立内存文件与磁盘文件之间的映射关系。

```
using(MemoryMappedFile mmfile = MemoryMappedFile.CreateFromFile("demo.data", FileMode.
OpenOrCreate, "demo", 100L))
{
    ...
}
```

此处调用的是以下重载版本的 CreateFromFile 方法。

```
MemoryMappedFile CreateFromFile(string path, FileMode mode, string mapName, long capacity);
```

path 参数指定磁盘上文件的路径，mapName 参数指定建立映射关系后内存文件的名字。注意,本实例中需要为 capacity 参数明确指定一个数值,该数值为映射文件的最大容量,因为磁盘上的文件原先并不存在,是在内存文件中写入数据后再保存到磁盘文件上的,所以必须指明 capacity 参数,否则会出现错误。本例指定文件的大小为 100 字节,不论实际写入了多少字节,最终产生的磁盘文件的大小都是 100 字节。

步骤 3:依次写入 int、float、long、double 四个数值。

```
using(var vstream = mmfile.CreateViewStream())
{
    using(BinaryWriter writer = new BinaryWriter(vstream))
    {
        writer.Write(160);
        writer.Write(1.27f);
        writer.Write(900000L);
        writer.Write(13.165d);
    }
}
```

对于值类型的数据,使用 BinaryWriter 类来写入比较合适,因为此类是以二进制方式来处理数据的。

步骤 4:从生成的磁盘文件中,依次读出这四个数值。

```
using(FileStream stream = File.OpenRead("demo.data"))
{
    Console.WriteLine( $ "文件的大小为:{stream.Length}");
    using(BinaryReader reader = new BinaryReader(stream))
    {
        int v1 = reader.ReadInt32();
        float v2 = reader.ReadSingle();
        long v3 = reader.ReadInt64();
        double v4 = reader.ReadDouble();
        Console.WriteLine( $ "读到的 int 值:{v1}");
        Console.WriteLine( $ "读到的 float 值:{v2}");
        Console.WriteLine( $ "读到的 long 值:{v3}");
        Console.WriteLine( $ "读到的 double 值:{v4}");
    }
}
```

注意:读取的顺序一定要与写入的顺序相同,才能读到正确的值。

步骤 5:运行应用程序,控制台输出结果如图 8-17 所示。

图 8-17　从磁盘文件中读出数据

8.5 命名管道

实例 265 实现本地进程之间的通信

【导语】

命名管道是一种比较简单易用的通信方式,它支持同一台计算机上进程与进程之间,或者不同计算机上进程与进程之间的数据传输。要使用命名管道进行进程间的通信,需要用到 System.IO.Pipes 命名空间中的以下两个类。

(1) NamedPipeServerStream 类:通信中的服务器,实例化该类型之后,需要调用 WaitForConnection 方法或者 WaitForConnectionAsync 方法来侦听客户端连接。

(2) NamedPipeClientStream 类:通信中的客户端,实例化该类型后,调用 Connect 方法可以向服务器发起连接请求。

NamedPipeServerStream 类与 NamedPipeClientStream 类都是 Stream 的派生类,因此它们都可以以流的方式发送或接收数据。

本实例的解决方案中包含两个应用程序项目,分别表示通信中的两个进程。当两个应用程序启动后,用户可以在客户端通过键盘输入消息然后发送,服务器会显示接收到的消息。

【操作流程】

首先实现服务器应用程序。

步骤 1:引入以下命名空间。

```
using System;
using System.IO;
using System.IO.Pipes;
```

步骤 2:在 using 语句块中实例化 NamedPipeServerStream 类。

```
using(NamedPipeServerStream server = new NamedPipeServerStream("demo"))
{
    ...
    Console.WriteLine("按任意键退出。");
    Console.Read();
}
```

调用 NamedPipeServerStream 构造函数时,传递一个自定义名称,此名称可以唯一确定该服务器管道。

步骤 3:等待客户端的连接。

```
server.WaitForConnection();
```

步骤 4：使用 StreamReader 类来读取从客户端发来的消息。

```
try
{
    using(StreamReader reader = new StreamReader(server))
    {
        string msg = null;
        while((msg = reader.ReadLine()) != null)
        {
            Console.WriteLine($"客户端:{msg}");
        }
    }
}
catch
{
    Console.WriteLine("发生了错误。");
}
```

接下来实现客户端应用程序。

步骤 5：引入以下命名空间。

```
using System;
using System.IO;
using System.IO.Pipes;
```

步骤 6：实例化 NamedPipeClientStream 类。在调用构造函数时，传递给 pipeName 参数的管道名称必须与服务器管道的名称匹配，否则无法进行连接。

```
using(NamedPipeClientStream client = new NamedPipeClientStream("demo"))
{
    ...
}
```

步骤 7：向服务器发出连接请求。

```
client.Connect();
```

步骤 8：使用 StreamWriter 类来写入要发送的消息。

```
using(StreamWriter writer = new StreamWriter(client))
{
    writer.AutoFlush = true;
    while(true)
    {
        Console.WriteLine("请输入要发送的内容:");
        string msg = Console.ReadLine();
        if (!string.IsNullOrWhiteSpace(msg))
        {
            writer.WriteLine(msg);
        }
    }
}
```

将 AutoFlush 属性设置为 true，可以使 StreamWriter 实例每次写入数据后自动将数据提交到基础的 NamedPipeClientStream 实例中，从而达到立刻发送消息的目的。

步骤 9：在 Visual Studio 的"解决方案资源管理器"窗口中，右击解决方案名称，从快捷菜单中选择属性命令，打开解决方案属性窗口。

步骤 10：在启动项目对话框中勾选多个启动项目，然后将服务器和客户端两个应用程序项目都设置为启动，单击确定按钮保存，这样在运行时就可以同时启动两个项目，如图 8-18 所示。

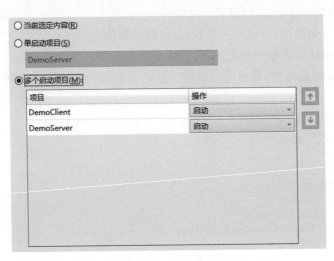

图 8-18　两个项目均设置为启动

步骤 11：按 F5 快捷键同时运行两个项目。

步骤 12：在客户端中输入要发送的消息，按 Enter 键确认，在服务器程序中就会看到已接收的消息，如图 8-19 所示。

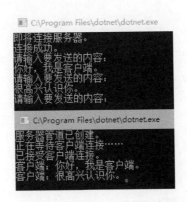

图 8-19　服务器与客户端的输出文本

实例 266　单向管道通信

【导语】

在调用 NamedPipeServerStream 和 NamedPipeClientStream 类的构造函数时,可以传递一个 direction 参数,该参数类型是 PipeDirection 枚举,用来指定管道的通信方向,它定义了以下三个值。

(1) Out:管道仅为输出模式,即只能写入消息。

(2) In:管道仅为输入模式,即只读通信。

(3) InOut:双向通信,可以写入消息,也可以读取消息。

当未指定 direction 参数的情况下,默认生成双向通信的管道(InOut)。

本实例将实现单向通信,服务器只能用于发送消息,而客户端只能读取消息。

【操作流程】

以下是服务器的实现步骤。

步骤 1:引入以下命名空间。

```
using System;
using System.IO;
using System.IO.Pipes;
```

步骤 2:实例化 NamedPipeServerStream 类。

```
using(NamedPipeServerStream server = new NamedPipeServerStream("test", PipeDirection.Out))
{
    ...
}
```

在调用构造函数时,明确指定 direction 参数为 Out。

步骤 3:等待客户端连接。

```
server.WaitForConnection();
```

步骤 4:使用 StreamWriter 类来写入消息。

```
using(StreamWriter writer = new StreamWriter(server))
{
    writer.AutoFlush = true;
    Console.ForegroundColor = ConsoleColor.Yellow;
    Console.WriteLine("注意:可输入"end"退出。");
    Console.ResetColor();
    while (true)
    {
        Console.Write("请输入要发送的消息:");
        string msg = Console.ReadLine();
        if(msg.ToLower() == "end")
```

```
        {
            break;
        }
        writer.WriteLine(msg);
        server.WaitForPipeDrain();
    }
}
```

为了可以发送多条消息，发送消息的代码写在 while 循环中，当输入的内容为"end"时跳出循环。发送消息后调用一次 WaitForPipeDrain 方法，可以使服务器等待客户端收到消息后再继续发送后续的消息。

以下是客户端的实现步骤。

步骤 5：引入以下命名空间。

```
using System;
using System.IO;
using System.IO.Pipes;
```

步骤 6：实例化 NamedPipeClientStream 类。

```
using(NamedPipeClientStream client = new NamedPipeClientStream(".", "test", PipeDirection.In))
{
    ...
}
```

该代码使用了以下重载版本的构造函数。

```
NamedPipeClientStream(string serverName, string pipeName, PipeDirection direction)
```

serverName 指定远程计算机名称，由于本例是在本机进行测试，此参数可以使用"."或"localhost"。direction 参数为 In，即可读通信。

步骤 7：连接服务器。

```
client.Connect();
```

步骤 8：使用 StreamReader 类来读取消息。

```
using(StreamReader reader = new StreamReader(client))
{
    string msg = null;
    while((msg = reader.ReadLine()) != null)
    {
        Console.WriteLine($"服务器:{msg}");
    }
}
```

步骤 9：在解决方案属性中将两个应用项目都设置为启动项目。

步骤 10：同时运行两个项目，在服务器上写入要发送的消息，按 Enter 键确认后，客户端会显示接收到的消息，如图 8-20 所示。

图 8-20　单向管道通信

第 9 章

序　列　化

在本章节中,读者将学习到以下内容:

- 简单序列化方案;
- XML 序列化;
- 数据协定。

9.1　简单序列化方案

实例 267　二进制序列化

【导语】

序列化(Serialization,也可以翻译为"串行化"),就是将某个对象实例的状态信息存储到可传输介质中,例如内存中、文件中以及通过网络发送的数据中。实例的状态信息包括对象的属性和字段成员的值(不包括方法和事件)。

当需要还原对象的状态信息时,可以从可传输介质中读出这些数据,重新为对象的属性或字段成员赋值,此过程称为反序列化(Deserialization)。

所谓二进制序列化,就是将对象实例的状态信息以二进制的方式存储,这样产生数据的体积小,但不便于在不同的网络平台之间传输。要让自定义类型支持二进制序列化,需要在类型上应用 SerializableAttribute。

【操作流程】

步骤 1:新建控制台应用程序项目。

步骤 2:声明一个 Person 类,包含两个公共属性,稍后会将 Person 类的实例进行序列化和反序列化。

```
[Serializable]
class Person
{
    public string Name { get; set; }
    public int Age { get; set; }
}
```

注意：让类型支持二进制序列化，必须应用 SerializableAttribute。但类型是否需要定义为公共类型，是可选的。

步骤 3：声明一个字符串变量用于存放序列化数据的文件名，本实例会将 Person 实例的状态信息保存到文件中。

```
string fileName = "demo.data";
```

步骤 4：执行序列化。

```
using(FileStream fs = new FileStream(fileName, FileMode.OpenOrCreate))
{
    BinaryFormatter ft = new BinaryFormatter();
    // 创建 Person 类实例
    Person ps = new Person
    {
        Name = "Jack",
        Age = 28
    };
    ft.Serialize(fs, ps);
}
```

二进制序列化用到的是 BinaryFormatter 类（需要引入 System. Runtime. Serialization. Formatters. Binary 命名空间），序列化时只要调用 Serialize 方法即可。

步骤 5：执行反序列化，还原 Person 对象的状态。

```
using(FileStream fs = new FileStream(fileName, FileMode.Open))
{
    BinaryFormatter ft = new BinaryFormatter();
    // 从已保存的数据中读出 Person 实例
    Person ps = (Person)ft.Deserialize(fs);
    // 输出实例的属性值
    Console.WriteLine( $ "Name: {ps.Name}\nAge: {ps.Age}");
}
```

反序列化调用 Deserialize 方法，该方法返回的类型为 object，因此需要强制进行类型转换。

步骤 6：运行应用程序，输出反序列化的属性值如下。

```
Name: Jack
Age: 28
```

实例 268　使用 DataContractSerializer 类进行序列化

【导语】

DataContractSerializer 类是与数据协定配套使用的类，但它也可以对未应用协定特性的普通类型进行序列化和反序列化。默认情况下，DataContractSerializer 类将对象实例序列化为 XML 数据。序列化可调用 WriteObject 方法，而反序列化可调用 ReadObject 方法。

【操作流程】

步骤 1：新建一个控制应用程序项目。

步骤 2：引入以下命名空间。

```
using System;
using System.IO;
using System.Runtime.Serialization;
```

步骤 3：声明一个 Student 类，稍后用于演示序列化和反序列化。

```
public class Student
{
    public int ID { get; set; }
    public string Name { get; set; }
    public string City { get; set; }
}
```

DataContractSerializer 类在序列化时不要求应用 SerializableAttribute，因此 Student 类上面不需要该特性。

步骤 4：执行序列化。

```
using(FileStream fs = new FileStream(fileName, FileMode.OpenOrCreate))
{
    DataContractSerializer dcs = new DataContractSerializer(typeof(Student));
    Student s = new Student
    {
        ID = 1003,
        Name = "Zhang",
        City = "BJ"
    };
    dcs.WriteObject(fs, s);
}
```

步骤 5：执行反序列化。

```
using(FileStream fs = new FileStream(fileName, FileMode.Open))
{
    DataContractSerializer dcs = new DataContractSerializer(typeof(Student));
    Student s = dcs.ReadObject(fs) as Student;
    // 输出属性值
    Console.WriteLine( $ "ID: {s.ID}\nName: {s.Name}\nCity: {s.City}");
}
```

步骤 6：运行应用程序，反序列化得到的 Student 实例状态如图 9-1 所示。

DataContractSerializer 类在序列化 Student 对象后可生成如下的 XML 内容。

```
< Student xmlns = " http://schemas.datacontract.org/2004/07/Demo"
xmlns:i = "http://www.w3.org/2001/XMLSchema - instance">
```

图 9-1 反序列化后的 Student 实例

```
<City>BJ</City>
<ID>1003</ID>
<Name>Zhang</Name>
</Student>
```

实例 269　将类型实例序列化为 JSON 格式

【导语】

DataContractJsonSerializer 类（位于 System. Runtime. Serialization. Json 命名空间中）支持把类型实例序列化为 JSON 数据格式。JSON 格式数据的体积小，结构简单，在跨平台与跨网络传输数据时更为方便，因此在 Web 领域被广泛使用。

【操作流程】

步骤 1：新建控制台应用程序项目。

步骤 2：声明 Pet 类，它包含三个公共属性，稍后将演示如何将包含 Pet 对象的数组序列化为 JSON 数据。

```csharp
public class Pet
{
    public string Name { get; set; }
    public int Age { get; set; }
    public string Owner { get; set; }
}
```

步骤 3：执行序列化。

```csharp
using (FileStream stream = File.Open(fileName, FileMode.OpenOrCreate))
{
    Pet[] pets =
    {
        new Pet { Name = "Dog A", Age = 3, Owner = "Jack" },
        new Pet { Name = "Cat E", Age = 2, Owner = "Bob" }
    };
    DataContractJsonSerializer sz = new DataContractJsonSerializer(pets.GetType());
    sz.WriteObject(stream, pets);
}
```

步骤 4：执行反序列化。

```csharp
using(FileStream fs = File.OpenRead(fileName))
{
    DataContractJsonSerializer sz = new DataContractJsonSerializer(typeof(Pet[]));
    Pet[] petsarr = (Pet[])sz.ReadObject(fs);
    // 输出数组中的元素
    foreach(Pet p in petsarr)
    {
        Console.WriteLine( $ "Name: {p.Name}\nAge: {p.Age}\nOwner: {p.Owner}\n");
    }
}
```

注意：由于序列化和反序列化的实际类型是数组类型，因此在实例化 DataContractJsonSerializer
类时应该将 type 参数指定为 typeof(Pet[])。

步骤 5：运行应用程序，反序列化后得到的内容如图 9-2 所示。

本实例序列化 Pet 数组后产生如下 JSON 文档。

```
[
  {
    "Age": 3,
    "Name": "Dog A",
    "Owner": "Jack"
  },
  {
    "Age": 2,
    "Name": "Cat E",
    "Owner": "Bob"
  }
]
```

图 9-2 从 JSON 文件中
反序列化后
的数组实例

由于原对象是数组类型，所以生成的 JSON 对象会被一对中括号([])括起来。

实例 270 在序列化时忽略某些字段

【导语】

在序列化时经常会忽略类型中一些字段的值，例如私有字段。忽略类型中特定字段的
值，需要在字段上应用 NonSerializedAttribute。对于没有应用 NonSerializedAttribute 的字
段，默认情况下会被序列化。在反序列化时，不会读取应用了 NonSerializedAttribute 的字
段，而是保持其默认值不变(假设字段是 int 类型，那么它的默认值为 0)。

【操作流程】

步骤 1：新建控制台应用程序项目。

步骤 2：本实例将序列化的数据存放在内存中，因此需要创建以下内存流实例。

```
MemoryStream mstream = new MemoryStream();
```

步骤 3：创建 BinaryFormatter 实例。

```
BinaryFormatter ft = new BinaryFormatter();
```

步骤 4：声明一个 Car 类，稍后用于序列化测试。

```
[Serializable]
public class Car
{
    public string Color;
    public decimal Speed;
```

```
    [NonSerialized]
    public decimal Weight;
}
```

Car 类包含三个公共字段,其中 Weight 字段应用了 NonSerialized 特性,序列化时该字段会被忽略。

步骤 5:创建一个 Car 类的实例并为各个字段赋值。

```
Car c1 = new Car
{
    Color = "White",
    Speed = 165.2M,
    Weight = 2325.6M
};
```

步骤 6:将上述 Car 实例进行二进制序列化。

```
ft.Serialize(mstream, c1);
```

步骤 7:内存流的当前位置位于流的末尾,如果此时进行反序列化是读不到数据的,所以要先将内存流的当前位置移到流的开始处。

```
mstream.Position = 0L;
```

步骤 8:进行反序列化,然后在控制台输出反序列化后 Car 实例各字段的值。

```
Car c2 = (Car)ft.Deserialize(mstream);
// 输出各字段的值
Console.WriteLine( $ "Color: {c2.Color}\nSpeed: {c2.Speed}\nWeight: {c2.Weight}");
```

步骤 9:使用完后要释放内存流实例。

```
mstream.Dispose();
```

步骤 10:运行应用程序,控制台输出结果如下。

```
Color: White
Speed: 165.2
Weight: 0
```

从反序列化得到的结果可以看出,Weight 字段仅仅保留了其默认值 0。

9.2 XML 序列化

实例 271 XmlSerializer 与 XML 序列化

【导语】

在 System. Xml. Serialization 命名空间下,框架提供了一系列专用于 XML 序列化的类型。其中主要的类是 XmlSerializer,它负责执行序列化和反序列化任务,其使用方法与 BinaryFormatter 类相似。但是 XmlSerializer 类只能对公共类型(用 public 关键字修饰的类型)进行序列化,非公共类型会发生异常;而且只序列化公共类型中的公共成员,非公共成员会被忽略。

本实例将演示通过 XmlSerializer 类对类型实例进行简单的序列化与反序列化操作。

【操作流程】

步骤 1:新建一个控制台应用程序项目。

步骤 2:声明 TaskItem 类,包含五个公共属性。

```
public class TaskItem
{
    public int TaskID { get; set; }
    public DateTime StartTime { get; set; }
    public DateTime FinishTime { get; set; }
    public string TaskName { get; set; }
    public string TaskDesc { get; set; }
}
```

步骤 3:序列化 TaskItem 实例。

```
using(FileStream fs = new FileStream(fileName, FileMode.OpenOrCreate))
{
    TaskItem item = new TaskItem
    {
        TaskID = 1001,
        StartTime = new DateTime(2018, 9, 6, 14, 30, 0),
        FinishTime = new DateTime(2018, 9, 7, 18, 0, 0),
        TaskName = "Track #1",
        TaskDesc = "Do Something"
    };
    XmlSerializer xmlsz = new XmlSerializer(item.GetType());
    xmlsz.Serialize(fs, item);
}
```

步骤 4:执行反序列化,读出 TaskItem 实例的状态。

```
using(FileStream fs = new FileStream(fileName, FileMode.Open))
{
    XmlSerializer xsz = new XmlSerializer(typeof(TaskItem));
    TaskItem item = (TaskItem)xsz.Deserialize(fs);
    Console.WriteLine( $ "Task ID: {item.TaskID}\nTask Name: {item.TaskName}\nStart: {item.
StartTime}\nFinish: {item.FinishTime}\nDesc: {item.TaskDesc}");
}
```

步骤 5:运行应用程序,控制台输出反序列化后 TaskItem 实例中各属性的值,如图 9-3 所示。

图 9-3   反序列化得到的 TaskItem 实例

TaskItem 实例序列化后生成如下的 XML 文档。

```
<?xml version = "1.0"?>
< TaskItem xmlns:xsi = "http://www.w3.org/2001/XMLSchema - instance"
xmlns:xsd = "http://www.w3.org/2001/XMLSchema">
  < TaskID > 1001 </TaskID >
  < StartTime > 2018 - 09 - 06T14:30:00 </StartTime >
  < FinishTime > 2018 - 09 - 07T18:00:00 </FinishTime >
  < TaskName > Track ♯1 </TaskName >
  < TaskDesc > Do Something </TaskDesc >
</TaskItem >
```

实例 272   自定义封装集合类型成员的 XML 元素名称

【导语】

如果类型的某个成员(属性或字段)是集合类型(如数组、List < T >等),该成员在 XML 序列化时,需要生成一个用于包装集合子项的 XML 元素。默认情况下,包装子项的 XML 元素名称与成员名称相同,例如某个类中包含以下属性。

```
public SubItem[ ] InnerItems { get; set; }
```

那么在 XML 序列化时,包装列表项的 XML 元素可以按以下形式命名为 InnerItems。

```
< InnerItems >
   < SubItem > … </SubItem >
    …
</InnerItems >
```

如果需要改变默认包装元素的名称,可以在 InnerItems 属性上应用 XmlArrayAttribute,对应如下代码。

```
[XmlArray("Inners")]
public SubItem[ ] InnerItems { get; set; }
```

修改之后生成的 XML 文档如下。

```
< Inners >
   < SubItem > … </SubItem >
    …
```

</Inners>

【操作流程】

步骤 1：新建控制台应用程序项目。

步骤 2：声明 Test 类，包含两个集合类型的属性。

```
public class Test
{
    public double[] Values { get; set; }
    [XmlArray("Strs")]
    public List<string> StringList { get; set; }
}
```

Values 属性没有应用 XmlArrayAttribute，因此它序列化后的 XML 元素名称与属性名称相同。而 StringList 属性应用了 XmlArrayAttribute，序列化后生成的 XML 元素名为 Strs。

步骤 3：将 Test 类的实例进行 XML 序列化，并将序列化后的数据保存到内存流中。

```
using(MemoryStream ms = new MemoryStream())
{
    Test t = new Test
    {
        Values = new double[]
        {
            0.33d, 1.10005d, 12.456d
        },
        StringList = new List<string>
        {
            "Test 1", "Test 2", "Test 3"
        }
    };
    XmlSerializer sz = new XmlSerializer(typeof(Test));
    sz.Serialize(ms, t);
    // 输出 XML 文档
    ms.Position = 0L;
    using(StreamReader reader = new StreamReader(ms))
    {
        Console.WriteLine(reader.ReadToEnd());
    }
}
```

将 Test 实例进行 XML 序列化后，使用 StreamReader 类从内存流中读出所有内容，并将内容输出到控制台。

步骤 4：运行应用程序，序列化产生的 XML 文档如下。

```xml
<?xml version = "1.0"?>
<Test xmlns:xsi = "http://www.w3.org/2001/XMLSchema - instance"
xmlns:xsd = "http://www.w3.org/2001/XMLSchema">
  <Values>
    <double>0.33</double>
    <double>1.10005</double>
    <double>12.456</double>
  </Values>
  <Strs>
    <string>Test 1</string>
    <string>Test 2</string>
    <string>Test 3</string>
  </Strs>
</Test>
```

在上述 XML 文档中，封装 StringList 属性的 XML 元素名称已变为 Strs。

实例 273 自定义 XML 元素的名称

【导语】

XML 序列化会默认产生与类型成员（公共属性或公共字段）名称相同的元素，但在一些应用场合中需要改变生成的 XML 元素的名称。

有两个 Attribute 常用于自定义 XML 元素的名称：XmlRootAttribute 可应用于类型（例如类、枚举、结构等），以自定义序列化所产生的 XML 文档的根元素名称。XmlElementAttribute 可应用于类型成员，以自定义生成的 XML 元素的名称。

【操作流程】

步骤 1：新建控制台应用程序项目。

步骤 2：声明 Production 类，用于稍后做序列化测试。在定义该类时应用了 XmlRoot 特性，指定根元素的名称为 prod_info，并在各个公共属性上应用 XmlElement 特性，以指定每个子元素的名称。

```csharp
[XmlRoot("prod_info")]
public class Production
{
    [XmlElement("prod_id")]
    public long ProductID { get; set; }
    [XmlElement("prod_time")]
    public DateTime ProductTime { get; set; }
    [XmlElement("prod_size")]
    public float ProductSize { get; set; }
    [XmlElement("prod_remarks")]
    public string ProductRemarks { get; set; }
}
```

步骤 3：以下代码将 Production 类的实例序列化并保存到一个 XML 文件中。

```
using(FileStream fs = new FileStream("data.xml", FileMode.Create))
{
    // 实例化 Production 类
    Production prd = new Production
    {
        ProductID = 7078201,
        ProductTime = new DateTime(2018, 1, 3),
        ProductSize = 37.33f,
        ProductRemarks = "new style"
    };
    // 输出序列化前的状态
    StringBuilder strbd = new StringBuilder();
    strbd.AppendLine( $ "产品 ID:{prd.ProductID}");
    strbd.AppendLine( $ "生产日期:{prd.ProductTime:d}");
    strbd.AppendLine( $ "尺寸:{prd.ProductSize}");
    strbd.AppendLine( $ "备注:{prd.ProductRemarks}");
    Console.Write(strbd + "\n\n");
    // 进行序列化
    XmlSerializer serializer = new XmlSerializer(prd.GetType());
    serializer.Serialize(fs, prd);
}
```

步骤 4：读取并输出序列化后生成的 XML 文件。

```
using(FileStream fs = new FileStream("data.xml", FileMode.Open))
{
    using(StreamReader reader = new StreamReader(fs))
    {
        string xml = reader.ReadToEnd();
        Console.WriteLine("序列化后生成的 XML 文档:");
        Console.Write(xml);
    }
}
```

步骤 5：运行应用程序,序列化后生成的 XML 文档如下。

```
<?xml version = "1.0"?>
< prod_info xmlns:xsi = "http://www.w3.org/2001/XMLSchema - instance"
xmlns:xsd = "http://www.w3.org/2001/XMLSchema">
  < prod_id > 7078201 </prod_id >
  < prod_time > 2018 - 01 - 03T00:00:00 </prod_time >
  < prod_size > 37.33 </prod_size >
  < prod_remarks > new style </prod_remarks >
</prod_info >
```

从上述 XML 文档可以发现,文档的根元素的名称已变为 prod_info,ProductID 属性对应的 XML 元素名称变为 prod_id,其他属性的名称也以此类推。

实例 274   将类型成员序列化为 XML 特性

【导语】

默认的序列化方案会把类型成员(主要是公共属性和公共字段)序列化为 XML 元素,但是如果在类型成员上应用 XmlAttributeAttribute(第二个"Attribute"是特性类的约定名称,在代码中使用时可以直接忽略第二个"Attribute"),就可以通知序列化程序将类型的成员序列化为 XML 特性。

例如类型 A 有个公共属性 T,默认的序列化结果如下。

```
<A>
    <T> … </T>
</A>
```

应用了 XmlAttribute 特性后的序列化结果如下。

```
<A T = "…" />
```

【操作流程】

步骤 1:新建控制台应用程序项目。

步骤 2:声明 Test 类,它包含三个公共字段,稍后将用于序列化。

```
[XmlRoot("demo_test")]
public class Test
{
    [XmlAttribute("val_a")]
    public int ValueA;
    [XmlAttribute("val_b")]
    public bool ValueB;
    [XmlAttribute("val_c")]
    public string ValueC;
}
```

应用 XmlAttribute 特性时还可以自定义其名称,如果不指定名称,则默认与字段的名称相同。例如,若 ValueA 字段上不指定自定义的 XML 特性名,那么序列化后生成的 XML 特性名称为 ValueA;本例中已指定名称为 val_a,那么序列化后生成的 XML 特性名称就会是 val_a。

步骤 3:实例化内存流,序列化产生的 XML 文档将存放在内存流中。

```
MemoryStream ms = new MemoryStream();
```

步骤 4:实例化 Test 类,并为各字段赋值。

```
Test t = new Test
{
```

```
    ValueA = 60000,
    ValueB = true,
    ValueC = "Start up"
};
```

步骤 5：执行序列化操作。

```
XmlSerializer sz = new XmlSerializer(t.GetType());
sz.Serialize(ms, t);
```

步骤 6：从内存流中读出序列化后生成的 XML 文档。

```
ms.Position = 0L;
String xmlDoc = null;
using(StreamReader reader = new StreamReader(ms))
{
    xmlDoc = reader.ReadToEnd();
}
```

往内存流中写入数据后流的当前位置在末尾,因此要把 Position 属性设置为 0,使流的当前位置回到流的首位,否则读不到内容。

Test 实例序列化之后生成如下的 XML 文档。

```
<?xml version = "1.0"?>
< demo_test xmlns:xsi = "..." xmlns:xsd = "..."
    val_a = "60000"
    val_b = "true"
    val_c = "Start up"
/>
```

实例 275   自定义 XML 命名空间

【导语】

XmlRootAttribute、XmlElementAttribute 和 XmlAttributeAttribute 特性类都公开了一个 Namespace 属性,它的作用是设置 XML 序列化时各个 XML 文档对象的命名空间。XML 命名空间一般使用 URL 形式(如 http：//xxx. net),这是因为 URL 的唯一性不易造成命名空间的重复,当然也可以使用其他命名形式(例如,叫 my. test)。

【操作流程】

步骤 1：新建一个控制台应用程序项目。

步骤 2：声明 Test 类,用于序列化测试,该类包含两个公共属性。

```
[XmlRoot(Namespace = "test.org")]
public class Test
{
    [XmlElement(Namespace = "test.org/prop")]
```

```
        public int Value1 { get; set; }
        [XmlElement(Namespace = "test.org/prop")]
        public string Value2 { get; set; }
    }
```

在 Test 类上，通过 XmlRoot 特性类的 Namespace 属性指定一个自定义的命名空间 test.org。在公共属性上，通过 XmlElement 特性类的 Namespace 属性指定命名空间为 test.org/prop。

步骤 3：在 Main 方法中，将 Test 类的实例序列化并存放到内存流上，然后从内存流中读出生成的 XML 文档。

```
using(MemoryStream ms = new MemoryStream())
{
    Test vt = new Test
    {
        Value1 = 96,
        Value2 = "one"
    };
    XmlSerializer szr = new XmlSerializer(vt.GetType());
    szr.Serialize(ms, vt);

    ms.Position = 0L;
    using(StreamReader rd = new StreamReader(ms))
    {
        string xml = rd.ReadToEnd();
        Console.Write( $ "序列化后生成的 XML 文档:\n{xml}");
    }
}
```

步骤 4：运行应用程序，输出的 XML 文档如下。

```
<?xml version = "1.0"?>
<Test xmlns:xsi = "..." xmlns:xsd = "..." xmlns = "test.org">
  <Value1 xmlns = "test.org/prop">96</Value1>
  <Value2 xmlns = "test.org/prop"> one </Value2>
</Test>
```

在 Test 根元素上，xmlns= "test.org"为自定义的命名空间；同理，在 Value1 和 Value2 元素上，xmlns= "test.org/prop"为自定义的命名空间。

实例 276　自定义数组类型成员的 XML 元素

【导语】

在进行 XML 序列化时，数组（或者 List 及其他集合类型）类型结构比较特殊，因为它包含一系列子元素，在做 XML 封装时，既需要外层的封装元素，也需要封装内部子元素。默认的序列化方案使用与类型成员相同名称的 XML 元素来包装数组实例，而数组实例中每个元素则用其类型名称作为 XML 元素的名称。若数组中的元素类型是字符串,那么序列化后生成的 XML 元素如下。

```
<成员名称>
  <string>…</string>
  <string>…</string>
  …
</成员名称>
```

但有时并不使用默认的序列化行为,如果要对数组类型的封装做自定义处理,需要用到以下两个特性类。

XmlArrayAttribute:自定义包装数组对象的元素,用法与 XmlElementAttribute 相似,用于替换默认的类型成员名称。

XmlArrayItemAttribute:用于替换数组中子元素的默认封装名称。

本实例将对比演示两个结构相同的类来进行,其中一个类采用默认序列化方案,而另一个类则进行了自定义处理。

【操作流程】

步骤 1:新建控制台应用程序项目。

步骤 2:声明 Test1 类,该类不使用任何特性修饰。

```
public class Test1
{
    public int ItemCount;
    public string[] Items;
}
```

步骤 3:声明 Test2 类,对 Items 字段应用相关的特性,指定成员封装元素名为 item_list,数组中元素的封装元素名为 sub_item。

```
public class Test2
{
    public int ItemCount;
    [XmlArray("item_list")]
    [XmlArrayItem("sub_item")]
    public string[] Items;
}
```

步骤 4:两个类的序列化过程相似,为了避免编写过多的重复代码,可以统一编写一个方法来执行序列化,通过泛型参数来传递 Test1 或 Test2 实例。

```
static void Serialize<T>(T obj)
{
    using (MemoryStream ms = new MemoryStream())
    {
        XmlSerializer sz = new XmlSerializer(typeof(T));
```

```
        sz.Serialize(ms, obj);

        ms.Position = 0L;
        using (StreamReader rd = new StreamReader(ms))
        {
            string xml = rd.ReadToEnd();
            Console.Write(xml + "\n\n");
        }
    }
}
```

步骤 5：在 Main 方法中，对 Test1、Test2 实例分别进行序列化。

```
Test1 t1 = new Test1();
t1.Items = new string[] { "item 1", "item 2", "item 3" };
t1.ItemCount = t1.Items.Length;
Console.WriteLine("默认序列化方案：");
Serialize(t1);
Test2 t2 = new Test2();
t2.Items = new string[] { "item 1", "item 2", "item 3" };
t2.ItemCount = t2.Items.Length;
Console.WriteLine("自定义序列化方案：");
Serialize(t2);
```

步骤 6：运行应用程序，观察其输出的结果。

对于默认序列化方案，将生成以下 XML 文档。

```
<?xml version = "1.0"?>
<Test1 …>
  <ItemCount> 3 </ItemCount>
  <Items>
    <string> item 1 </string>
    <string> item 2 </string>
    <string> item 3 </string>
  </Items>
</Test1>
```

对于自定义方案，将生成以下 XML 文档。

```
<?xml version = "1.0"?>
<Test2 …>
  <ItemCount> 3 </ItemCount>
  <item_list>
    <sub_item> item 1 </sub_item>
    <sub_item> item 2 </sub_item>
    <sub_item> item 3 </sub_item>
  </item_list>
</Test2>
```

9.3 数据协定

实例 277 数据协定的简单定义

【导语】

数据协定是一种约定,它要求参与约定的类型以及其成员结构必须匹配,但类型以及类型的成员名称不一定相同。假设,A 类的协定名称为 user_a,P1 属性的协定名称为 pop_1,P2 属性的协定名称为 pop_2。用 A 类的实例序列化之后生成的数据去填充 B 类的实例,虽然 B 类的两个属性分别为 V1 和 V2,但是它所使用的数据协定名称与 A 类相同,此时是可以顺利进行反序列化的,因为它们均符合数据协定的要求。

数据协定最大的作用是在网络传输中保证数据模型的统一,即使数据的发送方与接收方声明了不同的类型,只要双方遵守数据协定,就可以完成序列化与反序列化。

本实例仅仅声明一个简单的数据协定,并使用 DataContractSerializer 类进行序列化,然后将序列化的结果输出到控制台。

【操作流程】

步骤 1:新建一个控制台应用程序项目。

步骤 2:声明 Album 类,并应用数据协定相关的类。

```
[DataContract]
public class Album
{
    [DataMember]
    public string Title { get; set; }
    [DataMember]
    public string Artist { get; set; }
    [DataMember]
    public int Year { get; set; }
    [DataMember]
    public string Cover { get; set; }
}
```

在类型定义上应当使用 DataContractAttribute,而 DataMemberAttribute 类只应用于类型成员上(一般是字段和属性)。

步骤 3:实例化内存流,用于存放序列化后生成的数据。

```
using(MemoryStream ms = new MemoryStream())
{
    ...
}
```

步骤 4：创建 Album 实例。

```
Album ab = new Album
{
    Title = "Lee Songs",
    Year = 2007,
    Artist = "Lee Tan",
    Cover = "05.jpg"
};
```

步骤 5：执行序列化。

```
DataContractSerializer szr = new DataContractSerializer(ab.GetType());
szr.WriteObject(ms, ab);
```

步骤 6：读取并显示序列化的结果，此结果是一个 XML 文档。

```
ms.Position = 0L;
using(StreamReader reader = new StreamReader(ms))
{
    string data = reader.ReadToEnd();
    Console.WriteLine($"序列化后的内容如下:\n{data}");
}
```

步骤 7：运行应用程序，数据协定序列化后生成的 XML 文档如下。

```
< Album xmlns = " … " xmlns:i = " … ">< Artist > Lee
Tan</Artist > < Cover > 05. jpg </Cover > < Title > Lee Songs </Title > < Year > 2007 </Year >
</Album >
```

DataContractSerializer 类采用 XML 格式进行序列化，产生的结果与 XmlSerializer 类相似，但 DataContractSerializer 类会删除 XML 文档中的空白字符，尽量地压缩文档体积，便于网络传输。

实例 278　自定义协定的名称

【导语】

与 XML 相似，数据协定也可以进行自定义。DataContractAttribute 类与 DataMemberAttribute 类都公开了 Name 属性，该属性的作用是改变协定的默认名称（默认名称与类型名称相同）。

本实例将演示自定义数据协定名称的方法。

【操作流程】

步骤 1：新建一个控制台应用程序项目。

步骤 2：声明 Disk 类，它包含两个公共属性。

```
[DataContract(Name = "disk_info")]
```

```
public class Disk
{
    [DataMember(Name = "total_space")]
    public long Space { get; set; }
    [DataMember(Name = "driver_type")]
    public byte Type { get; set; }
}
```

步骤 3：将 Disk 实例进行序列化，并将结果写入文件。

```
using (FileStream fs = File.Open("data.xml", FileMode.Create))
{
    Disk d = new Disk
    {
        Space = 560008210310,
        Type = 0x0C
    };
    DataContractSerializer sz = new DataContractSerializer(d.GetType());
    sz.WriteObject(fs, d);
}
```

步骤 4：从保存的文件中读出 XML 文档，输出到控制台。

```
using(StreamReader reader = new StreamReader("data.xml"))
{
    Console.Write("序列化后输出的结果:\n");
    Console.Write(reader.ReadToEnd());
}
```

步骤 5：运行应用程序，Disk 类实例在序列化后输出的 XML 文档如下。

```
<disk_info …>
    <driver_type>12</driver_type>
    <total_space>560008210310</total_space>
</disk_info>
```

从输出结果看到，文档的根元素已命名为 disk_info，两个成员依次命名为 driver_type 和 total_space，而不是使用类型默认的名称。

实例 279　不同的类型使用相同的数据协定

【导语】

本实例将展示数据协定的用途——对于结构相同而命名不同的类型，只要使用一致的数据协定，就能完成序列化与反序列化，这样的设计模式是为了实现跨网络、跨应用、跨平台传输数据。

本实例中将用到两个类：StudentV1 与 StudentV2，虽然类型名称和成员名称不同，但它们结构相同，成员的数据类型也相同，只要它们使用一致的数据协定，就可以通过序列化来传递。在本例中，将 StudentV1 类的实例进行序列化，在反序列化时则使用 StudentV2 类型的变量进行接收。

【操作流程】

步骤 1：新建一个控制台应用程序项目。

步骤 2：声明 StudentV1 类和 StudentV2 类。

```
[DataContract(Namespace = "demo", Name = "stu_data")]
public class StudentV1
{
    [DataMember(Name = "stu_id")]
    public long ID { get; set; }
    [DataMember(Name = "stu_name")]
    public string Name { get; set; }
    [DataMember(Name = "stu_email")]
    public string Email { get; set; }
}


[DataContract(Namespace = "demo", Name = "stu_data")]
public class StudentV2
{
    [DataMember(Name = "stu_id")]
    public long StudentID { get; set; }
    [DataMember(Name = "stu_name")]
    public string StudentName { get; set; }
    [DataMember(Name = "stu_email")]
    public string StudentEmail { get; set; }
}
```

注意：对于 DataContractAttribute 而言，如果要严格规范数据协定的名称，应当同时设置 Namespace 属性与 Name 属性，以提高数据协定的唯一性与准确性。

步骤 3：将 StudentV1 实例序列化，输出结果写入 XML 文件。

```
using(FileStream fs = new FileStream("test.xml", FileMode.Create))
{
    StudentV1 st1 = new StudentV1
    {
        ID = 201811428023,
        Name = "Zhao",
        Email = "t003@21cn.com"
    };
    DataContractSerializer szr = new DataContractSerializer(st1.GetType());
    szr.WriteObject(fs, st1);
}
```

步骤 4：从该 XML 文件中读入数据，进行反序列化，但接收状态信息的类型是 StudentV2。

```
using(FileStream fs = new FileStream("test.xml", FileMode.Open))
{
    DataContractSerializer sz = new DataContractSerializer(typeof(StudentV2));
    StudentV2 st2 = (StudentV2)sz.ReadObject(fs);

    string msg = "序列化后的状态信息:\n" +
                 $"学员姓名:{st2.StudentName}\n" +
                 $"学员编号:{st2.StudentID}\n" +
                 $"学员电邮:{st2.StudentEmail}";
    Console.Write(msg);
}
```

图 9-4　反序列化后的 StudentV2 实例

步骤 5：运行应用程序，控制台输出结果如图 9-4 所示。

实例 280　将数据协定序列化为 JSON 格式

【导语】

DataContractSerializer 类默认将数据协定以 XML 格式序列化，若需要序列化为 JSON 格式，就得使用 DataContractJsonSerializer 类（位于 System. Runtime. Serialization. Json 命名空间），该类的使用方法与 DataContractSerializer 类是一样的，只是输出的数据格式不同而已。

【操作流程】

步骤 1：新建一个控制台应用程序项目。

步骤 2：声明 Sample 类，它包含三个公共字段。

```
[DataContract]
public class Sample
{
    [DataMember(Name = "val_1")]
    public double TestVal1;
    [DataMember(Name = "val_2")]
    public DateTime TestVal2;
    [DataMember(Name = "val_3")]
    public uint TestVal3;
}
```

注意：由于 JSON 对象是使用一对大括号括起来的，没有根元素，因此在应用 DataContractAttribute 时可以忽略 Namespace 和 Name 属性。

步骤 3：执行序列化，并将结果输出到文件中。

```
using(FileStream fs = new FileStream("data.json", FileMode.Create))
{
    Sample sl = new Sample
    {
        TestVal1 = 333.6515d,
        TestVal2 = DateTime.Now,
        TestVal3 = 797001
    };
    DataContractJsonSerializer jsonsz = new DataContractJsonSerializer(typeof(Sample));
    jsonsz.WriteObject(fs, sl);
}
```

步骤 4：执行反序列化，从文件中读出数据，填充一个 Sample 类的实例，然后在控制台输出各个公共字段的值。

```
using(FileStream fs = new FileStream("data.json", FileMode.Open))
{
    DataContractJsonSerializer jssz = new DataContractJsonSerializer(typeof(Sample));
    Sample obj = jssz.ReadObject(fs) as Sample;
    Console.Write ( $ " { nameof ( Sample. TestVal1 )} = { obj. TestVal1 } \ n { nameof ( Sample.
    TestVal2)} = {obj.TestVal2}\n{nameof(Sample.TestVal3)} = {obj.TestVal3}");
}
```

步骤 5：运行应用程序，Sample 类实例被序列化后得到如下的 JSON 数据。

```
{
  "val_1": 333.6515,
  "val_2": "\/Date(1534473729367 + 0800)\/",
  "val_3": 797001
}
```

实例 281 序列化数据协定时忽略某个成员

【导语】

有时候并不需要一个类型中所有的成员（属性与字段）都参与序列化，要阻止某个成员被序列化，需要在成员定义上应用 IgnoreDataMemberAttribute。

【操作流程】

步骤 1：新建一个控制台应用程序项目。

步骤 2：声明 Record 类作为数据协定，稍后用于序列化。

```
[DataContract(Namespace = "test-rd-data", Name = "rd_body")]
public class Record
{
    [DataMember(Name = "rd_ord")]
    public int RecordOrder { get; set; }
    [DataMember(Name = "rd_title")]
```

```
    public string RecordTitle { get; set; }
    [DataMember(Name = "rd_size")]
    public long SizeInBytes { get; set; }
    [IgnoreDataMember]
    public bool Tracked { get; set; }
}
```

在序列化时，Tracked 属性会被忽略，即在序列化后生成的数据中不会包含与该属性有关的信息。

步骤 3：执行序列化。

```
using(FileStream fs = new FileStream("rd.xml", FileMode.Create))
{
    Record rd = new Record
    {
        RecordOrder = 1,
        RecordTitle = "Numbers",
        SizeInBytes = 12105,
        Tracked = true
    };
    DataContractSerializer szr = new DataContractSerializer(typeof(Record));
    szr.WriteObject(fs, rd);
}
```

步骤 4：执行反序列化，并输出反序列化后得到的 Record 实例信息。

```
using(FileStream fs = new FileStream("rd.xml", FileMode.Open))
{
    DataContractSerializer sz = new DataContractSerializer(typeof(Record));
    Record rd = sz.ReadObject(fs) as Record;
    // 输出各属性的值
    string msg = null;
    msg += $ "{nameof(rd.RecordOrder)} = {rd.RecordOrder}\n";
    msg += $ "{nameof(rd.RecordTitle)} = {rd.RecordTitle}\n";
    msg += $ "{nameof(rd.SizeInBytes)} = {rd.SizeInBytes}\n";
    msg += $ "{nameof(rd.Tracked)} = {rd.Tracked}";
    Console.WriteLine("反序列化得到的 Record 实例:");
    Console.Write(msg);
}
```

步骤 5：运行应用程序，控制台输出的内容如图 9-5 所示。

图 9-5　反序列化得到的 Record 实例

Record 实例序列化后生成的 XML 文档如下。

```
< rd_body xmlns = "test - rd - data" xmlns:i = " … ">
  < rd_ord > 1 </rd_ord >
  < rd_size > 12105 </rd_size >
  < rd_title > Numbers </rd_title >
</rd_body >
```

从生成的 XML 文档中可以看出,只有三个属性被序列化,Tracked 属性没有参与序列化。

实例 282　改变数据协定成员的序列化顺序

【导语】

一般会按照以下规则来序列化数据协定的成员。

(1) 如果数据协定类型具有继承关系,那么基类成员会优先进行序列化,然后再处理派生类的成员。

(2) 对于没有设置 DataMemberAttribute. Order 属性的成员,将按照字母顺序排序。

(3) 如果设置了 DataMemberAttribute. Order 属性,将按照该顺序进行处理。

(4) 如果设置了 DataMemberAttribute. Order 属性,但是有多个成员的 Order 相同,那么就先按 Order 属性的值进行排序,对于 Order 属性相同的成员则按字母顺序排序。

【操作流程】

步骤 1:新建控制台应用程序项目。

步骤 2:声明 Test 类,它包含四个公共属性。

```
[DataContract]
public class Test
{
    [DataMember]
    public string PropD { get; set; }
    [DataMember]
    public long PropC { get; set; }
    [DataMember]
    public int PropB { get; set; }
    [DataMember]
    public short PropA { get; set; }
}
```

步骤 3:对 Test 实例进行序列化。

```
using(FileStream fs = new FileStream("data.xml", FileMode.Create))
{
    Test t = new Test
    {
        PropA = 3,
```

```
            PropB = 15,
            PropC = 100000L,
            PropD = "abcde"
        };
        DataContractSerializer sz = new DataContractSerializer(typeof(Test));
        sz.WriteObject(fs, t);
    }
```

步骤 4：输出序列化后生成的 XML 文档。

```
using(FileStream fs = new FileStream("data.xml", FileMode.Open))
{
    XDocument doc = XDocument.Load(fs);
    Console.Write("Test 实例序列化后生成的 XML 文档:\n" + doc);
}
```

XDocument 类位于 System.Xml.Linq 命名空间中，直接调用它的 Load 静态方法就可以加载 XML 文档。XDocument 实例在转换为文本时会自动对 XML 文档进行缩进对齐。

步骤 5：此时运行应用程序，控制台输出的 XML 文档如下。

```
<Test …>
  <PropA>3</PropA>
  <PropB>15</PropB>
  <PropC>100000</PropC>
  <PropD>abcde</PropD>
</Test>
```

这是成员序列化的默认顺序——按照字母顺序排列。

步骤 6：回到 Test 类的定义代码，为各个属性设置 DataMemberAttribute.Order 属性。

```
[DataContract]
public class Test
{
    [DataMember(Order = 2)]
    public string PropD { get; set; }
    [DataMember(Order = 0)]
    public long PropC { get; set; }
    [DataMember(Order = 1)]
    public int PropB { get; set; }
    [DataMember(Order = 3)]
    public short PropA { get; set; }
}
```

步骤 7：再次运行应用程序，这次生成的 XML 文档如下。

```
<Test…>
  <PropC>100000</PropC>
  <PropB>15</PropB>
```

```
< PropD > abcde </PropD >
< PropA > 3 </PropA >
</Test >
```

因为 Order 属性的设置,数据协定成员的序列化顺序也随之改变,此时 Test 元素下的子元素顺序变为 PropC→PropB→PropD→PropA。

实例 283　保留实例引用

【导语】

开启保留实例引用选项后,在序列化的时候会为每个实例分配一个 id,以保证每个实例在序列化时只生成一次。如果某个实例被多个成员引用,那么只有该实例第一次出现时才会填充数据,随后对该实例的引用都使用为实例所分配的 id,这样就可以缩减文档的长度。

【操作流程】

步骤 1:新建一个控制台应用程序项目。

步骤 2:声明两个类,它们都是数据协定,并且 OrderInfo 类的 DetailsData 属性引用 OrderDetails 的实例。

```
[DataContract]
public class OrderDetails
{
    [DataMember]
    public string ContactName { get; set; }
    [DataMember]
    public decimal Price { get; set; }
    [DataMember]
    public int Quantity { get; set; }
    [DataMember]
    public float Weight { get; set; }
}


[DataContract]
public class OrderInfo
{
    [DataMember]
    public int OrderNo { get; set; }
    [DataMember]
    public DateTime BuildTime { get; set; }
    [DataMember]
    public OrderDetails DetailsData { get; set; }
}
```

步骤 3:执行序列化。

```
using (FileStream fs = File.Open("data.xml", FileMode.Create))
```

```
{
    OrderDetails dtl = new OrderDetails
    {
        ContactName = "Lee",
        Price = 3.15M,
        Quantity = 12,
        Weight = 17.5f
    };

    OrderInfo[] ords =
    {
        new OrderInfo
        {
            OrderNo = 1,
            BuildTime = new DateTime(2018, 3, 27),
            DetailsData = dtl
        },
        new OrderInfo
        {
            OrderNo = 2,
            BuildTime = new DateTime(2018, 9, 2),
            DetailsData = dtl
        }
    };

    DataContractSerializer sz = new DataContractSerializer(ords.GetType());
    sz.WriteObject(fs, ords);
}
```

代码首先创建 OrderDetails 实例,然后再创建 OrderInfo 数组,数组中的两个元素都引用 OrderDetails。

在未开启引用保留选项时,序列化后得到的 XML 文档如下。

```
< ArrayOfOrderInfo ···>
  < OrderInfo >
    < BuildTime > 2018 - 03 - 27T00:00:00 </BuildTime >
    < DetailsData >
      < ContactName > Lee </ContactName >
      < Price > 3.15 </Price >
      < Quantity > 12 </Quantity >
      < Weight > 17.5 </Weight >
    </DetailsData >
    < OrderNo > 1 </OrderNo >
  </OrderInfo >
  < OrderInfo >
    < BuildTime > 2018 - 09 - 02T00:00:00 </BuildTime >
    < DetailsData >
```

```
       <ContactName>Lee</ContactName>
       <Price>3.15</Price>
       <Quantity>12</Quantity>
       <Weight>17.5</Weight>
     </DetailsData>
     <OrderNo>2</OrderNo>
   </OrderInfo>
 </ArrayOfOrderInfo>
```

可以看到，OrderDetails 实例的各个属性值被写入了两次。

步骤 4：对序列化的代码进行修改，开启保留引用选项。

```
using (FileStream fs = File.Open("data.xml", FileMode.Create))
{
    ...
    DataContractSerializerSettings settings = new DataContractSerializerSettings();
    settings.PreserveObjectReferences = true;
    DataContractSerializer sz = new DataContractSerializer(ords.GetType(), settings);
    sz.WriteObject(fs, ords);
}
```

先要实例化一个 DataContractSerializerSettings 对象，然后将它的 PreserveObjectReferences 属性设置为 true，保留引用选项就被启用了，最后再将 DataContractSerializerSettings 对象传递给 DataContractSerializer 类的构造函数。

步骤 5：运行应用程序，保留对象引用后生成的 XML 文档如下。

```
<ArrayOfOrderInfo z:Id="1" z:Size="2" ...>
  <OrderInfo z:Id="2">
    <BuildTime>2018-03-27T00:00:00</BuildTime>
    <DetailsData z:Id="3">
      <ContactName z:Id="4">Lee</ContactName>
      <Price>3.15</Price>
      <Quantity>12</Quantity>
      <Weight>17.5</Weight>
    </DetailsData>
    <OrderNo>1</OrderNo>
  </OrderInfo>
  <OrderInfo z:Id="5">
    <BuildTime>2018-09-02T00:00:00</BuildTime>
    <DetailsData z:Ref="3" i:nil="true" />
    <OrderNo>2</OrderNo>
  </OrderInfo>
</ArrayOfOrderInfo>
```

此次 OrderDetails 实例的各个属性值只写入了一次，第二次是通过 id 引用的，即上述 XML 文档中的 z：Ref＝"3"。

第 10 章

异步与并行

在本章节中,读者将学习到以下内容:

- 线程;
- 并行任务;
- 异步等待语法。

10.1　线程

实例 284　Sleep 方法的妙用

【导语】

Sleep 是 Thread 类的静态方法,调用该方法的线程(即当前线程)会暂停指定的时间。到达指定的时间后,线程重新被"唤醒"。在异步编程中,可以使用 Sleep 方法来等待其他线程完成某项操作,但是 Sleep 方法不能准确知道其他线程所处理的事件在什么时间完成,因此 Sleep 方法仅适用于线程间不需要精确同步的场合。若需要精确同步,推荐使用等待句柄,例如 AutoResetEvent 类。

Sleep 方法有以下两个重载。

(1) static void Sleep(int millisecondsTimeout);

该重载接收一个 int 类型的参数,表示线程暂停的毫秒数。

(2) static void Sleep(TimeSpan timeout);

该重载可以指定具体的时间,TimeSpan 类型的参数可以设定精度更高的时间段。

【操作流程】

步骤 1:新建一个控制台应用程序项目。

步骤 2:在 Main 方法中输入以下代码。

```
Console.WriteLine("这是第一行文本,3 秒后输出第二行文本。");
Thread.Sleep(3000);
```

```
Console.WriteLine("这是第二行文本,5 秒后输出第三行文本。");
Thread.Sleep(5000);
Console.WriteLine("这是第三行文本。");
```

上述代码会在控制台上输出三行文本。输出第一、二行文本之间调用 Sleep 方法,使当前线程暂停 3 秒;输出第二、三行文本之间调用 Sleep 方法,使当前线程暂停 5 秒。

步骤 3:运行应用程序,输出结果如图 10-1 所示。

图 10-1　Sleep 方法应用示例

实例 285　创建新线程

【导语】

要在应用程序中创建新线程,先实例化 Thread 类,然后设置好相关的属性(例如 IsBackground 属性),再调用 Start 实例方法即可启动新线程。

调用 Thread 类构造函数时需要传递一个委托对象,该委托对象关联要在新线程上执行的代码。Thread 类构造函数接收以下两种委托对象。

第一种是不带参数的,它适用于无须向新线程传递数据的代码。格式如下。

```
delegate void ThreadStart();
```

另一种委托对象带有一个 object 类型的参数,可以将要传递给新线程的数据赋值给 obj 参数,由于参数声明为 object 类型,因此它可以接收各种类型的数据。格式如下。

```
delegate void ParameterizedThreadStart(object obj);
```

对于不需要传递参数的新线程,直接调用 Thread 实例无参数版本的 Start 方法启动;而对于有数据要传递的线程,则应该调用以下重载版本的 Start 方法。

```
void Start(object parameter);
```

【操作流程】

步骤 1:新建一个控制台应用程序项目。

步骤 2:创建 Thread 实例。

```
Thread th = new Thread(() =>
{
    Console.ForegroundColor = ConsoleColor.Green;
    Console.WriteLine($"正在 {Thread.CurrentThread.Name} 线程上执行:");
    for(int i = 0; i < 5; i++)
```

```
{
    Console.Write(i + 1 + " ");
    Thread.Sleep(800);
}
Console.Write("\n\n");
Console.ResetColor();
});
```

在新线程上执行代码时，每通过一轮 for 循环都调用一次 Sleep 方法让新线程暂停一下，可以模拟耗时任务的情形。

步骤 3：通过 Name 属性为新线程分配一个名称。

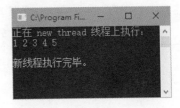

```
th.Name = "new thread";
```

步骤 4：调用 Start 方法，启动线程。

```
th.Start();
```

步骤 5：运行应用程序项目，输出结果如图 10-2 所示。

图 10-2　在新线程上执行代码

实例 286　启动新线程并传递参数

【导语】

实例化 Thread 类时，调用带 ParameterizedThreadStart 委托类型参数的构造函数，传递给新线程的参数最终会传播到 ParameterizedThreadStart 委托所关联的方法上，方法内部的代码可以从方法参数获得被传递到新线程的数据。由于 ParameterizedThreadStart 委托只接收单个参数，如果考虑向新线程传递多个对象实例，就得先将这些对象包装为单个对象，例如数组、元组，或者自定义封装的类型。

本实例将演示在新线程中向文件写入文本，在主线程中将文件名通过参数传递给新线程。

【操作流程】

步骤 1：新建一个控制台应用程序项目。

步骤 2：声明字符串类型的变量，表示文件名。

```
string file_name = "test.txt";
```

步骤 3：创建新的 Thread 实例，注意构造函数中使用的是 ParameterizedThreadStart 委托（带一个 object 类型的参数）。

```
Thread newThread = new Thread(p =>
{
    string fileName = p as string;
    using (FileStream fs = new FileStream(fileName, FileMode.Create))
    {
        using (StreamWriter writer = new StreamWriter(fs))
```

```
            {
                    // 写入文本
                    writer.WriteLine("空山新雨后");
            writer.WriteLine("天气晚来秋");
            writer.WriteLine("明月松间照");
            writer.WriteLine("清泉石上流");
            }
        }
});
```

注意：参数是 object 类型，在提取参数时要注意类型转换。字符串属于引用类型，所以此处可以通过 as 关键字进行引用转换。

步骤 4：启动新线程，并把文件名传递给新线程。

```
newThread.Start(file_name);
```

真正向新线程传递数据的是在调用 Start 方法的时候。

步骤 5：调用 Join 方法，阻止主线程，等待新线程执行完成再继续。

```
newThread.Join();
```

步骤 6：运行应用程序后，在程序所在目录下会找到 test. txt 文件。

实例 287 等待线程信号——ManualResetEvent

【导语】

抽象类 WaitHandle 规范了线程之间发送与等待事件信号的行为逻辑。

线程之间所执行的代码往往是相互独立的，在某些有特殊要求的场合，会使得代码逻辑不可控。例如，A、B 两个线程分别进行运算，但是 B 线程的运算开始之前必须保证 A 线程的运算已经完成，这种情况下，就需要线程同步了。

线程同步的一种解决方案就是发送信号与等待信号。例如上述例子，可以在线程之间共享一个事件句柄，B 线程调用 WaitOne 方法后会被阻止，然后等待 A 线程发送信号；A 线程在完成其计算后发出信号，B 线程收到信号后才会继续执行，这样就可以确保先执行 A 线程的代码，再执行 B 线程的代码。

ManualResetEvent 类是事件等待句柄的一个实现版本，它的特点是——发出事件信号（调用 Set 方法）之后会一直保持有信号状态，此时所有处于等待中的线程都会继续执行。要把事件句柄切换回无信号状态，必须手动调用 Reset 方法。也就是说，ManualResetEvent 对象需要手动切换信号状态，如果调用 Set 方法之后忘记调用 Reset 方法，那么该事件句柄就会一直处于有信号状态，所有被阻止的线程都会释放并继续执行。

本实例演示了如何在新的线程上计算从 1 到 100 的累加运算，即计算 $1+2+3+\cdots\cdots+100$ 的总和。主线程必须等待新线程计算完毕后才能继续，虽然主线程可以调用 Sleep 方法来暂停一段时间，但是要暂停的时间是不可预知的，因此本实例使用事件等待句柄的效果较好。

【操作流程】

步骤 1：新建一个控制台应用程序项目。

步骤 2：在项目模板创建的 Program 类中声明一个 ManualResetEvent 类型的私有字段，为了可以在 Main 方法中直接访问，字段可以声明为静态字段。

```
static ManualResetEvent mnlEvt = new ManualResetEvent(false);
```

注意：ManualResetEvent 类的构造函数包含一个 bool 类型的参数，用来标识事件句柄在创建时的初始状态——有信号还是无信号。本实例中，主线程需要等待另一个线程计算完成才能继续，因此 ManualResetEvent 对象的初始状态应该为无信号，否则主线程是不会等待的。将参数设置为 false 表示初始状态为无信号。

步骤 3：创建新线程。

```
Thread th = new Thread(() =>
{
    int n = 1;
    int result = 0;
    while(n <= 100)
    {
        // 延时模拟
        Thread.Sleep(20);
        result += n;
        n++;
    }
    Console.WriteLine("计算结果:{0}", result);
    mnlEvt.Set();
    // 发送信号后又马上切换为无信号状态
    mnlEvt.Reset();
});
```

上述代码中，完成计算后需要调用 Set 方法，因为这样主线程才能收到信号，随后可以调用 Reset 方法来恢复到无信号状态。在本例中，Reset 方法的调用是可选的，因为只有一个主线程在等待，并没有其他线程被阻止，就算不调用 Reset 方法也不会影响线程同步。

步骤 4：在主线程的代码中，必须调用 WaitOne 方法，否则主线程是不会进入等待状态的。

```
Console.WriteLine("正在等待线程计算……");
mnlEvt.WaitOne();
Console.WriteLine("计算完毕!");
```

步骤 5：运行应用程序，控制台输出结果如图 10-3 所示。请读者重点观察各行文本的输出顺序。

图 10-3   等待新线程完成累加运算

实例 288   等待线程信号——AutoResetEvent

【导语】

与 ManualResetEvent 类不同，AutoResetEvent 类在调用 Set 方法发出信号之后，会立刻恢复为无信号状态，不需要调用 Reset 方法。

本实例假设某个任务将分为三个阶段执行，而且顺序不能颠倒，第一阶段完成后再执行第二阶段，第二阶段完成后再执行第三阶段。

【操作流程】

步骤 1：新建一个控制台应用程序项目。

步骤 2：在 Program 类中声明三个 AutoResetEvent 类型的私有字段，为了便于在 Main 方法中访问，需要声明为静态字段。

```
static AutoResetEvent evt1 = new AutoResetEvent(false);
static AutoResetEvent evt2 = new AutoResetEvent(false);
static AutoResetEvent evt3 = new AutoResetEvent(false);
```

这三个字段分别用于发送实例任务中三个阶段处理完成的信号。

步骤 3：创建三个线程，假设它们分别代表任务中的三个阶段，具体参考代码清单 10-1。

代码清单 10-1   三个新线程

```
Thread th1 = new Thread(() =>
{
    Console.WriteLine("正在进行第一阶段……");
    Thread.Sleep(2000);
    Console.WriteLine("第一阶段处理完成!");
    // 发送信号
    evt1.Set();
});
Thread th2 = new Thread(() =>
{
    // 等待第一阶段完成
    evt1.WaitOne();
    Console.WriteLine("正在进行第二阶段……");
```

```
        Thread.Sleep(2000);
        Console.WriteLine("第二阶段处理完成!");
        // 发出信号
        evt2.Set();
    });
    Thread th3 = new Thread(() =>
    {
        // 等待第二阶段完成
        evt2.WaitOne();
        Console.WriteLine("正在进行第三阶段……");
        Thread.Sleep(2000);
        Console.WriteLine("第三阶段处理完成!");
        // 发送信号
        evt3.Set();
    });
```

步骤 4：依次启动三个线程。

```
    th1.Start();
    th2.Start();
    th3.Start();
```

步骤 5：主线程等待最后一个阶段完成（即收到 evt3 发送的信号）才能继续执行。

```
    evt3.WaitOne();
    Console.WriteLine("\n 已完成所有操作。");
```

图 10-4　等待三个事件句柄的信号

步骤 6：运行应用程序，输出结果如图 10-4 所示。

实例 289　多个线程同时写一个文件

【导语】

作为公共基类，WaitHandle 类公开了三个比较实用的静态方法：

（1）WaitAny：调用此方法后，当前线程将被阻止。如果指定的事件句柄数组中有任意一个事件发出信号，则此方法将返回数组中发出信号的事件句柄的索引，并结束等待。

（2）WaitAll：在指定的事件句柄数组中，必须当所有事件句柄都发出信号后，才会结束等待。

（3）SignalAndWait：可以直接切换两个事件句柄的状态。

本实例演示了 WaitAll 方法的使用。实例的任务是把 9 字节写入到文件中，这个过程是通过 3 个线程来完成的，并且这些线程的执行是无序的。为了保证 9 字节能按照原有的顺序写入，可以将这些字节序列进行"分段"，即：第 1 个线程写入第 1、2、3 字节，第 2 个线程写入第 4、5、6 字节，第 3 个线程写入第 7、8、9 字节。每个线程只负责写自己该写入的位置,就算 3 个线程是无序执行的,最终也不会破坏原有字节的顺序。各个线程对应着一个事件句柄(本实例使用 AutoResetEvent 类),只要线程完成自己该做的任务后,就通过对应的事件句柄发出信号。主线程将通过 WaitHandle 类的 WaitAll 方法等待所有线程执行完成。

【操作流程】

步骤 1:新建一个控制台应用程序项目。

步骤 2:在 Program 类中声明两个只读的字段,为了便于在 Main 方法中访问,可以声明为静态字段。这两个字段分别是要输出的文件名和一个字节数组(包含要写进文件的 9 字节)。

```
// 文件名
static readonly string FileName = "demoFile.data";
// 要写入文件的 9 字节
static readonly byte[] orgBuffer =
{
    0x0C, 0x10, 0x02,
    0xE3, 0x71, 0xA2,
    0x13, 0xB8, 0x06
};
```

步骤 3:在 Program 类中声明一个静态字段——AutoResetEvent 数组,它将包含 3 个元素,可以作为与执行线程相对应的事件句柄。

```
static AutoResetEvent[] writtenEvents = {
    new AutoResetEvent(false),
    new AutoResetEvent(false),
    new AutoResetEvent(false)
};
```

步骤 4:启动 3 个新线程,每个线程负责写 3 字节。

```
for (int n = 0; n < 3; n++)
{
    Thread th = new Thread((p) =>
    {
        // 先把要写的字节复制出来
        int currentCount = Convert.ToInt32(p);
        int copyIndex = currentCount * 3;
        byte[] tmpBuffer = new byte[3];
        Array.Copy(orgBuffer, copyIndex, tmpBuffer, 0, 3);
        // 打开文件流
        using (FileStream fs = new FileStream(FileName, FileMode.OpenOrCreate, FileAccess.
        Write, FileShare.Write))
        {
            // 定位流的当前位置
```

```
        fs.Seek(copyIndex, SeekOrigin.Begin);
        // 写入数据
        fs.Write(tmpBuffer, 0, tmpBuffer.Length);
    }
    // 发出信号
    writtenEvents[currentCount].Set();
});
// 标识为后台线程
th.IsBackground = true;
// 启动线程
th.Start(n);
}
```

注意：由于有多个线程同时写入一个文件，因此在创建 FileStream 实例时，必须指定一个有效的 FileShare 枚举值，本例中应为 Write。指定此参数的目的是允许多个线程同时写一个文件，否则会发生错误。

步骤 5：在主线程中，调用 WaitAll 方法等待所有事件句柄发出的信号。传递给方法的参数就是前面声明的 AutoResetEvent 数组。

```
Console.WriteLine("等待所有线程完成文件写入……");
WaitHandle.WaitAll(writtenEvents);
Console.WriteLine("文件写入完成。");
```

步骤 6：为了验证 9 字节是否正确地写入文件，在写入完成后再读出文件中的字节。

```
using (FileStream fsin = new FileStream(FileName, FileMode.Open))
{
    byte[] buffer = new byte[fsin.Length];
    fsin.Read(buffer, 0, buffer.Length);
    Console.WriteLine($"从文件读出来的字节:\n{BitConverter.ToString(buffer)}");
}
```

步骤 7：运行应用程序，控制台中输出的内容如图 10-5 所示。

图 10-5　多个线程同时写一个文件

可以对比两次输出的字节数组，如果相同，说明 3 个线程已把字节序列正确地写入文件。

实例 290　使用线程锁

【导语】

当多个线程访问同一个对象时,由于线程之间抢占资源,会使数据状态不同步,从而导致意外发生。非常经典的一个案例就是"卖火车票",假设有 50 张火车票,有 5 个线程同时售票(类似于 5 个售票窗口同时工作),并且各个线程之间都会抢夺处理器时间片,线程 A 判断还剩余 1 张火车票并正准备售出最后一张票,此时意外发生,由于在线程 A 判断剩余票数与执行售票之间存在时间差,而正好在这段时间里线程 B 把最后一张火车票卖完了,造成线程 A 在执行售票时竟发现无票可售。

这种看似不符合逻辑的事情,在异步编程中却很容易遇到。有时代码出现错误后,开发人员不管怎么调试,始终找不到出错的原因,这很有可能是忽略了异步操作中资源同步的问题。为了避免关键的数据被线程意外修改而引发错误,对于被多个线程访问的资源,应当使用线程锁。当某个线程即将使用资源时,先对资源上锁,上锁之后其他线程将无法使用该资源,只能等到该线程对资源解锁后才能访问。线程锁可以保证在同一时刻只有一个线程能访问资源。在 C♯ 语言中,可以直接用 lock 语句块来锁定资源;在 Visual Basic 语言中,可以使用 SyncLock 语句块来给资源上锁;在.NET 框架中则是以 Monitor 类来实现线程锁的,调用 Enter 方法锁定资源,随后调用 Exit 方法解锁资源。

本实例演示了通过 4 个线程来从 List 实例中删除元素。当 List 实例的 Count 属性为 0 时,就应该停止删除操作(因为 List 实例中已经没有元素了),代码每次只删除一个元素,所以在删除元素之前都要检查一下 Count 属性是否为 0。当 Count 属性为 1 时(剩下最后一个元素)就容易出现意外,因为如果某线程经过判断确定 Count 属性不为 0,但在这个线程执行删除元素之前,其他线程可能意外地把最后一个元素删除了,这时候该线程再执行删除就会发生错误。

这种情况就需要线程锁了,每一轮删除操作中,从判断 Count 属性到执行删除这个过程,当前线程都应该将 List 实例锁定。

【操作流程】

步骤 1：新建一个控制台应用程序项目。

步骤 2：在 Program 类中声明一个静态字段,类型为 List < int >,并为其初始化。

```
static List < int > intList = new List < int >()
{
        100, 105, 108, 113, 265, 970, 160,
        410, 303, 302, 104, 103, 102, 921,
        500, 501, 521, 522, 210, 211, 212,
        213, 214, 175, 174, 376
};
```

步骤 3：在 Main 方法中,启动 4 个新线程,对 List 对象执行 RemoveAt 方法删除一个元素。

```
for (int i = 0; i < 4; i++)
{
    Thread th = new Thread(() =>
    {
        while (true)
        {
            if (intList.Count == 0)
                break;
            Thread.Sleep(15);
            intList.RemoveAt(0);
            Console.WriteLine( $ "列表中剩余元素 {intList.Count} 个");
        }
    });
    th.Start();
}
```

步骤 4：由于多个线程共同访问的资源（此处是 List 对象）没有上锁，运行应用程序就会收到如图 10-6 所示的异常信息，这正是由于最后一个元素被意外删除了。

图 10-6 删除元素时发生异常

步骤 5：此时要对代码进行修改，加上 lock 语句块。

```
for (int i = 0; i < 4; i++)
{
    Thread th = new Thread(() =>
    {
        while (true)
        {
            lock (intList)
            {
                if (intList.Count == 0)
                    break;
                Thread.Sleep(15);
                intList.RemoveAt(0);
                Console.WriteLine( $ "列表中剩余元素 {intList.Count} 个");
            }
        }
    });
    th.Start();
}
```

步骤 6：再次运行应用程序，就不会收到异常信息了，执行结果如图 10-7 所示。

图 10-7　List 对象中的元素可以正确地被删除了

10.2　并行任务

实例 291　启动 Task 的三种方法

【导语】

并行任务能够充分利用多核处理器的资源，而且由框架底层自动调配。从综合性能上说，使用 Task 更优于 Thread。执行新 Task 的方法与 Thread 相似，也是通过委托类型来封装要运行的代码。本实例演示了启动新 Task 的三种方法。

【操作流程】

步骤 1：新建控制台应用程序项目。

步骤 2：第一种方法，实例化 Task 类，然后调用 Start 方法。

```
Task task1 = new Task(() =>
{
    Console.WriteLine("任务 1 已执行。");
});
// 启动任务
task1.Start();
task1.Wait();
```

Wait 方法的作用是在当前线程上等待该 Task 执行完成。

步骤 3：第二种方法，直接调用 Task 类的 Run 静态方法。

```
Task task2 = Task.Run(() =>
{
    Console.WriteLine("任务 2 已执行。");
});
task2.Wait();
```

成功调用 Run 方法后会返回一个 Task 实例，它表示已启动的并行任务。

步骤 4：第三种方法，通过 TaskFactory 类来创建新 Task。

```
TaskFactory factory = new TaskFactory();
Task task3 = factory.StartNew(() =>
{
    Console.WriteLine("任务 3 已执行。");
});
task3.Wait();
```

实例 292　带返回值的 Task

【导语】

本实例演示了使用并行任务计算 5 的阶乘（即 $1 \times 2 \times 3 \times 4 \times 5$），并获取计算结果。

【操作流程】

步骤 1：新建一个控制台应用程序项目。

步骤 2：调用 Task 类的 Run 方法启动新任务，并在执行的委托中，将计算结果返回。

```
var task = Task.Run(() =>
{
    long r = 1L;
    int t = 1;
    while(t <= 5)
    {
        r = r * t;
        t++;
    }
    return r;
});
```

由于并行任务有返回值，Run 方法会根据 return 语句推断出返回类型为 Task < long >。

步骤 3：等待任务完成，然后获得计算结果。

```
task.Wait();
long result = task.Result;
```

步骤 4：运行应用程序，控制台输出的内容如下。

5 的阶乘:120

实例 293　传递状态数据

【导语】

在启动新 Task 时，可以传递一个 object 类型的对象实例作为状态数据（可以认为是输入参数）。由于所需类型是 object，因此可以传递各种数据类型。

本实例将演示将二元组实例传递给新的 Task，并在并行代码中读出其中的数据。

【操作流程】

步骤 1：新建一个控制台应用程序项目。

步骤 2：声明二元组，其中包含 string 和 int 类型的值。

```
var state = (Name: "Jack", Age: 28);
```

步骤 3：创建 Task 实例，将上述二元组作为状态数据传递。

```
Task t = new Task(s =>
{
    // 读取状态数据
    (string name, int age) = ((string, int))s;
    Console.WriteLine( $ "Name: {name}\nAge: {age}");
}, state);
```

以下重载版本的构造函数支持输入状态数据：

```
public Task(Action < object > action, object state);
```

其中，由于要在执行代码中接收状态数据，所以需要使用一个带 object 类型参数的委托类型。

步骤 4：启动并行任务，然后等待其完成。

```
t.Start();
t.Wait();
```

步骤 5：运行应用程序，从状态数据中读到的内容如下。

```
Name: Jack
Age: 28
```

实例 294　串联并行任务

【导语】

在一些复杂的处理逻辑中，经常会执行多个并行任务，并且这些任务都需要按照一定的顺序执行,在这种情况下,把并行任务进行串联比等待事件句柄信号更简单。

Task 类公开 ContinueWith 实例方法,调用该方法后,会将当前任务与下一个要执行的任务串联,当前任务执行完成后就会启动下一个任务。ContinueWith 方法返回 Task 实例,即串联执行的新任务,并且 ContinueWith 方法可以连续调用,例如以下方式。

```
myTask.ContinueWith( … )
       .ContinueWith( … )
       .ContinueWith( … )
       …;
```

本实例将演示通过三个 Task 进行加法运算,第一个 Task 返回整数值 10,第二个 Task 在第一个 Task 返回值的基础上再加上 15 并返回,第三个 Task 在第二个 Task 所返回的结果上再加上 20 并返回计算结果。这三个 Task 必须按照顺序执行,因此应该调用 ContinueWith 方法进行串联。

【操作流程】

步骤 1:新建一个控制台应用程序项目。

步骤 2:串联执行三个并行任务,最终返回给 task 变量的是最后执行的 Task 所返回的结果。

```
Task < int > task = Task.Run(() => 10) //返回 10
                         .ContinueWith(lasttask => lasttask.Result + 15) // 返回 25
                         .ContinueWith(lasttask => lasttask.Result + 20); // 返回 45
```

步骤 3:等待并行任务完成。

```
task.Wait();
```

步骤 4:运行应用程序,最后的输出结果如下。

```
计算结果:45
```

实例 295　使用 Parallel 类执行并行操作

【导语】

Parallel 类是一个轻量级的并行操作执行类,主要用在基于 for 或 foreach 循环的并行代码上,该类会充分调配处理器的资源来运行循环,提升性能。

本实例将使用 Parallel 类启动并行的 foreach 循环来向文件写数据,每一轮循环负责写一个文件。

【操作流程】

步骤 1:新建一个控制台应用程序项目。

步骤 2:创建一个字符串数组实例,包含要创建的文件名列表。

```
string[] fileNames =
```

```
{
    "demo_1_dx", "demo_2_dx", "demo_3_dx", "demo_4_dx",
    "demo_5_dx", "demo_6_dx", "demo_7_dx", "demo_8_dx"
};
```

步骤 3：调用 Parallel.ForEach 方法循环写文件，文件长度以及字节序列均随机产生。

```
Random rand = new Random();
Parallel.ForEach(fileNames, (fn) =>
{
    int len;
    byte[] data;
    lock (rand)
    {
        // 随机产生文件长度
        len = rand.Next(100, 90000);
        data = new byte[len];
        // 生成随机字节序列
        rand.NextBytes(data);
    }
    using(FileStream fs = new FileStream(fn, FileMode.Create))
    {
        fs.Write(data);
    }
    Console.WriteLine( $ "已向文件 {fn} 写入 {data.Length} 字节");
});
```

步骤 4：运行应用程序，执行结果如图 10-8 所示。

图 10-8　并行写文件

10.3　异步等待语法

实例 296　声明异步方法

【导语】

异步等待语法主要由一对语言关键字组成：async 和 await，这两个关键字通常是成对出现的。要让方法支持异步等待，必须要让方法的返回类型为 Task 或者 Task < TResult >。

方法的名称可以用"Async"结尾,以标注它是异步方法,例如 RunAsync、DownloadAsync 等。

调用异步方法时,可以加上 await 关键字,表示异步等待。在调用异步方法时,当前线程会进入等待状态,但不会阻塞;当异步方法执行完成后,会回到当前线程中并继续执行后面的代码。在使用了 await 关键字的方法中需要加上 async 关键字,表示调用了异步代码。

综上所述,异步方法的声明方法就是让它返回 Task 或 Task＜TResult＞实例。

【操作流程】

步骤 1：新建一个控制台应用程序项目。

步骤 2：声明异步方法 WorkAsync。在方法内部,直接通过 Task.Run 方法返回 Task 对象。

```
static Task WorkAsync()
{
    return Task.Run(() => Console.WriteLine("执行异步代码……"));
}
```

步骤 3：可以用 await 关键字调用上述异步方法。

```
static async void Test()
{
    await WorkAsync();
}
```

由于 Test 方法中调用了异步方法,所以要使用 async 关键字来修饰 Test 方法。

步骤 4：声明异步方法时,还可以创建 Task 实例,然后将其返回。

```
static Task SomeAsync()
{
    Task t = new Task(() => Console.WriteLine("做些事情"));
    t.Start();
    return t;
}
```

注意：创建 Task 实例后,在返回之前必须要调用 Start 方法启动任务,否则 await 关键字无法等待未运行的任务。如果在异步方法中创建的新 Task 实例没有启动,可以在调用异步方法时获取该 Task 实例的引用,然后手动调用 Start 启动任务,再用 await 关键字异步等待任务完成,具体实现如下。

```
Task task = SomeAsync();
task.Start();
await task;
```

从代码封装的角度看,不推荐这样做,最合适的做法是在异步方法返回之前启动并行任务,这样会显得比较友好,方便后续使用封装好的代码。

实例 297　在 Main 方法中使用异步等待

【导语】

新版本(7.1 或以上版本)的 C♯语言支持在 Main 方法中进行异步等待,使用方法为:在 Main 方法中使用 await 关键字调用异步方法,然后在 Main 方法中添加 async 关键字进行修饰。

【操作流程】

步骤 1:新建一个控制台应用程序项目。

步骤 2:本例以 Task.Delay 方法的调用来做演示,此方法也会返回一个 Task 实例,在 Main 方法中输入以下代码。

```
Console.WriteLine("先等 2 秒。");
await Task.Delay(2000);
Console.WriteLine("再等 3 秒。");
await Task.Delay(3000);
Console.WriteLine("还要等 4 秒。");
await Task.Delay(4000);
```

步骤 3:在 Main 方法上添加 async 修饰符。

```
static async Task Main(string[] args)
{
    ...
}
```

注意:如果 Main 方法返回的类型为 void,请将其改为 Task,目前只支持返回 Task 或 Task ＜int＞类型。

步骤 4:(如果编译错误,则需要执行此步骤)打开项目属性,切换到"生成"选项卡,单击页面下方的"高级"按钮。在打开的"高级生成选项"窗口中,将语言版本设置为 7.1 或更高版本,或者选择"C♯最新次要版本(最新)",如图 10-9 所示。

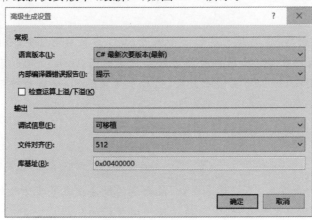

图 10-9　选择语言版本

步骤 5：运行应用程序，控制台输出结果如下。

先等 2 秒。
再等 3 秒。
还要等 4 秒。

实例 298 为每个线程单独分配变量值

【导语】

在某些应用场景下，对于同一个变量，需要允许访问它的各个线程都保留独立的值，即在使用同一个变量的情况下，每个线程可以为该变量分配独立的变量值，这些值只在当前线程中有效。

要实现这样的需求，就要借助 ThreadLocal < T >类，该类的实例可以在多个线程之间共享，并且每个线程可以通过 Value 属性设置各自的值，线程与线程之间互不干扰。如果需要知道 ThreadLocal 变量被设置过哪些值，可以访问 Values 属性，要使 Values 属性可用，在调用 ThreadLocal 类的构造函数时，需要调用带有 trackAllValues 参数（bool 类型）的重载版本，并将 trackAllValues 参数设置为 true。

【操作流程】

步骤 1：新建一个控制台应用程序项目。

步骤 2：在 Program 类中声明一个 ThreadLocal < int >类型的静态字段，并初始化。

```
static ThreadLocal < int > _localvar = new ThreadLocal < int >(true);
```

本实例稍后会访问 Values 属性，所以在调用 ThreadLocal 类构造函数时要将 trackAllValues 参数设置为 true。

步骤 3：创建三个新线程，并在线程所执行的代码上修改 ThreadLocal 实例的 Value 属性。

```
Thread th1 = new Thread(() =>
{
    _localvar.Value = 5000;
    Console.WriteLine( $ "在 ID 为 {Thread.CurrentThread.ManagedThreadId} 的线程,本地线程变
    量的值为:{_localvar.Value}");
});
th1.Start();

Thread th2 = new Thread(() =>
{
    _localvar.Value = 9000;
    Console.WriteLine( $ "在 ID 为 {Thread.CurrentThread.ManagedThreadId} 的线程,本地线程变
    量的值为:{_localvar.Value}");
});
th2.Start();
```

```
Thread th3 = new Thread(() =>
{
    _localvar.Value = 7500;
    Console.WriteLine( $ "在 ID 为 {Thread.CurrentThread.ManagedThreadId} 的线程,本地线程变
    量的值为:{_localvar.Value}");
});
th3.Start();
```

步骤 4：等待三个线程执行完成。

```
th1.Join();
th2.Join();
th3.Join();
```

步骤 5：此时,在主线程代码中可以访问 Values 的属性,枚举出被设置过的值。

```
Console.WriteLine("\n 设置过的所有值:");
foreach (int n in _localvar.Values)
{
    Console.Write(" {0}", n);
}
```

步骤 6：运行应用程序,得到的结果如图 10-10 所示。

图 10-10   基于线程的本地变量

实例 299   保留异步上下文中的本地变量值

【导语】

在基于 Task 的异步等待上下文中,ThreadLocal < T >类型的本地变量无法发挥作用,
请思考以下例子。

```
ThreadLocal < string > local = new ThreadLocal < string >();
async Task WorkAsync()
{
    local.Value = "hello";
    Console.WriteLine("异步等待前:{0}", local.Value);
    await Task.Delay(150);
    Console.WriteLine("异步等待后:{0}", local.Value);
}
```

在进入异步等待前,本地变量将字符串常量赋值为"hello",随后调用 Delay 方法,并异步等待方法返回。回到当前上下文后,本地变量的值变为默认值(字符串的默认值是 null),也就是说,之前赋值的字符串"hello"已经读不到了。

这是因为基于并行任务的异步上下文是由内部框架自动调度的,异步等待前后,本地变量可能处于不同的线程上,即 await 语句使用前后的代码并不是在同一个线程上,所以在等待方法返回后就取不到本地变量的值了。要解决这个问题,可以用 AsyncLocal < T >类替换 ThreadLocal < T >类。AsyncLocal < T >类能够在异步上下文之间保留原有的数据,即使异步等待前后的代码不在同一个线程上,也能够访问之前设置的值。

以下实例将演示 AsyncLocal < T >类的用法。

【操作流程】

步骤 1:新建一个控制台应用程序项目。

步骤 2:在 Program 类中声明一个静态字段,类型为 AsyncLocal < string >。

```
static AsyncLocal < string > local = new AsyncLocal < string >();
```

步骤 3:定义一个异步方法,在方法内部调用 Task.Delay 方法,并异步等待方法返回。进入异步等待前,对 local 变量赋值;异步等待返回后,读出 local 变量的值。

```
static async Task RunThisCodeAsync()
{
    local.Value = "Follow me";
    Console.WriteLine("异步等待前:{0}", local.Value);
    await Task.Delay(150);
    Console.WriteLine("异步等待后:{0}", local.Value);
}
```

步骤 4:在 Main 方法中调用 RunThisCodeAsync 方法。

```
RunThisCodeAsync().Wait();
```

步骤 5:运行应用程序,控制台输出内容如下。

```
异步等待前:Follow me
异步等待后:Follow me
```

可以看到,等待之前所赋的值,在异步上下文返回后仍然能顺利地读取。

实例 300 取消并行任务

【导语】

在实际开发中,经常会遇到在后台使用 Task 执行一些比较耗时间代码的情况。出于友好的用户体验考虑,在执行长时间任务的过程中应该向用户反馈处理进度;此外,由于运行耗时较长,用户可能不想再继续等待,应该允许用户取消任务。

CancellationTokenSource 类提供了取消任务的处理模型,通过 Token 属性可以获得

CancellationToken 结构实例的副本。所有被复制的 CancellationToken 对象都会监听 CancellationTokenSource 实例的状态，一旦 CancellationTokenSource 实例调用了 Cancel 方法，各个 CancellationToken 副本就会收到通知，此时 CancellationToken 对象的 IsCancellationRequested 属性就会返回 true。可以通过检查 IsCancellationRequested 属性来判断并行任务是否被取消。

本实例将演示一个累加运算，计算过程用一个异步方法封装。调用方法时，可以传递一个整数值，表示参与累加运算的最大值，计算将从 0 开始累加，直到最大值，例如，最大值为 5，那么就计算 0+1+2+3+4+5。在程序执行运算的过程中，用户随时可以按下 C 键取消任务。

【操作流程】

步骤 1：新建一个控制台应用程序项目。

步骤 2：定义用于执行累加计算的异步方法。

```
static Task < int > RunAsync( int maxNum, CancellationToken token = default)
{
        TaskCompletionSource < int > tcl = new TaskCompletionSource < int >();
        int x = 0;
        int res = 0;
        while(x < maxNum)
        {
            if (token.IsCancellationRequested)
            {
                    break;
            }
            res += x;
            x += 1;
            Task.Delay(500).Wait();
        }
        tcl.SetResult(res);
        return tcl.Task;
}
```

token 参数用于监听任务是否被取消。本方法中使用了 TaskCompletionSource < TResult >类，这个类可以灵活地设置 Task 的运行结果（通过 SetResult 方法设置），再访问 Task 属性就能获取要返回的并行任务实例。

步骤 3：在 Main 方法中实例化 CancellationTokenSource。

```
CancellationTokenSource cansrc = new CancellationTokenSource();
```

步骤 4：在调用累加计算的异步方法之前，可以开启一个并行任务，用于判断用户是否按下了 C 键，如果是，就调用 CancellationTokenSource 对象的 Cancel 方法。

```
Task.Run(() =>
{
    Console.WriteLine("按 C 键取消任务。");
    while (true)
    {
        var info = Console.ReadKey(true);
        if (info.Key == ConsoleKey.C)
        {
            cansrc.Cancel();
            break;
        }
    }
});
```

步骤 5：调用异步方法，并等待计算完成。

```
int result = await RunAsync(200, cansrc.Token);
Console.WriteLine("计算结果:{0}", result);
```

访问 Token 属性，会复制一份 CancellationToken 实例，并能够监听 Cancel 方法的调用。

步骤 6：当不再使用 CancellationTokenSource 对象时，需要将其释放。

```
cansrc.Dispose();
```

步骤 7：运行应用程序，累加计算开始。此过程中如果按下 C 键，任务被取消，并把已经完成的部分计算结果返回，如图 10-11 所示。

图 10-11　已取消的并行任务

第 11 章

网 络 编 程

在本章节中,读者将学习到以下内容:
- 基于 Socket 的网络通信;
- HTTP 编程。

11.1 Socket 通信

实例 301 简单的 TCP 通信程序

【导语】

TCP 是基于连接的通信协议,Socket 可以视为两个终结点之间用于对话的标识。

一般来说,在服务器上至少需要两个 Socket 实例来完成通信工作。一个 Socket 实例会绑定服务器主机的地址和端口,然后监听客户端的连接,当收到客户端的连接后,会产生另一个 Socket 实例,此 Socket 实例主要负责双方的通信,即在服务器与客户端之间发送和接收数据。在客户端主机上,通常只需要一个 Socket 实例,该 Socket 实例首先要向服务器发起连接请求,连接成功后就可以与服务器通信了。

【操作流程】

以下为服务器的实现部分。

步骤 1:创建用于监听连接的 Socket 实例。

```
Socket server = new Socket(SocketType.Stream, ProtocolType.Tcp);
```

步骤 2:绑定本地终结点。本实例中将绑定到本地环回地址(IP 为 127.0.0.1),端口号为 6000。

```
// 本地监听地址
IPEndPoint localSv = new IPEndPoint(IPAddress.Loopback, 6000);
// 绑定本地端点
server.Bind(localSv);
```

步骤 3：调用 Listen 方法，开始监听连接。

```
server.Listen(10);
```

Listen 方法有一个 backlog 参数，用于指定队列中等待的连接数，此数值根据实际情况设定，本实例中设定为 10。

步骤 4：调用 Accept 方法。调用之后服务器 Socket 会处于等待状态，一旦接收到客户端的连接，就会返回一个新的 Socket 实例，该 Socket 实例将用于通信。

```
Socket client = server.Accept();
```

步骤 5：此时可以进行通信了，本例仅向客户端发送一条字符串消息。

```
string message = "你好,我是服务器。";
byte[] data = Encoding.UTF8.GetBytes(message);
// 发送数据长度
client.Send(BitConverter.GetBytes(data.Length));
// 发送数据正文
client.Send(data);
```

发送数据调用 Send 方法，数据都是以字节序列形式发送的，因此字符串内容要先转换为字节序列。

由于通信是基于流的方式处理的，数据均为连接的字节序列，容易出现"粘包"现象，即前一条消息可能与后一条消息混合在一起了，导致无法判断数据的具体长度。因此，比较保险的方案是先把数据正文的长度发送过去（一般为 int 值或 long 值），然后再发送数据正文；接收方在读取数据时，可以先读取数据长度，然后再读取数据正文，这样可以保证数据传输的准确性。

步骤 6：关闭 Socket 对象，释放资源。

```
client.Close();
server.Close();
```

以下是客户端的实现部分。

步骤 7：在客户端上创建 Socket 实例。客户端上一般只需要单个 Socket 实例即可完成通信。

```
Socket client = new Socket(SocketType.Stream, ProtocolType.Tcp);
```

步骤 8：调用 Connect 方法，向服务器发起连接。

```
client.Connect(IPAddress.Loopback, 6000);
```

注意：客户端在发起连接时，请确保所指定的地址和端口号与服务器所绑定的地址和端口号匹配。

步骤 9：读取数据长度。

```
byte[] data = new byte[sizeof(int)];
int dataLen = 0;
int n = client.Receive(data);
if(n == data.Length)
{
    dataLen = BitConverter.ToInt32(data, 0);
}
```

服务器发送的数据长度是 int 类型，为 4 字节，在读取后也要相应地转换为 int 类型。

步骤 10：读取数据正文，并解析出字符串。

```
data = new byte[dataLen];
client.Receive(data);
string msg = Encoding.UTF8.GetString(data);
Console.WriteLine($"\n客户端收到服务器的消息:\n{msg}");
```

步骤 11：断开连接。

```
client.Disconnect(false);
```

Disconnect 方法需要一个 reuseSocket 参数，表示稍后是否还能继续使用该 Socket 实例。在本例中，通信已经完成，无须再使用该 Socket 实例，因此可以指定为 false。

步骤 12：关闭 Socket 对象，释放资源。

```
client.Close();
```

图 11-1　TCP 通信示例

步骤 13：运行应用程序，控制台输出结果如图 11-1 所示。

实例 302　TcpListener 与 TcpClient

TcpListener 类与 TcpClient 类是框架提供的封装类型，它们包装了基于 TCP 协议的 Socket 通信，使网络编程变得更简单。

TcpListener 类负责两件事：一是开启或停止监听来自客户端的连接请求；二是接受连接，并产生一个新的 TcpClient 实例（用于通信）。

TcpClient 类仅用于发送或接收消息。在服务器上，该类的实例由 TcpListener 实例的 AcceptTcpClient 方法返回；在客户端，只需要使用单个 TcpClient 实例即可完成通信，但在通信之前要调用 Connect 方法连接服务器。经过封装后，TcpClient 类将以流的方式发送和接收数据，这使得数据传输变得更易于掌控。建立连接后，调用 TcpClient 实例的 GetStream 方法，得到一个 NetworkStream 实例。NetworkStream 类从 Stream 类派生，可以很方便地写入或读取字节序列。

本实例将演示以下通信功能：服务器使用 TcpListener 类进行监听，客户端用 TcpClient 类发起连接请求。当连接建立之后，客户端发送一条文本消息给服务器，服务器接收到消息后将其输出到控制台。

【操作流程】

以下是服务器部分。

步骤 1：创建 TcpListener 实例，监听端口为 1763，地址为本地计算机的任意地址。

```
TcpListener server = new TcpListener(IPAddress.Any, 1763);
```

步骤 2：调用 Start 方法，开始监听。

```
server.Start();
```

步骤 3：等待客户端的连接。

```
TcpClient client = server.AcceptTcpClient();
```

步骤 4：建立连接后，读取从客户端发来的消息。

```
using(NetworkStream stream = client.GetStream())
{
    List<byte> data = new List<byte>();
    byte[] buffer = new byte[256];
    int n = 0;
    while((n = stream.Read(buffer)) != 0)
    {
        data.AddRange(buffer.Take(n));
    }
    // 转换为字符串
    string msg = Encoding.UTF8.GetString(data.ToArray());
    Console.WriteLine( $ "\n来自客户端的消息:{msg}");
}
```

步骤 5：调用 Stop 方法，停止监听。

```
server.Stop();
```

以下为客户端部分。

步骤 6：创建 TcpClient 实例。

```
TcpClient client = new TcpClient();
```

步骤 7：向服务器发起连接请求。

```
client.Connect(IPAddress.Parse("127.0.0.1"), 1763);
```

步骤 8：向服务器发送消息。

```
using(NetworkStream stream = client.GetStream())
{
    string ct = ".NET Core 网络编程";
    byte[] data = Encoding.UTF8.GetBytes(ct);
    stream.Write(data);
}
```

图 11-2　从客户端发来的消息

步骤 9：运行应用程序，可以从控制台的输出中看到服务器所接收到的消息，如图 11-2 所示。

实例 303　使用 UdpClient 类开发简单的聊天程序

【导语】

UdpClient 类是一个封装类，包含了 Socket 上 UDP 协议与通信相关的功能，使基于 UDP 协议的通信编程更简单。由于 UDP 协议是无连接、无序的，因此只需要单个 UdpClient 实例即可完成通信。在收发数据之前无须建立连接，直接调用 Send 方法就可以将数据发送到指定主机的特定端口上。数据接收方也可以直接调用 Receive 方法接收远程主机发来的消息。

为了便于理解，本实例仅实现了单向聊天程序，即服务器只负责接收并显示消息，客户端只能用于发送消息。

【操作流程】

以下为服务器的实现步骤。

步骤 1：实例化 UdpClient 对象。

```
UdpClient udpServer = new UdpClient(9000);
```

上述代码调用了带一个 int 类型参数的构造函数，port 参数指定服务器用于接收数据的本地端口号，若未指定本地地址则表明服务器会监听本地计算机上的所有地址。

步骤 2：通过一个循环来不断接收消息，遇到"end"消息时退出。

```
while(true)
{
    UdpReceiveResult result = await udpServer.ReceiveAsync();

    string msg = Encoding.UTF8.GetString(result.Buffer);
    // 如果消息是"end"，表示退出
    if (msg.ToLower().Equals("end"))
    {
        break;
    }
    // 否则显示收到的消息
    string host = result.RemoteEndPoint.Address.MapToIPv4().ToString();
    Console.WriteLine( $ "来自 {host} :{msg}");
}
```

步骤 3：调用 Close 方法关闭通信通道。

```
udpServer.Close();
```

以下为客户端的实现步骤。

步骤 4：创建 UdpClient 实例。

```
UdpClient udpClient = new UdpClient();
```

步骤 5：以下变量表示服务器的主机名与端口号。

```
// 服务器主机名
string serverHost = "127.0.0.1";
// 服务器端口号
int serverPort = 9000;
```

步骤 6：通过循环允许用户发送多条消息。要发送的消息来自键盘输入，如果遇到 end 就退出。

```
while (true)
{
    Console.Write("请输入消息内容:");
    string msg = Console.ReadLine();
    byte[] data = Encoding.UTF8.GetBytes(msg);
    udpClient.Send(data, data.Length, serverHost, serverPort);
    // 如果是"end"则退出
    if (msg.ToLower().Equals("end"))
    {
        break;
    }
}
```

步骤 7：最后关闭通信通道。

```
udpClient.Close();
```

步骤 8：运行应用程序，在客户端应用程序中输入要发送的消息，并按下 Enter 键，随后服务器应用程序上会显示收到的消息，如图 11-3 所示。

图 11-3 简单的 UDP 协议通信程序

11.2 HTTP 编程

实例 304 从 Web 服务器上下载图片

【导语】

运行本实例后，通过键盘输入 Web 服务器上图片的 URL，按下 Enter 键后，应用程序会把图片下载到本地并保存到文件中。

本实例使用了 HttpWebRequest 类和 HttpWebResponse 类来完成图片下载,这两个类一般是成对使用的。由 HttpWebRequest 对象向服务器发起请求,若服务器回应则返回一个 HttpWebResponse 对象,通过 HttpWebResponse 对象可以以流的方式读取来自 Web 服务器的数据。如果要将数据上传到 Web 服务器,应该使用从 HttpWebRequest 对象中获得的流对象。总结为一句话就是:HttpWebRequest 对象用于向服务器写数据,HttpWebResponse 对象用于读取来自服务器的数据。

【操作流程】

步骤 1:新建一个控制台应用程序项目。

步骤 2:获取键盘输入的图片 URL。

```
Console.WriteLine("请输入图片的 URL:");
string picUrl = Console.ReadLine();
```

步骤 3:创建 HttpWebRequest 实例。该类没有公共的构造函数,需要通过调用 WebRequest 的 Create 方法或者 CreateHttp 方法来获得 HttpWebRequest 实例的引用。

```
HttpWebRequest request = WebRequest.CreateHttp(picUrl);
```

步骤 4:设置访问方式为 GET。

```
request.Method = "GET";
```

步骤 5:向 Web 服务器发起请求,并获取 HTTP 的响应消息。

```
HttpWebResponse response = (HttpWebResponse)request.GetResponse();
```

步骤 6:读取 Web 服务器响应的数据,并写入文件。

```
using(Stream respStream = response.GetResponseStream())
{
    // 写入文件
    using(FileStream fs = new FileStream("down.jpg",
FileMode.Create))
    {
        respStream.CopyTo(fs);
    }
}
```

图 11-4　从 Web 服务器上下载图片

步骤 7:运行应用程序,输入图片 URL,然后按下 Enter 键,图片随即被下载到本地文件,如图 11-4 所示。

实例 305　使用 HttpClient 类向 Web 服务器提交数据

【导语】

HttpClient 类对 HTTP 通信中的常用操作进行了封装,为每一种请求定义了对应的方法,具体方法如下。

（1）GetAsync 方法：以 GET 方式发送 HTTP 请求。

（2）PostAsync 方法：以 POST 方式发送请求。

（3）PutAsync 方法：以 PUT 方式发送请求。

（4）DeleteAsync 方法：对应 DELETE 请求方式。

（5）PatchAsync 方法：以 PATCH 方式发送请求。

其中，最为常用的是 GetAsync 与 PostAsync 两个方法。此外，HttpClient 类还提供了 SendAsync 方法，此方法比较灵活，在发送 HTTP 请求前可以做更多的配置。

要提交的数据正文将由 HttpContent 类包装，该类是抽象类，需根据实际要提交内容的格式来选择，例如，ByteArrayContent 类用于包装字节数组，StringContent 类用于包装字符串内容，若希望以流的形式提交数据，还可以用 StreamContent 类。

本实例将演示如何使用 HttpClient 类以 POST 方式向 Web 服务器提交字符串数据。

【操作流程】

步骤 1：创建 HttpClient 实例。

```
using (HttpClient client = new HttpClient())
{
    ...
}
```

步骤 2：包装要发送的数据内容。

```
StringContent content = new StringContent("小李", System.Text.Encoding.UTF8);
```

本例要发送的是字符串内容，因此选用 StringContent 类进行包装。

步骤 3：向服务器发起请求，方式为 HTTP-POST。

```
string url = "<目标 URL>";
HttpResponseMessage response = await client.PostAsync(url, content);
```

上述代码中，请将<目标 URL>替换为实际的测试地址。

步骤 4：调用 PostAsync 方法后，异步返回 HttpResponseMessage 对象，表示服务器回应的消息，从 HttpResponseMessage 对象的 Content 属性中可以得到服务器返回的数据正文。

```
string respmsg = await response.Content.ReadAsStringAsync();
Console.WriteLine( $ "提交成功,服务器回应消息:{respmsg}");
```

注意：本实例的源代码中包含一个简单的 ASP.NET Core 项目，测试时可以同时运行此 Web 项目。

第 12 章

反射与 Composition

在本章节中，读者将学习到以下内容：

- 反射技术；
- Composition。

12.1 反射技术

实例 306 获取程序集中的类型列表

【导语】

反射技术可以在应用程序运行阶段对程序集进行解析，包括获取程序集中的类型、类型的成员列表、参数列表等信息，还可以创建类型实例或调用类型成员。

本实例演示了如何列出指定类库中的类型。

【操作流程】

步骤 1：编写一个测试类库，它包含一个 CoolComponents 命名空间，命名空间下包含三个自定义类型。

```
namespace CoolComponents
{
    public class CoolEngin { }
    public struct FaultData { }
    public class FastBuilder { }
}
```

步骤 2：生成类库项目，将输出的 . dll 文件复制到示例应用程序的 \ bin \ Debug \ netcoreapp <版本号>目录下。

步骤 3：打开示例项目的 Program. cs 文件，引入以下命名空间，与反射技术有关的类型都位于这个命名空间下。

```
using System.Reflection;
```

步骤 4：调用 Assembly 类的静态方法 LoadFrom，从 .dll 文件中加载程序集。

```
Assembly ass = Assembly.LoadFrom("TestLib.dll");
```

加载的程序集以 Assembly 类表示，通过这个类可以获取类型列表。

步骤 5：调用 GetTypes 方法，返回此程序集中所包含类型，以 Type 数组的形式返回。

```
Type[] types = ass.GetTypes();
```

步骤 6：在控制台中输出各类型的完整名称（包括命名空间和类型的名称）和性质（引用类型或值类型）。

```
foreach (Type t in types)
{
    Console.Write("{0} - ", t.FullName);
    if (t.IsClass)
        Console.Write("引用类型");
    else if (t.IsValueType)
        Console.Write("值类型");
    else
        Console.Write("其他类型");
    Console.Write("\n");
}
```

IsClass 标识类型为引用类型（类属于引用类型），结构是值类型，所以也可以用 IsValueType 属性来判断某个类型是否为结构（枚举是特殊的值类型，可用 IsEnum 属性来判断）。

步骤 7：运行应用程序，输出结果如图 12-1 所示。

图 12-1 解析出类库中的类型列表

实例 307 获取指定类型的成员列表

【导语】

如果需要获取指定类型的所有成员，可以调用 Type 类的 GetMembers 方法。如果需要获取特定的成员，可以访问以下方法：

（1）获取方法：调用 GetMethod 或者 GetMethods 方法。

（2）获取属性：调用 GetProperty 或者 GetProperties 方法。

（3）获取事件：调用 GetEvent 或者 GetEvents 方法。

（4）获取构造函数：调用 GetConstructor 或者 GetConstructors 方法。

（5）获取字段：调用 GetField 或者 GetFields 方法。

其中，复数命名的方法用于获取多个成员对象，例如，GetProperty 方法可以获取单个属性的信息，而 GetProperties 方法则可以获取多个属性的信息。

本实例在获取类型成员时，不考虑成员分类，因此使用 GetMembers 方法；不带参数的

GetMembers 方法可获取指定类型的公共成员列表；如果需要获取非公共成员，则可以调用带有 BindingFlags 枚举参数的 GetMembers 方法。

【操作流程】

步骤 1：新建一个控制台应用程序项目。

步骤 2：以 String 类为例，获取类型关联的 Type 对象。

```
Type targetType = typeof(string);
```

步骤 3：获取 String 类的公共与非公共成员，实例与静态成员。

```
MemberInfo[] members = targetType.GetMembers(BindingFlags.Instance | BindingFlags.Static |
BindingFlags.NonPublic | BindingFlags.Public);
```

实例成员是指需要调用类型构造函数创建新实例后才能访问的成员；静态成员是指无须创建类型实例，可以直接访问的成员，在声明静态成员时会加上 static 关键字。

步骤 4：在控制台中输出成员的名称及类别。

```
foreach(MemberInfo mbinfo in members)
{
    Console.Write( $ "{mbinfo.MemberType, - 15}:{mbinfo.Name}\n");
}
```

MemberInfo 类的 MemberType 属性是一个 MemberTypes 枚举，标识成员的类别。例如，对于方法成员，其枚举值为 Method；对于属性成员，其枚举值为 Property。

步骤 5：运行应用程序，输出结果如图 12-2 所示。

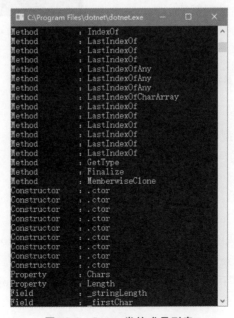

图 12-2　String 类的成员列表

实例 308 获取方法的参数信息

【导语】

MethodInfo 类封装了常规方法(不包括构造函数)的相关信息,通过访问 Type 实例的 GetMethod 方法可以返回单个 MethodInfo 实例。

要得到方法的参数列表信息,需要访问 MethodInfo 实例的 GetParameters 方法,调用后会返回一个 ParameterInfo 类的数组。ParameterInfo 类封装了参数信息,其 ParameterType 属性表示参数的数据类型,Name 属性可以获取参数名称。如果参数带有 out 关键字,可以使用 IsOut 属性来检测。

【操作流程】

步骤 1:新建一个控制台应用程序项目。

步骤 2:定义一个 Sample 类,类中包含一个实例方法 ChangeRate。

```
public class Sample
{
    public double ChangeRate(uint af, float xf)
    {
        return default(double);
    }
}
```

稍后将通过反射技术获取 ChangeRate 方法的参数列表。

步骤 3:获取类型相关的 Type 对象。

```
Type tp = typeof(Sample);
```

步骤 4:调用 GetMethod 方法查找出 ChangeRate 方法。

```
MethodInfo mtinfo = tp.GetMethod(nameof(Sample.ChangeRate));
```

步骤 5:获取参数列表,并输出参数信息(参数名与参数所属的数据类型)。

```
if(mtinfo != null)
{
    // 获取参数列表
    ParameterInfo[] prms = mtinfo.GetParameters();
    Console.WriteLine( $ "{mtinfo.Name} 方法有 {prms.Length} 个参数,它们分别是:");
    foreach(ParameterInfo pi in prms)
    {
        Console.WriteLine( $ " {pi.Name} : {pi.ParameterType}");
    }
}
```

步骤 6：运行应用程序,输出结果如图 12-3 所示。

图 12-3　ChangeRate 方法的两个参数

实例 309　通过反射调用构造函数

【导语】

构造函数信息由 ConstructorInfo 类封装,该类从 MethodBase 类派生(构造函数属于一种特殊的方法)。可以调用 Type 类实例的 GetConstructor 或者 GetConstructors 方法来获取与类型构造函数有关的 ConstructorInfo 实例。要调用构造函数,需要访问 Invoke 方法,Invoke 方法所返回的就是类型的新实例(统一以 object 类型返回,必要时可以在使用新实例前进行类型转换),该方法需要一个 object 数组作为输入参数,它表示传递给构造函数的参数列表;如果构造函数是无参数的,可以传递 null。

【操作流程】

步骤 1：新建一个控制台应用程序项目。

步骤 2：声明 Pen 类,它包含一个 StrokeWidth 属性,一个无参数的构造函数,在该构造函数中初始化 StrokeWidth 属性。

```
namespace Samples
{
    public class Pen
    {
        public float StrokeWidth { get; private set; }

        public Pen()
        {
            StrokeWidth = 1.2f;
        }
    }
}
```

步骤 3：回到 Main 方法中,获取与 Pen 类相关的 Type 对象。

```
Type testType = typeof(Samples.Pen);
```

步骤 4：调用 GetConstructor 方法获取构造函数引用。

```
onstructorInfo constr = testType.GetConstructor(Type.EmptyTypes);
```

GetConstructor 方法需要提供构造函数的参数列表,由于 Pen 的公共函数是无参数的,所以可以直接使用 Type 类中公开的 EmptyTypes 字段,它会返回一个空的 Type 数组。

步骤 5:调用构造函数,创建 Pen 类的新实例,然后读取 StrokeWidth 属性的值。

```
ConstructorInfo constr = testType.GetConstructor(Type.EmptyTypes);
if (constr != null)
{
    // 创建类实例
    object instance = constr.Invoke(null);
    // 查找 StrokeWidth 属性
    PropertyInfo prop = testType.GetProperty("StrokeWidth");
    // 获取属性值
    object val = prop.GetValue(instance);
    Console.WriteLine("StrokeWidth 属性的值为:{0}", val);
}
```

使用 PropertyInfo 类的 GetValue 方法可以获得相应属性的值。

步骤 6:运行应用程序,输出结果如下。

```
StrokeWidth 属性的值为:1.2
```

实例 310　通过反射调用静态方法

【导语】

MethodInfo 类的 Invoke 方法的常用重载如下。

```
object Invoke(object obj, object[] parameters);
```

如果要调用的方法是静态的(声明时使用 static 关键字),那么在调用 Invoke 方法时 obj 参数应为 null,因为访问静态成员并不依赖类型实例。

本实例将演示如何运用反射技术来调用带有两个 double 类型参数的静态方法。

【操作流程】

步骤 1:新建一个控制台应用程序项目。

步骤 2:在 Program 类中定义一个静态方法,名为 Add,它接受两个 double 类型的参数,并返回两个参数相加的总和。

```
public static double Add(double a, double b) => a + b;
```

步骤 3:在 Main 方法中,获取与 Add 方法相关的 MethodInfo 实例。

```
MethodInfo addMthd = typeof(Program).GetMethod("Add", BindingFlags.Public | BindingFlags.
Static);
```

要查找类型中的静态成员,BindingFlags 枚举需要加上 Static 值。

步骤 4:调用 Add 方法。

```
if(addMthd != null)
```

```
{
    // 要传给方法的参数值列表
    object[] prms = { 3.65d, 17.073d };
    // 调用方法
    object returnVal = addMthd.Invoke(null, prms);
    Console.WriteLine( $ "静态方法调用结果:{returnVal}");
}
```

步骤 5：运行应用程序,输出结果如下。

静态方法调用结果:20.723

实例 311　用 Activator 类创建类型实例

【导语】

除了通过 ConstructorInfo 来创建类型实例外,还可以使用 Activator 类。这是一个静态类,因此它的所有成员方法都是静态方法,该类仅包含一个方法——CreateInstance,用于创建类型实例,但该方法有多个重载,最为常用有以下两个版本:

(1)当要使用类型中带无参数的构造函数时,应调用以下重载:

static object CreateInstance(Type type);

(2)当要使用类型中带参数的构造函数时,就要调用以下重载:

static object CreateInstance(Type type, params object[] args);

args 是传递给构造函数的参数值列表,依照构造函数声明的参数顺序传入即可。

【操作流程】

步骤 1：新建一个控制台应用程序项目。

步骤 2：声明 Person 类,该类的构造函数需要三个参数。

```
public class Person
{
    public Person(string name, string city, int age)
    {
        Name = name;
        City = city;
        Age = age;
    }

    public string Name { get; }
    public string City { get; }
    public int Age { get; }
}
```

步骤 3：获取 Person 类关联的 Type 对象。

```
Type theType = typeof(Person);
```

步骤 4：创建 Person 实例。

```
object instance = Activator.CreateInstance(theType, "Mee Yang", "Zhong Shan", 21);
```

由于 Person 类的构造函数需要三个参数，因此在调用 CreateInstance 方法时要传递相应的参数值。

步骤 5：现在，Person 类的实例已经创建。下面代码将通过反射枚举出 Person 对象的公共属性，然后输出各个属性的值。

```
PropertyInfo[] props = theType.GetProperties(BindingFlags.Instance | BindingFlags.Public);
foreach(PropertyInfo p in props)
{
    Console.WriteLine( $ "{p.Name} : {p.GetValue(instance)}");
}
```

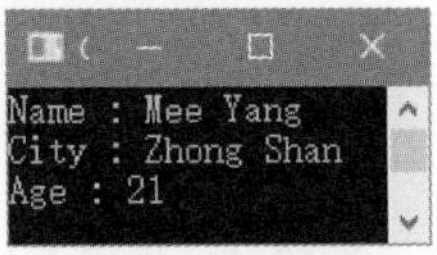

图 12-4　输出 **Person** 对象的公共属性

要一次性获取多个属性的信息，应当调用 Type 对象的 GetProperties 方法。

步骤 6：运行应用程序，输出结果如图 12-4 所示。

实例 312　检测类型上所应用的自定义 Attribute

【导语】

CustomAttributeExtensions 类提供了一系列扩展方法，可以获取程序集、类型、类型成员、参数上应用的自定义特性（Attribute）实例。

如果事先知道特性的类型，则可以使用带泛型参数的方法：

```
T GetCustomAttribute<T>(this …) where T : Attribute;
```

此方法调用起来是最简单的，可以直接返回目标特性的实例。但是如果使用以下方法来获取自定义的特性实例，则可能需要进行类型转换，因为它的返回类型为 Attribute（特性类的公共基类）。

```
Attribute GetCustomAttribute(this …, Type attributeType);
```

【操作流程】

步骤 1：新建一个控制台应用程序项目。

步骤 2：声明一个特性类，仅应用于类上面。

```
[AttributeUsage(AttributeTargets.Class, AllowMultiple = false)]
public sealed class AliasNameAttribute : Attribute
{
    public AliasNameAttribute(string aliasName)
```

```
    {
        Alias = aliasName;
    }

    public string Alias { get; } = null;
}
```

注意：特性类必须是 Attribute 的派生类，或者间接派生类。

步骤 3：声明一个测试类，并在类上应用上述特性。

```
[AliasName("order_data")]
public class CoreData
{

}
```

步骤 4：获取 CoreData 上所应用的 AliasNameAttribute。

```
// 获取与类型相关的 Type 对象
Type testType = typeof(CoreData);
// 获取特性类实例
AliasNameAttribute attr = testType.GetCustomAttribute<AliasNameAttribute>();
// 输出特性类的属性值
if(attr != null)
{
    Console.WriteLine( $ "类型 {testType.Name} 的别名是:{attr.Alias}");
}
```

步骤 5：运行应用程序，输出结果如下。

```
类型 CoreData 的别名是:order_data
```

12.2 Composition

实例 313 安装 NuGet 包——System. Composition

【导语】

Composition 技术主要用于程序扩展，它会根据协定标识主动发现已导出的类型，并把该类型导入和组合到特定实例上，这样应用程序代码就能使用这些导入的类型了。

默认情况下，.NET Core 框架不包含 Composition 相关的 API，开发人员需要通过 NuGet 手动安装 System. Composition 包。

本实例将演示在项目中安装 System. Composition 包的过程。

【操作流程】

步骤 1：新建一个控制台应用程序项目。

步骤 2：在 Visual Studio 中，从菜单栏中依次执行"工具"→"NuGet 包管理器"→"程序包管理器控制台"命令。

步骤 3：在"程序包管理器控制台"窗口中输入以下命令，然后按 Enter 键执行。

```
Install-Package System.Composition
```

步骤 4：等待安装完成。

步骤 5：程序包安装完毕后，在"解决方案资源管理器"窗口中，展开项目下的"依赖项"结点，可以看到安装好的程序包以及它所依赖的其他程序包，如图 12-5 所示。

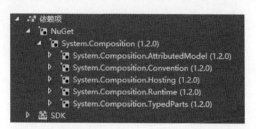

图 12-5　System. Composition 以及其依赖项

注意：程序包安装是基于项目的，因此在新建的项目中如果需要用到 System. Composition 组件，需要手动安装。

实例 314　导出类型

【导语】

在要作为扩展组件的类上应用 ExportAttribute 后，该类便被标识为可导出类型，即它可以被 Composition 引擎发现。ExportAttribute 类有两个很重要的属性：

（1）ContractName 属性：类型协定的名称。开发人员可以自定义该名称，必须要保证该名称在所有导出类型中的唯一性，否则协定名称就失去实际用途了（就是用来标识类型协定的）。

（2）ContractType 属性：协定的类型。如果不指定该属性，默认的类型是跟随在 ExportAttribute 之后的类型（即该特性所应用的目标类）。

为了让扩展的组件具有规律性（存在相似特征），以便于在运行时灵活使用，通常会为所有待导出的类定义一个共同的接口，然后这些类都实现这个接口。这样对于类型的导入者而言，只需要认准这个通用的接口，而不必考虑具体的实现类，可以轻松导入并调用多个类型。

【操作流程】

为了使演示的内容更易于理解，本例中所定义的导出类型都与应用程序在同一个程序集中。

步骤 1：新建一个控制台应用程序项目。

步骤 2：定义两个类——Car 和 Bike，它们都应用了 ExportAttribute。

```
[Export]
public class Car
{
    public string Identity => "小汽车";
}


[Export]
public class Bike
{
    public string Identity => "自行车";
}
```

应用 ExportAttribute 时，既没有指定协定的名称，也没有指定协定的类型，所以获取导出类型实例时，所指定的筛选类型应与 Car 类或 Bike 类相同。

步骤 3：查找导出的类型，并获取它们的实例，最后分别访问它们的 Identity 属性。

```
ContainerConfiguration config = new ContainerConfiguration();
// 在当前程序集中查找类型
config.WithAssembly(Assembly.GetExecutingAssembly());
// 创建容器
using(CompositionHost host = config.CreateContainer())
{
    // 获取已导出的类型实例
    Car c = host.GetExport<Car>();
    Bike b = host.GetExport<Bike>();
    Console.WriteLine($"c.Identity : {c.Identity}\nb.Identity : {b.Identity}");
}
```

首先要创建 ContainerConfiguration 实例，对 Composition 操作进行配置。在上述代码中，WithAssembly 方法用于指定查找导出类型的程序集，本例为当前程序集。然后调用 CreateContainer 方法创建用于获取导出类型实例的 CompositionHost 对象。再通过 GetExport 方法就可以获取导出类型的实例。导出类型在实例化时，Composition 组件会调用它的公共无参数构造函数，所以要导出的类中必须包含无参数的公共构造器。

步骤 4：运行应用程序，输出内容如下。

```
c.Identity : 小汽车
b.Identity : 自行车
```

注意：本实例的导出类型在设计上并不合理，只是为了演示。推荐的做法是定义一个接口，并在接口中公开 Identity 属性，然后 Car 和 Bike 类都实现这个接口。这样在获取导出类型时，只需要提供该接口作为查找条件即可。

实例315 通过协定来约束导出类型

【导语】

本实例将演示通过指定唯一命名与类型协定来标识导出类型，这样做既能保证导出的类型具有唯一的标识，又可以保持兼容性。本例中所有导出的类都会实现 IPlayer 接口。尽管被导出的类型都被约束为 IPlayer，但每一个导出的类型都设置了协定名称（确保不会重复出现）。

【操作流程】

步骤 1：新建一个控制台应用程序项目。

步骤 2：安装 System.Composition NuGet 包。

步骤 3：引入以下命名空间。

```
using System;
using System.Composition;
using System.Composition.Hosting;
using System.Reflection;
```

步骤 4：声明 IPlayer 接口，作为导出类型的公共规范。

```
public interface IPlayer
{
    void PlayTracks();
}
```

步骤 5：定义两个实现 IPlayer 接口的类，并且应用 ExportAttribute。

```
[Export("gen_pl", typeof(IPlayer))]
public class GenPlayer : IPlayer
{
    public void PlayTracks()
    {
        Console.WriteLine("在普通播放器上播放音乐");
    }
}

[Export("pro_pl", typeof(IPlayer))]
public class ProPlayer : IPlayer
{
    public void PlayTracks()
```

```
    {
        Console.WriteLine("在专业播放器上播放音乐");
    }
}
```

步骤 6：回到 Main 方法中，获取当前正在执行的程序集。

```
Assembly currAss = Assembly.GetExecutingAssembly();
```

步骤 7：创建 ContainerConfiguration 实例，设置导出类型的查找范围位于当前程序集中。

```
ContainerConfiguration config = new ContainerConfiguration()
        .WithAssembly(currAss);
```

步骤 8：创建 Composition 容器，并获取导出类型的实例。

```
using(CompositionHost host = config.CreateContainer())
{
    IPlayer p1 = host.GetExport<IPlayer>("gen_pl");
    IPlayer p2 = host.GetExport<IPlayer>("pro_pl");
}
```

在调用 GetExport 方法时，需要传递每个导出类型所对应的协定名称。

步骤 9：分别调用两个对象实例的 PlayTracks 方法。

```
using(CompositionHost host = config.CreateContainer())
{
    ...
    p1.PlayTracks();
    p2.PlayTracks();
}
```

步骤 10：运行应用程序，会看到以下输出结果。

```
在普通播放器上播放音乐
在专业播放器上播放音乐
```

实例 316　导入多个类型

【导语】

Composition 技术支持将类型导入到某个类的属性（或方法参数）中。应用了 ImportAttribute 的属性只可以导入单个类型实例，而应用了 ImportManyAttribute 的属性则可以导入多个类型实例，此时属性一般声明为 IEnumerable<T>类型，Composition 容器在导入类型时会自动填充该属性。

本实例中，以 IAnimal 接口作为类型协定的基础，有三个类实现该接口，并标记为导出类型。然后定义 SomeAnimalSamples 类，并公开 AnimalList 属性，其类型为 IEnumerable

<IAnimal>。最后用 Composition 容器将导入的类型实例填充 AnimalList 集合。

【操作流程】

步骤 1：新建一个控制台应用程序项目。

步骤 2：定义 IAnimal 接口，公开两个属性。

```
public interface IAnimal
{
    string Name { get; }
    string Family { get; }
}
```

步骤 3：定义三个实现 IAnimal 接口的类，并标识为导出类型。

```
[Export(typeof(IAnimal))]
public class FelisCatus : IAnimal
{
    public string Name => "家猫";
    public string Family => "猫科";
}


[Export(typeof(IAnimal))]
public class SolenopsisInvictaBuren : IAnimal
{
    public string Name => "红火蚁";
    public string Family => "蚁科";
}


[Export(typeof(IAnimal))]
public class HeliconiusMelpomene : IAnimal
{
    public string Name => "红带袖蝶";
    public string Family => "凤蝶科";
}
```

步骤 4：定义 SomeAnimalSamples 类，并把 AnimalList 标记为可导入多个类型。

```
class SomeAnimalSamples
{
    [ImportMany]
    public IEnumerable<IAnimal> AnimalList { get; set; }
}
```

注意：记得要在属性上应用 ImportManyAttribute，因为 Composition 在组合类型时会查找该特性。

步骤 5：回到 Main 方法，将当前程序集作为 Composition 搜索导出类型的范围。

```
Assembly currentAssembly = Assembly.GetExecutingAssembly();
ContainerConfiguration config = new ContainerConfiguration()
    .WithAssembly(currentAssembly);
```

步骤 6：创建 Composition 容器，并将导入的类型组合到 SomeAnimalSamples 对象的 AnimalList 属性中。

```
SomeAnimalSamples samples = new SomeAnimalSamples();
using(CompositionHost container = config.CreateContainer())
{
    container.SatisfyImports(samples);
}
```

步骤 7：测试访问导入的类型实例。

```
foreach (IAnimal an in samples.AnimalList)
{
    Console.WriteLine( $ "Name: {an.Name}\nFamily: {an.Family}\n");
}
```

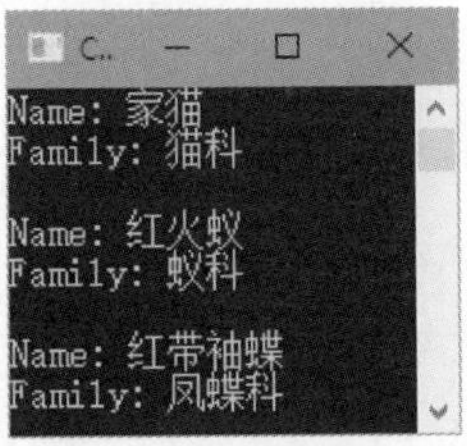

图 12-6　访问导入后的
三个类型实例

步骤 8：运行应用程序，得到如图 12-6 所示的结果。

实例 317　导出元数据

【导语】

在导出类型的时候，可以同时将元数据导出。元数据可以理解为一系列附加信息，这些数据与类型相关但不参与执行，仅仅对类型做出额外的描述。在要导出的类型上应用 ExportMetadataAttribute 可以添加要导出的元数据，它包含两个值：Name 是元数据字段的名称，类型为字符串；Value 是与字段对应的值，类型为 object，即每条元数据的结构类似于字典。要指定多条元数据，可以在导出的类型上应用多个 ExportMetadataAttribute。

在导入时，可以使用 Lazy < T，TMetadata >类型的对象来接收导入的类型与元数据。Lazy 类提供了一种机制——类型可以延迟初始化，即当 Value 属性被访问时才会调用 T 类型的构造器。TMetadata 表示导入的元数据，一般情况下，可以使用 IDictionary < string，object >类型来接收元数据，也可以使用一个自定义的类来接收（带无参数构造函数的类）。

【操作流程】

步骤 1：新建一个控制台应用程序项目。

步骤 2：声明要导出的类型，并指定两条元数据记录。

```
[Export]
[ExportMetadata("Ver", "1.0")]
[ExportMetadata("Publisher", "Mike")]
public class Test
```

```
{
    public void Run()
    {
        Console.WriteLine("Run 方法被调用");
    }
}
```

步骤 3：在 Program 类中，声明一个属性，用于接收导入的类型。

```
[Import]
Lazy< Test, IDictionary< string, object>> ComposObject { get; set; }
```

步骤 4：创建 Composition 容器，然后合并导入的类型。

```
ContainerConfiguration cfg = new ContainerConfiguration( ). WithAssembly ( Assembly.
GetExecutingAssembly());
Program p = new Program();
using(CompositionHost container = cfg.CreateContainer())
{
    container.SatisfyImports(p);
}
```

步骤 5：访问已导入的 Test 实例。

```
Test t = p.ComposObject.Value;
// 调用导入的实例
t.Run();
```

步骤 6：获取导入的元数据。

```
IDictionary< string, object > metas = p.ComposObject.
Metadata;
foreach(KeyValuePair< string,object > kv in metas)
{
    Console.WriteLine ( $ " key: {kv.Key}, value: {kv.
Value}");
}
```

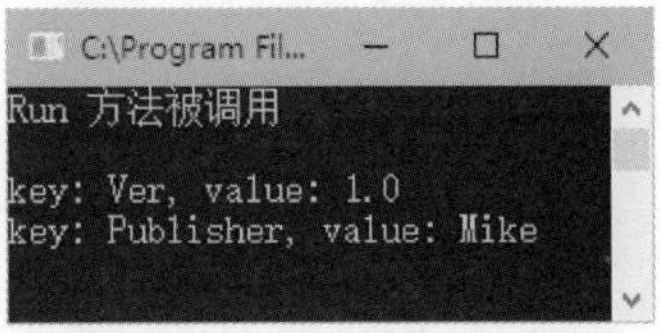

图 12-7 输出导入的元数据

步骤 7：运行应用程序，控制台输出结果如图 12-7 所示。

实例 318 使用自定义类型来接收导入的元数据

【导语】

导入的元数据，不仅可以使用 IDictionary< string, object >类型来接收，还可以使用自定义的类来接收，此自定义类需要满足两个条件：

（1）包含公共的无参数构造函数。因为在填充元数据时，类实例由 Composition 自动创建，而不是从代码中显式调用构造函数。

（2）该类中的属性名称必须与导出的元数据的 Name 属性匹配，而且是区分大小写的。

【操作流程】

步骤 1：新建一个控制台应用程序。

步骤 2：声明要导出的类型，并附加元数据。

```
[Export]
[ExportMetadata("MaxTracks", 15),
 ExportMetadata("Skin", "blue")]
public class FunMusicPlayer
{
    public void Play() => Console.WriteLine("正在播放音乐……");
}
```

步骤 3：定义一个类，用于在导入时存储元数据。

```
class ImportMetaData
{
    public int MaxTracks { get; set; }
    public string Skin { get; set; }
}
```

在导出类型时，指定的元数据名称分别为 MaxTracks 和 Skin，所以 ImportMetaData 类的属性名称必须与之一一对应。

步骤 4：在 Program 类中公开一个属性，用于引用导入的类型。

```
[Import]
public Lazy<FunMusicPlayer, ImportMetaData> CurPlayer { get; set; }
```

步骤 5：实例化 Composition 容器，执行导入操作。

```
ContainerConfiguration cfg = new ContainerConfiguration(). WithAssembly(Assembly.
GetExecutingAssembly());
Program p = new Program();
using(CompositionHost host = cfg.CreateContainer())
{
    host.SatisfyImports(p);
}
```

步骤 6：输出已导入的元数据。

```
ImportMetaData meta = p.CurPlayer.Metadata;
Console.WriteLine( $ "{nameof(ImportMetaData.MaxTracks)}:
{meta.MaxTracks}\n{nameof(ImportMetaData.Skin)}: {meta.Skin}");
```

步骤 7：运行应用程序，控制台输出内容如下。

```
MaxTracks: 15
Skin: blue
```

实例319 封装元数据

【导语】

若元数据的条目比较多,使用多个 ExportMetadataAttribute 对象来指定元数据会显得比较麻烦。这时候可以用一个类来封装元数据,但要注意以下两点:

(1) 封装元数据的类需要应用 MetadataAttributeAttribute 进行标注。

(2) 这个封装类应当从 Attribute 类派生。因为导出类型的元数据是附加信息,以特性的形式应用到导出类型的定义上。

【操作流程】

步骤 1:定义协定接口。

```
public interface ITest
{
    void RunTask();
}
```

步骤 2:定义元数据的封装类。

```
[MetadataAttribute]
class CustMetadataAttribute : Attribute
{
    public string Author { get; set; }
    public string Description { get; set; }
    public int Version { get; set; }

    public CustMetadataAttribute(string author, string desc, int ver)
    {
        Author = author;
        Description = desc;
        Version = ver;
    }
}
```

步骤 3:定义两个用于导出的类,它们都实现 ITest 接口,并且应用定义好的 CustMetadataAttribute 来指定元数据。

```
[Export(typeof(ITest))]
[CustMetadata("Tom", "debug version", 1)]
public class TestWork_V1 : ITest
{
    public void RunTask()
    {
        Console.WriteLine("这是版本 1");
    }
}
```

```
[Export(typeof(ITest))]
[CustMetadata("Jack", "release version", 2)]
public class TestWork_V2 : ITest
{
    public void RunTask()
    {
        Console.WriteLine("这是版本 2");
    }
}
```

步骤 4：定义一个新类，用于引用导入的类型与元数据。

```
public class TestCompos
{
    [ImportMany]
    public IEnumerable < Lazy < ITest, IDictionary < string, object >>> ImportedComponents {
get; set; }
}
```

步骤 5：加载要查找导出类型的程序集。

```
Assembly comAss = Assembly.LoadFrom("CustExportProj.dll");
ContainerConfiguration config = new ContainerConfiguration().WithAssembly(comAss);
```

步骤 6：创建 Composition 容器，并把类型导入到刚定义的 TestCompos 实例中。

```
TestCompos cps = new TestCompos();
using (var host = config.CreateContainer())
{
    host.SatisfyImports(cps);
}
```

步骤 7：获取导入的元数据，然后调用导入的类型。

```
foreach (var c in cps.ImportedComponents)
{
    ITest obj = c.Value;
    IDictionary < string, object > meta = c.Metadata;
    Console.Write("元数据:\n");
    foreach(var it in meta)
    {
        Console.Write( $ "{it.Key}: {it.Value}\n");
    }
    Console.Write( $ "调用 {obj.GetType().Name} 实例:\n");
    obj.RunTask();
    Console.Write("\n\n");
}
```

步骤 8：运行应用程序，输出结果如图 12-8 所示。

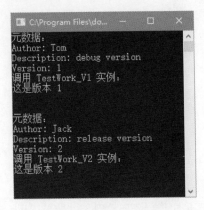

图 12-8 输出元数据与导入对象的调用结果

实例 320 用抽象类来充当协定类型

【导语】

Composition 不仅支持以接口作为协定类型，还可以使用抽象类。接口和抽象类都具有规范类型结构的作用。

【操作流程】

步骤 1：新建一个控制台应用程序项目。

步骤 2：定义一个抽象类，作为导出类型的公共基类。

```
public abstract class GenBase
{
    public abstract Guid ID { get; }
    public abstract string Title { get; }
    public abstract void ConnectEndpoint();
}
```

步骤 3：定义两个导出类型，它们都实现 GenBase 抽象类。

```
[Export(typeof(GenBase))]
public class CompoFirst : GenBase
{
    public override Guid ID => Guid.NewGuid();
    public override string Title => "test component I";
    public override void ConnectEndpoint()
    {
        Console.WriteLine("Connecting to DWO DB …");
    }
}
```

```
[Export(typeof(GenBase))]
public class CompoSecond : GenBase
{
    public override Guid ID => Guid.NewGuid();
    public override string Title => "test component II";
    public override void ConnectEndpoint()
    {
        Console.WriteLine("Connecting to RLS DB …");
    }
}
```

步骤 4：配置 ContainerConfiguration 实例。

```
Assembly curAssembly = Assembly.GetExecutingAssembly();
ContainerConfiguration config = new ContainerConfiguration();
config.WithAssembly(curAssembly);
```

步骤 5：创建 Composition 容器，并调用导出的类型实例。

```
using(var host = config.CreateContainer())
{
    IEnumerable<GenBase> objs = host.GetExports<GenBase>();
    foreach (GenBase o in objs)
    {
        Console.Write("ID: {0}\nTitle: {1}\n", o.ID, o.Title);
        Console.WriteLine("调用 {0} 的 {1} 方法:", o.GetType().Name, nameof
        (GenBase.ConnectEndpoint));
        o.ConnectEndpoint();
        Console.Write("\n");
    }
}
```

步骤 6：运行应用程序，输出结果如图 12-9 所示。

图 12-9　以抽象类来充当协定类型

第 13 章

加 密 算 法

在本章节中,读者将学习到以下内容:

- 单向加密;
- 双向加密。

13.1 单向加密

实例 321 计算输入字符串的 MD5 值

【导语】

在哈希算法中,MD5 是最为常见的,多用于校验密码,一般的做法是,先用密码字符串计算出其 MD5 值,再把该 MD5 值转换为字符串,存进数据库。校验时重新计算输入密码的 MD5 值,再与数据库中存储的值做比较,如果相同则表示密码正确。

本实例将对输入的文本进行 MD5 计算,然后输出计算得到的哈希码。

【操作流程】

步骤 1:新建一个控制台应用程序项目。

步骤 2:获取用户的键盘输入内容。

```
Console.WriteLine("请输入文本:");
string input = Console.ReadLine();
```

步骤 3:计算输入内容的 MD5 值。

```
byte[] data = Encoding.UTF8.GetBytes(input);
MD5 md5 = MD5.Create();
byte[] result = md5.ComputeHash(data);
```

注意:加密算法都是针对字节进行计算的,因此在计算之前,要把计算内容转换为字节数组。

步骤 4：输出计算结果。

```
Console.WriteLine("\n 计算结果:");
foreach(byte b in result)
{
    Console.Write(" 0x{0:x2}", b);
}
```

图 13-1　输入文本的 MD5 值

步骤 5：运行应用程序，结果如图 13-1 所示。

实例 322　使用 SHA1 算法校验文件

【导语】

对于数量不是很大的情况，例如一般文件，可以使用 SHA1 算法校验。校验可以用在两种情况中：一是通过网络传输文件后，为了检查下载的文件是否出现数据损失，可以将源文件的哈希码与下载后文件的哈希码作比较，如果两个文件的哈希码相同，表明文件已经正确传输；另一种情况是可以通过哈希码来检查两个文件的内容是否相同（可用于查找重复文件）。

本实例将首先创建一个文件，写入随机字节流，然后将文件进行复制，最后用 SHA1 算法分别计算两个文件的哈希码。

【操作流程】

步骤 1：新建一个控制台应用程序项目。

步骤 2：创建新文件，写入随机字节。

```
using(FileStream fsin = File.Create("ver1.smp"))
{
    byte[] buffer = new byte[256];
    Random rand = new Random();
    for(int x = 0; x < 50; x++)
    {
        rand.NextBytes(buffer);
        fsin.Write(buffer);
    }
}
```

步骤 3：复制刚创建的文件。

```
File.Copy("ver1.smp", "ver2.smp", true);
```

步骤 4：使用 SHA1 算法，分别计算这些文件的哈希码。

```
string curdir = Directory.GetCurrentDirectory();
string[] files = Directory.GetFiles(curdir, "*.smp");
SHA1 sha = SHA1.Create();
foreach (string f in files)
```

```
{
    using(FileStream fs = File.OpenRead(f))
    {
        byte[] result = sha.ComputeHash(fs);
        Console.WriteLine("文件 {0} 的哈希码:", Path.GetFileName(f));
        StringBuilder bd = new StringBuilder();
        foreach(byte b in result)
        {
            bd.AppendFormat("{0:X2}", b);
        }
        Console.Write(bd + "\n\n");
    }
}
sha.Dispose();
```

ComputeHash 方法有多个重载,既可以传入字节数组进行计算,也可以直接使用流对象。该算法的计算结果是以字节序列表示的,上述代码将计算结果转换为十六进制形式的字符串。

步骤 5:运行应用程序,从输出结果可以看到,复制后的文件与原来的文件相同,因为它们具有相同的哈希码,如图 13-2 所示。

图 13-2　相同的文件产生相同的哈希码

13.2　双向加密

实例 323　使用 AES 算法加密和解密文本

【导语】

AES 属于双向加密算法(即数据被加密后可以解密),通常需要两个重要元素:密钥(Key)和初始向量(IV),必须提供与加密相同的 Key 和 IV 才能顺利完成解密。双向加密算法需要 CryptoStream 类作为数据内容的读写中介,CryptoStream 对象并不表示特定的流实例,因此它需要基础流(例如内存流、文件流等)。

本实例演示了使用 AES 算法加密文本内容,然后对加密后的数据进行解密,还原文本。

【操作流程】

步骤 1:新建一个控制台应用程序项目。

步骤 2:定义 EncryptData 方法,接收密钥、初始向量和待加密的文本,并返回加密后的字节数组。

```
static byte[] EncryptData(byte[] key, byte[] iv, string content)
{
    byte[] res = null;
```

```
using(Aes aes = Aes.Create())
{
    using(MemoryStream msbase = new MemoryStream())
    {
        using(CryptoStream cstr = new CryptoStream(msbase, aes.CreateEncryptor(key, iv),
        CryptoStreamMode.Write))
        {
            using(StreamWriter writer = new StreamWriter(cstr))
            {
                writer.Write(content);
            }
        }
        res = msbase.ToArray();
    }
}
return res;
}
```

在实例化 CryptoStream 类时，CryptoStreamMode 的取值是很关键的。上述方法中，待加密的数据是通过 CryptoStream 实例写入的，最终把加密后的数据写到内存流中，所以此处 mode 参数应使用 Write 值。

步骤 3：定义 DecryptData 方法，进行解密操作，还原字符串。

```
static string DecryptData(byte[] key, byte[] iv, byte[] dataContent)
{
    string res = null;
    using(Aes aes = Aes.Create())
    {
        using(MemoryStream ms = new MemoryStream(dataContent))
        {
            ICryptoTransform trf = aes.CreateDecryptor(key, iv);
            using(CryptoStream cstream = new CryptoStream(ms, trf, CryptoStreamMode.Read))
            {
                using(StreamReader reader = new StreamReader(cstream))
                {
                    res = reader.ReadToEnd();
                }
            }
        }
    }
    return res;
}
```

上述代码中，用已加密的字节数组创建了内存流，CryptoStream 实例以内存流为基础，先从内存流中读入已加密的数据，然后进行解密计算，最后传到 StreamReader 对象中被读出来。因此在实例化 CryptoStream 类时，mode 参数应该取 Read 值。

步骤 4：回到 Main 方法中，声明相关的变量。

```
// 待加密的内容
string msgToEnc = "实验文本";
// 加密用的密钥
byte[] key;
// 初始向量
byte[] iv;
```

步骤 5：在本例中，分别调用 Aes 类的 GenerateKey 方法和 GenerateIV 方法，将随机产生 key(密钥)和 iv(初始向量)。

```
using(Aes aes = Aes.Create())
{
    aes.GenerateKey();
    key = aes.Key;
    aes.GenerateIV();
    iv = aes.IV;
}
```

步骤 6：下面代码对文本进行加密。

```
byte[] encData = EncryptData(key, iv, msgToEnc);
Console.WriteLine("原文本:{0}", msgToEnc);
Console.WriteLine("加密后:{0}", BitConverter.ToString
(encData));
```

步骤 7：接下来进行解密，恢复文本信息。

```
string decMsg = DecryptData(key, iv, encData);
Console.WriteLine("解密后:{0}", decMsg);
```

图 13-3　用 AES 算法加
密和解密文本

步骤 8：运行应用程序，效果如图 13-3 所示。

实例 324　不需要初始向量的 AES 加密

【导语】

双向加密(对称加密)的基类(SymmetricAlgorithm 类)公开了一个 Mode 属性，类型为 CipherMode 枚举，默认取值为 CBC。由于 AES 算法是 SymmetricAlgorithm 的子类，所以在加密与解密时都需要提供匹配的密钥与初始向量。若将 Mode 属性改为 ECB，在加/解密时则可以忽略初始向量，仅使用密钥即可，但是 ECB 模式存在一定的安全隐患，建议用于加密一些简单的、不太重要的文本信息。

本实例将使用 ECB 模式的 AES 算法来加密与解密通过键盘输入的文本内容。

【操作流程】

步骤 1：新建一个控制台应用程序项目。

步骤 2：定义 GenerateKey 方法，用于生成随机密钥(Key)。

```
static byte[] GenerateKey()
{
    byte[] theKey = null;
    using(Aes aes = Aes.Create())
    {
        aes.GenerateKey();
        theKey = aes.Key;
    }
    return theKey;
}
```

步骤 3：定义 EncryptoText 方法对输入的文本进行加密，并返回加密后的字节数组。

```
static byte[] EncryptoText(byte[] key, string text)
{
    byte[] resData = null;
    using(Aes aescrpt = Aes.Create())
    {
        aescrpt.Mode = CipherMode.ECB;
        using(MemoryStream mmrStr = new MemoryStream())
        {
            ICryptoTransform cf = aescrpt.CreateEncryptor(key, null);
            using(CryptoStream cs = new CryptoStream(mmrStr, cf, CryptoStreamMode.Write))
            {
                using(StreamWriter writer = new StreamWriter(cs))
                {
                    writer.Write(text);
                }
            }
            resData = mmrStr.ToArray();
        }
    }
    return resData;
}
```

步骤 4：定义 DecryptoText 方法，解密已经加密的文本。

```
static string DecryptoText(byte[] key, byte[] data)
{
    string _text = null;
    using(Aes aescrypt = Aes.Create())
    {
        aescrypt.Mode = CipherMode.ECB;
        using(MemoryStream mmstream = new MemoryStream(data))
        {
            ICryptoTransform cf = aescrypt.CreateDecryptor(key, null);
            using(CryptoStream cs = new CryptoStream(mmstream, cf, CryptoStreamMode.Read))
            {
```

```
            using(StreamReader reader = new StreamReader(cs))
            {
                _text = reader.ReadToEnd();
            }
        }
    }
}
return _text;
}
```

注意：在解密时，创建 Aes 实例后，要设置其 Mode 属性为 ECB，使其与加密时的模式匹配，否则无法正常解密。

步骤 5：运行应用程序，控制台输出内容如图 13-4 所示。

图 13-4　基于 ECB 模式的加密

实例 325　用 RSA 算法加密和解密数据

【导语】

　　RSA 算法也需要密钥（Key）来加密和解密数据，但是该算法使用的是两个密钥——公钥与私钥。公钥用于加密数据，但不能解密数据，因此公钥可以对外公开（例如可以通过网络传输给他人使用）；而私钥是不能公开的，加密后的数据需要用私钥解密。

　　RSA 算法可以用来对网络数据进行保护，毕竟以明文传输数据很容易被他人截获而造成信息泄露。例如，A 与 B 进行通信，A 可以将自己的公钥告诉 B，同样 B 也可以将自己的公钥告诉 A，但私钥由 A、B 各自保密，不能公开。对话的时候，A 使用 B 的公钥对消息加密，然后发送给 B，B 收到消息后用自己的私钥解密，就能看到消息内容了；同理，如果 B 要向 A 发送消息，就要用 A 的公钥将消息加密然后发送给 A，A 收到消息后用自己的私钥解密，就能看到消息内容了。

【操作流程】

　　步骤 1：新建一个控制台应用程序项目。

　　步骤 2：声明相关的变量。

```
string sampleTest = "The Dotnet Core App";
```

```
byte[] key = null;
byte[] encryptData = null;
```

sampleTest 是用于对加密和解密进行测试的字符串，encryptData 表示被加密后的数据。

步骤 3：对示例字符串进行加密。

```
using (RSACryptoServiceProvider rsa = new RSACryptoServiceProvider())
{
    // 导出公钥与私钥
    key = rsa.ExportCspBlob(true);
    encryptData = rsa.Encrypt(Encoding.ASCII.GetBytes(sampleTest), RSAEncryptionPadding.Pkcs1);
}
```

因为稍后要对数据进行解密，所以需要调用 ExportCspBlob 方法将密钥导出备用。ExportCspBlob 方法需要一个 bool 类型的参数，表示是否导出私钥。如果不导出私钥，后面就无法解密数据了，所以此处应该设定为 true。

步骤 4：解密数据。

```
using(RSACryptoServiceProvider rsa = new RSACryptoServiceProvider())
{
    // 导入公钥与私钥
    rsa.ImportCspBlob(key);
    byte[] bf = rsa.Decrypt(encryptData, RSAEncryptionPadding.Pkcs1);
    string restoreStr = Encoding.ASCII.GetString(bf);
    Console.Write( $ "解密后的字符串:\n{restoreStr}");
}
```

调用 ImportCspBlob 方法后，会导入刚刚导出的公钥和私钥。

步骤 5：运行应用程序，效果如图 13-5 所示。

图 13-5 RSA 算法加密与解密

第三篇 ASP.NET Core

ASP.NET Core 以.NET Core 框架为基础,是专为 Web 开发而推出的扩展框架,也是学习.NET Core 编程的一个重要模块。通过学习本篇,读者将掌握以下内容:

- Web Host 与应用程序的初始化配置;
- 中间件的运用与开发;
- 服务与依赖注入;
- MVC 模型的常用技巧;
- 管理应用程序配置(配置文件、环境变量、选项类);
- Entity Framework(EF)Core(包括实体模型的构建与迁移、运行时创建数据库等)。

第 14 章

应 用 启 动

在本章节中,读者将学习到以下内容:

- Web 主机配置;
- Startup;
- 启动环境。

14.1 Web 主机配置

实例 326 使用默认配置创建 Web 主机

【导语】

WebHost 是一个静态类,它公开了一系列简便的方法,可以使用各项默认配置参数创建 Web 主机,其中用得较多的是 CreateDefaultBuilder 方法。CreateDefaultBuilder 方法一般使用默认的配置来创建 WebHostBuilder 实例,这些默认的配置包括:

(1) 使用内置的 Kestrel 服务器组件,能够使 Web 应用在进程中独立运行。

(2) 使用 IIS 交互。IIS 将作为反向代理端,将 HTTP 请求转发到 Web 应用程序。

(3) 将应用程序的当前目录作为 Web 内容的根目录。

(4) 加载 appsettings.json 或 appsettings.<启动环境>.json 文件来对应用程序进行配置。

(5) 加载环境变量和命令行参数。

(6) 记录日志,并在控制台窗口和 Visual Studio 的"调试"窗口中输出日志信息。

调用 CreateDefaultBuilder 方法并返回 WebHostBuilder 实例,接着调用该实例的 Build 方法,就能创建 WebHost 实例了,最后调用 Run 扩展方法启动 Web 服务器,Web 应用程序开始执行。

【操作流程】

步骤 1:在 Visual Studio 开发环境中,依次执行菜单"文件"→"新建"→"项目"命令,打开"新建项目"窗口。

步骤 2:在.NET Core 应用分支下找到"ASP.NET Core Web 应用程序",如图 14-1 所示。

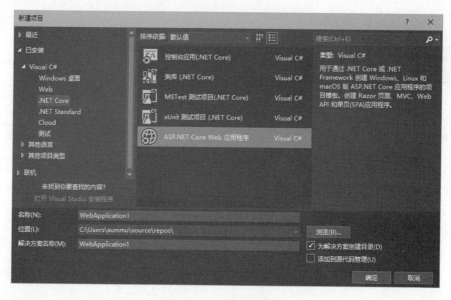

图 14-1　选择项目类型

步骤 3：输入项目/解决方案的名字，单击"确定"按钮。

步骤 4：然后会打开一个选项窗口，在窗口中选择"空"（即空白的 Web 应用程序），同时不勾选窗口下方的"为 HTTPS 配置"选项（暂时不需要 HTTPS 配置），如图 14-2 所示。

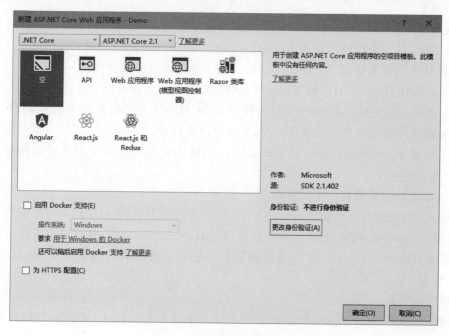

图 14-2　选择 Web 应用项目配置

步骤 5：单击"确定"按钮，创建项目。

步骤 6：待应用程序项目创建完成后，找到 Program 类，并定位到 Main 方法，将模板默认生成的代码删除，并输入以下代码。

```
IWebHostBuilder builder = WebHost.CreateDefaultBuilder(args).UseStartup<Startup>();
// 创建 Web 宿主
IWebHost host = builder.Build();
// 启动 Web 主机
host.Run();
```

调用 CreateDefaultBuilder 方法之后，还需要调用 UseStartup 方法指定一个类，这个类由项目模板默认生成，并命名为 Startup。初始化 Web 主机时需要用到这个类，它主要负责配置应用程序要用到的服务组件以及中间件。

CreateDefaultBuilder 方法还有一个重载，可以直接指定 Startup 类，所以上面代码可以精简为以下形式。

```
IWebHostBuilder builder = WebHost.CreateDefaultBuilder<Startup>(args);
```

调用 Run 方法后，Web 应用程序就处于运行状态，直到应用程序退出。

步骤 7：运行应用程序。当应用程序启动后，会启动默认浏览器，并定位到指定的 URL，如图 14-3 所示。

图 14-3　在浏览器查看 Web 应用的运行结果

实例 327　配置 Web 服务器的 URL

【导语】

对 Web 服务器的配置都在 WebHostBuilder 对象上完成，一旦调用 Build 方法生成服务主机后就不要再更改配置了，尤其是用于监听客户端请求的 URL。指定 URL 的方法有很多种，比较常用的有以下三种：

（1）调用 UseUrls 方法。这是一个扩展方法，它的内部调用了 IWebHostBuilder 的

UseSetting 方法。UseUrls 方法使用可变个数的字符串对象作为参数,可以方便地指定多个 URL。

(2)调用 UseSetting 方法,配置的 key 参数为 WebHostDefaults.ServerUrlsKey 字段(即字符串"urls"),配置的值是一个单独的字符串实例,如果有多个 URL,需要用英文的分号分隔。

(3)通过配置文件,如默认的 appsettings.json,可以自定义文件名。

URL 的格式一般为"协议方案"+"主机名"+"端口",例如以下格式。

```
http://localhost:6000
```

如果需要监听本机某个端口上的所有地址,可以用星号(*)或者加号(+)代替主机名,格式如下。

```
http://*:8005
```

本实例将演示通过三种方法设置 Web 服务器的 URL。

【操作流程】

步骤 1:新建一个空白的 ASP.NET Core Web 应用项目。

步骤 2:找到 Program 类的 Main 方法,删除里面的代码,替换为以下代码。

```
var builder = new WebHostBuilder()
            .UseKestrel()
            .UseIISIntegration()
            .UseStartup<Startup>()
            .UseUrls("http://localhost:6500");
builder.Build().Run();
```

也可以指定多个 URL。

```
var builder = new WebHostBuilder()
            ...
            .UseUrls("http://localhost:6500", "http://localhost:7000", "http://*:9730");
```

步骤 3:使用 UseSetting 方法也可以配置 URL。

```
var builder = new WebHostBuilder()
            ...
            .UseSetting(WebHostDefaults.ServerUrlsKey, "http://localhost:8990");
```

如果要配置多个 URL,请用英文的分号隔开。

```
var builder = new WebHostBuilder()
            ...
            .UseSetting(WebHostDefaults.ServerUrlsKey, "http://localhost:8990;
            http://localhost:46133");
```

注意：UseSetting 方法的 value 参数是单个字符串实例，所以多个 URL 都是用一个字符串实例来表示的，这与 UseUrls 方法不同。

步骤 4：还可以用 json 文件配置。在项目目录中新建一个 json 文件，假设命名为 host.json，并在新的 JSON 文件中输入以下内容。

```
{
  "urls" : "http://localhost:3600;http:// * :80"
}
```

步骤 5：然后回到 Main 方法，对代码做以下修改。

```
var builder = new WebHostBuilder()
          …
          .UseStartup<Startup>();

ConfigurationBuilder config = new ConfigurationBuilder();
config.SetBasePath(builder.GetSetting(WebHostDefaults.ContentRootKey))
      .AddJsonFile("host.json");
builder.UseConfiguration(config.Build());
builder.Build().Run();
```

要使配置生效，不能调用 ConfigureAppConfiguration 方法，因为此方法仅用于配置应用程序级别的参数，而不是 Web 主机级别的参数。此时需要通过 ConfigurationBuilder 对象生成一个新的配置对象，然后调用 UseConfiguration 方法对默认的配置进行覆盖。

SetBasePath 方法的作用是设定一个基础的目录路径，随后在调用 AddJsonFile 方法添加 JSON 文件时，只需要提供文件名即可，即相对路径（相对于 SetBasePath 方法所指定的路径）。

步骤 6：运行应用程序，效果如图 14-4 所示。

图 14-4　在自定义的 URL 上监听 HTTP 请求

实例 328　使用 Kestrel 服务器组件

【导语】

ASP.NET Core 应用程序是运行在独立的 Web 服务器容器中的，Web 服务器组件要求必须实现 IServer 接口，开发者可以自己编写服务器组件或者使用其他第三方组件。

ASP. NET Core 框架默认实现的 Web 服务器组件是 Kestrel。

WebHost 类的 CreateDefaultBuilder 方法内部已默认使用 Kestrel 服务器组件,但是如果开发者自己编写代码来创建 Web 主机(而不是直接调用 CreateDefaultBuilder 方法),则必须显式调用 UseKestrel 扩展方法以启用 Kestrel 服务器组件,否则运行应用程序后会报出如图 14-5 所示的错误。

图 14-5　未找到已注册的 Web 服务器组件

【操作流程】

步骤 1:新建一个空白的 ASP. NET Core Web 应用程序项目。

步骤 2:定位到项目模板生成的 Program. Main 方法,输入以下代码。

```
var builder = new WebHostBuilder()
            .UseStartup<Startup>()
            .UseContentRoot(Directory.GetCurrentDirectory())
            .UseKestrel();
builder.Build().Run();
```

步骤 3:IIS 集成功能是可选的,只有在使用 IIS 作为反向代理时才有效,要启用 IIS 集成可以调用 UseIISIntegration 方法。

```
var builder = new WebHostBuilder()
            ...
            .UseKestrel()
            .UseIISIntegration();
builder.Build().Run();
```

实例 329　配置 Web 项目的调试方案

【导语】

在创建 ASP. NET Core Web 项目后,模板默认生成两个调试方案:

(1)以 IIS Express 为反向代理运行应用程序。

(2)用项目名称命名,独立运行项目(通过 dotnet 命令执行)。

开发人员可以根据实际需要对调试方案进行新增、删除和编辑。最简单的配置方法是通过项目属性窗口中的"调试"选项卡来操作。"调试"页面的配置内容保存在项目目录下的\Properties\launchSettings. json 文件中,文件的大致结构如下:

```
{
    "iisSettings": {
        "windowsAuthentication": false,
        "anonymousAuthentication": true,
        "iisExpress": {
            "applicationUrl": "http://localhost:53196",
            "sslPort": 0
        }
    },
    "profiles": {
        "IIS Express": {
            "commandName": "IISExpress",
            "launchBrowser": true,
            "environmentVariables": {
                "ASPNETCORE_ENVIRONMENT": "Development"
            }
        },
        "<与项目名称相同>": {
            "commandName": "Project",
            "launchBrowser": true,
            "applicationUrl": "http://localhost:5000",
            "environmentVariables": {
                "ASPNETCORE_ENVIRONMENT": "Development"
            }
        }
    }
}
```

其中,profiles 字段下所包含的内容就是调试方案列表。方案名称可以自定义(模板生成的默认名称有两个,一个是"IIS Express",另一个与项目同名)。commandName 字段用于描述应用程序在调试时的启动方式,此值有四个选项:

(1) IIS Express:以 IIS Express 作为反向代理进程。

(2) IIS:以 IIS 服务(完整版 IIS)作为反向代理进程。

(3) Project:使用 dotnet 命令直接运行应用程序(附加 .dll 文件)。

(4) Executable:自定义一个可执行文件,这种调试方案一般不常用。

commandName 字段之后的各字段在每种调试方案中并不固定,例如如果commandName 指定为 Executable,那么随后就要设置 executablePath 字段以表示要启动的可执行文件的路径。但 IIS Express 调试方案中则不需要 executablePath 字段。

【操作流程】

步骤 1:新建一个空白的 ASP. NET Core Web 应用程序项目。

步骤 2：项目创建后，打开项目属性窗口，切换到"调试"选项卡页，如图 14-6 所示。

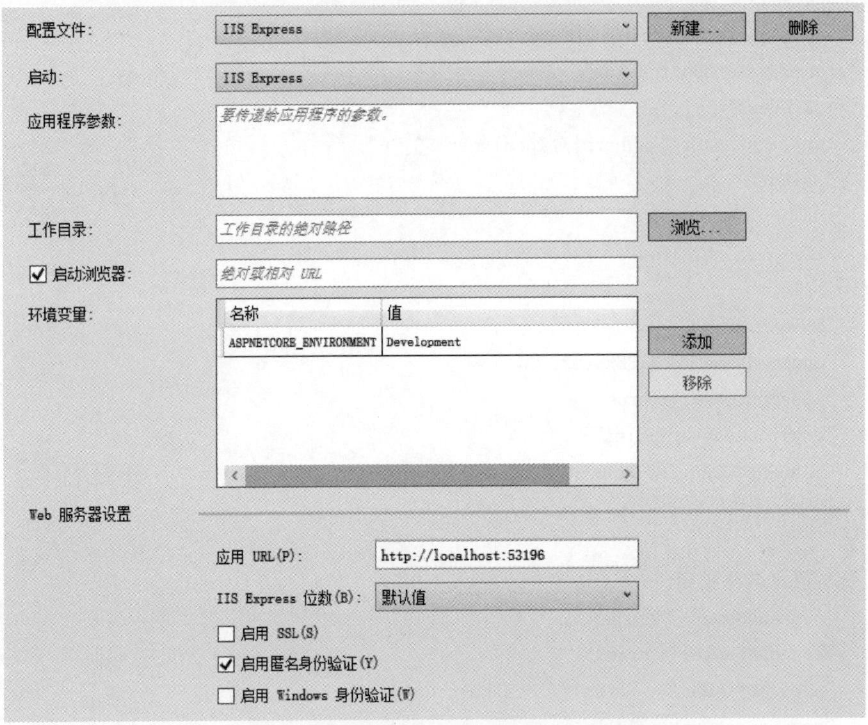

图 14-6　调试方案配置页面

步骤 3：单击"删除"按钮，将项目模板默认生成的调试方案全部删除。

步骤 4：单击"新建"按钮，弹出"新建配置文件"对话框，在对话框中输入一个自定义的名称，如图 14-7 所示。

步骤 5：在"启动"下拉列表框中选择"项目"，即 commandName 字段为 Project 值，如图 14-8 所示。

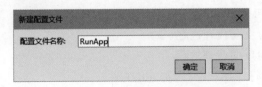

图 14-7　为新的调试方案命名

图 14-8　选择"项目"

步骤 6：在"环境变量"中添加一个新项，名称为"ASPNETCORE_Environment"，值为"Development"，如图 14-9 所示。

"ASPNETCORE_"是默认的环境变量前缀，其后紧跟环境变量的名字。例如本例中，环境变量名称为"Environment"，它表示应用程序运行的环境，预定义的值有三个：

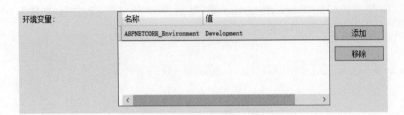

图14-9 添加环境变量

Development、Staging、Production，也是可以自定义的。

步骤7：在"应用URL"中填写Web应用启动时监听的地址，本实例中使用的地址为http：//localhost：6000。

步骤8：（可选）如果需要应用程序在启动调试时自动打开浏览器，可以勾选"启动浏览器"复选项。

步骤9：保存并关闭项目属性窗口，此时在Visual Studio的调试工具按钮的级联菜单里面就包含自定义的调试方案了。

14.2 Startup

实例330 基于方法约定的Startup类

【导语】

在默认的项目模板中，会创建一个Startup类，并通过WebHostBuilder的扩展方法——UseStartup来进行配置。Startup并未要求类名必须为Startup，可以自定义类名，但要求类中必须包含约定方法（可以是实例方法，也可以是静态方法）。约定方法有两个：

（1）ConfigureServices方法：这个约定方法是可选的，当需要向容器添加服务时才定义。该方法只有一个参数，类型为IServiceCollection。在ConfigureServices方法内部可以向IServiceCollection集合添加要用到的服务类型。

（2）Configure方法：此方法是必需的，它支持参数的依赖注入，要求必须包含IApplicationBuilder类型的参数。如果有其他参数存在，IApplicationBuilder类型的参数要放在参数列表的第一位，其余参数将由依赖注入来赋值。

这两个约定方法的格式如下：

```
void ConfigureServices(IServiceCollection services);
void Configure(IApplicationBuilder app [, <接收依赖注入的参数>]);
```

应用程序在运行时会查找约定方法的名字，所以在Startup类型中声明时，方法名称必须正确，否则运行时将因找不到约定的方法而发生错误。

【操作流程】

步骤1：新建一个空白的ASP.NET Core Web应用程序项目。

步骤 2：删除项目模板生成的 Startup 类，随后重新定义一个，并且类名为 MyStartup。

```
public class MyStartup
{
    public void ConfigureServices(IServiceCollection services)
    {
        // ...
    }

    public void Configure(IApplicationBuilder app)
    {
        app.Run(async context =>
        {
            // 设置文本编码
            context.Response.ContentType = "text/html;charset = UTF - 8";
            // 返回消息给客户端
            await context.Response.WriteAsync("这是一个 Web 应用");
        });
    }
}
```

app.Run 方法定义如何处理 HTTP 请求，本例中比较简单，直接向客户端回写一条文本消息。

步骤 3：找到 Program 类的 Main 方法，删除项目模板生成的代码，替换为以下代码。

```
public static void Main(string[ ] args)
{
    var builder = new WebHostBuilder()
                    .UseContentRoot(Directory.GetCurrentDirectory())
                    .UseKestrel()
                    .UseStartup<MyStartup>();
    builder.Build().Run();
}
```

UseStartup 扩展方法指定定义好的类——MyStartup。

实例 331　使用 IStartup 接口定义 Startup 类

【导语】

不仅可以使用约定方法来定义 Startup 类，还可以通过实现 IStartup 接口来定义 Startup 类。此接口的成员列表如下：

```
public interface IStartup
{
    void Configure(IApplicationBuilder app);
    IServiceProvider ConfigureServices(IServiceCollection services);
}
```

从接口的成员列表中可以发现，实现该接口的类型也需要公开名为 ConfigureServices 与 Configure 的方法。

同时，框架提供了一个抽象类——StartupBase，这个类已经实现 IStartup 接口，因此既可以直接实现 IStartup 接口，也可以实现 StartupBase 抽象类。

【操作流程】

步骤 1：新建一个空白的 ASP.NET Core Web 应用程序项目。

步骤 2：删除项目模板默认生成的 Startup 类。

步骤 3：重新定义 Startup 类，并实现 IStartup 接口。

```
public class Startup : IStartup
{
    public void Configure(IApplicationBuilder app)
    {
        app.Run(async (context) =>
        {
            context.Response.ContentType = "text/html;charset = UTF - 8";
            await context.Response.WriteAsync("我的 Web 应用程序");
        });
    }

    public IServiceProvider ConfigureServices(IServiceCollection services)
    {
        return services.BuildServiceProvider();
    }
}
```

由于这种 Startup 类的实现并非约定，不能在 Configure 方法上接收依赖注入的对象，但可以通过构造函数参数来注入。

```
public class Startup : IStartup
{
    IHostingEnvironment _hostEnv;
    public Startup(IHostingEnvironment env)
    {
        _hostEnv = env;
    }
    ...
}
```

然后可以在 Configure 方法中访问。

```
public void Configure(IApplicationBuilder app)
{
    app.Run(async (context) =>
    {
```

```
            context.Response.ContentType = "text/html;charset = UTF - 8";
            await context.Response.WriteAsync( $ "我的 Web 应用程序,它运行在
            {_hostEnv.EnvironmentName} 环境中");
        });
}
```

步骤 4:运行应用程序,在浏览器中将看到如图 14-10 所示的内容。

图 14-10　浏览器输出内容

实例 332　无 Startup 启动应用程序

【导语】

定义 Startup 类(类名可以不为 Startup)只是为了配置应用程序时方便,实际启动应用程序时可以不使用 Startup 类。

IWebHostBuilder 接口(默认实现类是 WebHostBuilder)公开了 ConfigureServices 方法,可以使用该方法来添加应用程序需要的服务。此外,可以调用 IWebHostBuilder 的 Configure 扩展方法配置应用程序以及 HTTP 通信信道。具备了 ConfigureServices 方法和 Configure 方法后,在不指定 Startup 类型的情况下也能正常运行应用程序。

【操作流程】

步骤 1:新建一个空白的 ASP. NET Core Web 应用程序项目。

步骤 2:删除项目模板生成的 Startup 类。

步骤 3:定位到 Program 类下面的 Main 方法,删除默认生成的代码。

步骤 4:在 Main 方法内部输入以下代码。

```
IWebHostBuilder builder = new WebHostBuilder()
    .UseKestrel()
    .UseIISIntegration()
    .UseContentRoot(Directory.GetCurrentDirectory())
    .UseUrls("http://localhost:8605")
    .ConfigureServices(services =>
    {
        // 按需添加服务
    })
    .Configure(app =>
```

```
    {
        app.Run(async context =>
        {
            context.Response.ContentType = "text/plain;charset=UTF-8";
            await context.Response.WriteAsync("你好,Web应用程序!");
        });
    });
builder.Build().Run();
```

Configure 方法接受一个带 IApplicationBuilder 类型参数的委托,处理方法与 Startup.Configure 方法一样。本实例直接调用 Run 方法向客户端回写一条文本消息。

步骤 5:运行应用程序。

步骤 6:在浏览器地址栏中输入 http://localhost:8605,然后按下 Enter 键,会看到如图 14-11 所示的输出。

图 14-11　无 Startup 类型启动 Web 应用

14.3　启动环境

实例 333　使用非预定义环境

【导语】

框架预定义的启动环境有三个:

(1) Development:在开发阶段使用。例如在此启动环境中,应用程序会显示详细的异常信息,以帮助调试。

(2) Staging:应用程序正式上线之前使用,类似于预览版本。

(3) Production:应用程序已正式上线并投入生产时使用。例如此环境中应该禁止显示异常详细页,禁用一些不必要的日志以提高性能等。

预定义的启动环境仅仅是个参考,开发人员可以根据实际的开发场景自定义启动环境的名称。在应用程序的任意代码中,随时可以通过访问 IHostingEnvironment.EnvironmentName 属性来检测应用程序当前所使用的环境,也可以调用 IsEnvironment 扩展方法来进行判断。

【操作流程】

步骤 1:新建一个空白的 ASP.NET Core Web 应用程序项目。

步骤 2:定位到 Program 类下的 Main 方法,删除项目模板生成的代码,并输入以下代码。

```
var builder = new WebHostBuilder()
```

```
    .UseEnvironment("Preview")
    .UseKestrel()
    .UseUrls("http://localhost:6000")
    .UseContentRoot(Directory.GetCurrentDirectory())
    .UseStartup<Startup>();
var host = builder.Build();
host.Run();
```

UseEnvironment 扩展方法用于设置应用程序的启动环境,此处使用了自定义名称"Preview"。

步骤 3：Startup 类的 Configure 方法支持依赖注入,因此可以声明 IHostingEnvironment 类型的参数以接收注入,随后可以根据应用程序运行环境的不同,向客户端返回不同的消息。

```
public void Configure(IApplicationBuilder app, IHostingEnvironment env)
{
    app.Run(async (context) =>
    {
        context.Response.ContentType = "text/html;charset=UTF-8";
        string responseMessage = null;
        if(env.IsEnvironment("Preview"))
        {
            responseMessage = "应用目前仍处于预览阶段";
        }
        else
        {
            responseMessage = "应用已正式上线";
        }
        await context.Response.WriteAsync
(responseMessage);
    });
}
```

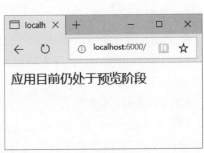

步骤 4：运行应用程序,并从浏览器中访问对应的 URL。由于设置的启动环境为 Preview,因此浏览器中显示"应用目前仍处于预览阶段",如图 14-12 所示。

图 14-12　应用程序运行在自定义环境中

实例 334　使 Startup 类匹配启动环境

【导语】

Startup 类可以根据不同的环境来进行匹配,匹配方案有两种：

(1) 类型匹配,即通过 Startup 类的命名来与环境匹配。例如,用于开发环境的 Startup 类可以命名为 StartupDevelopment,用于生产环境则可以命名为 StartupProduction。命名格式为：<类名>{EnvironmentName}。

（2）Startup 类不与环境匹配，而是使约定方法与环境匹配。Configure 方法的命名格式为：Configure{EnvironmentName}，例如 ConfigureDevelopment；ConfigureServices 方法的命名格式为：Configure{EnvironmentName}Services，例如 ConfigureProductionServices。

开发者不仅需要编写特定于环境的 Startup 类，还应该编写默认的 Startup 类，这样如果程序找不到与环境匹配的 Startup 类，还可以使用默认的 Startup 类（即不带有{EnvironmentName}标识的命名）。

本实例将演示为 Development 环境编写特定的 Configure 方法。

【操作流程】

步骤 1：新建一个空白的 ASP. NET Core Web 应用程序项目。

步骤 2：在 Startup 类中，定义 ConfigureDevelopment 方法。

```
public void ConfigureDevelopment(IApplicationBuilder app)
{
    app.Run(async context =>
    {
        context.Response.ContentType = "text/html;charset = UTF - 8";
        await context.Response.WriteAsync("在开发环境中运行");
    });
}
```

步骤 3：运行应用程序，由于在默认情况下项目模板会配置为 Development 环境，因此会调用 ConfigureDevelopment 方法。

第 15 章

依赖注入与中间件

在本章节中,读者将学习到以下内容:

- 服务;
- 依赖注入;
- 中间件。

15.1 服务

实例 335 枚举应用程序中已添加的服务

【导语】

ASP. NET Core 项目中的"服务",指的是用于扩展应用程序功能的一系列类型。在应用程序初始化期间,会把需要的服务类型实例添加到 ServiceCollection 集合中,这些添加到集合中的服务实例将通过依赖注入提供给其他代码使用(例如可以注入控制器的构造函数中)。

本实例将枚举在应用程序启动期间添加到 ServiceCollection 中的服务实例。

【操作流程】

步骤 1:新建一个空白的 ASP. NET Core Web 应用程序项目。

步骤 2:在 Main 方法中输入以下代码,初始化 Web 服务器。

```
var host = new WebHostBuilder()
    .UseContentRoot(Directory.GetCurrentDirectory())
    .UseKestrel()
    .UseStartup<Startup>()
    .Build();
host.Run();
```

步骤 3:定位到 Startup 类的 ConfigureServices 方法,在此方法中对 services 参数中的元素进行枚举。

```
public void ConfigureServices(IServiceCollection services)
```

```
{
    foreach (var sv in services)
    {
        string msg = $"服务类型:{sv.ServiceType?.Name ?? "<无>"}";
        msg += $",实现类型:{sv.ImplementationType?.Name ?? "<无>"}";
        Console.WriteLine(msg);
    }
}
```

步骤 4：运行应用程序，输出的服务列表如图 15-1 所示。

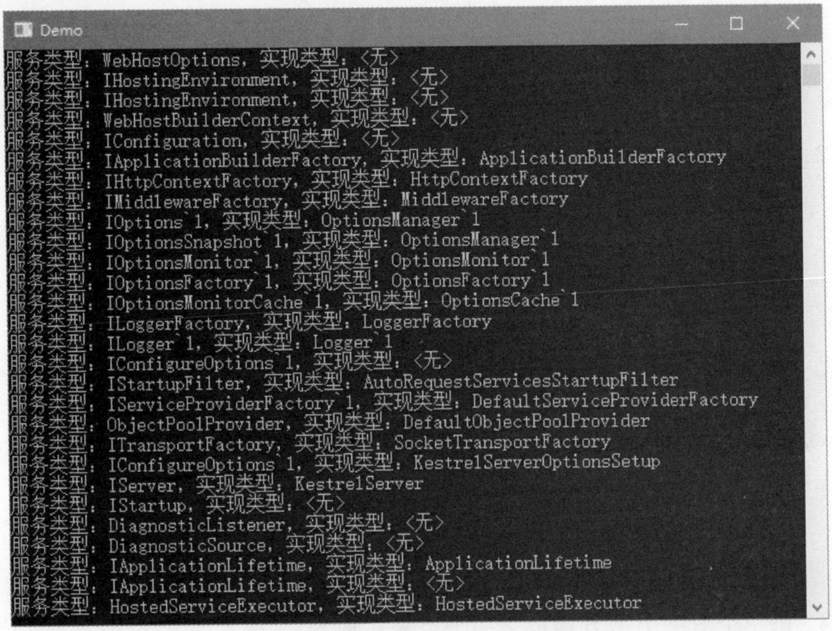

图 15-1　枚举应用程序的服务列表

实例 336　编写服务类型

【导语】

编写服务类型有三种方案：①先定义一个接口，然后定义一个类去实现这个接口，再将这个服务接口以及接口的实现类一起添加到 IServiceCollection 集合中；②先定义抽象类，然后定义一个实现该抽象类的新类，再将这个抽象类与它的实现类一起添加到 IServiceCollection 集合中；③不定义接口类型，而是直接定义一个类来实现服务功能，然后把这个类添加到 IServiceCollection 集合中。

本实例将分别演示这三种服务的实现方案。

【操作流程】

步骤 1：新建一个空白的 ASP.NET Core Web 应用程序项目。

步骤 2：第一个服务类型使用接口与实现类的方式定义。

```
public interface IService1
{
    void OnAction(HttpContext _context);
}


internal class MyService1 : IService1
{
    public void OnAction(HttpContext _context)
    {
        _context.Response.Headers.Add("addon", "Service_01");
    }
}
```

步骤 3：第二个服务类型使用抽象与实现类的方式实现。

```
public abstract class ServiceBase
{
    public abstract void OnBacked(HttpContext _context);
}


internal class MyService2 : ServiceBase
{
    public override void OnBacked(HttpContext _context)
    {
        _context.Response.Headers.Add("returnBack", "Service_02");
    }
}
```

步骤 4：第三个服务类型直接定义一个类来实现。

```
public class MyService3
{
    public void Checks(HttpContext _context)
    {
        _context.Response.Headers.Add("checked", "Service_03");
    }
}
```

步骤 5：定位到 Startup 类的 ConfigureServices，依次将上述三种服务类型向服务容器注册。

```
public void ConfigureServices(IServiceCollection services)
{
    services.AddSingleton< IService1, MyService1 >();
    services.AddSingleton< ServiceBase, MyService2 >();
    services.AddSingleton< MyService3 >();
}
```

步骤 6：在 Configure 方法的参数列表中加上以上三个服务类型的声明，以实现依赖注入。

```
public void Configure(IApplicationBuilder app, IService1 sv1, ServiceBase sv2, MyService3 sv3)
{

}
```

第一个服务使用其定义的接口 IService1 来声明参数，第二个服务使用抽象类 SerivceBase 来声明参数，最后一个服务只单独由一个类实现，所以直接用 MyService3 类来声明参数。

步骤 7：在 app.Run 方法的委托内部，依次调用三个服务。

```
app.Run(async (context) =>
{
    sv1.OnAction(context);
    sv2.OnBacked(context);
    sv3.Checks(context);
    await context.Response.WriteAsync("Hello World!");
});
```

步骤 8：运行应用程序，结果如图 15-2 所示。

三个服务的功能都是使用 HttpContext 对象添加响应消息的 HTTP 标头，因此当实例应用运行后，可以通过浏览器的"开发人员工具"来查看被添加的 HTTP 标头。

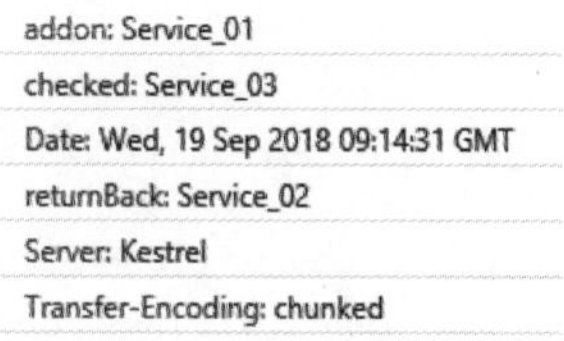

```
addon: Service_01
checked: Service_03
Date: Wed, 19 Sep 2018 09:14:31 GMT
returnBack: Service_02
Server: Kestrel
Transfer-Encoding: chunked
```

图 15-2 服务器响应的标头

实例 337 理解服务的生命周期

【导语】

服务类型添加到 ServiceCollection 容器后，其生命周期将由框架自动管理。容器中的服务存在三种生命周期：

（1）暂时服务：通过调用 AddTransient 方法添加。暂时服务的生命周期是最短的，它会在每次被请求使用时都实例化一次，属于轻量级服务。就算是在同一个请求中多次访问，暂时服务每次都会进行实例化。

（2）作用域服务：这个"作用域"的范围是单个请求，通过 AddScoped 方法添加。也就是说在单个请求中（从客户端向服务器发出请求到服务器回发响应消息的整个过程），不管被请求访问多少次，作用域服务都只进行一次实例化。

（3）单实例服务：通过 AddSingleton 方法添加。此种服务在整个应用程序运行期间只创建一个实例，不管有多少次请求，也不管被请求访问多少次，此服务只实例化一次。

本实例将定义四个服务类，其中，ServiceA 表示暂时服务，ServiceB 表示作用域服务，ServiceC 表示单一实例服务，以及 ServiceDependencyAll 服务，这个服务比较特殊，它的构造函数会接收来自前面三个服务的依赖注入。同时，这四个服务都会注入 Demo 控制器的构造函数中,即在一个 Web 请求期间,ServiceA、ServiceB 和 ServiceC 这三个服务被访问过两次。第一次被访问是注入 Demo 控制器中,第二次被访问是注入 ServiceDependencyAll 服务中,并且三个服务类在实例化的时候都会产生一个新的 GUID。通过本实例,可以直观地看到容器中的服务在各种生命周期下的状态。

【操作流程】

步骤 1: 新建一个空白的 ASP. NET Core Web 应用程序项目。

步骤 2: 先声明一个 ServiceBase 类,作为后面三个服务的共同基类,ServiceBase 类的主要功能是产生新的 GUID。

```
public class ServiceBase
{
    public Guid ID { get; }

    protected ServiceBase()
    {
        ID = Guid.NewGuid();
    }
}
```

步骤 3: 从 ServiceBase 派生出三个类,这三个类就是本实例要用到的三个服务。

```
public sealed class ServiceA : ServiceBase { }
public sealed class ServiceB : ServiceBase { }
public sealed class ServiceC : ServiceBase { }
```

步骤 4: 再定义第四个服务类,该类的功能是在构造函数中接收来自前三个服务的注入。

```
public class ServiceDependencyAll
{
    public ServiceDependencyAll(ServiceA sva, ServiceB svb, ServiceC svc)
    {
    Service_A = sva;
    Service_B = svb;
    Service_C = svc;
    }

    public ServiceBase Service_A { get; }
    public ServiceBase Service_B { get; }
    public ServiceBase Service_C { get; }
}
```

请求依赖注入的方法很简单,在公共构造函数中声明所需要服务类型的参数即可,当框架调用构造函数时,会自动给参数赋值。

步骤 5：定义 Demo 控制器，在其构造函数中，接收来自上述四个服务的注入。

```
public class DemoController : Controller
{
    private readonly ServiceA _serviceA = null;
    private readonly ServiceB _serviceB = null;
    private readonly ServiceC _serviceC = null;
    private readonly ServiceDependencyAll _serviceDep = null;

    public DemoController(ServiceA a, ServiceB b, ServiceC c,ServiceDependencyAll d)
    {
        _serviceA = a;
        _serviceB = b;
        _serviceC = c;
        _serviceDep = d;
    }

    …

}
```

步骤 6：在 Demo 控制器内定义 Check 方法，作为 MVC 中的 Action。

```
public class DemoController : Controller
{
    …

    public IActionResult Check()
    {
        List < string > strLines = new List < string >();
        strLines.Add( $ "暂时服务：{_serviceA.ID}");
        strLines.Add( $ "作用域服务：{_serviceB.ID}");
        strLines.Add( $ "单一实例服务：{_serviceC.ID}");
        strLines.Add(string.Empty);
        strLines.Add("存在依赖关系的服务：");
        strLines.Add( $ "暂时服务：{_serviceDep.Service_A.ID}");
        strLines.Add( $ "作用域服务：{_serviceDep.Service_B.ID}");
        strLines.Add( $ "单一实例服务：{_serviceDep.Service_C.ID}");
        return View("~/DemoView.cshtml", strLines);
    }
}
```

步骤 7：找到 Startup 类的 ConfigureServices 方法，把前面定义的四个服务都添加到服务容器中。

```
public void ConfigureServices(IServiceCollection services)
{
    services.AddMvc();
```

```
services.AddTransient < ServiceA >();
services.AddScoped < ServiceB >();
services.AddSingleton < ServiceC >();

services.AddTransient < ServiceDependencyAll >();
}
```

步骤 8：运行应用程序，在浏览器中打开 http：//<实际 URL >/Demo/Check，就可以从 Web 页面上看到各种服务在实例化时产生的 GUID 了。

步骤 9：进行三次请求测试，认真观察生成的 GUID 以寻找规律，参照表 15-1。

表 15-1　三次请求产生的 GUID

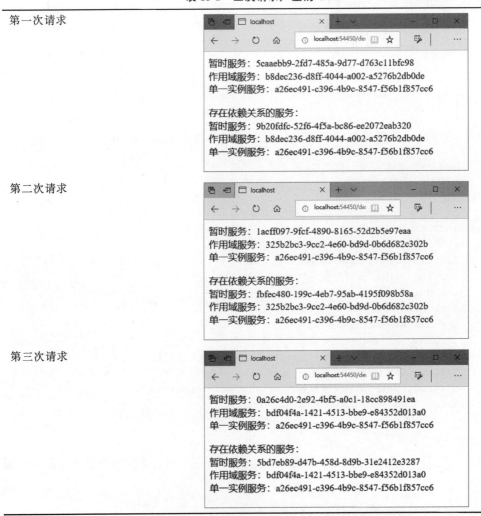

第一次请求	
	暂时服务：5caaebb9-2fd7-485a-9d77-d763c11bfc98
	作用域服务：b8dec236-d8ff-4044-a002-a5276b2db0de
	单一实例服务：a26ec491-c396-4b9c-8547-f56b1f857cc6
	存在依赖关系的服务：
	暂时服务：9b20fdfc-52f6-4f5a-bc86-ee2072eab320
	作用域服务：b8dec236-d8ff-4044-a002-a5276b2db0de
	单一实例服务：a26ec491-c396-4b9c-8547-f56b1f857cc6
第二次请求	
	暂时服务：1acff097-9fcf-4890-8165-52d2b5e97eaa
	作用域服务：325b2bc3-9cc2-4e60-bd9d-0b6d682c302b
	单一实例服务：a26ec491-c396-4b9c-8547-f56b1f857cc6
	存在依赖关系的服务：
	暂时服务：fbfec480-199c-4eb7-95ab-4195f098b58a
	作用域服务：325b2bc3-9cc2-4e60-bd9d-0b6d682c302b
	单一实例服务：a26ec491-c396-4b9c-8547-f56b1f857cc6
第三次请求	
	暂时服务：0a26c4d0-2e92-4bf5-a0c1-18cc898491ea
	作用域服务：bdf04f4a-1421-4513-bbe9-e84352d013a0
	单一实例服务：a26ec491-c396-4b9c-8547-f56b1f857cc6
	存在依赖关系的服务：
	暂时服务：5bd7eb89-d47b-458d-8d9b-31e2412e3287
	作用域服务：bdf04f4a-1421-4513-bbe9-e84352d013a0
	单一实例服务：a26ec491-c396-4b9c-8547-f56b1f857cc6

从测试结果可以发现：在同一次请求中，作用域服务被访问了两次，但 GUID 是相同的，说明它在同一个请求范围内只创建了一个实例；而暂时服务，不管在什么范围内，每次

访问它所产生的 GUID 都不同,说明每次使用时都会创建新实例;单一实例服务的 GUID 始终不变,说明在整个应用程序中它只创建了一个实例。

15.2 依赖注入

实例 338 实现 SHA1 计算服务

【导语】

本实例将编写一个服务类,用于计算输入文本的 SHA1 哈希码并以 Base64 字符串的形式返回。然后将该服务类注册到服务容器中,并通过构造函数注入一个 Razor Page 页面模型中。

【操作流程】

步骤 1:新建一个空白的 ASP.NET Core Web 程序项目。

步骤 2:定义一个 SHA1Computer 类,作为计算哈希码的服务。

```
public class SHA1Computer
{
    public string Compute(string input)
    {
        byte[] data = Encoding.UTF8.GetBytes(input);
        byte[] res = null;
        using(SHA1 sh = SHA1.Create())
        {
            res = sh.ComputeHash(data);
        }
        return Convert.ToBase64String(res);
    }
}
```

步骤 3:在 Startup 类的 ConfigureServices 方法中注册服务类。

```
public void ConfigureServices(IServiceCollection services)
{
    services.AddMvc();
    services.AddScoped<SHA1Computer>();
}
```

由于本实例将用到与 Razor Page 相关的功能,所以需要调用 AddMvc 方法添加 MVC 框架支持。

步骤 4:在 Configure 方法中使用 MVC 功能。

```
public void Configure(IApplicationBuilder app)
{
    app.UseMvc();
}
```

上述代码中调用 AddMvc 方法只是注册 MVC 相关的类型到服务容器，而在 Configure 方法中调用 UseMvc 方法则是将 MVC 相关的中间件添加到 HTTP 通信通道中。

步骤 5：定义一个类，并使它派生自 PageModel 类。

```
public class TestModel : PageModel
{
    ...
}
```

类型从 PageModel 类派生，表明它是一个 Razor 页面模型，可以与 Razor 视图文件关联。

步骤 6：在 TestModel 页面模型类中声明 SHA1Computer 服务类的私有字段，并通过构造函数的依赖注入来获取实例引用。

```
readonly SHA1Computer _hash = null;
public TestModel(SHA1Computer hs)
{
    _hash = hs;
}
```

步骤 7：定义 OnGet 方法，返回页面视图。OnGet 是一个约定方法，以 HTTP-GET 方式访问时调用。

```
public PageResult OnGet()
{
    return Page();
}
```

Page 方法返回与当前页面模型关联的页面视图。

步骤 8：声明两个属性：InputText 属性是从客户端输入的即将要进行哈希计算的文本；HashedText 属性则是哈希计算结果的 Base64 字符串。

```
public string HashedText { get; private set; }
[BindProperty]
public string InputText { get; set; }
```

其中，InputText 属性上应用了 BindProperty 特性，作用是在消息往返的过程中保留该属性的值。如果不添加这个特性，当服务器将视图回发给浏览器后，该属性的值会丢失。

步骤 9：定义 OnPostUpload 方法，在方法中调用 SHA1Computer 服务，计算在视图页面中输入文本的哈希码。

```
public PageResult OnPostUpload()
{
    if (string.IsNullOrEmpty(InputText))
    {
        return Page();
```

```
        }
        HashedText = _hash.Compute(InputText);
        return Page();
    }
```

步骤 10：在项目中新建一个文件夹，命名为 Pages，这是 Razor Page 中页面视图的默认查找路径。

步骤 11：在 Pages 目录下新建一个 Razor 视图文件（文件后缀为.cshtml），在文件的头部添加以下标记。

```
@page
@namespace Demo
@model TestModel
@addTagHelper *,Microsoft.AspNetCore.Mvc.TagHelpers
```

"@"符号是 Razor 语法的标志，在 Razor Page 视图文件的第一行必须写上 page 指令（主要为了区分 MVC 中的视图）。第二行定义此 Razor 视图的命名空间，本例中它与项目的默认命名空间相同（即 Demo）。第三行的 model 指令很重要，它指定与该视图关联的页面模型类，此处要指定前面定义的 TestModel 类。第四行使用 addTagHelper 指令导入所有 HTML 标记扩展帮助器，其中 *（星号）表示导入程序集中的所有标记帮助器类型，后面的是程序集的名称。

步骤 12：编写 HTML 文档。

```
<html>
    <body>
        <form method = "post">
            请输入文本:<br/>
            <input type = "text" asp-for = "@Model.InputText" />
            <input type = "submit" value = "提交" asp-page-handler = "Upload" />
        </form>
        <div>
            @{
                if (!string.IsNullOrWhiteSpace(Model.HashedText))
                {
                    <p>
                        <fieldset>
                            <legend>处理结果</legend>
                            <span>
                                @Model.HashedText
                            </span>
                        </fieldset>
                    </p>
                }
            }
        </div>
    </body>
</html>
```

form 元素中使用了 HTML 帮助器中的 asp-page-handler，用来指定 Page Model 类中使用哪个方法处理此 form 元素的提交操作。此处设置的 handler 名称为 Upload，即 TestModel 类中的 OnPostUpload 方法，handler 无须指定约定名称，所以 OnPost 可以省略。

图 15-3 显示输入文本的哈希值

步骤 13：运行应用程序，在浏览器打开的页面中输入文本，然后单击"提交"按钮，就能看到计算后的 SHA1 哈希值，如图 15-3 所示。

实例 339 Startup. Configure 方法的依赖注入

【导语】

约定方法的依赖注入，较常见的有两种用法：

（1）Startup 类的 Configure 方法。

（2）作为中间件类型的 Invoke 方法或者 InvokeAsync 方法。

本实例演示的是 Startup. Configure 方法的依赖注入。在 Configure 方法中接收 ILogger 类型的参数注入，然后调用 ILogger 的成员方法来记录日志。

【操作流程】

步骤 1：新建一个空白的 ASP. NET Core Web 应用程序项目。

步骤 2：在 Startup. Configure 方法参数中定义 ILogger < TCategoryName >的参数，其中 TCategoryName 为 Startup 类型。

```
public void Configure(IApplicationBuilder app, ILogger<Startup> logger)
{
    ...
}
```

步骤 3：在 app. Run 方法调用前后记录日志信息。

```
public void Configure(IApplicationBuilder app, ILogger<Startup> logger)
{
    app.Run(async (context) =>
    {
        logger.LogInformation(">> 即将调用 Run 方法");
        await context.Response.WriteAsync("Hello World!");
        logger.LogInformation(">> Run 方法调用完成");
    });
}
```

步骤 4：运行应用程序，结果如图 15-4 所示。

图 15-4 控制台记录的日志

实例 340 临时访问服务

【导语】

有些服务类型可能要在应用程序初始化的过程中临时使用，一般是在 Main 方法中，比较典型的用途就是数据库的初始化。在启动 WebHost 之前，程序代码可能要检查数据库是否存在，如果不存在就创建新的数据库，然后写入一些初始数据。

当应用程序在初始化过程中需要临时访问服务类型时，可以调用 CreateScope 扩展方法（被扩展类型为 IServiceProvider）创建一个基于临时作用域的 IServiceScope 对象，然后再通过这个临时的 IServiceScope 对象获取服务类型的实例。由于服务类型访问完成后要释放掉 IServiceScope 对象，因此建议将 CreateScope 扩展方法的调用写在 using 代码块中，以便自动清理。

本实例将演示在应用程序初始化过程中，临时获取 IHostingEnvironment 服务实例，然后修改 ApplicationName 属性。由于 IHostingEnvironment 服务在容器中注册的是单个实例，所以修改 ApplicationName 属性后，在应用程序的其他地方进行依赖注入也能获取 ApplicationName 属性的最新值。

【操作流程】

步骤 1：新建一个空白的 ASP. NET Core Web 应用程序项目。

步骤 2：在 Main 方法中，使用 WebHost. CreateDefaultBuilder 方法快速创建 WebHostBuilder，然后创建 WebHost 实例。

```
var builder = WebHost.CreateDefaultBuilder(args);
var host = builder
    .UseStartup<Startup>()
    .Build();
```

步骤 3：临时提取 IHostingEnvironment 实例，修改 ApplicationName 属性。

```
using(IServiceScope scope = host.Services.CreateScope())
{
    IHostingEnvironment env = scope.ServiceProvider.GetRequiredService<IHostingEnvironment>();
```

```
            env.ApplicationName = "【实例应用程序】";
    }
```

步骤 4：启动 WebHost 实例。

```
host.Run();
```

步骤 5：在 Startup.Configure 方法中，可以通过依赖注入从参数中获取 IHostingEnvironment 实例，然后由 Response 对象向客户端回发响应消息，响应消息中包含 ApplicationName 属性的值。

```
public void Configure(IApplicationBuilder app, IHostingEnvironment env)
{
    app.Run(async (context) =>
    {
        context.Response.ContentType = "text/
html;charset = UTF - 8";
        await context.Response.WriteAsync($ "正在
运行{env.ApplicationName}");
    });
}
```

步骤 6：运行应用程序，浏览器中得到的返回结果如图 15-5 所示。

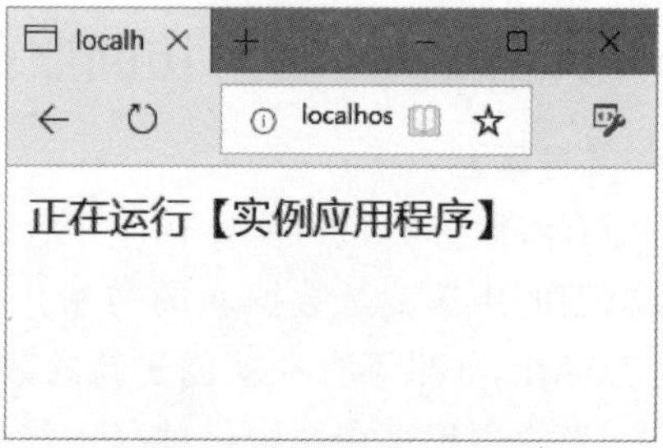

图 15-5　输出 ApplicationName 属性的值

15.3　中间件

实例 341　以委托形式定义中间件

【导语】

应用程序对 HTTP 请求的处理过程进行划分，每个环节称为中间件，将各个中间件串联起来，就形成了 HTTP 管道，大致的流程可参考图 15-6。

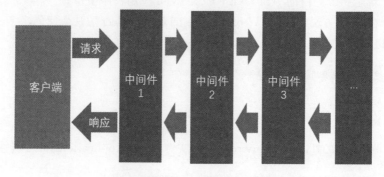

图 15-6　HTTP 通信管道示意图

执行中间件的顺序与它们添加到 HTTP 管道的顺序相同,即先添加的中间件会先执行。在 HTTP 管道中添加中间件有三种方法:

(1) 委托。中间件专用的委托类型为 RequestDelegate,对应的方法结构就是带 HttpContext 类型的输入参数,并返回 Task 对象。一般来说,委托方式适用于代码量较少、处理逻辑比较简单的中间件。

(2) 基于约定的中间件类。主要的约定在于类的方法,基于约定的中间件类必须包含 Invoke 或 InvokeAsync 方法,输入参数为一个 HttpContext 对象,并返回 Task 对象。中间件类可以通过构造函数的依赖注入来获取下一个中间件的 Invoke 或 InvokeAsync 方法引用。

(3) 实现 IMiddleware 接口。该接口同样包含 InvokeAsync 方法,需要 HttpContext 对象作为输入参数,并返回 Task 类型的对象。用这种方式定义的中间件需要在代码中显式将其添加到服务容器中,因此此种中间件的生命周期可以被改变(前面两种方式所定义的中间件都是单实例模式,在应用程序生命周期内仅创建一次实例,而实现了 IMiddleware 接口的中间件在添加到服务容器时可以手动设置它的生命周期)。

在每个中间件的实现代码中都会通过输入参数获得下一个中间件的引用,这样开发人员可以灵活控制:是先执行当前中间件的代码,还是先执行下一个中间件的代码,或者不执行下一个中间件而直接向客户端回写响应消息。

本实例将演示通过委托的方式来定义中间件。实例创建了三个中间件,并在每个中间件的代码中产生一个字符串(临时存储在 HttpContext 对象的 Items 属性中),在最后一个中间件中,将三个字符串拼接并发回给客户端。

【操作流程】

步骤 1:新建一个空白的 ASP. NET Core Web 应用程序项目。

步骤 2:在 Startup. Configure 方法中,调用 Use 扩展方法定义三个中间件。

```
app.Use(async (context, next) =>
{
    context.Items["line1"] = "第一环节,完成";
    await next();
})
.Use(async (context, next) =>
{
    context.Items["line2"] = "第二环节,完成";
    await next();
})
.Use(async (context, next) =>
{
    context.Items["line3"] = "第三环节,完成";
    // 拼接回应消息
    var parts = (from o in context.Items select o.Value.ToString()).AsEnumerable();
    string responseMessage = string.Join("<br/>", parts);
```

```
// 设置编码
context.Response.ContentType = "text/html;charset = UTF - 8";
await context.Response.WriteAsync(responseMessage);
await Task.CompletedTask;
});
```

第三个中间件的代码中，可以不调用 next 委托引用，因为该中间件已经是 HTTP 管道中的最后一个环节了。

注意：Response.Write 方法一般是在最后一个中间件里面调用，即在所有 HTTP 通信环节都处理完毕后才调用该方法。一旦调用 Write 方法，就开始向客户端回写消息了，这会导致 HTTP 消息中某些内容无法被修改（例如 HTTP 头），进而引发异常，所以最佳做法是待所有环节都处理完成了再将消息发回客户端。当然，任何中间件的代码中都可以通过访问 HasStarted 属性来确定 HTTP 响应是否已经开始发回给客户端，如果值为 true，就不应该再修改 HTTP 头了。

步骤 3：运行应用程序，浏览器输出结果如图 15-7 所示。

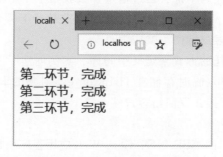

图 15-7　三个中间件的处理结果

实例 342　定义中间件类

【导语】

本实例将演示通过约定方式定义中间件类。一般来说，中间件类的命名可以带上"Middleware"后缀，这虽然不是语法要求，但是有规律的命名方式可以方便其他人识别该类是中间件。

中间件类的约定中必须包含 Invoke 或者 InvokeAsync 方法，此方法的声明如下：

```
public Task InvokeAsync(HttpContext context);
public Task Invoke (HttpContext context);
```

除了 HttpContext 类型的参数外，还可以在该方法的后面定义其他参数，而且参数支持依赖注入。

【操作流程】

步骤 1：新建一个空白的 ASP. NET Core Web 应用程序项目。

步骤 2：定义 SampleMiddleware 类，它表示一个中间件。

```
public class SampleMiddleware
{
    // 下一个中间件的引用
    private readonly RequestDelegate m_next;
    public SampleMiddleware(RequestDelegate next)
    {
        m_next = next;
    }

    public async Task InvokeAsync(HttpContext context)
    {
        await context.Response.WriteAsync("Hello Web");
        // 调用下一个中间件
        await m_next(context);
    }
}
```

注意：基于约定的中间件类的构造函数可以接收下一个中间件引用的依赖注入，但是不应该使用该构造函数来接收其他服务的依赖注入，因为中间件类的生命周期与根容器相同，在应用程序运行期间只创建一次实例，如果在构造函数中接收服务类的依赖注入，会由于始终保持实例的引用而强制服务类的生命周期变为单个实例模式。

步骤 3：在 Startup. Configure 方法中，调用 UseMiddleware 扩展方法将自定义的中间件类添加到 HTTP 通信管道中。

```
public void Configure ( IApplicationBuilder app,
IHostingEnvironment env)
{
    …
    app.UseMiddleware<SampleMiddleware>();
}
```

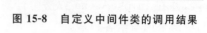

图 15-8　自定义中间件类的调用结果

步骤 4：运行应用程序，结果如图 15-8 所示。

实例 343　带参数的中间件

【导语】

中间件允许使用参数，但并不是调用参数，而且仅能在中间件注册时使用，即在中间件的生命周期内，参数只传递一次。中间件的参数是通过构造函数传递的，即在定义中间件类的构造函数时,第一个参数是 HTTP 管道中下一个中间件的引用(RequestDelegate 委托),从第二个参数开始可以定义中间件的参数。

当在 Startup.Configure 方法中通过 UseMiddleware 方法注册中间件时,可以传递参数。如果中间件是基于约定所定义的类,那么传递的参数值尽量不要使用服务容器中非单实例模式的服务类型,因为这种中间件在应用程序运行期间只实例化一次,中间件实例始终会保留对参数的引用,这会使暂时服务或作用域服务的实例强制变成单实例服务。

【操作流程】

步骤 1:新建一个空白的 ASP.NET Core Web 应用程序项目。

步骤 2:定义一个中间件类。

```
public class CalcuMiddleware
{
    readonly RequestDelegate _next;
    readonly int _a, _b;
    public CalcuMiddleware(RequestDelegate next, int a, int b)
    {
        _next = next;
        _a = a;
        _b = b;
    }

    public async Task InvokeAsync(HttpContext context)
    {
        int result = _a * _b;
        context.Response.ContentType = "text/html;charset = UTF - 8";
        await context.Response.WriteAsync( $ "{_a} × {_b} = {result}");
        await _next(context);
    }
}
```

该中间件通过构造函数来接收两个 int 类型的参数,并在 InvokeAsync 方法中计算两个参数的乘积,将结果回写给客户端。

步骤 3:在 Startup.Configure 方法中注册中间件,并传递参数值。

```
app.UseMiddleware < CalcuMiddleware >(15, 7);
```

步骤 4:运行应用程序,结果如图 15-9 所示。

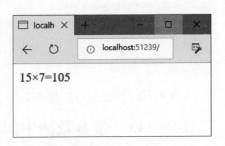

图 15-9 输出两个中间件参数的乘积

实例 344　IMiddleware 接口的用途

【导语】

中间件类一般的实现方法是使用约定形式（包含公共的 Invoke 或者 InvokeAsync 方法），有时也可以考虑实现 IMiddleware 接口，该接口的原型如下：

```
public interface IMiddleware
{
    Task InvokeAsync(HttpContext context, RequestDelegate next);
}
```

IMiddleware 接口也包含 InvokeAsync 方法，但它有两个参数，context 参数表示请求的上下文数据，next 表示下一个中间件的引用。

基于约定的中间件类在应用程序运行期间只创建单个实例，而实现了 IMiddleware 接口的中间件类的生命周期就可以灵活控制。IMiddleware 接口方式实现的中间件，在 Startup. Configure 方法中调用 UseMiddleware 方法之前，必须在 Startup. ConfigureServices 方法中进行注册，服务的注册可以选择三种生命周期：暂时服务、作用域服务和单一实例服务，可以通过不同的服务注册方式来控制中间件类的生命周期，例如，对于不太常用的中间件，可以注册为暂时服务，减少内存占用。

【操作流程】

步骤 1：新建一个空白的 ASP. NET Core Web 应用程序项目。

步骤 2：定义中间件类 TestMiddleware，并让它实现 IMiddleware 接口。

```
public class TestMiddleware : IMiddleware
{
    public TestMiddleware()
    {
        Console.WriteLine( $ "类 {GetType().Name} 的构造函数被调用");
    }
    public async Task InvokeAsync(HttpContext context, RequestDelegate next)
    {
        // 添加两个响应头
        context.Response.Headers["item 1"] = "hello";
        context.Response.Headers["item 2"] = "hi";
        // 写入响应消息
        context.Response.ContentType = "text/html;charset = UTF - 8";
        await context.Response.WriteAsync("欢迎来到主页");
    }
}
```

在 TestMiddleware 类的构造函数中会输出一行文本，因此如果中间件在应用程序运行期间被多次创建实例，那么每次实例化的时候都会在控制台中输出一行文本，通过查看控制台的输出内容就可以验证中间件是否被多次实例化。

步骤 3：在 Startup. ConfigureServices 方法中，对 TestMiddleware 中间件进行注册。

```
public void ConfigureServices(IServiceCollection services)
{
    services.AddTransient<TestMiddleware>();
}
```

注意：通过实现 IMiddleware 接口来定义的中间件，必须先在服务容器中注册才能在 HTTP 管道中使用。

步骤 4：在 Startup. Configure 方法中，使用自定义中间件。

```
app.UseMiddleware<TestMiddleware>();
```

步骤 5：运行应用程序，在浏览器打开 URL 后，进行多次刷新。可以发现，每次刷新后控制台中都会输出一行文本，表明 TestMiddleware 中间件创建了新实例，如图 15-10 所示。

图 15-10　中间件被多次实例化

实例 345　让 HTTP 管道"短路"

【导语】

直接调用 IApplicationBuilder 的 Run 扩展方法会使整个 HTTP 请求管道发生"短路"——直接把响应消息发回给客户端，终止此次 HTTP 通信。例如以下代码调用了三次 Run 方法：

```
app.Run(async context =>
{
    await context.Response.WriteAsync("Hello");
});
```

```
app.Run(async context =>
{
    await context.Response.WriteAsync("My");
});
app.Run(async context =>
{
    await context.Response.WriteAsync("Friends");
});
```

应用程序在运行的时候,只有第一个 Run 方法的调用会被执行,后面两次调用都不会被执行。这是因为遇到了 Run 方法,意味着整个 HTTP 请求管道将被终结,并且将处理结果直接发回给客户端,不管 Run 后面还有没有新插入的中间件,都不会被执行。读者可以参考以下 Run 扩展方法的源代码。

```
public static void Run(this IApplicationBuilder app, RequestDelegate handler)
{
    if (app == null)
    {
        throw new ArgumentNullException(nameof(app));
    }

    if (handler == null)
    {
        throw new ArgumentNullException(nameof(handler));
    }

    app.Use(_ => handler);
}
```

可以看到,使 HTTP 管道“短路”的实现原理非常简单,就是在管道中插入一个中间件(即传递给 Run 方法的委托实例),一旦这个中间件执行之后,就不会去调用下一个中间件,从而使 HTTP 管道终结,即 Run 方法中添加的中间件成为 HTTP 请求处理流程中的最后环节。

【操作流程】

步骤 1:新建一个空白的 ASP.NET Core Web 应用程序项目。

步骤 2:项目模板在 Startup.Configure 方法中已经生成了一条调用 Run 方法的代码语句。为了演示,可以对其做以下修改。

```
app.Run(async context =>
{
    context.Response.ContentType = "text/html;charset = UTF-8";
    await context.Response.WriteAsync("你好,世界");
});
```

步骤 3：以下代码也能实现与 Run 方法类似的效果。

```
app.Use(async (context, next) =>
{
    context.Response.ContentType = "text/html;charset = UTF - 8";
    await context.Response.WriteAsync("你好,世界");
});
```

实例 346　中间件的分支映射

【导语】

添加到 HTTP 管道的中间件是默认响应根 URL 请求的,但在实际开发中,有时候需要在根 URL 下面通过子路径来区分不同的功能,即根据不同的子 URL 来调用不同的中间件。

分支映射有两种比较常见的使用场景:一种用法是错误处理,例如根 URL 是 http：//abc. org,可以将 http：//abc. org/errors 专用于错误处理,调用向客户端返回错误信息的中间件;另一种用法是 Web Socket,例如 http：//abc. org/ws 分支可专用于 Web Socket 通信。

本实例将在根 URL 的基础上划分三个分支,当访问/home 路径时返回文本"主页",当访问/about 路径时返回文本"关于本站",访问/news 路径时就返回文本"新闻列表"。

【操作流程】

步骤 1：新建一个空白的 ASP. NET Core Web 应用程序项目。

步骤 2：首先在 Startup. Configure 方法中定义一个 HTTP 管道主路上的中间件,作用是将回写文本的字符编码设置为 UTF-8。

```
app.Use(async (context, next) =>
{
    context.Response.ContentType = "text/html;charset = UTF - 8";
    await next();
});
```

注意：在设置完字符编码后,必须要调用 next 委托,这样接下来的各个分支中的中间件才能被调用。因为如果不调用 next 委托,就会直接终结 HTTP 管道(与在主路上调用 Run 方法结果相同)。

步骤 3：接下来是三个分支,分别调用 Run 方法向客户端返回文本内容,HTTP 管道中的处理过程结束。

```
app. Map("/home", _app =>
{
    _app.Run(async context =>
```

```
    {
        await context.Response.WriteAsync("主页");
    });
})
.Map("/about", _app =>
{
    _app.Run(async context =>
    {
        await context.Response.WriteAsync("关于本站");
    });
})
.Map("/news", _app =>
{
    _app.Run(async context =>
    {
        await context.Response.WriteAsync("新闻列表");
    });
});
```

步骤 4：运行应用程序，可以分别输入以下 URL 来进行测试。

```
http://localhost:3125/home
http://localhost:3125/about
http://localhost:3125/news
```

第 16 章　MVC 与 Web API

在本章节中,读者将学习到以下内容:

- Razor 面向 Web 页的应用程序;
- MVC 与 Web API;
- 访问静态文件。

16.1　Razor Web 页面应用

实例 347　自定义 Razor 页的根目录

【导语】

Razor 页面应用是 MVC 框架的一种简化应用,它与传统的 Web 开发模式相似,以页面为单位来划分应用功能。

Razor 页面在项目中的默认存储路径是/Pages 目录,即所有 Razor 页面必须放在该目录下。而请求的 URL 中是不包含根目录名字的,例如某个页面文件的路径为/Pages/News/List. cshtml,那么请求该页面的 URL 应为 http://<域名/端口>/News/List。如果不想将 Razor 页面放到/Pages 目录下,可以通过 RazorPagesOptions 选项类的 RootDirectory 属性来配置自定义的页面存放路径。配置代码应写在 Startup. ConfigureServices 方法中,例如:

```
services.AddMvc();
services.PostConfigure<RazorPagesOptions>(option =>
{
    option.RootDirectory = "/CustPages";
});
```

/CustPages 就是自定义的用于存储 Razor 页面的根目录(相对于项目的根目录)。

也可以使用扩展方法来简单配置。

```
services.AddMvc().WithRazorPagesRoot("/CustPages");
```

如果希望把项目所在的目录直接作为 Razor 页面的根目录,可以按以下方式配置。

```
services.AddMvc().WithRazorPagesRoot("/");
```

也可以调用 WithRazorPagesAtContentRoot 扩展方法直接配置。

```
services.AddMvc().WithRazorPagesAtContentRoot();
```

【操作流程】

步骤 1:新建一个空白的 ASP.NET Core Web 应用程序项目。

步骤 2:在 Starutp.ConfigureServices 方法中调用 AddMvc 方法添加与 MVC 有关的服务,然后配置 Razor 页面的根目录。

```
public void ConfigureServices(IServiceCollection services)
{
    services.AddMvc().WithRazorPagesRoot("/DemoPages");
}
```

步骤 3:在 Startup.Configure 方法中,调用 UseMvc 方法。

```
public void Configure(IApplicationBuilder app, IHostingEnvironment env)
{
    if (env.IsDevelopment())
    {
        app.UseDeveloperExceptionPage();
    }

    app.UseMvc();
}
```

注意:ConfigureServices 方法中必须调用 AddMvc 方法来注册与 MVC 框架相关的服务组件,在 Configure 方法中要调用 UseMvc 方法,将 MVC 相关的中间件添加到 HTTP 管道中,这样应用程序才能通过 MVC 框架来处理 HTTP 请求。

步骤 4:在应用程序项目中新建一个文件夹,命名为 DemoPages(与上文中 WithRazorPagesRoot 方法指定的目录匹配)。

步骤 5:在 DemoPages 目录下面新建一个 Razor 代码文件,命名为 default.cshtml,并在该文件中输入以下内容。

```
@page

<html>
<body>
    <h3>欢迎</h3>
    <h6>这是我们的主页</h6>
```

```
</body>
</html>
```

Razor 页面与 MVC 中的 Razor 视图文件一样,使用的都是 Razor 标记语法,不同的是,用于 MVC 视图的 Razor 文件是没有@page 指令的。

步骤 6:运行应用程序,在浏览器中输入地址 http://<主机与端口>/default,结果如图 16-1 所示。

图 16-1 自定义目录下的 Razor 页面

实例 348 Razor 页面与页面模型关联

【导语】

Razor 代码文件只要在文档的首行加上@page 指令,并且将 Razor 页面放在应用程序所配置的根目录下(默认为/Pages),就可以在 URL 中通过页面来访问了。但是,如果页面涉及相对复杂的业务逻辑处理,就需要创建一个页面模型类(Page Model)来编写独立的处理代码,使得视图与代码分离,便于管理和维护。

页面模型类需要从 PageModel 类(位于 Microsoft. AspNetCore. Mvc. RazorPages 命名空间)派生。页面模型类中通过声明符合约定的方法与视图逻辑交互,页面视图通过一个名为 handler 的路由参数来调用这些方法。这些具有特殊用途的方法,约定的命名规则如下:

```
On <HTTP method ><handler name >[Async]
```

此命名规则随着 ASP. NET Core 版本的更新可能会更改,就目前版本而言,方法的命名包括以下几个部分。

(1)方法以"On"开头。

(2)紧接着是 HTTP-method,例如 GET、POST、DELETE 等。

(3)然后是方法的"正式名称",此名称可以直接作为路由参数 handler 的值。

(4)如果是异步方法,可以用 Async 结尾(Async 是可选的)。

以下命名均符合约定:

```
OnGet
OnPost
OnGetStudentInfos
```

```
OnPostFileAsync
OnDeletNickID
```

当然，也可以考虑从 DefaultPageApplicationModelProvider 类派生出一个自定义类型，然后重写相关的方法，自行定义新的命名约定，但是除非有特定的需求，一般没有必要这么做。

页面模型类还可以公开属性，便于与视图中的代码进行绑定。由于 HTTP 往返通信是无状态的，在此过程中，属性的值通常会丢失（客户端提交页面后，页面模型类中的属性值会丢失）。如果希望页面模型类的属性在 HTTP 往返通信过程中被保留，可以在属性上应用 BindPropertyAttribute，格式如下。

```
[BindProperty]
public int Age { get; set; }
```

在 Razor 页面上可以通过 @model 指令让视图与页面模型类关联起来，格式如下。（UsersModel 是页面模型类）

```
@model UsersModel
```

项目模板在添加新的 Razor 页面时，一般会生成一个与页面名字相同的代码文件，并在这个代码文件中定义页面模型类。例如，添加一个名为 Users.cshtml 的页面，就会生成一个名为 Users.cshtml.cs 的代码文件，里面包含一个从 PageModel 类派生的子类。

【操作流程】

步骤 1：新建一个空白的 ASP.NET Core Web 应用程序项目。

步骤 2：在项目中新建一个目录，命名为 Pages。

步骤 3：新建一个代码文件，定义一个类，命名为 TestModel，并且继承 PageModel 类。

```
public class TestModel : PageModel
{
    ...
}
```

步骤 4：定义四个公共属性，用于与视图进行绑定。

```
[BindProperty]
public string ProductName { get; set; }
[BindProperty]
public DateTime ProductDate { get; set; }
[BindProperty]
public Guid ProductID { get; set; }
[BindProperty]
public string ProductFamily { get; set; }
```

属性中一般会应用 BindProperty 特性，这是为了在 HTTP 往返通信的过程中保留属性的值。对于不需要保留状态的属性，可以不使用 BindProperty 特性。

步骤 5：定义 OnGet 方法，当以 HTTP-GET 方式访问页面时会调用该方法，同时初始化四个属性。

```
public void OnGet()
{
    ProductID = Guid. NewGuid();
    ProductName = "<未知产品>";
    ProductDate = DateTime. Today;
    ProductFamily = "<未知分类>";
}
```

步骤 6：定义 OnPost 方法，当页面提交成功时调用。

```
public void OnPost()
{
    ViewData["msg"] = "恭喜你,提交成功";
}
```

此处只做演示，所以处理比较简单，仅仅向 ViewData 字典中添加了一个子项，ViewData 可以在视图与模型代码之间共享数据。

步骤 7：新建一个. cshtml 文档，在文档顶部输入以下指令：

```
@page
@using Demo
@model TestModel
@addTagHelper * ,Microsoft. AspNetCore. Mvc. TagHelpers
```

@page 指令标识该视图用于 Razor Page 应用程序；@using 导入相关的命名空间，与 C♯语言中 using 语句的作用相同；@model 指令用于设置关联的模型类，此处指定的是刚刚定义的 TestModel 页面模型类；@addTagHelper 指令导入 HTTP 标记帮助器，用以扩充 HTML 标签的功能，格式为"<类型>,<程序集>"，<类型>也可以用星号（＊）表示，即导入程序集中的所有标记帮助器类型。

步骤 8：HTML 文档内容如下。

```
<! DOCTYPE html >
< html >
< head >
    < meta charset = "utf - 8" />
    < title >测试页面</title>
</ head >
< body >
    < form method = "post">
        产品编号:< input type = "text" readonly asp - for = "ProductID"/>< br/>
        产品名称:< input type = "text" asp - for = "ProductName"/>< br/>
        生产日期:< input type = "text" asp - for = "ProductDate"/>< br/>
        产品分类:< input asp - for = "ProductFamily"/>< br/>
        < br/>< br/>
```

```
        < input type = "submit" value = "提交"/>
    </form >
    < div >
        @{
            if (ViewData.ContainsKey("msg"))
            {
                <p>@ViewData["msg"].ToString()</p>
            }
        }
    </div >
</body >
</html >
```

asp-for 扩展标记用于将 HTML 元素与页面模型类中的属性绑定；然后显示 OnPost 方法中添加到 ViewData 字典中的内容。

步骤 9：运行应用程序，在浏览器页面上输入相关内容，然后单击"提交"按钮。由于模型属性使用了 BindProperty 特性，所以提交后再次返回页面时，输入的内容会被保留，如图 16-2 所示。

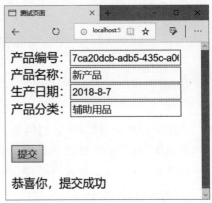

图 16-2 视图与页面模型的交互

实例 349 Razor Page 应用的路由映射

【导语】

当 Razor Page 项目的 URL 路径较长的时候，可以使用路由映射来缩短 URL。举个例子，假设/Pages 目录下有个 Accounts 目录，Accounts 目录下存在页面 CheckAll.cshtml，按照默认规则，要访问该页面其 URL 应为 http://demo.org/Accounts/CheckAll，但是经过路由映射后，其 URL 可以简化为 http://demo.org/checks。

本实例将在/Pages 目录下创建子目录 Users，再在 Users 目录下创建两个页面——NewUser 与 UserList，默认情况下，这两个页面的 URL 路径分别为/Users/NewUser 和/Users/UserList，经过路由映射后，会简化为/regnew 和/showlist。

【操作流程】

步骤 1：新建一个空白的 ASP.NET Core Web 应用程序项目。

步骤 2：在项目中新建目录 Pages。

步骤 3：在 Pages 目录下新建页面 Start.cshtml，其中 HTML 内容如下。

```
@page

<!DOCTYPE html >
< html >
< head >
    < meta charset = "utf - 8" />
```

```html
    < title >主页</title>
</head>
< body >
    < div >
        < h2 >主页</h2 >
        < h4 >阳光驿站</h4 >
    </div >
    < hr/>
    < div >
        < a href = "/regnew">注册新用户</a >
        < a href = "/showlist">查看用户列表</a >
    </div >
</body >
</html >
```

页面中有两个超链接，它们所指向的路径是经过路由映射后的路径。

步骤 4：在 Pages 目录下新建一个子目录，命名为 Users。

步骤 5：在 Users 目录下新建页面 NewUser. cshtml。

```html
@page

<! DOCTYPE html >
< html >
< head >
    < meta charset = "utf - 8" />
    < title >注册</title>
</head >
< body >
    < div >
        < p >
            < h1 >新用户注册</h1 >
        </p >
        < div >
            增加一个新的用户
        </div >
    </div >
</body >
</html >
```

步骤 6：在 Users 目录下新建一个页面，命名为 UserList. cshtml。

```html
@page

<! DOCTYPE html >
< html >
< head >
    < meta charset = "utf - 8" />
```

```html
        <title>用户列表</title>
    </head>
    <body>
        <div>
            <table>
                <thead>
                    <tr>
                        <th>用户名</th>
                        <th>ID</th>
                    </tr>
                </thead>
                <tbody>
                    @{
                        for(int i = 1; i <= 10; i++)
                        {
                            <tr>
                                <td>@string.Format("用户 {0}", i)</td>
                                <td>@i</td>
                            </tr>
                        }
                    }
                </tbody>
            </table>
        </div>
    </body>
</html>
```

为了演示，页面中通过 for 循环产生 10 条用户记录。

步骤 7：在 Starup.ConfigureServices 方法中注册与 MVC 相关的服务，并且添加路由映射配置。

```csharp
services.AddMvc().AddRazorPagesOptions(o =>
{
    o.Conventions
    .AddPageRoute("/Start", "/")
    .AddPageRoute("/Users/NewUser", "/regnew")
    .AddPageRoute("/Users/UserList", "/showlist");
});
```

AddPageRoute 方法的第一个参数是真实的页面地址，第二个参数是路由之后的新地址。如果将某个页面的 URL 路由映射为"/"或者空字符串，就可以使该页面变成主页，即在浏览器地址栏中直接输入 Web 站点的根地址就能定位到该页面。例如在上面代码的配置中，如果在浏览器地址栏中输入 http：//localhost，实际上会执行 http：//localhost/Start 页面；如果输入 http：//localhost/regnew，实际是执行了 http：//localhost/users/newuser 页面。

实例 350　通过 @page 指令设置 Razor 页面的 URL 路由

【导语】

本实例将演示一种更简单的方法来设置 Razor Page 应用的 URL 路由映射——使用页面视图的 @page 指令。在 @page 指令之后，可以使用字符串实例来指定路由映射，该路由使用的是相对路径，可以分为两种情况：

（1）直接指定路径段，表示该路由是相对于当前页面的。例如，指定字符串"renew"，当前页面名为 Orders，那么最终访问该页面的 URL 为 http：//demo. net/orders/renew。

（2）如果指定的字符是以"/"或者"～/"开头，则表示其路由是相对于根 URL 的。例如，页面/users/admin，而指定的路由为"/admin"，那么访问该页面的 URL 应为 http：//demo. net/admin。

本实例将对三个页面进行路由映射，详见表 16-1。

表 16-1　实例路由映射方案

映　射　前	映　射　后
/Main	/
/Funcs/MyMusics	/musics
/Funcs/MyPhotos	/photos

【操作流程】

步骤 1：新建一个空白的 ASP. NET Core Web 应用程序项目。

步骤 2：在项目中新建一个目录，命名为 Pages。

步骤 3：在 Pages 目录下添加一个 Main. cshtml 页面。

```
@page "/"

<html>
<body>
    <h2>主页</h2>
    <div>
        <a href = "/musics">我的音乐</a>
        <a href = "/photos">我的照片</a>
    </div>
</body>
</html>
```

在 @page 指令后面的字符串中指定"/"，表明从根 URL 就可以访问该页面。

步骤 4：在 Pages 目录下创建一个子目录，名为 Funcs。

步骤5：在 Funcs 目录下添加一个 MyMusics.cshtml 页面。

```
@page "/musics"

<html>
<body>
    <h2>我的音乐</h2>
</body>
</html>
```

步骤6：在 Funcs 目录下添加一个 MyPhotos.cshtml。

```
@page "/photos"

<html>
<body>
    <h2>我的照片</h2>
</body>
</html>
```

运行应用程序后，输入根 URL 打开 Main 页面（如图 16-3 所示），单击页面上的链接，可以跳转到其他页面（如图 16-4 所示）。

图16-3　根 URL 下的页面

图16-4　跳转到/photos 页面

实例 351　自定义页面的 handler 方法

【导语】

在页面模型（从 PageModel 类派生的类）中，OnGet、OnPost、OnPut 等方法会根据页面的请求方法自动被调用。例如以 HTTP-GET 方法访问页面就会调用 OnGet 或者 OnGetAsync 方法，以 HTTP-POST 方法访问页面就会调用 OnPost 或者 OnPostAsync 方法。

但是这些约定方法有时是不能满足开发需求的，因此框架允许自定义这些方法的名称，在路由数据字典中，这些页面方法被命名为 handler。默认情况下是通过 URL 的请求参数来调用页面方法的，例如 http://localhost/students? handler＝UploadPic，其中，students 是页面名称，UploadPic 是页面模型中的方法名，实际的方法命名应该为 OnGetUploadPic。

如果不希望在 URL 中出现 handler 字段，可以通过@page 指令来自定义路由，例如：

```
@page "{handler?}"
```

handler 是路由字典参数，必须写在一对大括号中，后面的问号表示该值为可选，通过自定义路由后，指定 handler 的 URL 可变为 http：//localhost/students/UploadPic。

在页面模型中自定义 handler 方法的命名规则如下：

```
On < HTTP - method >< handler name >[Async]
```

方法以 On 开头，On 之后是 HTTP 请求方法，例如 Get、Post 等，HTTP 请求方法之后才是 handler 的名称，Async 后缀是可选的，以下命名都是允许的。

```
OnGetOrder                    // handler 名为 Order,以 HTTP - GET 方法访问
OnPostFeedbackAsync           // handler 名为 Feedback,以 HTTP - POST 方法访问,异步方法
OnGetOrderAsync               // handler 名为 Order,异步方法
OnDeleteItem                  // handler 名为 Item,以 HTTP - DELETE 方法访问
OnGetColors                   // handler 名为 Colors,以 HTTP - GET 方法访问
```

在实际使用时，如果需要调用目标 handler，可以使用扩展的标记帮助器在运行时自动生成 URL，例如，asp-page 标记属性指定要执行的页面，当前页面可以忽略；asp-page-handler 标记属性指定要执行的 handler 的名称。

【操作流程】

步骤 1：新建一个空白的 ASP. NET Core Web 应用程序项目。

步骤 2：在项目中新建 Pages 目录。

步骤 3：在 Pages 目录下面添加 test. cshtml 页。

步骤 4：在 test 页面顶部，添加以下指令声明。

```
@page "{handler?}"
@addTagHelper * ,Microsoft. AspNetCore. Mvc. TagHelpers
@model Demo. TestModel
```

@page 指令设置查找 handler 的路由，@addTagHelper 指令用于导入 HTML 标记扩展帮助器类型，本实例中将导入 Microsoft. AspNetCore. Mvc. TagHelpers 程序集中的所有帮助器，@model 指令设置与页面关联的模型类，用于定义页面处理方法。

步骤 5：test 页面的 HTML 文档如下。

```html
< html >
    < body >
        < form method = "post">
            用户名：
            < input type = "text" name = "username" />< br />
            密码：
            < input type = "password" name = "password"/>< br/>
            < div >
```

```
< input type = "submit" value = "公开登录" asp-page-handler = "LoginPublic"/>
< input type = "submit" value = "隐身登录" asp-page-handler = "LoginHidden"/>
        </div>
      </form>
    </body>
</html>
```

在两个提交按钮上,通过 asp-page-handler 标记属性来指定要调用的方法,由于处理的方法将在当前页面的模型类中定义,所以不需要使用 asp-page 标记属性。在 form 标记中,需要为两个文本的输入元素设置 name 值,这样当提交页面时会自动将用户输入的内容传递给页面模型中处理方法的参数,前提是 HTML 元素的 name 值必须与方法参数的名称匹配。

步骤 6:定义页面模型类,以及两个 handler 方法。

```csharp
public class TestModel : PageModel
{
    public ActionResult OnPostLoginPublic(string username, string password)
    {
        string msg = $ "你以公共方式登录,输入的用户名为{username},密码为{password}";
        return Content(msg);
    }

    public ActionResult OnPostLoginHidden(string username, string password)
    {
        string msg = $ "你以隐身方式登录,输入的用户名为{username},密码为{password}";
        return Content(msg);
    }
}
```

方法参数的名字要与页面视图上< input >元素的 name 值相同,才能传递内容,即分别为 username 和 password。

注意:调用两个 handler 方法后均返回 HTML 文本。在实际开发中,不可能将用户输入的密码以明文的方式展现,此处仅仅是演示。

步骤 7:运行应用程序,先输入用户名和密码,然后可以分别单击两个按钮提交,如图 16-5 和图 16-6 所示。

图 16-5 输入用户名和密码

图 16-6 提交后的处理结果

浏览器打开 test 页面后,其产生的两个提交按钮的 HTML 标签如下:

```
< input type = "submit" value = "公开登录" formaction = "/test/LoginPublic" />
< input type = "submit" value = "隐身登录" formaction = "/test/LoginHidden" />
```

formaction 属性中的内容就包含相应的 handler 名称。

16.2 MVC(模型-框架-视图)

实例 352 为全局路由字段分配默认值

【导语】

MVC 应用程序的 URL 路由有两种定义方式:① 在 Startup. Configure 方法中通过 UseMvc 方法设置的路由规则会应用到整个应用程序中;② 在每个控制器类以及其成员方法上通过 Route 特性设置的路由为局部规则,仅对当前控制器有效。

URL 路由以字符串的形式表示,其中有三个占位符,它们属于路由字典中的 Key,因此这三个值比较特殊,需要写在一对大括号中,三个占位符如下。

(1) {area}:表示 MVC 应用程序中的"域",通常用于划分程序功能,小型项目可以不使用。

(2) {controller}:表示控制器的名称。如果控制器类的名称带有"Controller"后缀,则该后缀会被去掉。例如,某控制器类命名为 PublishController,那么在使用 URL 时,controller 字段的值应该为 Publish。

(3) {action}:控制器类中的要执行的方法名称。

此外,还可以自定义参数名,例如:

```
{controller}/{action}/{id?}
```

其中,id 是传递给某个 action 方法的参数的名称,假设要调用 Publish 控制器中的 Review 方法,参数 id 为 105,那么请求的 URL 应为 http://localhost/publish/review/105。{id}中的问号(?)表示该字段是可选的,如果不需要提供参数值,那么请求的 URL 就是 http://localhost/publish/review。

但在实际开发中,一般不应该让用户记住这么长的 URL,对于应用程序主页,只要在浏览器地址栏中输入根 URL 就能访问默认页面,因此 MVC 框架允许为 URL 路由中的字段值分配默认值,例如:

```
{controller = Home}/{action = Index}
```

当用户输入 http://someweb. com 时,实际上就执行了 Home 控制器中的 Index 方法,即 http://someweb. com/Home/Index。

【操作流程】

步骤 1:新建一个空白的 ASP. NET Core Web 应用程序项目。

步骤 2：在 Startup. ConfigureServices 方法中调用 AddMvc 添加相关的服务。

```
services.AddMvc();
```

步骤 3：在 Startup. Configure 方法中使用 MVC 相关的中间件。

```
app.UseMvc(r =>
{
    r.MapRoute("main", "{controller = Demo}/{action = Default}");
});
```

在调用 UseMvc 方法时，可以通过委托设置 URL 路由，MapRoute 方法需要为路由规则分配一个名称，该名称可以自定义，主要用来唯一标识本路由规则。在本实例中，设定的默认控制器名为 Demo，默认的执行方法名为 Default。

步骤 4：在项目中添加一个类，命名为 DemoController(Controller 后缀是可选的，属于命名约定)，并且该类从 Controller 类派生，表示一个控制器。

```
public class DemoController : Controller
{
    public ActionResult Default()
    {
        return Content("这是一个 Web 应用");
    }
}
```

Default 即 Action 方法，它返回一个字符串内容。

步骤 5：运行应用程序，直接输入根 URL，就能访问到 Demo 控制器了，例如 http：//localhost：7603。

实例 353　局部的 URL 路由

【导语】

在 Startup. Configure 方法中定义的路由规则是全局的，适用于整个应用程序。但有时对于部分控制器，开发者需要使用特殊的路由规则，即局部的 URL 路由，主要是通过在控制器类或者控制器类的方法成员上附加 Route 特性(RouteAttribute 类)来实现的。局部路由规则仅在 Route 特性所应用的目标对象上有效，它的优先级高于全局路由规则。

在全局路由规则中，controller、action 等特殊字段是在一对大括号中的，但在局部路由规则中，使用的是中括号，例如以下形式。

```
[controller]/[action]
```

但是，参数名称依然要使用大括号括起来，例如：

```
[controller]/[action]/{id?}
```

其中，id 是参数，问号表示该值是可选的。

局部路由也可以使用"硬编码"的 URL,即不使用 controller、action 等占位符,而是指定固定的 URL 路径,例如:

/users

此时,不管目标控制器叫什么名称,只要使用 http：//abc.org/users 就能访问该控制器。

同时,Route 特性也支持 URL 的"分层"组合。假设在某控制器上应用了路由规则 /students,然后在控制器类的某个方法上应用路由规则 getinfo,那么完整的 URL 就变成 http：//abc.org/students/getinfo。

【操作流程】

步骤 1：新建一个空白的 ASP.NET Core Web 应用程序项目。

步骤 2：在 Startup.ConfigureServices 方法中注册与 MVC 功能有关的服务。

```
public void ConfigureServices(IServiceCollection services)
{
    services.AddMvc();
}
```

步骤 3：在 Startup.Configure 方法中使用 MVC 中间件。

```
public void Configure(IApplicationBuilder app, IHostingEnvironment env)
{
    app.UseMvc();
}
```

本实例将使用局部路由规则,因此在调用 UseMvc 方法时不需要定义路由规则。

步骤 4：定义第一个控制器,命名为 Main,包含两个操作方法。

```
[Route("[controller]/[action]")]
public class MainController : Controller
{
    public ActionResult About()
    {
        return Content("关于本站");
    }

    public ActionResult Home()
    {
        return Content("官方主页");

    }
}
```

访问该控制器时,会用控制器的名称替换 URL 路由规则中的[controller]与[action]。

步骤 5：定义第二个控制器 Product,它将使用不带占位符的 URL,并且 Route 特性将分别应用到类和操作方法上。

```
[Route("/products")]
public class ProductController : Controller
{
    [Route("list")]
    public ActionResult GetList()
    {
        return Content("产品列表");
    }
}
```

访问 GetList 方法的 URL 是固定的，即 http：//localhost/products/list。

步骤 6：运行应用程序，可通过以下几个 URL 来做访问测试。

```
http://localhost:17120/main/about
http://localhost:17120/main/home
http://localhost:17120/products/list
```

实例 354　自定义视图文件的查找位置

【导语】

在 MVC 的控制器中调用不带参数的 View 方法时，将返回与 Action 名称相同的视图。框架查找视图文件的默认路径有以下三个：

```
/Views/{1}/{0}.cshtml
/Views/Shared/{0}.cshtml
/Pages/Shared/{0}.cshtml
```

路径中包含字符串的格式占位符，{1}表示 Controller 的名称，{0}表示 Action 的名称。假设访问 Goods 控制器中的 Reset 方法，那么在返回视图时，MVC 框架将查找如下文件。

```
/Views/Goods/Reset.cshtml
```

Shared 目录下的视图一般用于布局页（页面的母版）或者可以在多个控制器中共用的视图（例如显示错误信息的页面）。

对于带有 Area 的 MVC 项目，其视图查找路径为：

```
/Areas/{2}/Views/{1}/{0}.cshtml
/Areas/{2}/Views/Shared/{0}.cshtml
/Views/Shared/{0}.cshtml
/Pages/Shared/{0}.cshtml
```

此处的{2}是 Area 的占位符，{1}是 Controller 的占位符，{0}是 Action 的占位符。

RazorViewEngineOptions 类公开的 AreaViewLocationFormats 属性和 ViewLocationFormats 属性都是用于配置视图文件的查找路径的，它们均为字符串列表，可以添加多个查找路径。

本实例将演示将视图文件的查找目录从 Views 改为 DemoViews。

【操作流程】

步骤 1：新建一个空白 ASP. NET Core Web 应用程序项目。

步骤 2：在 Startup. ConfigureServices 方法中添加与 MVC 相关的服务，并且调用 AddRazorOptions 方法配置视图查找路径。

```
services.AddMvc().AddRazorOptions(o =>
{
    // 清除默认路径
    o.ViewLocationFormats.Clear();
    // 添加自定义的路径
    o.ViewLocationFormats.Add("/DemoViews/{1}/{0}" + RazorViewEngine.ViewExtension);
    o.ViewLocationFormats.Add("/DemoViews/Shared/{0}" + RazorViewEngine.ViewExtension);
});
```

RazorViewEngine. ViewExtension 字段能自动返回视图文件的扩展名。

步骤 3：在 Startup. Configure 方法中使用与 MVC 相关的中间件。

```
app.UseMvc();
```

步骤 4：定义控制器类，此类包含两个操作方法——Test1 和 Test2。

```
[Route("[controller]/[action]")]
public class SampleController : Controller
{
    public IActionResult Test1() => View();
    public IActionResult Test2() => View();
}
```

步骤 5：在项目中创建 DemoViews 目录，再在 DemoViews 目录下创建 Sample 目录（与控制器名称相同）。

步骤 6：在 Sample 目录下添加两个 .cshtml 文件，命名都与 Sample 控制器的两个操作方法匹配——Test1. cshtml 和 Test2. cshtml。

```
// Test1.cshtml
<html>
<body>
    <div>
        <h2>视图 1</h2>
    </div>
</body>
</html>


// Test2.cshtml
<html>
<body>
```

```
<div>
    <h2>视图 2</h2>
</div>
</body>
</html>
```

步骤 7：运行应用程序，分别使用以下 URL 可以访问到 Sample 控制器的两个操作方法。

```
http://localhost:1909/sample/test1
http://localhost:1909/sample/test2
```

实例 355　根据 URL 查询参数返回不同的视图

【导语】

控制器的 View 方法有以下几种方法返回视图：

（1）无参数调用。这种情况下，视图文件的名称必须与当前操作方法的名称相同，即 Action 的名称与视图文件名一致。

（2）指定视图名称（不包含路径与文件扩展名）。如果视图文件位于以当前控制器命名的目录下，那么指定视图名称时不需要指定文件扩展名。例如，视图文件名为 OrderDetails.cshtml，那么只要指定 OrderDetails 就能找到该视图。

（3）包含路径与文件扩展名。当视图文件不位于以当前控制器命名的目录下，或者不在设定的查找路径内，则需要指定视图文件的完整路径，例如 ～/Views/Something. cshtml。

本实例将演示通过 URL 的查询参数判定应该返回哪个视图。实例中将用到三个视图文件，Default.cshtml 文件位于/Views 目录下，Preview.cshtml 和 Pagedview.cshtml 两个文件均位于与 Demo 控制器同名的目录下。如果请求参数 mode 的值为 preview，则使用 Preview.cshtml 视图文件；如果参数 mode 的值为 pagedview，则使用 Pagedview.cshtml 视图文件。

【操作流程】

步骤 1：新建一个空白的 ASP.NET Core Web 应用程序项目。

步骤 2：在 Startup.ConfigureServices 方法中注册与 MVC 相关的服务。

```
services.AddMvc();
```

步骤 3：在 Startup.Configure 方法中使用与 MVC 相关的中间件。

```
app.UseMvc(route =>
{
    route.MapRoute("app", "{controller}/{action}");
});
```

步骤 4：在项目中新建 Views 目录。

步骤 5：在 Views 目录下添加一个名为 Default.cshtml 的视图文件。

```
<html>
<body>
    <h1>默认视图</h1>
</body>
</html>
```

步骤 6：在 Views 目录下新建一个目录，命名为 Demo（与控制器名称一致）。

步骤 7：在 Demo 目录下添加两个视图文件。

```
// Preview.cshtml
<html>
<body>
    <h1>预览视图</h1>
</body>
</html>
```

```
// Pagedview.cshtml
<html>
<body>
    <h1>分页视图</h1>
</body>
</html>
```

步骤 8：定义控制器类。

```
public class DemoController : Controller
{
    public ActionResult GetInfo([FromQuery]string mode)
    {
        if(mode == "preview")
        {
            return View("Preview");
        }
        else if(mode == "pagedview")
        {
            return View("Pagedview");
        }
        return View("~/Views/Default.cshtml");
    }
}
```

mode 参数的值将从 URL 查询参数（在 URL 中以问号开头的部分）中提取，所以在声明参数时要加上 FromQuery 特性，否则无法提取。

Preview 视图与 Pagedview 视图都位于与控制器同名的目录中，因此调用 View 方法时不需要指定路径与扩展名；但 Default 视图需要明确文件路径。

步骤 9：运行应用程序，可以在浏览器中尝试用以下地址进行访问。

```
http://localhost:9105/demo/getinfo?mode = preview
http://localhost:9105/demo/getinfo?mode = pagedview
http://localhost:9105/demo/getinfo?mode =
http://localhost:9105/demo/getinfo
```

效果如图 16-7 所示。

图 16-7　根据 URL 参数筛选视图

实例 356　自定义的控制器类

【导语】

定义控制器，不仅可以继承 Controller 类，还可以自定义一个类，然后将其作为控制器。方法是在类声明上应用 Controller 特性（ControllerAttribute 类），然后该类所公开的公共方法将被视为操作方法（即 Action）。

本实例将演示一个简单的 MVC 应用程序，使用一个独立的自定义类作为控制器，并在操作方法上返回视图（方法返回的实际类型为 ViewResult）。

【操作流程】

步骤 1：新建一个空白的 ASP. NET Core Web 应用程序项目。

步骤 2：在 Startup 类中，分别配置与 MVC 相关的服务组件和中间件。

```
public void ConfigureServices(IServiceCollection services)
{
    services.AddMvc();
}

public void Configure(IApplicationBuilder app)
{
    app.UseMvcWithDefaultRoute();
}
```

UseMvcWithDefaultRoute 方法的作用与 UseMvc 方法一样，只是它会添加默认的路由规则，即{controller＝Home}/{action＝Index}/{id?}。

步骤 3：自定义一个类，命名为 MyController，即控制器为 My。

```
[Controller]
public class MyController
{
    public ActionResult Index()
    {
        ViewResult res = new ViewResult
        {
```

```
        ViewName = "Default"
    };
    return res;
    }
}
```

注意：若将未从 Controller 类派生的类作为控制器使用，必须应用 ControllerAttribute。由于自定义的类中没有 View 方法，因此在操作方法中需要手动创建 ViewResult 实例，并为 ViewName 属性赋值。

步骤 4：在项目中新建 Views 目录。

步骤 5：在 Views 目录下创建 My 子目录（与控制器同名）。

步骤 6：在 My 目录下添加视图文件 Default.cshtml。

```html
<html>
<body>
    <h1>欢迎访问本站</h1>
    <hr/>
    <h4>——— ASP.NET Core Web Dev</h4>
</body>
</html>
```

图 16-8 自定义控制器类返回的视图

步骤 7：运行应用程序，在浏览器中访问 http://localhost/my/index，可以看到如图 16-8 所示的结果。

实例 357 阻止控制器中的方法被公开为 Action 方法

【导语】

在控制器类中，默认会将所有公共方法视为操作方法（MVC 中的 Action），但在某些特殊情况下，不希望某些方法被作为 Action 方法公开。在方法上应用 NonAction 特性之后，该方法将被禁止作为 Action 方法公开。

【操作流程】

步骤 1：新建一个空白的 ASP.NET Core Web 应用程序项目。

步骤 2：在 Startup 类中，注册 MVC 服务并启用中间件。

```csharp
public void ConfigureServices(IServiceCollection services)
{
    services.AddMvc();
}

public void Configure(IApplicationBuilder app)
```

```
{
    app.UseMvcWithDefaultRoute();
}
```

步骤3：定义控制器类，类中包含两个方法，其中 SayHello 方法将被禁止作为 Action 方法公开。

```
public class HomeController : Controller
{
    public IActionResult Index()
    {
        return View();
    }

    [NonAction]
    public string SayHello()
    {
        return "你好,世界";
    }
}
```

步骤4：当运行应用程序时，访问 http：//localhost/home/sayhello 将返回 404 错误，这表明 SayHello 方法已被禁止公开，无法通过 URL 访问；一旦去掉 NonAction 特性，SayHello 方法就能够顺利访问。

实例358　重命名 Action 方法

【导语】

MVC 框架默认指定 Action 方法的名称与成员方法的名称一致，但是如果控制器类的成员方法上应用了 ActionName 特性（ActionNameAttribute 类）并指定了另一个名称，那么 Action 方法的名称将不再与成员方法名称相同。如果 Action 方法被重命名了，与 Action 方法相对应的视图文件也要使用 ActionName 特性所指定的名称，而不是成员方法的名称。

【操作流程】

步骤1：新建一个空白的 ASP. NET Core Web 应用程序项目。

步骤2：在 Startup 方法中注册与 MVC 相关的服务，并启用中间件。

```
public void ConfigureServices(IServiceCollection services)
{
    services.AddMvc();
}

public void Configure(IApplicationBuilder app)
{
    app.UseMvcWithDefaultRoute();
}
```

步骤 3：定义控制器，类名为 Home，其中包含成员方法 GetItems。

```
public class HomeController : Controller
{
    [ActionName("get - items")]
    public ActionResult GetItems()
    {
        return View();
    }
}
```

Action 的实际名称已变为 get-items，而不是 GetItems，所以请求的 URL 应为 http：//somehost/home/get-items。

步骤 4：在项目中新建 Views 目录。

步骤 5：在 Views 目录中新建 Home 子目录。

步骤 6：在 Home 目录中添加视图文件，文件名为 get-items. cshtml。

```
< html >
< body >
    < ul >
        @{
            for (int a = 1; a < 5; a++)
            {
                < li >@ string. Format("项目 {0}", a)</li >
            }
        }
    </ul >
</body >
</html >
```

注意：视图的名称不能再使用 GetItems 了，因为 Action 已经被重命名了。

步骤 7：运行应用程序，在浏览器中访问 http：//localhost：4800/home/get-items，结果如图 16-9 所示。

图 16-9 访问重命名后的 Action 方法

实例359　使用布局页

【导语】

布局页可作为项目内各视图的母版,用于排版被重复使用的内容,例如版权信息、网站Logo、导航栏等。使用布局页的优点是可以避免大量重复性的工作。

在布局页视图文件中,可以在内容页出现的位置调用 RenderBody 方法来生成占位符,当某个内容页应用了当前布局页后,内容页的 HTML 元素将出现在调用 RenderBody 方法的地方。

在内容视图文件中,通过 Layout 属性(在 RazorPageBase 类中公开)可以设置布局页的名称。如果布局页位于可以被查找到的位置(例如/Views/Shared 目录下),那么是不需要指定路径和扩展名;否则就要明确指定布局页的文件路径和扩展名,这与视图文件的查找方式相似。一般在命名有特殊用途的视图文件时都会以下画线开头,所以布局页通常命名为_Layout. cshtml。

【操作流程】

步骤1：新建一个空白的 ASP. NET Core Web 应用程序项目。

步骤2：在项目目录下新建一个 Views 目录。

步骤3：在 Views 目录下再新建一个 Shared 目录。

步骤4：在 Shared 目录下添加布局视图文件,命名为_Layout. cshtml。

```
<!DOCTYPE html>
<html>
<head>
    <meta name = "viewport" content = "width = device - width" />
    <title>@ViewBag. Title</title>
</head>
<body>
    <div style = "height:100px; background - color:slateblue;position:relative">
        <p style = "color:white;font - size:40px;position:absolute;margin - left:15px">
            清新小站
        </p>
    </div>
    <div style = "margin - top:35px;margin - bottom:45px">
        @RenderBody()
    </div>
    <div>
        <hr/>
        © 2018 - 2018 版权所有
    </div>
</body>
</html>
```

步骤 5：在 Views 目录下新建 Test 目录（控制器名为 Test）。

步骤 6：在 Test 目录下添加 Default.cshtml 视图。

```
@{
    Layout = "_Layout";
}
<div>
    网站主页
</div>
```

只有明确设置 Layout 属性后，视图才能使用布局页。

步骤 7：定义 Test 控制器。

```
public class TestController : Controller
{
    public ActionResult Default()
    {
        return View();
    }
}
```

步骤 8：运行应用程序，布局页与内容页合并后的效果如图 16-10 所示。

图 16-10　应用了布局页的视图

实例 360　_ViewStart 视图与_ViewImports 视图

【导语】

这两个视图文件的名称都以下画线开头，表示它们有特殊用途，一般不向客户端公开。这两个视图不用于定义可视化内容，而是用于声明一些在视图中重复使用的指令。

_ViewImports 视图专门用于导入命名空间，System、System. Threading. Tasks、Microsoft. AspNetCore. Mvc 等命名空间中的类型在视图中比较常用，统一在 _ViewImports 视图中导入，不需要每个视图文件都写一遍 using 指令。

_ViewStart 视图用来放置在各个视图中都可能重复使用的指令（@page 指令除外，这个指令必须写在每个 Razor Page 文件的第一行），例如引用布局页（一般命名为_Layout），可能在每个视图文件中都要写这些指令，将它们一次性写到_ViewStart 视图中，后面就不用重复去写了。在执行每个视图文件时都会先执行_ViewStart 视图中的代码。

_ViewStart 和_ViewImports 并不要求放置到/View/Shared 目录下，实际上，它们可以放在任何存有视图文件的目录下，只对当前目录及子目录下的视图起作用。举个例子，假设有 Data 控制器，它包含 Delete 和 Update 两个视图。

```
/Views
    /Data
```

```
    /_ViewStart.cshtml
    /_ViewImports.cshtml
    /Delete.cshtml
    /Update.cshtml
/Shared
    /OpenList.cshtml
```

_ViewStart 和_ViewImports 视图位于 Data 目录下,它们只对 Delete 和 Update 两个视图起作用,对 OpenList 视图不起作用。

【操作流程】

步骤 1:新建一个空白的 ASP. NET Core Web 应用程序项目。

步骤 2:定义 Demo 控制器,其中包含五个操作方法,默认对应五个视图。

```
public class DemoController : Controller
{
    public ActionResult Index() => View();
    public ActionResult Desc() => View();
    public ActionResult News() => View();
    public ActionResult Products() => View();
    public ActionResult ContactUs() => View();
}
```

步骤 3:在项目中新建 Views 目录。

步骤 4:在 Views 目录下新建 Shared 子目录,并在其中存放布局视图_Layout。

```
@addTagHelper *,Microsoft.AspNetCore.Mvc.TagHelpers

<!DOCTYPE html>

<html>
<head>
    <meta name="viewport" content="width=device-width" />
    <title>@ViewBag.Title</title>
</head>
<body>
    <nav>
        <a asp-controller="Demo" asp-action="Index">主页</a>
        <a asp-controller="Demo" asp-action="Desc">公司简介</a>
        <a asp-controller="Demo" asp-action="News">新闻</a>
        <a asp-controller="Demo" asp-action="Products">产品信息</a>
        <a asp-controller="Demo" asp-action="ContactUs">联系我们</a>
    </nav>
    <div>
        @RenderBody()
    </div>
</body>
</html>
```

<nav>标签所定义的导航栏中包含指向五个视图的链接，此处可以使用 asp-controller 和 asp-action 两个标签帮助器使框架自动生成导航的 URL。

步骤 5：在 Views 目录下新建 Demo 目录，对应控制器 Demo。

步骤 6：在 Demo 目录下添加五个视图文件，对应 Demo 控制器中的五个 Action，详见代码清单 16-1。

代码清单 16-1　五个视图的 HTML 文档

```
// Index.cshtml
<h3>主页</h3>

// Desc.cshtml
<h3>公司简介</h3>

// News.cshtml
<h3>公司新闻</h3>

// Products.cshtml
<h3>产品概览</h3>

// ContactUs.cshtml
<h3>联系我们</h3>
```

步骤 7：在 Demo 目录下添加_ViewImports 视图文件，导入可能会被用到的命名空间。

```
@using System
@using Microsoft.AspNetCore.Mvc
@using Microsoft.AspNetCore.Mvc.TagHelpers
```

步骤 8：在 Demo 目录下添加_ViewStart 视图文件，并写入会在视图中被重复使用的代码。

```
@{
    Layout = "_Layout";
}
@addTagHelper *,Microsoft.AspNetCore.Mvc.TagHelpers
```

步骤 9：运行应用程序，结果如图 16-11 和图 16-12 所示。

图 16-11　示例应用的主页

图 16-12　示例应用的产品视图

实例 361　向视图传递模型对象

【导语】

在实际应用中，经常需要在控制器中向视图传递数据，这些数据可以称为"模型"（Model），MVC 框架中的"M"指的就是 Model。

模型可以是任意类型，一般是自定义的类，这些类可以被映射到数据库的某个数据表中，使用时从数据库中加载，修改后用于更新数据库；也可以在代码中直接使用这些类，直接将其实例传递到视图中。

在 Razor 视图文件中，需要先用 @model 指定声明模型对象的数据类型，然后在视图的任何地方通过 Model 属性来引用模型实例。在控制器类中，有两种方法传递模型对象：①通过 ViewData.Model 属性来传递；②调用 View 方法时将模型实例赋值给方法参数。其实，两种传递模型方法的本质是相同的，都使用了 ViewData.Model 属性。View 方法的内部实现是先将模型实例赋值给 ViewData.Model 属性，然后在创建 ViewResult 实例时，将 Controller 类 ViewData 属性的引用赋值给 ViewResult 对象的 ViewData 属性。

本实例的数据模型是 Student 类，先在控制器中创建一个用于测试的 Student 对象列表，然后把这个列表传递给视图，在视图中可以使用 HTML 元素来呈现列表中的数据信息。

【操作流程】

步骤 1：新建一个空白的 ASP.NET Core Web 应用程序项目。

步骤 2：定义一个 Student 类，作为示例的数据模型。

```
public class Student
{
    public Guid ID { get; set; }
    public string Name { get; set; }
    public int Age { get; set; }
    public string Course { get; set; }
}
```

步骤 3：定义控制器。

```
public class StudentController : Controller
{
    public ActionResult AllStudents()
    {
        IList<Student> stus = new List<Student>();
        stus.Add(new Student
        {
            ID = Guid.NewGuid(),
            Name = "小龚",
            Age = 21,
            Course = "C++"
        });
        stus.Add(new Student
```

```
        {
            ID = Guid.NewGuid(),
            Name = "小王",
            Age = 20,
            Course = "C"
        });
        stus.Add(new Student
        {
            ID = Guid.NewGuid(),
            Name = "小刘",
            Age = 23,
            Course = "HTML + CSS"
        });

        ViewData.Model = stus;
        return View();
    }
}
```

在返回 ViewResult 时，还可以直接通过以下的 View 方法来传递数据模型。

```
public ActionResult AllStudents()
{
    ...
    return View(stus);
}
```

步骤 4：在项目中新建 Views 目录，然后在 Views 目录下新建 Student 子目录。

步骤 5：在 Student 目录下添加视图文件 AllStudents.cshtml。

步骤 6：需要在视图文件的顶部使用@model 指令声明模型的数据类型，本实例中数据模型的类型为 IList < Student >。

```
@using Demo
@model IList < Student >
```

步骤 7：设计 HTML 文档内容，使用< table >标签来显示列表中 Student 对象的属性值。

```
< html >
< body >
    < style type = "text/css">
        table {
            border - style: solid;
            border - color: blue;
            border - spacing:20px 5px
        }
    </style >
    @{
        if (Model != null && Model.Count > 0)
        {
            < table >
```

```
            <caption>学员列表</caption>
            <thead>
                <tr>
                    <th>编号
                    <th>姓名
                    <th>年龄
                    <th>学习课程
            <tbody>
                @{
                    foreach (Student s in Model)
                    {
                        <tr>
                            <td>@s.ID
                            <td>@s.Name
                            <td>@s.Age
                            <td>@s.Course
                        </tr>
                    }
                }
            </tbody>
        </table>
    }
    else
    {
        <div>无学员信息</div>
    }
}
</body>
</html>
```

注意：由于 Razor 语法可以与 HTML 元素混编，比较容易出错，因此在编写视图文档时要格外小心，尤其是开始标签与结束标签之间的匹配。

步骤 8：运行应用程序。

步骤 9：在浏览器地址栏中输入 http：//localhost：11025/student/allstudents，按 Enter 键确认后可以看到如图 16-13 所示的效果。

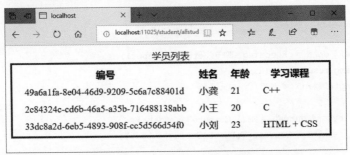

图 16-13 在视图中呈现数据模型

实例 362　在控制器中接收服务列表的注入

【导语】

为了便于扩展和维护,服务类型有时使用"接口-实现类"的方式来开发,因此一个服务接口可能会按照不同的功能有多个实现类。在注册服务时,一种方案是以接口的实现类作为服务类型,分别添加到服务容器中,在依赖注入时,分别接受各个实现类型;另一种方案是以共同的接口作为服务类型,把多个实现类型添加到服务容器中,在依赖注入时,可以使用 IEnumerable＜T＞来单独接收服务列表。

本实例将演示在控制器的构造函数中接收服务类型列表,此方案适用于所有支持依赖注入的方法,例如 Startup 类的 Configure 方法、中间件类的 Invoke 方法等。

【操作流程】

步骤 1:新建一个空白的 ASP. NET Core Web 应用程序项目。

步骤 2:声明一个接口,作为各个服务实现类的共同规范。

```
public interface ITestService
{
    string HashName { get; }
    string GetResult(string input);
}
```

步骤 3:定义两个类,都实现上述接口,一个使用 MD5 哈希算法进行计算,另一个使用 SHA256 哈希算法进行计算,详见代码清单 16-2。

代码清单 16-2　两个服务实现类

```
public class MD5CrtTest : ITestService
{
    public string HashName => "MD5";

    public string GetResult(string input)
    {
        if (string.IsNullOrEmpty(input))
        {
            return null;
        }
        byte[] data = Encoding.UTF8.GetBytes(input);
        string result = null;
        using(MD5 md5 = MD5.Create())
        {
            byte[] output = md5.ComputeHash(data);
            result = Convert.ToBase64String(output);
        }
        return result;
```

```
        }
    }

    public class SHA256Test : ITestService
    {
        public string HashName => "SHA256";

        public string GetResult(string input)
        {
            if (string.IsNullOrEmpty(input))
            {
                return null;
            }
            byte[] contentbytes = Encoding.UTF8.GetBytes(input);
            byte[] computedbytes = null;
            using(SHA256 sha256 = SHA256.Create())
            {
                computedbytes = sha256.ComputeHash(contentbytes);
            }
            return Convert.ToBase64String(computedbytes);
        }
    }
```

步骤 4：在初始化应用程序时，通过 WebHostBuilder 类的 ConfigureServices 方法注册服务（也可以在 Startup. ConfigureServices 方法中注册）。

```
new WebHostBuilder()
    ...
    .ConfigureServices(services =>
    {
        services.AddMvc();
        services.AddScoped< ITestService, MD5CrtTest >();
        services.AddScoped< ITestService, SHA256Test >();
    })
    ...
    .Build()
    .Run();
```

步骤 5：定义 Demo 控制器，其中公开 Encode 方法，先从 HTTP 请求的查询参数中读取名为 text 的参数值，再用注入的服务类实例进行哈希计算，最后以 JSON 格式将结果返回给客户端。

```
public class DemoController : Controller
{
    IEnumerable< ITestService > _encoders;
```

```
    public DemoController(IEnumerable < ITestService > svs)
    {
        _encoders = svs;
    }


    [HttpGet]
    public JsonResult Encode()
    {
        // 获取文本
        string q = Request.Query["text"];
        IDictionary < string, string > dic = new Dictionary < string, string >();
        dic["text"] = q;
        // 分别用注入的服务进行哈希计算
        foreach(ITestService sv in _encoders)
        {
            string r = sv.GetResult(q);
            dic[sv.HashName] = r;
        }
        return Json(dic);
    }
}
```

以 IEnumerable < ITestService >类型作为构造函数参数的类型可以接受整个类型列表的依赖注入,这些类型的条件是都实现了 ITestService 接口。

HttpGet 特性描述的 Encode 方法接受 HTTP-GET 方式的请求,并且返回 JSON 格式的数据,此方法不返回视图,即作为 Web API 公开。

步骤 6:运行应用程序,并用以下 URL 进行测试。

```
http://localhost:6974/demo/encode?text = 我是客户端
```

text 参数可以提交用于哈希计算的文本,请求后 Web 服务将回应以下内容。

```
{
    "text": "我是客户端",
    "MD5": "B4XlqSj7JZOZbrsZGYdFxw == ",
    "SHA256": "B4x8EIu6E4T8Oh2kZ1k6 + NhL3ya6eg9J6my4unMmkp8 = "
}
```

实例 363 使用 IFormCollection 组件来提取 form 表单数据

【导语】

可以通过< form >元素收集用户在 HTML 页面上输入的内容,提交到服务器后,转由指定控制器中的某个操作方法进行处理。操作方法可以通过参数来接收所提交的表单数据。

操作方法将参数声明为 IFormCollection 类型,HTML < form >元素所提交的内容会存放在 IFormCollection 实例中,然后程序代码就可以提取实例中的数据,其结构类似于字典数据类型,通过 Key 可以检索对应的值。

【操作流程】

步骤 1:新建一个空白的 ASP. NET Core Web 应用程序项目。

步骤 2:定义控制器 Demo,其中有两个操作方法。

```
public class DemoController : Controller
{
    public ActionResult Default() = > View();

    public ActionResult PostUp(IFormCollection form)
    {
        IDictionary < string, string > dic = new Dictionary < string, string >();
        foreach(string k in form.Keys)
        {
            string v = form[k];
            dic[k] = v;
        }
        return View("Show", dic);
    }
}
```

PostUp 方法在客户端进行提交后执行,从 form 参数中提取出数据,并转存到一个字典实例中,最后再把字典实例传递给 Show 视图。

注意:IFormCollection 接口的默认实现类是 FormCollection 类,但是在声明操作方法参数时不能直接使用 FormCollection 作为参数类型,而要使用 IFormCollection 接口。

步骤 3:以下是 Default 视图的代码。

```
< html >
< body >
    ...
    < table >
        < tr >
            < td >
                < label for = "city">城市 :</label >
            </td >
            < td >
                < input type = "text" name = "city" form = "form"/>
            </td >
        </tr >
        < tr >
            < td >
                < label for = "name">姓名 :</label >
            </td >
```

```
            <td>
                <input name = "name" type = "text" form = "form"/>
            </td>
        </tr>
    </table>
    <form id = "form" asp-controller = "Demo" asp-action = "PostUp">
        <input type = "submit" value = "提交"/>
    </form>
</body>
</html>
```

asp-controller 和 asp-action 是标记帮助器，用于指定处理该< form >元素所提交内容的控制器和操作方法。在服务器上执行帮助器代码后会自动生成提交的 URL。

步骤 4：Show 视图用于显示在前一个视图中输入的内容。

```
@model IDictionary< string, string >

<html>
    <body>
        < h3 >你输入的内容</h3 >
        @{
            foreach(var i in Model)
            {
                < p >@i.Key : @i.Value </p>
            }
        }
    </body>
</html>
```

@model 指令用于声明该视图接收的模型对象为字典类型。随后通过 Model 属性即可获取字典的实例引用，并使用 foreach 语句枚举出子项中的 Key 与 Value 值。

步骤 5：运行应用程序，首先进入 Default 视图，接收用户的输入（如图 16-14 所示）。输入完成后，单击"提交"按钮，转到 Show 视图，显示刚刚输入的内容（如图 16-15 所示）。

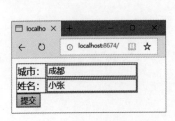

图 16-14　输入相关内容

图 16-15　显示输入的内容

实例 364 在 Web API 中直接提取上传的文件

【导语】

Web API 通常不使用视图,如果调用客户端是直接向服务器发送文件内容,而不是通过 HTML<form>方式提交,那么 Action 方法使用 IFormFile 类型的参数是无法接收到数据的。一个非常简单的解决方法就是直接从 HttpContext 对象中读取请求正文,并且这种方法也不用考虑 content-type,正文都是二进制数据,以流的形式读入。

本实例将演示一个允许客户端直接上传文件的 Web API,并使用 HTTP 头来提供文件名。

【操作流程】

该实例包含两个项目,除了主要的 ASP. NET Core 应用项目,还包括一个控制台应用项目,用于测试 Web API 的调用。

首先是 ASP. NET Core 项目的实现部分。

步骤 1:定义 Demo 控制器,包含 UploadFile 方法。

```
public class DemoController : Controller
{
    [HttpPost]
    public ActionResult UploadFile()
    {
        var request = HttpContext.Request;
        Stream stream = request.Body;
        byte[] data = null;
        // 读取正文内容
        using(MemoryStream ms = new MemoryStream())
        {
            stream.CopyTo(ms);
            data = ms.ToArray();
        }
        // 提取文件名
        string fileName = request.Headers["file-name"];
        // 返回状态码 200
        return Ok($ "已成功上传文件 {fileName??"未知"},大小为 {data.Length} 字节");
    }
}
```

由于此处仅做演示,并没有保存接收到的文件内容,所以只向调用方返回一条上传成功的应答消息。HttpRequest. Body 属性就是 HTTP 请求的正文内容,以流的形式公开,并且是只读的。上述代码中,先将数据复制到内存流中,再转换为字节数组。由于 HttpRequest. Body 属性所公开的流对象并没有实现 Length 属性,如果直接获取,其长度会发生异常,所以要先把内容复制到内存流中,以方便处理。

步骤 2:一般来说,文件的内容是比较大的,有可能超出 Kestrel 服务器的默认大小限制。为了避免文件上传失败，需要修改对正文大小的限制。在应用程序的 Program 类中找到项目模板默认生成的 CreateWebHostBuilder 方法，对它做如下修改。

```
public static IWebHostBuilder CreateWebHostBuilder(string[] args) =>
    WebHost.CreateDefaultBuilder(args)
        .UseStartup<Startup>()
        .UseKestrel(o =>
        {
            o.Limits.MaxRequestBodySize = 5000000000;
        });
```

MaxRequestBodySize 属性限制的是请求正文的最大长度，一般只需要修改这一选项。接下来实现一个测试的客户端项目。

步骤 3：声明一些稍后要使用到的变量。

```
// 请求 URL
string url = "http://localhost:5000/demo/uploadfile";
// 测试文件名
string FileName = "sample.dat";
// 产生字节数
int byteCount = 8000;
```

以变量形式存储这些值，在测试代码时便于修改，例如文件名和文件大小。本实例中没有使用真实的文件，而是生成随机字节来模拟文件内容。

步骤 4：生成随机字节，稍后用于提交到 Web 服务器。

```
byte[] bytes = new byte[byteCount];
Random rand = new Random();
rand.NextBytes(bytes);
```

步骤 5：向服务器发起请求，并接收响应消息。

```
using(HttpClient client = new HttpClient())
{
    // 设置 HTTP 头
    client.DefaultRequestHeaders.Add("file-name", FileName);
    // 创建正文内容
    ByteArrayContent content = new ByteArrayContent(bytes);
    // 发起请求
    Console.WriteLine("正在发送数据，请稍候……");
    HttpResponseMessage response = await client.PostAsync(url, content);
    string respmsg = await response.Content.ReadAsStringAsync();
    Console.WriteLine($"服务器返回消息:\n{respmsg}");
}
```

步骤 6：运行应用程序，结果如图 16-16 所示。

图 16-16　直接发送文件内容

实例 365　用部分视图来显示当前日期

【导语】

本实例旨在演示部分视图的用法，仅使用部分视图来显示日期。

部分视图与普通视图没有太大区别，它可以将一些重复使用的 HTML 内容组合起来，可以单独使用。假如一个站点中，每个页面都要显示登录信息，如果用户已登录就显示登录的用户信息；如果没有登录，就显示用户名和密码输入框以便用户进行登录操作。这个显示登录信息的内容就可以做成部分视图，并在多个视图中引用。

部分视图不应该公开被客户端访问，所以一般命名的时候会在视图名称前加下画线，例如_Login. cshtml、_RegCounter. cshtml 等。部分视图可以放在/Views/Shared 目录下或者与当前控制器同名的目录下。

【操作流程】

步骤 1：新建一个空白的 ASP. NET Core Web 应用程序项目。

步骤 2：创建 Test 控制器，公开 Default 操作方法。

```
[Route("[controller]/[action]")]
public class TestController : Controller
{
    public IActionResult Default()
    {
        return View();
    }
}
```

步骤 3：在项目下新建 Views 目录，并在 Views 目录下新建 Shared 目录。

步骤 4：在 Shared 目录下添加一个部分视图，命名为_showDate. cshtml。

```
< div style = "padding:25px 20px;border:2px solid yellow;background - color:lightgoldenrodyellow">
```

```
@DateTime.Today.ToString("yyyy'年'M'月'd'日',dddd")
</div>
```

步骤 5：在 Views 目录下新建与 Test 控制器同名的目录。

步骤 6：在 Test 目录下添加 Default.cshtml 视图。

```html
<html>
<body>
    <div>
        <h4>示例程序</h4>
    </div>
    <div>
        @await Html.PartialAsync("_showDate")
    </div>
</body>
</html>
```

如果要引用部分视图，可以调用 PartialAsync 方法并指定要引用的视图的名称。与普通视图一样，对于可以被查找到的部分视图，不需要指定路径和扩展名。

不仅可以调用 PartialAsync 方法，还可以使用标记帮助器来引用部分视图。首先使用 @addTagHelper 指令导入标记帮助器的类型。

```
@addTagHelper *,Microsoft.AspNetCore.Mvc.TagHelpers
```

然后使用<partial>元素来指定所引用的部分视图。

```html
<div>
    <partial name="_showDate"/>
</div>
```

两种引用部分视图的方法，任选其一即可。

步骤 7：运行应用程序，访问地址 http://<测试域名>/test/default，就可以看到如图 16-17 所示的效果。

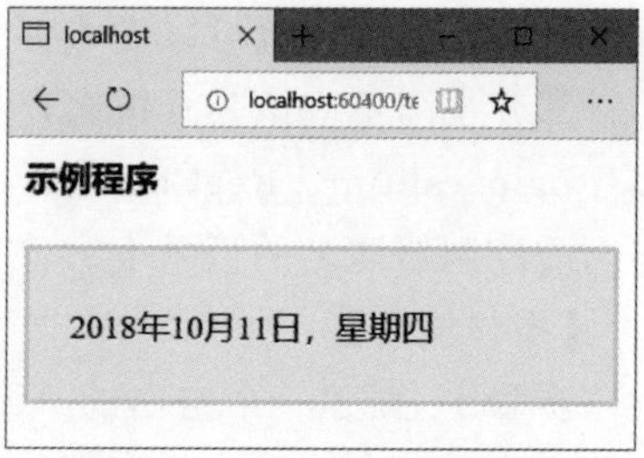

图 16-17　显示日期的部分视图

实例 366　使用视图组件

【导语】

视图组件（View Component）与部分视图在功能上比较相似，但视图组件比部分视图更灵活。与控制器相似，视图组件可以实现视图与代码分离，并且一个视图组件可以返回多个视图。

视图组件有两种实现方法：

（1）直接从 ViewComponent 类派生，并包括 Invoke 或 InvokeAsync 方法。

（2）自定义类，需要在类上应用 ViewComponent 特性（ViewComponentAttribute 类），并包含 Invoke 或 InvokeAsync 方法。

Invoke 或 InvokeAsync 方法是约定方法,允许定义方法参数,返回值类型需要实现 IViewComponentResult 接口。框架默认实现了两个类型——ViewViewComponentResult 与 ContentViewComponentResult。对于 Razor 文档,在需要呈现视图组件的地方调用 Component.InvokeAsync 方法。

视图组件会在以下路径中查找视图:

(1) 共享组件:默认位于/Views/Shared/Components/<视图组件名称>/<视图>.cshtml。共享的视图组件可以在应用项目范围内访问。

(2) 非共享组件:默认位于/Views/<控制器名称>/Components/<视图组件名称>/<视图>.cshtml。非共享组件只可以在当前控制器中访问。

【操作流程】

步骤1:新建一个空白的 ASP.NET Core Web 应用程序项目。

步骤2:定义视图组件类,命名为 Test。

```
public class TestViewComponent : ViewComponent
{
    IHostingEnvironment m_env = null;
    public TestViewComponent(IHostingEnvironment env)
    {
        m_env = env;
    }
    public IViewComponentResult Invoke()
    {
        return View("_showInfo", m_env);
    }
}
```

视图组件的名称可以带"ViewComponent"后缀,这是可选的。视图组件必须包含 Invoke 或者 InvokeAsync 方法。在以上代码中,方法返回_showInfo 视图,并且将通过依赖注入获取到的 IHostingEnvironment 实例作为 Model 传递给视图。

步骤3:定义 Demo 控制器,并返回 Start 视图。

```
public class DemoController : Controller
{
    public ActionResult Start()
    {
        return View();
    }
}
```

步骤4:在项目中新建 Views 目录。

步骤5:在 Views 目录下新建 Shared 目录,再在 Shared 目录下新建 Components 目录,用于放置视图组件相关的视图。

步骤 6：在 Components 目录下新建一个与 Test 视图组件同名的目录。

步骤 7：在 Test 目录下添加视图文件 _showInfo. cshtml。

```
@model Microsoft. AspNetCore. Hosting. IHostingEnvironment

< div style = "color:red;font - size:18px">
    < p >
        应用程序名称:@Model. ApplicationName
    </p>
    < p >
        当前运行环境:@Model. EnvironmentName
    </p>
</div>
```

@model 指令用于声明 Model 属性返回的类型（从视图组件代码传递进来的模型对象）。

步骤 8：在 Views 目录下新建一个与 Demo 控制器同名的目录。

步骤 9：在 Demo 目录下添加 Start. cshtml 视图文件。

```
< html >
< body >
    < div >
        < h1 >应用主页</h1 >
    </div >
    < hr/>
    < div >
        < h3 >以下为视图组件:</h3 >
        @await Component. InvokeAsync("Test")
    </div >
</body >
</html >
```

Component. InvokeAsync 方法有两种方式指定要使用的视图组件：①直接以字符串形式给出视图组件的名称；②直接引用视图组件类的 Type 对象，可以用 typeof 运算符来获取，格式如下。

```
@await  Component. InvokeAsync(typeof(TestViewComponent))
```

调用 Component. InvokeAsync 方法的代码需要以单行代码的方式混写在 HTML 代码中，因为访问视图组件后会返回一段 HTML 内容并呈现到主视图上，即不能在代码块中调用方法，那样会导致返回的 HTML 内容无法呈现。

```
以下代码不可取
@{
    await Component. InvokeAsync("Test");
}
```

步骤 10：运行应用程序，在浏览器地址栏中输入 http：//<测试域名>/demo/start，就能看到如图 16-18 所示的效果。

图 16-18　使用视图组件显示应用程序的环境信息

实例 367　在视图中接收依赖注入

【导语】

在视图文件中，使用@inject 指令可以接收来自依赖注入的对象实例，格式如下。

@inject <类型> <变量名>

为了让代码能够访问注入的对象，应当为其分配一个局部变量名，分配格式如下。

@inject ILooger logger

本实例将演示从视图中接收 IHostingEnvironment 对象的注入，然后在页面上显示应用程序的名称、运行环境和程序内容的根目录。

【操作流程】

步骤 1：新建空白的 ASP. NET Web 应用程序项目。

步骤 2：在 Startup 类中配置与 MVC 框架相关的服务与中间件。

```
public void ConfigureServices(IServiceCollection services)
{
    services.AddMvc();
}

public void Configure(IApplicationBuilder app)
{
    app.UseMvc();
}
```

步骤 3：在项目目录下新建 Pages 目录。

步骤 4：在 Pages 目录下添加 Razor 页面，命名为 Default. cshtml。

步骤 5：在页面文档的首行添加相关指令，用 @inject 指令接收 IHostingEnvironment 类型的注入。

```
@page "/"
@inject  Microsoft.AspNetCore.Hosting.IHostingEnvironment envhost
```

步骤 6：页面的 HTML 代码如下。

```
<div>
    当前应用程序:@envhost.ApplicationName
</div>
<div>
    运行环境:@envhost.EnvironmentName
</div>
<div>
    应用根目录:@envhost.ContentRootPath
</div>
```

步骤 7：运行应用程序，结果如图 16-19 所示。

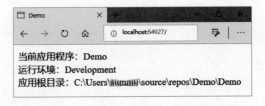

图 16-19　显示当前运行环境的信息

16.3　静态文件与目录浏览

实例 368　访问静态文件

【导语】

静态文件是相对于可在服务器上执行的文件（例如 Razor 视图）而言的，常见的静态文件有 CSS 样式表、JavaScript 脚本、多媒体文件、HTML 静态页面等。

ASP.NET Core 应用程序默认是不启用对静态文件访问的，如果启用对静态文件的访问，需要在 Startup.Configure 方法中调用 UseStaticFiles 方法。

静态文件在默认情况下位于项目的 /wwwroot 目录下，若要更改静态文件位置，可以使用 StaticFileOptions 类来进行配置。

本实例演示了如何设置静态文件选项，使得视图页面能够访问位于 /wwwroot/extLibs/js 目录下的 JQuery 脚本。由于相对路径比较冗长，本实例将设置一个简短的请求路径 /js，即通过 http://localhost/js/jquery.js 就能访问脚本文件了。

【操作流程】

步骤 1：新建一个空白的 ASP. NET Core Web 应用程序项目。

步骤 2：在 Startup. ConfigureServices 方法中注册 MVC 功能服务。

```
public void ConfigureServices(IServiceCollection services)
{
    services.AddMvc();
}
```

步骤 3：对于 Startup. Configure 方法，在调用 UseMvc 方法之前，需要先调用 UseStaticFiles 方法对静态文件参数进行配置。

```
public void Configure(IApplicationBuilder app, IHostingEnvironment env)
{
    ...

    StaticFileOptions sfoption = new StaticFileOptions
    {
        FileProvider = new PhysicalFileProvider(Path. Combine(env. WebRootPath, "extLibs/
        js")),
        RequestPath = "/js"
    };
    app. UseStaticFiles(sfoption);
    app. UseMvc();
}
```

允许访问的静态文件所在的目录为/wwwroot/extLibs/js，映射后的相对 URL 为/js。之所以先于 UseMvc 方法调用 UseStaticFiles 方法，是为了优先处理对静态文件的请求，如果客户端访问的不是静态文件，再转到 MVC 框架进行处理。

步骤 4：在项目所在的目录下新建一个 Pages 目录，并在 Pages 目录中添加一个 Razor 页面，命名为 Index. cshtml。

```
@page "~/"
<! DOCTYPE html >
< html >
...
</html >
```

步骤 5：在 header 元素中引用 jquery. js 脚本。

```
< script type = "text/javascript" src = "/js/jquery. js"></script >
```

注意：访问脚本所使用的路径，应该是/js 路径下的文件，因为在配置静态文件时已进行了映射。

步骤 6：在 body 元素中编写正式内容，让 div 元素产生向右移动的动画。

```html
<div>
    <button id = "btnstart">向右移动</button>
    <button id = "btnreset">重置</button>
</div>
<div>
    <div id = "rect"/>
</div>
<script type = "text/javascript">
    $ ("#btnstart").click(() => {
        $ ("#rect").animate({
            left: 150
        }, 600);
    });
    $ ("#btnreset").click(() => {
        $ ("#rect").css("left", 0);
    });
</script>
```

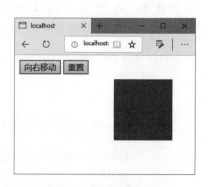

步骤 7：运行应用程序，效果如图 16-20 所示。

图 16-20　矩形向右移动

实例 369　开启目录浏览功能

【导语】

目录浏览功能允许客户端查看某个 Web 目录下的子目录和文件列表，可以直接查看或者下载文件。

【操作流程】

步骤 1：新建一个空白的 ASP.NET Core Web 应用程序项目。

步骤 2：在项目模板生成的 wwwroot 目录下创建一个子目录，命名为 images。

步骤 3：在 images 目录下放置五个 .gif 文件（任意文件都可以，仅用于测试）。

步骤 4：在 Startup.ConfigureServices 方法中调用 AddDirectoryBrowser 方法注册相关服务（此方法内部实质上是调用了 AddWebEncoders 方法）。

```
public void ConfigureServices(IServiceCollection services)
{
    services.AddDirectoryBrowser();
}
```

步骤 5：在 Startup.Configure 方法中，依次调用 UseDirectoryBrowser 方法和 UseStaticFiles 方法，两个方法的调用顺序可以互换。

```
public void Configure(IApplicationBuilder app, IHostingEnvironment env)
{
```

```
if (env.IsDevelopment())
{
    app.UseDeveloperExceptionPage();
}

app.UseStaticFiles(new StaticFileOptions
{
    FileProvider = new PhysicalFileProvider(Path.Combine(env.WebRootPath, "images")),
    RequestPath = "/gifs"
});
app.UseDirectoryBrowser(new DirectoryBrowserOptions
{
    FileProvider = new PhysicalFileProvider(Path.Combine(env.WebRootPath, "images")),
    RequestPath = "/gifs"
});

app.Run(async (context) =>
{
    await context.Response.WriteAsync("Hello World!");
});
}
```

注意：UseStaticFiles 方 法 和 UseDirectoryBrowser 方 法 的 参 数 设 置 相 同，但 是 UseStaticFiles 方法必须调用，否则客户端只能浏览目录而不能下载文件。如果既需要浏览目录又要访问静态文件，比较好的替代方案是调用 UseFileServer 方法。

步骤6：运行应用程序，访问 http：//<测试域名>/gifs 可以看到 images 目录下的文件（本实例只允许查看 images 目录下的内容），如图 16-21 所示。

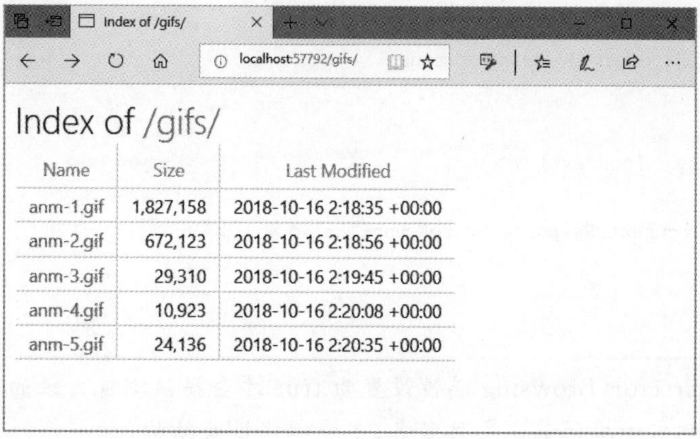

图 16-21 列出 images 目录下的文件

实例 370　文件服务

【导语】

当应用项目既需要浏览目录结构，又需要访问静态文件时，可以考虑使用文件服务功能。

UseFileServer 方法综合了 UseStaticFiles 方法和 UseDirectoryBrowser 方法的功能，参数可以通过 FileServerOptions 类来设置。

【操作流程】

步骤 1：新建一个空白的 ASP. NET Core Web 应用程序项目。

步骤 2：在项目模板生成的 wwwroot 目录下新建六个文本文件，并向每个文件中随意输入一些内容，这些文件仅用于稍后测试。

步骤 3：在 Startup. ConfigureServices 方法中调用 AddDirectoryBrowser 方法。

```
public void ConfigureServices(IServiceCollection services)
{
    services.AddDirectoryBrowser();
}
```

步骤 4：在 Startup. Configure 方法中调用 UseFileServer 方法，并配置好相关选项。

```
public void Configure(IApplicationBuilder app, IHostingEnvironment env)
{
    if (env.IsDevelopment())
    {
        app.UseDeveloperExceptionPage();
    }

    app.UseFileServer(new FileServerOptions
    {
        FileProvider = new PhysicalFileProvider(env.WebRootPath),
        RequestPath = "/files",
        EnableDirectoryBrowsing = true
    });

    app.Run(async (context) =>
    {
        await context.Response.WriteAsync("Hello World!");
    });
}
```

注意：将 EnableDirectoryBrowsing 属性设置为 true 才会提供浏览目录的服务，如果不设置该属性，就相当于提供静态文件服务，不能浏览目录结构。

步骤 5：运行应用程序，效果如图 16-22 所示。

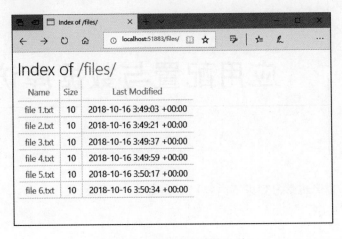

图 16-22 列出六个文本文件

第 17 章

应用配置与数据库访问

在本章节中,读者将学习到以下内容:

- 配置应用程序;
- 选项类;
- EF Core(实体框架)。

17.1 配置应用程序

实例 371 自定义环境变量的命名前缀

【导语】

用于对应用程序进行配置的环境变量的默认前缀为"ASPNETCORE_",例如,配置应用启动 URL 的环境变量名为"ASPNETCORE_URLS",配置运行环境的环境变量名为"ASPNETCORE_ENVIRONMENT"。

但有时不希望使用默认的环境变量前缀,本实例将演示自定义环境变量命名前缀的方法。

【操作流程】

步骤 1:新建一个空白的 ASP.NET Core Web 应用程序项目。

步骤 2:在 Main 方法中使用 ConfigurationBuilder 类添加环境变量配置源。

```
var configBuilder = new ConfigurationBuilder()
    .AddEnvironmentVariables("APP_");
```

调用带 prefix 参数的 AddEnvironmentVariables 重载方法,prefix 参数为字符串类型,用来指定环境变量的命名前缀。本实例指定的前缀为"APP_",即所有有效的环境变量名都必须以此前缀开头,例如"APP_URLS"。

步骤 3:使用上面的配置数据来配置 WebHostBuilder。

```
var hostBuilder = new WebHostBuilder()
    .UseKestrel()
```

```
    .UseContentRoot(Directory.GetCurrentDirectory())
    .UseConfiguration(configBuilder.Build())
    .UseStartup<Startup>();
hostBuilder.Build().Run();
```

ConfigurationBuilder 实例需要调用 Build 方法生成配置信息,再通过 WebHostBuilder 实例的 UseConfiguration 扩展方法应用配置。

步骤 4:在"解决方案资源管理器"窗口中右击项目名称,从快捷菜单中选择"属性"命令,打开"项目属性"窗口。

步骤 5:切换到"调试"选项卡,在环境变量结点处添加两个环境变量,如图 17-1 所示。

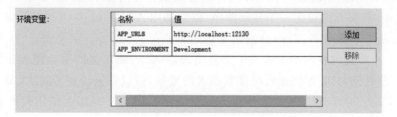

图 17-1 配置环境变量

注意:此处环境变量的前缀已变为"APP_"。APP_URLS 配置应用程序的启动 URL,APP_ENVIRONMENT 配置应用程序的运行环境。

步骤 6:保存设置并关闭"项目属性"窗口。

步骤 7:创建一个简单的 Demo 控制器,稍后用来测试应用程序。

```
[Route("/demo/[action]")]
public class DemoController : Controller
{
    public IActionResult Index()
    {
        return View();
    }
}
```

步骤 8:在项目中创建 Views 目录,在 Views 目录下创建 Demo 子目录。

步骤 9:添加 Index 视图,HTML 代码如下。

```
<h1>测试网站</h1>
<h4>欢迎来到主页。</h4>
```

步骤 10:运行应用程序,在浏览器地址栏中输入 http://localhost:12130/demo/index,如果视图正常显示,表明环境变量配置无误。

实例 372 使用 JSON 文件进行配置

【导语】

使用 JSON 文件配置应用程序，修改起来方便，不用重新编译应用程序，而且可以移植到其他应用程序中使用。

ConfigurationBuilder 在生成配置数据之前，可以添加多个配置来源，如命令行参数、环境变量、JSON 文件、内存中的字典数据等。其中，调用 AddJsonFile 扩展方法可以添加来自 JSON 文件中的配置数据，AddJsonFile 方法可以多次调用，以便添加来自多个 JSON 文件的数据。一般来说，用于配置的 JSON 文件都会放在与应用程序相同的目录下，此时可以调用 SetBasePath 扩展方法设定一个基础路径，以后调用 AddJsonFile 方法时只需要指定文件的相对路径（相对于 SetBasePath 方法所指定的路径）。

如果同一个配置项在多个配置源中重复出现，那么后面添加的值会覆盖前面的值。例如，urls 用于设置 Web 服务器运行时接收请求的地址，假设它被设置了两次，第一次设置为 http：//localhost：900，第二次设置为 http：//localhost：1600，那么应用程序启动时会选择 http：//localhost：1600 作为监听 URL。

如果应用程序在 Main 入口点处调用了 WebHost. CreateDefaultBuilder 方法，那么默认情况下会使用名为 appsettings. json 的 JSON 文件进行配置。

【操作流程】

步骤 1：新建一个空白的 ASP. NET Core Web 应用程序项目。

步骤 2：在项目中添加一个控制器，名为 Demo。

```
public class DemoController : Controller
{
    public IActionResult Index()
    {
        return View();
    }
}
```

步骤 3：在项目目录下新建 Views 目录，再在 Views 目录下新建 Demo 子目录。

步骤 4：添加 Index 视图。

```
@inject Microsoft.AspNetCore.Hosting.IHostingEnvironment env
<div>
    <h4>
        应用程序名称:@env.ApplicationName
    </h4>
    <h4>
        运行环境:@env.EnvironmentName
    </h4>
</div>
```

步骤 5：在项目中添加一个 JSON 文件，命名为 hosting.json。

```
{
    "applicationName": "Demo",
    "urls": "http://localhost:22800",
    "environment": "Debugging"
}
```

步骤 6：在 Main 入口点中，将上面的 hosting.json 文件添加到配置源中。

```
IConfigurationBuilder cfgbd = new ConfigurationBuilder()
    .SetBasePath(Directory.GetCurrentDirectory())
    .AddJsonFile("hosting.json");
```

步骤 7：创建 WebHost 实例的相关设置。

```
var hostbd = new WebHostBuilder()
    .UseKestrel()
    .UseContentRoot(Directory.GetCurrentDirectory())
    .ConfigureServices(svs =>
    {
        svs.AddMvc();
    })
    .Configure(app =>
    {
        app.UseMvc(route =>
        {
            route.MapRoute("default",
"{controller = Demo}/{action = Index}");
        });
    })
    .UseConfiguration(cfgbd.Build());
```

步骤 8：启动 WebHost 实例。

```
hostbd.Build().Run();
```

图 17-2　显示应用名称与运行环境名称

步骤 9：运行应用程序，结果如图 17-2 所示。

实例 373　自定义命令行参数映射

【导语】

ASP.NET Core 应用程序支持通过传递命令行参数来配置应用程序，这些命令行参数追加到 dotnet run 或 dotnet <应用程序.dll>之后。例如，编译应用程序后生成的文件为 LeetAPI.dll，下面三种方式都可以使用命令行参数来配置应用程序的监听 URL。

```
dotnet LeetAPI.dll urls = http://localhost:6570
dotnet LeetAPI.dll - urls http://localhost:6570
dotnet LeetAPI.dll /urls http://localhost:6570
```

　　默认情况下,命令行参数的名称与配置项的名称相同,但是也可以在命令行参数和配置项之间创建一个映射关系,使命令行参数的名称与配置项的名称不同。例如,将应用程序运行环境的配置项命名为 environment,这个名字太长,可以使用命令行参数 e 或者 env 来指向 environment 配置项。命令行参数的映射列表是一个字典对象,其中,Key 表示命令行参数的名称,Value 表示配置项的名称。

　　【操作流程】

　　步骤 1:新建一个空白的 ASP.NET Core Web 应用程序项目。

　　步骤 2:在 Main 入口点中,声明一个字典类型的变量,对命令行参数进行映射。

```
IDictionary<string, string> mapping = new Dictionary<string, string>
{
    ["-- u"] = "urls",
    ["-- env"] = "environment"
};
```

　　经过映射后,设置应用程序监听 URL 的命令行参数为-u,设置运行环境的命令行参数为-env。

　　步骤 3:创建 ConfigurationBuilder 实例,并添加命令行参数作为配置来源。

```
IConfigurationBuilder configbd = new ConfigurationBuilder()
    .AddCommandLine(args, mapping);
```

　　步骤 4:将配置信息应用到 Host 上。

```
var hostbd = new WebHostBuilder()
    .UseConfiguration(configbd.Build())
    .UseKestrel()
    .UseContentRoot(Directory.GetCurrentDirectory())
    .UseStartup<Startup>();
hostbd.Build().Run();
```

　　步骤 5:打开项目属性窗口,切换到"调试"选项页。

　　步骤 6:填写"应用程序参数"(即命令行参数)。

```
-- u http://localhost:7000 -- env Test
```

　　步骤 7:运行应用程序,从控制台的输出信息中可以查看以上命令行参数是否已成功应用。

实例 374　使用内存中的配置源

　　【导语】

　　配置数据不仅可以来源于命令行参数、JSON 文件、环境变量等渠道,还可以来自内存中的对象,其实质是一个字典实例。内存配置比较适用于在应用程序运行过程中使用的并且不需要经常修改的内容。

【操作流程】

步骤 1:新建一个空白的 ASP.NET Core Web 应用程序项目。

步骤 2:在 Main 方法中创建一个字典实例,并填充初始化数据。

```
var data = new Dictionary < string, string >
{
    ["environment"] = "Debug",
    ["urls"] = "http://localhost:990",
    ["contentRoot"] = Directory.GetCurrentDirectory(),

};
```

本实例共进行了三项配置:应用程序的运行环境、Web 服务器监听请求的 URL 和应用程序内容的根目录。

步骤 3:使用 ConfigurationBuilder 类添加内存配置源。

```
var configbd = new ConfigurationBuilder()
    .AddInMemoryCollection(data);
```

步骤 4:使用内存配置初始化 WebHost 实例。

```
var webhostbd = new WebHostBuilder()
    .UseKestrel()
    .UseConfiguration(configbd.Build())
    .UseStartup < Startup >();
webhostbd.Build().Run();
```

步骤 5:在 Startup 类中添加并开启 MVC 功能。

```
public void ConfigureServices(IServiceCollection services)
{
    services.AddMvc();
}


public void Configure(IApplicationBuilder app, IHostingEnvironment env)
{
    if (env.IsDevelopment())
    {
        app.UseDeveloperExceptionPage();
    }

    app.UseMvc();
}
```

步骤 6:在项目目录下新建一个 Pages 目录,并在 Pages 目录下添加一个 Razor 文件,命名为 Index。

```
@page "/"
@using Microsoft.Extensions.Configuration
@inject IConfiguration config
<!DOCTYPE html>
<html>
<head>
    <meta charset = "utf - 8" />
    <title>@config["applicationName"]</title>
</head>
<body>
    <p>应用程序名称:@config["applicationName"]</p>
    <p>运行环境:@config["environment"]</p>
    <p>监听 URL:@config["urls"]</p>
</body>
</html>
```

该页面的作用是输出三个配置项。在页面顶部,通过 @inject 指令可以接收 IConfiguration 类型的依赖注入(在构建 WebHost 对象的过程中,应用程序会将 IConfiguration 注册到服务容器内)。在配置数据中,urls 和 environment 是在内存配置源中产生的,而 applicationName 则由应用程序自动配置的,一般是当前应用程序的程序集名称。

步骤 7:运行应用程序,结果如图 17-3 所示。

图 17-3　在页面上显示配置信息

17.2　选项类

实例 375　选项类的使用方法

【导语】

选项类本质上就是常见的类(class),通常它会公开一些属性,用来读写相关的选项。框架内部也定义了许多选项类(选项类的命名一般会以 Options 结尾),例如

RazorPagesOptions 类可用于设置与 Razor 页面相关的参数,它的 RootDirectory 属性可以设置查找页面的根目录,默认为/Pages。

定义选项类之后,需要在 ConfigureServices 方法中将其注册到服务容器内。选项类的作用是进行配置,区别于一般的服务类型,因此在接收依赖注入时,应当先选用 IOptions < TOptions >类型来接收对象的引用,再从实例的 Value 属性中获得选项类的实例。

【操作流程】

步骤 1:创建一个自定义的选项类,本实例中将其命名为 DemoOptions,它有三个公共属性。

```
public class DemoOptions
{
    public string OptionA { get; set; }
    public string OptionB { get; set; }
    public string OptionC { get; set; }
}
```

步骤 2:在 Startup. ConfigureServices 方法中将选项类注册到服务容器内。

```
public void ConfigureServices(IServiceCollection services)
{
    services.AddMvc();
    services.Configure < DemoOptions >(o =>
    {
        o.OptionA = "选项 1";
        o.OptionB = "选项 2";
        o.OptionC = "选项 3";
    });
}
```

Configure < TOptions >方法可以通过一个委托对象来初始化 DemoOptions 选项类的属性。

步骤 3:在项目目录下创建一个 Pages 目录,然后在 Pages 目录下添加一个 test 页面。

步骤 4:在 Razor 文件中,使用@inject 指令来接收选项类的注入。

```
@inject   IOptions < DemoOptions > opt
```

步骤 5:获取 DemoOptions 实例的引用。

```
@{
    DemoOptions doption = opt?.Value;
}
```

步骤 6:在页面上显示 DemoOptions 选项类的各个属性的值。

```
@if(doption != null)
{
    <p>@string.Format("{0} : {1}", nameof(doption.OptionA), doption.OptionA)</p>
```

```
    <p>@string.Format("{0} : {1}", nameof(doption.OptionB), doption.OptionB)</p>
    <p>@string.Format("{0} : {1}", nameof(doption.OptionC), doption.OptionC)</p>
}
else
{
    <p>暂无选项信息</p>
}
```

步骤 7：运行应用程序，结果如图 17-4 所示。

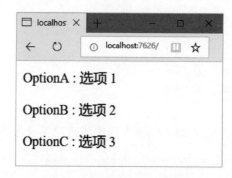

图 17-4 输出选项类的属性值

实例 376　使用 JSON 文件来配置选项类

【导语】

初始化选项类最简单的方法，是在调用 Configure＜TOptions＞方法时通过传入的委托对象来设置各个属性的值，该方法的缺点是如果需要经常修改选项类的数据的话，在每次更新属性后都要重新编译应用程序。而使用 JSON 文件来配置选项类的初始数据是一种比较实用的方案，当要进行更新时，只需修改 JSON 文件中的内容，可以免去重新编译和发布应用程序的麻烦。

使用 JSON 文件配置时，首先使用 ConfigurationBuilder 类添加 JSON 文件配置源。然后调用 Build 方法生成配置信息，可以在配置 WebHostBuilder 时通过 UseConfiguration 方法应用配置信息，再经过依赖注入提供给 Startup 类。最后在 ConfigureServices 方法中调用 Configure＜TOptions＞方法，并且传递配置信息来初始化选项类。

从 JSON 文件中提取选项类的属性值，实质上是一个反序列化的过程，这就要求 JSON 文件中的字段名称必须与选项类的属性名称匹配（字段名称的首字母允许使用小写）。

【操作流程】

步骤 1：新建一个空白的 ASP.NET Core Web 应用程序项目。

步骤 2：定义选项类 TestOptions，公开两个 string 类型的属性 Item1 和 Item2。

```
public class TestOptions
{
```

```
    public string Item1 { get; set; }
    public string Item2 { get; set; }
}
```

步骤 3：在项目目录下添加一个 JSON 文件，命名为 configs.json。

```
{
  "urls": "http://localhost:16420",
  "environment": "Development",
  "myOptions": {
    "item1": "选项 – A",
    "item2": "选项 – B"
  }
}
```

urls 和 environment 两个字段配置的是 WebHost，myOptions 字段中所包含的内容才是配置 TestOptions 选项类的。

步骤 4：在 Main 方法中，创建并启动 WebHost 实例，并且加载 configs.json 文件中的配置内容。

```
var config = new ConfigurationBuilder()
    .SetBasePath(Directory.GetCurrentDirectory())
    .AddJsonFile("configs.json", optional:true)
    .Build();
var host = new WebHostBuilder()
    .UseKestrel()
    .UseContentRoot(Directory.GetCurrentDirectory())
    .UseConfiguration(config)
    .UseStartup<Startup>()
    .Build();
host.Run();
```

AddJsonFile 扩展方法的 optional 参数用于指定当前要添加的配置源是否为可选。本实例中将该参数设置为 true，如果应用程序找不到 configs.json 文件，就忽略它，不会发生异常。

步骤 5：修改项目模板默认生成的 Startup 类，从构造函数中接收 IConfiguration 类型的参数，以便获得配置信息的引用。

```
private readonly IHostingEnvironment _env;
private readonly IConfiguration _config;
public Startup(IHostingEnvironment env, IConfiguration config)
{
    _env = env;
    _config = config;
}
```

步骤 6：在 ConfigureServices 方法中调用 Configure < TOptions >方法来初始化 TestOptions 选项类，之后它会注册到服务容器中。

```
public void ConfigureServices(IServiceCollection services)
{
    services.AddMvc();
    services.Configure<TestOptions>(_config.GetSection("myOptions"));
}
```

由于在 configs. json 文件中，myOptions 字段所包含的内容才是反序列化 TestOptions 类所需要的，所以这里要调用 GetSection 方法获取 myOptions 字段下的内容。

步骤 7：创建 Demo 控制器，返回一个视图，用于显示选项类的信息。

```
[Route("opts/[action]")]
public class DemoController : Controller
{
    public ActionResult Default() => View();
}
```

步骤 8：Default 视图的内容如下。

```
@using Microsoft.Extensions.Options
@using Demo
@inject IOptions<TestOptions> opt

<html>
<body>
    @{
        TestOptions o = opt?.Value;
    }
    @if(o == null)
    {
        <div>无选项信息。</div>
    }
    else
    {
        <div>
            <p>Item 1 : @o.Item1</p>
            <p>Item 2 : @o.Item2</p>
        </div>
    }
</body>
</html>
```

步骤 9：运行应用程序，在浏览器中访问 http：//localhost：16420/opts/default，可以看到选项类初始化后的属性值，如图 17-5 所示。

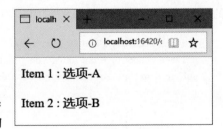

图 17-5　选项类的初始状态

注意：如果 JSON 文件中包含中文字符，在应用程序中加载后可能会出现乱码，将 JSON 文件以 UTF-8 编码重新保存，即可解决问题。

17.3 实体框架

实例 377 为实体模型设置主键

【导语】

实体模型会映射到数据库中的表，而数据表中通常需要一个可以唯一标识每条记录的字段，所以在一个实体类中，应该至少选择一个属性作为主键。在实体类中设置主键有三种方法：

（1）将类中的某个属性命名为 Id 或者<类名＋Id>，会被自动识别为主键。例如，某实体类命名为 Student，那么如果该类中存在命名为 Id 或者 StudentId 的属性，就可以将其自动识别为 Student 实体的主键。

（2）通过数据批注来指定。数据批注本质是特性（Attribute），即用于标注实体类或其成员上的特性。将一个或多个属性标注为主键可以应用 Key 特性（KeyAttribute 类）。

（3）从 DbContext 类派生后，可以重写 OnModelCreating 方法，再通过调用 HasKey 方法来设置要作为主键的属性。

本实例将分别对以上三种方法进行演示。

【操作流程】

步骤 1：新建一个空白的 ASP. NET Core Web 应用程序项目。

步骤 2：声明实体类 Car，将作为主键的属性命名为 CarId，它会自动被识别为主键。

```
public class Car
{
    public int CarId { get; set; }
    public string Color { get; set; }
}
```

步骤 3：声明 Employee 实体类，使用 Key 特性标注主键。

```
public class Employee
{
    [Key]
    public int EmpIdentity { get; set; }
    public int EmpAge { get; set; }
    public string EmpName { get; set; }
}
```

步骤 4：声明 Activity 实体类，无须应用特性，稍后会在从 DbContext 类派生的子类中设置主键。

```
public class Activity
{
    public Guid ActFlag { get; set; }
    public TimeSpan Period { get; set; }
}
```

步骤 5：从 DbContext 类中派生出一个数据上下文类型，将上面定义的三个实体分别作为公共属性公开，类型为 DbSet＜TEntity＞，此处 TEntity 为具体的实体类型。

```
public class MyDbContext : DbContext
{
    ...
    public DbSet＜Car＞ Cars { get; set; }
    public DbSet＜Employee＞ Employees { get; set; }
    public DbSet＜Activity＞ Activities { get; set; }
}
```

步骤 6：重写 OnModelCreating 方法，为 Activity 实体设置主键。

```
protected override void OnModelCreating(ModelBuilder modelBuilder)
{
    // 设置 Activity 类的 ActFlag 属性为主键
    modelBuilder.Entity＜Activity＞().HasKey(nameof(Activity.ActFlag));
}
```

实例 378　迁移实体并生成数据库

【导语】

本实例将演示在 Visual Studio 开发环境中使用 Nuget 控制台命令来根据实体模型生成数据库的过程。

要查看 EntityFramework Core(EF Core)工具集中提供的命令说明，可以在 Nuget 控制台窗口中输入如下命令行：

```
get－help about_EntityFrameworkCore
```

会得到如图 17-6 所示的帮助信息。

要根据已编写好的代码（实体类以及从 DbContext 类派生的自定义数据上下文）生成迁移代码（创建数据库前需要迁移代码），请使用 Add-Migration 命令，用法如下：

```
Add－Migration [－Name]＜String＞ [－OutputDir＜String＞] [－Context＜String＞] [－Project
＜String＞] [－StartupProject＜String＞]
```

（1）-Name 参数为生成的迁移版本指定一个名称，此名称可以自定义，-Name 可以省略，即可以直接在首个参数的位置写上迁移版本的名称，例如 Add-Migration "Test"，其中

图 17-6　EF Core 帮助文档

"Test"就是生成的迁移版本的名称。

（2）-OutputDir 参数指定生成的代码文件所保存的目录，该目录的路径是相对于项目根目录的。此参数可以忽略，如果不指定，默认生成的目录名为"Migrations"。

（3）-Context 参数指定要使用的数据上下文，即从 DbContext 类派生的子类名称。

（4）-Project 参数表示要使用的应用程序项目，可以忽略，一般是当前项目。

（5）-StartupProject 参数指定当前解决方案中的启动项目。此参数可以忽略，使用与解决方案配置相同的启动项目。

假设数据上下文的类型名称为 CustDbContext，以下命令将在项目的 CustMigVers 目录下生成名为"Init"的迁移代码。

```
Add-Migration "Init" -OutputDir "CustMigVers" -Context "CustDbContext"
```

Add-Migration 命令所生成的迁移代码是会自动积累的。例如，编写完相关实体和数据上下文代码后，执行了一次该命令，生成了名为"MG 1"的迁移代码；之后由于项目需求，对实体进行了更改，实体类增加了属性，于是需要再次执行 Add-Migration 命令生成最新的迁移代码，假设第二次生成的迁移代码名为"MG 2"；最终，"MG 1"的迁移代码不会被删除，"MG 2"仅在"MG 1"的基础上进行修订。

当然,如果实体类型的代码被大面积修改(新增或删除类型等),就会考虑把先前的迁移版本删除,并重新生成迁移代码。此时可以使用 Remove-Migration 命令,但该命令不会一次性删除所有迁移(一次性删除容易造成误删),每执行一次 Remove-Migration 命令,只会删除最新的一个迁移版本。Remove-Migration 命令用法如下:

Remove‑Migration [‑Force] [‑Context <String>] [‑Project <String>] [‑StartupProject <String>]

(1) -Force 参数可选,如果迁移代码已经应用到数据库,可以将其进行回滚。

(2) -Context 参数表示要使用的数据上下文类型。

(3) -Project 参数与-StartupProject 参数的功能与 Add-Migration 命令相同。

生成迁移代码后,就可以使用 Update-Database 命令来生成/更新数据库。Update-Database 命令用法如下:

Update‑Database [[‑Migration] <String>] [‑Context <String>] [‑Project <String>] [‑StartupProject <String>]

-Migration 参数(参数名可以省略)指定要应用到数据库的迁移名称,如果不指定,将应用所有迁移版本来更新数据库。删除数据库可以使用 Drop-Database 命令。

【操作流程】

步骤 1:创建一个空白的 ASP.NET Core Web 应用程序项目。

步骤 2:定义实体类,命名为 User。

```
public class User
{
    public int UID { get; set; }
    [Required(ErrorMessage = "用户名是必填项")]
    public string UserName { get; set; }
    [DataType(DataType.Password)]
    public string Password { get; set; }
    public bool IsAdmin { get; set; }
}
```

UID 属性将作为主键,其值由数据库自动生成,创建新实例时无须赋值。Required 特性指定 UserName 属性为必填项,当在视图页面上未输入有效的用户名时,将无法通过验证。

步骤 3:从 DbContext 类派生一个子类,并将 User 实体作为数据集合公开。

```
public class UsContext : DbContext
{
    public DbSet<User> Users { get; set; }
}
```

步骤 4：重写 DbContext 类的 OnModelCreating 方法，并设置 UID 属性为主键。

```
public class UsContext : DbContext
{
    ...

    protected override void OnModelCreating(ModelBuilder modelBuilder)
    {
        modelBuilder.Entity<User>().HasKey(u => u.UID);
    }
}
```

步骤 5：重写 OnConfiguring 方法，配置 SQL Server 连接字符串。

```
public class UsContext : DbContext
{
    ...

    protected override void OnConfiguring(DbContextOptionsBuilder optionsBuilder)
    {
        optionsBuilder.UseSqlServer("server = (localdb)\\MSSQLLocalDB;database = CustDB");
    }
}
```

本实例使用的是轻量级的 SQL Server LocalDB，默认的引擎实例名称为"MSSQLLocalDB"，可以通过"(localdb)\\MSSQLLocalDB"来连接服务器。

步骤 6：在 Startup. ConfigureServices 方法中将自定义的 UsContext 类注册到服务容器中。

```
public void ConfigureServices(IServiceCollection services)
{
    services.AddMvc();
    services.AddDbContext<UsContext>();
}
```

步骤 7：打开 Nuget 软件包管理器的控制台窗口，输入以下命令为 UsContext 数据上下文创建一个迁移版本。

```
add - migration "ver 1" - OutputDir "MyMigras" - Context "UsContext"
```

该迁移的名称为"ver 1"，生成代码的输出目录是项目根目录下的 MyMigras 文件夹。

步骤 8：输入以下命令创建数据库。

```
update - database
```

步骤 9：定义一个控制器，用于查看、新增和删除数据，详见代码清单 17-1。

代码清单 17-1　Home 控制器代码

```
public class HomeController : Controller
{
    private readonly UsContext _context;
    public HomeController(UsContext cxt)
    {
        _context = cxt;
    }

    public ActionResult UserList()
    {
        return View("default", _context.Users.ToList());
    }

    public ActionResult PostUser(User user)
    {
        if (ModelState.IsValid)
        {
            _context.Users.Add(user);
            _context.SaveChanges();
        }
        return View("default", _context.Users.ToList());
    }

    public ActionResult DeleteUser(int uid)
    {
        User u = (from us in _context.Users
                     where us.UID == uid
                     select us).FirstOrDefault();
        if (u != null)
        {
            _context.Users.Remove(u);
            _context.SaveChanges();
        }
        return View("default", _context.Users.ToList());
    }
}
```

步骤 10：新建 default 视图，用于展示数据记录。

```
@model List<User>

<html>
...
<body>
    <div class="container">
```

```
<div>
    @await Component.InvokeAsync("NewUser")
</div>
<hr />
<div>
    @if (Model == null || Model.Count == 0)
    {
        <p>无用户信息</p>
    }
    else
    {
        foreach (User us in Model)
        {
            <p>
                用户 ID:@us.UID<br />
                用户名:@us.UserName<br />
                管理员:@(us.IsAdmin ? "是" : "否")<br />
                <a asp-controller="Home" asp-action="DeleteUser" asp-route-uid="@us.UID">删除</a>
            </p>
        }
    }
</div>
</div>
</body>
</html>
```

Model 是从控制器传递进来的 User 实例列表,在视图中通过 foreach 循环显示每个 User 实例的信息。其中<a>元素用于执行删除操作,调用的是控制器的 DeleteUser 方法。

步骤 11:上述视图中引用了一个视图组件,用于新增 User 信息。NewUser 视图组件的具体代码如下。

```
public class NewUserViewComponent : ViewComponent
{
    public IViewComponentResult Invoke()
    {
        return View("addUser", new User());
    }
}
```

注意:视图组件所关联的视图会合并到引用它的视图中,主视图中指定的 Model 是 User 对象的列表,而视图组件中指定的 Model 是单个 User 实例。所以在调用视图组件的 View 方法时,除了指定视图名称外,还要传递一个新的 User 实例作为 Model,避免 ViewState 对象把主视图的 List<User>传递给 addUser 视图的 Model 而导致类型不匹配。

步骤 12：以下为 addUser 视图的内容。

```
@model User
< form asp – controller = "Home" asp – action = "PostUser">
    < div class = "form – group">
        < label>用户名:</label>
        < input asp – for = "UserName" class = "form – control" />
        < span asp – validation – for = "UserName"></span >
    </div >
    < div class = "form – group">
        < label>密码:</label>
        < input asp – for = "Password" class = "form – control" />
    </div >
    < div class = "form – check">
        < input asp – for = "IsAdmin" class = "form – check – input" />
        < label class = "form – check – label">此用户是管理员</label>
    </div >
    < button type = "submit" class = "btn btn – primary">创建新用户</button>
</form >
```

步骤 13：运行应用程序，最终效果如图 17-7 所示。

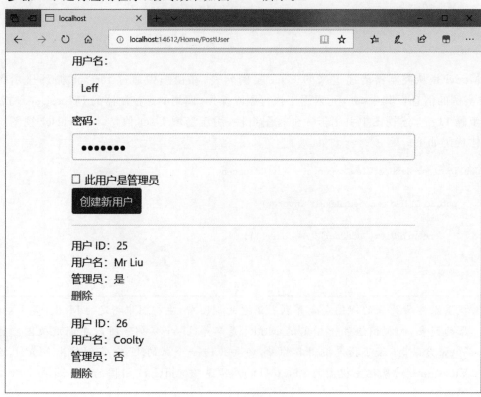

图 17-7 User 对象列表视图

步骤 14：实例中所创建的数据库一般用于测试，当不再需要该数据库时，可以在 Nuget 控制台中输入 Drop-Database 命令来删除。

```
drop - database
```

实例 379   内存数据库

【导语】

内存数据库仅存储于内存区域，它不会长久地保存数据，因此内存数据库比较适合存储应用程序运行期间的一些临时数据。

【操作流程】

步骤 1：新建一个空白的 ASP. NET Core Web 项目。

步骤 2：定义实体类。

```
public class TestEnt
{
    public Guid AutoID { get; set; }
    public byte[] RandData { get; set; }
}
```

步骤 3：自定义一个从 DbContext 派生的子类。

```
public class MyDbContext:DbContext
{
    public MyDbContext(DbContextOptions < MyDbContext > opt)
        : base(opt)
    {

    }

    public DbSet < TestEnt > TestEnts { get; set; }

    protected override void OnModelCreating(ModelBuilder modelBuilder)
    {
        modelBuilder. Entity < TestEnt >(). HasKey(nameof(TestEnt. AutoID));
    }
}
```

实体类的 AutoID 属性将作为数据表的主键。

步骤 4：在 Startup. ConfigureServices 方法中注册上述自定义的 DbContext 类，并且启用内存数据库。

```
public void ConfigureServices(IServiceCollection services)
{
    services. AddMvc();
```

```
services.AddDbContext<MyDbContext>(o =>
{
    o.UseInMemoryDatabase("demo_db");
});
}
```

"demo_db"是内存数据库的名字，该名字可以自定义。

步骤5：在 Main 方法中通过 WebHostBuilder 创建 WebHost 实例。

```
var host = new WebHostBuilder()
    .UseEnvironment(EnvironmentName.Development)
    .UseKestrel()
    .UseContentRoot(Directory.GetCurrentDirectory())
    .UseUrls("http://localhost:6910")
    .UseStartup<Startup>()
    .Build();
```

步骤6：在调用 Run 方法之前，通过以下代码对内存数据库进行初始化。

```
using (IServiceScope scope = host.Services.CreateScope())
{
    MyDbContext context = scope.ServiceProvider.GetRequiredService<MyDbContext>();
    Random rand = new Random();
    for (int x = 0; x < 5; x++)
    {
        byte[] buffer = new byte[15];
        rand.NextBytes(buffer);
        context.TestEnts.Add(new TestEnt
        {
            RandData = buffer
        });
    }
    context.SaveChanges();
}
```

CreateScope 方法可以返回一个临时对象的引用，随后通过临时对象创建的服务实例的生命周期将在此 scope 变量的作用域之内。此方案可以临时创建 MyDbContext 实例来写入初始化数据，随后 MyDbContext 实例就会被释放。

步骤7：调用 Run 方法来启动 Web 服务主机。

```
host.Run();
```

步骤8：定义一个 Web API 控制器，用于返回内存数据库中的内容。

```
[Route("[controller]")]
public class DemoController : Controller
{
    private readonly MyDbContext context;
```

```
    public DemoController(MyDbContext c)
    {
        context = c;
    }

    [HttpGet]
    public ActionResult Get()
    {
        return Json(context.TestEnts);
    }
}
```

步骤9：运行应用程序，以 HTTP-GET 方式请求地址 http：//localhost：6910/demo 将返回以下数据。

```
[
    {
        "autoID": "e3d19b6a - cd52 - 461c - 896b - e321a3b92064",
        "randData": "yBDvZH2BdNc86fv0Jxrd"
    },
    {
        "autoID": "86b20299 - 6e0f - 4137 - bb2b - 6a93da1cbd44",
        "randData": "BoDtl7s4vP4oAlXHgfe4"
    },
    {
        "autoID": "04f8d983 - 5ab1 - 434a - bb1a - f3678d5fa179",
        "randData": "8e9jESSzfrJeCgstUAp2"
    },
    {
        "autoID": "74a35966 - 9d34 - 4754 - ac52 - 0cc2f085010b",
        "randData": "8oKnCay3WKtsRAwRxmEo"
    },
    {
        "autoID": "fa838290 - 228c - 4374 - 9b6a - 78bf7dfb9398",
        "randData": "uvLghPcLkBX1KYjOjoyw"
    }
]
```

实例 380   在应用程序运行期间创建 SQLite 数据库

【导语】

为实体模型创建数据库有两种方案：①在 Nuget 控制台中执行 Update-Database 命令（或者在命令行中执行 dotnet ef database update 命令），此方案是在应用程序未运行的情况下执行的；②通过编写代码，在应用程序运行期间创建数据库。

DbContext 类公开了 Database 属性，其类型为 DatabaseFacade，该类型公开了用于在运行阶段创建和删除数据库的方法。

（1）EnsureCreated 方法或 EnsureCreatedAsync 方法。如果目标数据库（根据连接字符串获得）不存在，就创建新数据库并返回 true；如果数据库已经存在，则返回 false。

（2）EnsureDeleted 方法或 EnsureDeletedAsync 方法。如果目标数据库已存在，则删除该数据库并返回 true，否则返回 false。

本实例演示了在应用程序运行过程中通过调用代码来创建 SQLite 数据库。

【操作流程】

步骤 1：创建一个空白的 ASP.NET Core Web 应用程序项目。

步骤 2：打开 Nuget 控制台窗口，输入以下命令来安装 SQLite 数据库提供的与程序相关的程序包。

```
Install - Package Microsoft.EntityFrameworkCore.Sqlite
```

从 .NET Core SDK 2.1 开始，此程序包并不在 AspNetCore.App 默认包含的程序包列表中，需要手动安装。

步骤 3：定义两个实体类。

```
public class Album
{
    public int ID { get; set; }
    public string AlbumName { get; set; }
    public int Year { get; set; }
    public string Summary { get; set; }
    public List < Track > Tracks { get; set; }
}

public class Track
{
    public int ID { get; set; }
    public string Title { get; set; }
    public string Artist { get; set; }
    public double Duration { get; set; }
}
```

步骤 4：定义 DbContext 的派生类。

```
public class DemoDbContext : DbContext
{
    public DbSet < Album > Albums { get; set; }
    public DbSet < Track > Tracks { get; set; }

    protected override void OnModelCreating(ModelBuilder modelBuilder)
    {
        // 配置主键
        modelBuilder.Entity< Album >().HasKey(s => s.ID);
```

```
        modelBuilder.Entity<Track>().HasKey(t => t.ID);
        // 配置为一对多的关系
        modelBuilder.Entity<Album>().HasMany(a => a.Tracks).WithOne();
    }

    protected override void OnConfiguring(DbContextOptionsBuilder optionsBuilder)
    {
        optionsBuilder.UseSqlite("data source = TestData.db");
    }
}
```

在 OnModelCreating 方法中,首先分别设置两个实体的主键,然后配置两个实体之间的关系:Album 类与 Track 类是"一对多"的关系。

步骤 5:在 Main 方法中,配置并创建 WebHost 实例。

```
var host = new WebHostBuilder()
    .UseKestrel()
    .UseEnvironment(EnvironmentName.Development)
    .UseContentRoot(Directory.GetCurrentDirectory())
    .UseUrls("http://localhost:9133")
    .UseStartup<Startup>()
    .Build();
```

步骤 6:为了生成测试用的数据,在运行 WebHost 实例前,可以先创建数据库,然后再向数据库写入记录。

```
using(IServiceScope scope = host.Services.CreateScope())
{
    DemoDbContext context = scope.ServiceProvider.GetRequiredService<DemoDbContext>();
    context.Database.EnsureDeleted();
    if (context.Database.EnsureCreated())
    {
        // 如果是新创建的数据库,写入一些测试数据
        Album ab1 = new Album();
        ab1.AlbumName = "专辑 01";
        ab1.Year = 2010;
        ab1.Summary = "冬日里的唱响";
        ab1.Tracks = new List<Track>
        {
            new Track
            {
                Title = "曲目 1",
                Artist = "老高",
                Duration = 212.3d
            },
            new Track
            {
```

```
                        Title = "曲目 2",
                        Artist = "大鹏",
                        Duration = 179.62d
                    }
            };
            context.Albums.Add(ab1);
            Album ab2 = new Album();
            ab2.AlbumName = "专辑 02";
            ab2.Year = 2016;
            ab2.Summary = "最具风雅的弦乐";
            ab2.Tracks = new List<Track>
            {
                new Track
                {
                    Title = "曲目 1",
                    Artist = "张 K",
                    Duration = 230.301d
                },
                new Track
                {
                    Title = "曲目 2",
                    Artist = "Coh",
                    Duration = 197d
                },
                new Track
                {
                    Title = "曲目 3",
                    Artist = "L.Joke",
                    Duration = 265.99d
                }
            };
            context.Albums.Add(ab2);
            context.SaveChanges();
        }
    }
```

先调用 EnsureDeleted 方法以确保删除已有的数据库，再调用 EnsureCreated 方法创建新的数据库。

步骤 7：创建一个 API 控制器，返回 Album 实体列表（JSON 格式）。

```
[Route("albums")]
public class DemoController : Controller
{
    readonly DemoDbContext context;
    public DemoController(DemoDbContext cxt)
    {
        context = cxt;
```

```
    }

    [HttpGet]
    public ActionResult Get()
    {
        var albums = context.Albums.Include(a => a.Tracks);
        return Json(albums);
    }
}
```

Album 实体类的 Tracks 属性属于"导航属性",它包含与该实体有关联的 Track 对象。这里必须调用 Include 方法,否则 Tracks 属性将返回 null(默认不会加载导航属性所包含的数据)。

步骤 8:运行应用程序,访问地址 http://localhost:9133/albums 可获取 Album 对象列表。返回的 JSON 内容如下。

```
[
    {
        "id": 1,
        "albumName": "专辑 01",
        "year": 2010,
        "summary": "冬日里的唱响",
        "tracks": [
            {
                "id": 1,
                "title": "曲目 1",
                "artist": "老高",
                "duration": 212.3
            },
            {
                "id": 2,
                "title": "曲目 2",
                "artist": "大鹏",
                "duration": 179.62
            }
        ]
    },
    {
        "id": 2,
        "albumName": "专辑 02",
        "year": 2016,
        "summary": "最具风雅的弦乐",
        "tracks": [
```

```
        {
            "id": 3,
            "title": "曲目 1",
            "artist": "张 K",
            "duration": 230.301
        },
        {
            "id": 4,
            "title": "曲目 2",
            "artist": "Coh",
            "duration": 197
        },
        {
            "id": 5,
            "title": "曲目 3",
            "artist": "L.Joke",
            "duration": 265.99
        }
    ]
  }
]
```

图 书 资 源 支 持

感谢您一直以来对清华版图书的支持和爱护。为了配合本书的使用,本书提供配套的资源,有需求的读者请扫描下方的"清华电子"微信公众号二维码,在图书专区下载,也可以拨打电话或发送电子邮件咨询。

如果您在使用本书的过程中遇到了什么问题,或者有相关图书出版计划,也请您发邮件告诉我们,以便我们更好地为您服务。

我们的联系方式:

地 址:北京市海淀区双清路学研大厦 A 座 701

邮 编:100084

电 话:010-62770175-4608

资源下载:http://www.tup.com.cn

客服邮箱:tupjsj@vip.163.com

QQ:2301891038(请写明您的单位和姓名)

用微信扫一扫右边的二维码,即可关注清华大学出版社公众号"清华电子"。

教学交流、课程交流

清华电子

扫一扫,获取最新目录